“十三五”国家重点出版物出版规划项目

卓越工程能力培养与工程教育专业认证系列规划教材（电气工程及其自动化、自动化专业）

普通高等教育电气工程/自动化系列规划教材

人工神经网络理论及应用

韩力群　施　彦　编著

机 械 工 业 出 版 社

本书系统地论述了人工神经网络的主要理论、设计基础、最新进展及应用实例，旨在使读者了解神经网络的发展背景和研究对象，理解和熟悉它的基本原理和主要应用，掌握它的结构模型和设计应用方法，为深入研究和应用开发打下基础。为了便于读者理解，书中尽量避免烦琐的数学推导，加强了应用举例，并在内容的选择和编排上注意到读者初次接触新概念的易接受性和思维的逻辑性。作为扩展知识，书中还介绍了人工神经系统的基本概念、体系结构、控制特性及信息模式。

两位作者多年来为控制与信息类专业研究生开设“人工神经网络理论与应用”课程，在多次修改讲义和结合多项科研成果的基础上撰写成此书，本书适合高校控制与信息类专业研究生、智能科学技术专业本科生以及各类科技人员阅读。

图书在版编目（CIP）数据

人工神经网络理论及应用/韩力群，施彦编著. —北京：机械工业出版社，2016.12（2025.2 重印）
普通高等教育电气工程自动化系列规划教材
ISBN 978-7-111-55944-3

Ⅰ.①人… Ⅱ.①韩… ②施… Ⅲ.①人工神经网络-高等学校-教材 Ⅳ.①TP183

中国版本图书馆 CIP 数据核字（2017）第 012521 号

机械工业出版社（北京市百万庄大街 22 号 邮政编码 100037）
策划编辑：王 康 责任编辑：刘琴琴 王 康 刘丽敏
责任校对：刘秀芝 封面设计：张 静 责任印制：邓 博
北京盛通数码印刷有限公司印刷
2025 年 2 月第 1 版第 10 次印刷
184mm×260mm · 17.5 印张 · 424 千字
标准书号：ISBN 978-7-111-55944-3
定价：49.80 元

电话服务
客服电话：010-88361066
010-88379833
010-68326294

网络服务
机 工 官 网：www.cmpbook.com
机 工 官 博：weibo.com/cmp1952
金 书 网：www.golden-book.com
机工教育服务网：www.cmpedu.com

前 言

众所周知，计算机是目前功能最强大的信息处理工具。在数值运算和逻辑运算方面的精确与高速极大地拓展了人脑的能力，从而在信息处理和控制决策等各方面为人们提供了实现智能化和自动化的先进手段。然而，由于现有计算机是按照冯·诺依曼原理，基于程序存取进行工作的，历经半个多世纪的发展，其结构模式与运行机制仍然没有跳出传统的逻辑运算规则，因而在学习认知、记忆联想、推理判断、综合决策等很多方面的信息处理能力还远不能达到人脑的智能水平。随着现代信息科学与技术的飞速发展，这方面的问题日趋尖锐，促使科学家和技术专家寻找解决问题的新出路。

当人们的思路转向研究精妙的人脑结构模式和信息处理机制时，推动了脑科学的深入发展以及人工神经网络和脑模型的研究。随着对生物脑的深入了解，人工神经网络获得长足发展。在经历了漫长的启蒙期和低潮期后，人工神经网络终于以其不容忽视的潜力与活力进入了快速发展的新时期。特别是 20 世纪 80 年代以来，神经网络的结构与功能逐步改善，运行机制渐趋成熟，应用领域日益扩大，在解决各行各业的难题中显示出巨大的潜力，取得了丰硕的成果。

为了适应人工神经网络应用不断深化的形势，大力普及人工神经网络的学科知识，迅速培养应用人工神经网络的技术人才，国内各高校均已在研究生及本科教育阶段开设了人工神经网络课程。特别是 2004 年以来，国内已有许多高校设立了“智能科学与技术”本科专业，而人工神经网络作为一类重要的脑式智能信息处理系统，在“智能科学与技术”等相关专业领域的人才培养中具有非常重要的作用。作者从 1996 年起连续多年为研究生讲授“人工神经网络”课程，并在多项研究课题中应用人工神经网络取得较好的效果，积累了丰富的教学与科研实践经验，在教材讲义的基础上撰写成书。本书旨在为高等院校信息类专业（如计算机科学与技术、控制工程、电气工程、电子信息工程、信息工程和通信工程等）的研究生和智能科学与技术专业的本科学生以及各类科技人员提供一本系统介绍人工神经网络的基本理论、设计方法及实现技术的适用教材。

本书具有以下特点：①注重物理概念内涵的论述，尽量避免因烦琐的数学推导影响读者的学习兴趣；②加强举例与思考练习，并对选自科技论文的应用实例进行改编、分析与说明，避免将科技论文直接缩写为应用实例；③对常用网络及算法着重介绍其实用设计方法，以便读者通过学习与练习获得独立设计人工神经网络的能力；④在内容的选择和编排上注意到读者初次接触新概念的易接受性和思维的逻辑性，力求深入浅出，自然流畅；⑤各章学习的神经网络均已得到广泛应用，且所需数学基础不超出研究生数学课程范围。

全书共分12章。第1章对人脑和计算机信息处理能力与机制进行了比较，归纳了人脑生物神经网络的基本特征与功能，介绍了人工神经网络的发展简史及主要应用领域。第2章阐述了人工神经网络的基础知识，包括人脑的结构与神经系统、生物神经元信息处理机制、人工神经元模型、人工神经网络模型以及几种常用学习算法。第3章讨论了常用前馈神经网络，重点论述了基于误差反向传播算法的多层前馈网络的拓扑结构、算法原理、设计方法及应用实例，并给出基于MATLAB的BP网络应用实例。第4章讨论了竞争学习的概念与原理，在此基础上论述了自组织特征映射、学习矢量量化、对偶传播以及自适应共振等多种自组织神经网络的结构、原理及算法，并重点介绍了自组织特征映射网络的设计与应用，给出了基于MATLAB的SOM网络聚类应用实例。第5章阐述了径向基函数网络的原理、学习算法及设计应用实例，并给出了基于MATLAB的RBF网络应用实例。第6章讨论了几种用于联想记忆及优化计算的反馈神经网络，包括离散型与连续型Hopfield网络，双向联想记忆网络以及随机神经网络玻尔兹曼机。第7章简要介绍了智能控制中常用的局部逼近神经网络——小脑模型控制器。第8章论述了近年得到广泛应用的深度神经网络，讨论了受限玻尔兹曼机和深度置信网，介绍了卷积神经网络基本概念及原理，以及堆栈式自动编码器。第9章论述了支持向量机的原理、算法和设计实例，并给出了基于MATLAB的支持向量机分类应用实例。第10章介绍了遗传算法的基本原理与操作，给出了在神经网络结构和参数优化中的应用实例。第11章介绍了人工神经网络的软件实现方法和硬件实现技术。第12章介绍了人工神经系统的基本概念、体系结构、控制特性、信息模式和应用示例，作为学习人工神经网络的扩展知识。

本书的出版得到北京工商大学研究生院的资助。

书中疏漏之处，恳请同行专家和广大读者指正。

编著者

目 录

第1章 绪 论

1.1 人工神经网络概述

人类具有高度发达的大脑，大脑是思维活动的物质基础，而思维是人类智能的集中体现。长期以来，脑科学家想方设法了解和揭示人脑的工作机理和思维的本质，人工智能科学家则顽强地探索如何构造出具有人类智能的人工智能系统，以模拟、延伸和扩展脑功能，完成类似于人脑的工作。因此，“认识脑”和“仿脑”分别是脑科学和智能科学的基本目标。一方面“认识脑”是“仿脑”的基础，智能科学理论、方法与技术的突破性进展与脑科学的进展密切相关；另一方面，“仿脑”也为“认识脑”提供了一条崭新的途径。

人脑的思维至少有逻辑思维和形象思维两种基本方式。逻辑思维的基础是概念、判断与推理，即将信息抽象为概念，再根据逻辑规则进行逻辑推理。由于概念可用符号表示，而逻辑推理宜按串行模式进行，这一过程可以写成串行指令由机器来完成。20世纪40年代问世的第一台电子计算机就是这样一种用机器模拟人脑逻辑思维的人工智能系统，也是人类实现这一追求的重要里程碑。

现代计算机的计算速度是人脑的几百万倍，对于那些特征明确，推理或运算规则清楚的可编程问题，可以高速有效地求解，其在数值运算和逻辑运算方面的精确与高速极大地拓展了人脑的能力。在模拟人脑逻辑思维方面，计算机超过人脑的经典范例是20世纪末的两场国际象棋人机大战。1996年2月，国际象棋世界冠军加里·卡斯帕罗夫与美国IBM公司开发的“深蓝”计算机进行了6局对弈，以4∶2的优势击败了每秒能分析1亿步棋的计算机对手。一年之后，当卡斯帕罗夫再次与分析能力已提高到每秒2亿步的“深蓝”计算机交战时，却以2.5∶3.5的比分战败。2016年3月9日至15日，在韩国首尔进行了韩国围棋九段棋手李世石与人工智能围棋程序“阿尔法围棋”（AlphaGo）之间的五场比赛。最终结果是人工智能“阿尔法围棋”以4∶1的总比分战胜人类代表李世石。

但是迄今为止，计算机在解决与形象思维和灵感相关的问题时，依然显得非常吃力。例如模式识别、骑自行车、打篮球等涉及联想或经验的问题，人脑可以从中体会那些只可意会、不可言传的直觉与经验，可以根据情况灵活掌握处理问题的规则，从而轻而易举地完成此类任务，而计算机在这方面则显得十分笨拙。为什么计算机在处理此类问题时表现出来的能力远不及人脑呢？通过以下的比较，不难从中得出答案。

1.1.1 人脑与计算机信息处理能力的比较

电子计算机能够迅速准确地完成各种数值运算和逻辑运算，成为现代社会不可缺少的信息处理工具，被人们誉为“电脑”。人脑本质上是一种信息加工器官，而“电脑”则是人类为了模拟自己大脑的某些功能而设计出来的一种信息加工机器。比较人脑与“电脑”的信息处理能力会发现，现有“电脑”和人脑还有很大的差距。

1. 记忆与联想能力

人脑有大约 1.4×10^{11} 个神经细胞并广泛互连，因而能够存储大量的信息，并具有对信息进行筛选、回忆和巩固的联想记忆能力。人脑不仅能对已学习的知识进行记忆，而且能在外界输入的部分信息刺激下，联想到一系列相关的存储信息，从而实现对不完整信息的自联想恢复，或关联信息的互联想，而这种互联想能力在人脑的创造性思维中起着非常重要的作用。

计算机从一问世起就是按冯·诺依曼（Von Neumann）方式工作的。基于冯·诺依曼方式的计算机是一种基于算法的程序存取式机器，它对程序指令和数据等信息的记忆由存储器完成。存储器内信息的存取采用寻址方式。若要从大量存储数据中随机访问某一数据，必须先确定数据的存储单元地址，再取出相应数据。信息一旦存入便保持不变，因此不存在遗忘问题；在某存储单元地址存入新的信息后会覆盖原有信息，因此不可能对其进行回忆；相邻存储单元之间互不相干，“老死不相往来”，因此没有联想能力。

尽管关系数据库等由软件设计实现的系统也具有一定的联想功能，但这种联想功能不是计算机的信息存储机制所固有的，其联想能力与联想范围取决于程序的查询能力，因此不可能像人脑的联想功能那样具有个性、不确定性和创造性。

2. 学习与认知能力

人脑具有从实践中不断抽取知识，总结经验的能力。刚出生的婴儿脑中几乎是一片空白，在成长过程中通过对外界环境的感知及有意识的训练，知识和经验与日俱增，解决问题的能力越来越强。人脑这种对经验做出反应而改变行为的能力就是学习与认知能力。

计算机所完成的所有工作都是严格按照事先编制的程序进行的，因此它的功能和结果都是确定不变的。作为一种只能被动地执行确定的二值命令的机器，计算机在反复按指令执行同一程序时，得到的永远是同样的结果，它不可能在不断重复的过程中总结或积累任何经验，因此不会主动提高自己解决问题的能力。

3. 信息加工能力

在信息处理方面，人脑具有复杂的回忆、联想和想象等非逻辑加工功能，因而人的认识可以逾越现实条件下逻辑所无法越过的认识屏障，产生诸如直觉判断或灵感顿悟之类的思维活动。在信息的逻辑加工方面，人脑的功能不仅局限于计算机所擅长的数值或逻辑运算，而且可以上升到具有语言文字的符号思维和辩证思维。人脑具有的这种高层次的信息加工能力使人能够深入事物内部去认识事物的本质与规律。

计算机没有非逻辑加工功能，因而不能逾越有限条件下逻辑的认识屏障。计算机的逻辑加工能力也仅限于二值逻辑，因此只能在二值逻辑所能描述的范围内运用形式逻辑，而缺乏辩证逻辑能力。

4. 信息综合能力

人脑善于对客观世界千变万化的信息和知识进行归纳、类比和概括，综合起来解决问题。人脑的这种综合判断过程往往是一种对信息的逻辑加工和非逻辑加工相结合的过程。它不仅遵循确定性的逻辑思维原则，而且可以经验地、模糊地甚至是直觉地做出一个判断。大脑所具有的这种综合判断能力是人脑创造能力的基础。

计算机的信息综合能力取决于它所执行的程序。由于不存在能完全描述人的经验和直觉的数学模型，也不存在能完全正确模拟人脑综合判断过程的有效算法，因此计算机难以达到人脑所具有的融会贯通的信息综合能力。

5. 信息处理速度

人脑的信息处理是建立在大规模并行处理基础上的，这种并行处理所能够实现的高度复杂的信息处理能力远非传统的以空间复杂性代替时间复杂性的多处理机并行处理系统所能达到。人脑中的信息处理是以神经细胞为单位，而神经细胞间信息的传递速度只能达到毫秒级，显然比现代计算机中电子元件纳秒级的计算速度慢得多，因此似乎计算机的信息处理速度要远高于人脑，事实上在数值处理等只需串行算法就能解决问题的应用方面确实是如此。然而迄今为止，计算机处理文字、图像、声音等信息的能力与速度却远远不如人脑。例如，几个月大的婴儿能从人群中一眼认出自己的母亲，而计算机解决这个问题时需要对一幅具有几百万个像素点的图像逐点进行处理，并提取脸谱特征进行识别。又如，一个篮球运动员可以不假思索地接住队友传给他的球，而由计算机控制机器人接球则要判断篮球每一时刻在三维空间的位置坐标、运动轨迹、运动方向及速度等。显然，在基于形象思维、经验与直觉的判断方面，人脑只要零点几秒就可以圆满完成的任务，计算机花几十倍甚至几百倍时间也不一定能达到人脑的水平。

1.1.2 人脑与计算机信息处理机制的比较

人脑与计算机信息处理能力特别是形象思维能力的差异来源于两者系统结构和信息处理机制的不同。主要表现在以下 4 个方面：

1. 系统结构

人脑在漫长的进化过程中形成了规模宏大，结构精细的群体结构，即神经网络。脑科学研究结果表明，人脑的神经网络是由数百亿神经元相互连接组合而成的。每个神经元相当于一个超微型信息处理与存储单元，只能完成一种基本功能，如兴奋与抑制。而大量神经元广泛连接后形成的神经网络可进行各种极其复杂的思维活动。

计算机是一种由各种二值逻辑门电路构成的按串行方式工作的逻辑机器，它由运算器、控制器、存储器和输入/输出设备组成。其信息处理建立在冯·诺依曼体系基础上，基于程序存取进行工作。

2. 信号形式

人脑中的信号形式具有模拟量和离散脉冲两种形式。模拟量信号具有模糊性特点，有利于信息的整合和非逻辑加工，这类信息处理方式难以用现有的数学方法进行充分描述，因而很难用计算机进行模拟。

计算机中信息的表达采用离散的二进制数和二值逻辑形式，二值逻辑必须用确定的逻辑表达式来表示。许多逻辑关系确定的信息加工过程可以分解为若干二值逻辑表达式，由计算机来完成。然而，客观世界存在的事物关系并非都是可以分解为二值逻辑的关系，还存在着各种模糊逻辑关系和非逻辑关系。对这类信息的处理计算机是难以胜任的。

3. 信息存储

与计算机不同的是，人脑中的信息不是集中存储于一个特定的区域，而是分布地存储于整个系统中。此外，人脑中存储的信息不是相互孤立的，而是联想式的。人脑这种分布式联想式的信息存储方式使人类非常擅长于从失真和默认的模式中恢复出正确的模式，或利用给定信息寻找期望信息。

4. 信息处理机制

人脑中的神经网络是一种高度并行的非线性信息处理系统。其并行性不仅体现在结构上和信息存储上，而且体现在信息处理的运行过程中。由于人脑采用了信息存储与信息处理一体化的群体协同并行处理方式，信息的处理受原有存储信息的影响，处理后的信息又留记在神经元中成为记忆。这种信息处理与存储的构建模式是广泛分布在大量神经元上同时进行的，因而呈现出来的整体信息处理能力不仅能快速完成各种极复杂的信息识别和处理任务，而且能产生高度复杂而奇妙的效果。

计算机采用的是有限集中的串行信息处理机制，即所有信息处理都集中在一个或几个CPU中进行。CPU通过总线同内外存储器或I/O接口进行顺序的"个别对话"，存取指令或数据。这种机制的时间利用率很低，在处理大量实时信息时不可避免地会遇到速度"瓶颈"。即使采用多CPU并行工作，也只是在一定发展水平上缓解瓶颈矛盾。

1.1.3 什么是人工神经网络

综上所述，计算机在解决具有形象思维特点的问题时难以胜任的根本原因在于计算机与人脑采用的信息处理机制完全不同。

迄今为止的各代计算机都是基于冯·诺依曼工作原理：其信息存储与处理是分开的，即存储器与处理器相互独立；处理的信息必须是形式化信息，即用二进制编码定义的文字、符号、数字、指令和各种规范化的数据格式、命令格式等；信息处理的方式必须是串行的，即CPU不断地重复取址、译码、执行、存储这四个步骤。这种计算机的结构和串行工作方式决定了它只擅长于数值和逻辑运算。

人类的大脑大约有 1.4×10^{11} 个神经细胞，亦称为神经元。每个神经元有数以千计的通道同其他神经元广泛相互连接，形成复杂的生物神经网络。生物神经网络以神经元为基本信息处理单元，对信息进行分布式存储与加工，这种信息加工与存储相结合的群体协同工作方式使得人脑呈现出目前计算机无法模拟的神奇智能。为了进一步模拟人脑的形象思维方式，人们不得不跳出冯·诺依曼计算机的框架另辟蹊径。而从模拟人脑生物神经网络的信息存储、加工处理机制入手，设计具有人类思维特点的智能机器，无疑是最有希望的途径之一。

用计算方法对神经网络信息处理规律进行探索，称为计算神经科学，该方法对于阐明人脑的工作原理亦具有深远意义。人脑的信息处理机制是在漫长的进化过程中形成和完善的。虽然近年来，在细胞和分子水平上对脑结构和脑功能的研究已经有了长足的发展。然而到目前为止，人类对神经系统内的电信号和化学信号是怎样被用来处理信息的只有粗浅的解释。尽管如此，将通过分子和细胞水平的技术所达到的微观层次与通过行为研究达到的系统层次结合起来，可以形成对人脑神经网络的基本认识。在此基本认识的基础上，以数学和物理方法并从信息处理的角度对人脑神经网络进行抽象，并建立某种简化模型，就称为人工神经网络（Artificial Neural Network，ANN）。人工神经网络远不是人脑生物神经网络的真实写照，而只是对它的简化、抽象与模拟。揭示人脑的奥妙不仅需要各学科的交叉和各领域专家的协作，还需要测试手段的进一步发展。尽管如此，目前已提出上百种人工神经网络模型。令人欣慰的是，这种简化模型的确能反映出人脑的许多基本特性，如自适应性、自组织性和很强的学习能力。它们在模式识别、系统辨识、自然语言理解、智能机器人、信号处理、自动控制、组合优化、预测预估、故障诊断、医学与经济学等领域已成功地解决了许多用其他方法难以解决的实际问题，表现出良好的智能特性。

目前关于人工神经网络的定义尚不统一，例如，美国神经网络学家 Hecht Hielsen 关于人工神经网络的定义是："神经网络是由多个非常简单的处理单元彼此按某种方式相互连接而形成的计算系统，该系统是靠其状态对外部输入信息的动态响应来处理信息的"。美国国防高级研究计划局关于人工神经网络的解释是："人工神经网络是一个由许多简单的并行工作的处理单元组成的系统，其功能取决于网络的结构、连接强度以及各单元的处理方式。"综合人工神经网络的来源、特点及各种解释，可以简单表述为：人工神经网络是一种旨在模仿人脑结构及其功能的脑式智能信息处理系统。为叙述简便，常将人工神经网络简称为神经网络。

1.2 人工神经网络发展简史

神经网络的研究可追溯到十九世纪末期，其发展历史可分为四个时期。第一个时期为启蒙时期，开始于 1890 美国著名心理学家 W. James 关于人脑结构与功能的研究，结束于 1969 年 Minsky 和 Papert 发表《感知机》（Perceptrons）一书。第二个时期为低潮时期，开始于 1969 年，结束于 1982 年 J. J. Hopfield 发表著名的文章"神经网络和物理系统"（Neural Network and Physical System）。第三个时期为复兴时期，开始于 J. J. Hopfield 的突破性研究论文，结束于 1986 年 D. E. Rumelhart 和 J. L. McClelland 领导的研究小组发表的《并行分布式处理》（Parallel Distributed Processing）一书。第四个时期为高潮时期，以 1987 年首届国际人工神经网络学术会议为开端，迅速在全世界范围内掀起人工神经网络的研究应用热潮，至今势头不衰。

下面按年代顺序介绍对人工神经网络研究有重大贡献的学者及其著作，以使读者在了解神经网络的发展历史时看到它与神经生理学、数学、电子学、计算机科学以及人工智能学科之间千丝万缕的联系，也帮助读者对神经网络的某些概念有粗略的了解。

1.2.1 启蒙时期

1890 年，美国心理学家 William James 发表了第一部详细论述人脑结构及功能的专著《心理学原理》（Principles of Psychology），对相关学习、联想记忆的基本原理做了开创性研究。James 指出："让我们假设所有我们的后继推理的基础遵循这样的规则：当两个基本的脑细胞曾经一起或相继被激活过，其中一个受刺激重新激活时会将刺激传播到另一个。"这一点与联想记忆和相关学习关系最密切。另外，他曾预言神经细胞激活是细胞所有输入叠加的结果。他认为，在大脑皮层上任意点的刺激量是其他所有发射点进入该点刺激的总和。

半个世纪后，生理学家 W. S. McCulloch 和数学家 W. A. Pitts 于 1943 年发表了一篇神经网络方面的著名文章。在这篇文章中，他们从信息处理的角度出发在已知的神经细胞生物学基础上，提出形式神经元的数学模型，称为 M-P 模型。该模型把神经细胞的动作描述为：①神经元的活动表现为兴奋或抑制的二值变化；②任何兴奋性突触有输入激励后，使神经元兴奋，与神经元先前的动作与状态无关；③任何抑制性突触有输入激励后，使神经元抑制；④突触的值不随时间改变；⑤突触从感知输入到传送出一个输出脉冲的延迟时间是 0.5ms。尽管现在看来 M-P 模型过于简单，而且其观点也并非完全正确，但其理论贡献在于：①McCulloch 和 Pitts 证明了任何有限逻辑表达式都能由 M-P 模型组成的人工神经网络来实现；②他们是从 W. James 以来采用大规模并行计算结构描述神经元和网络的最早学者；③他们的工作奠定了网络模型和以后开发神经网络步骤的基础。为此，M-P 模型被认为开创了神经科学理论研究的新时代。

启蒙时期的另一位重要学者是心理学家 Donala O. Hebb，他在 1949 年出版了一本名为《行为构成》（Organization of Behavior）的书。在该书中他首先建立了人们现在称为 Hebb 算法的连接权训练算法。他也是首先提出“连接主义”（Connectionism）这一名词的人之一，这一名词的含义为“大脑的活动是靠脑细胞的组合连接实现的”。Hebb 认为，当源和目的神经元均被激活兴奋时，它们之间突触的连接强度将会增强。这就是最早且最著名的 Hebb 训练算法的生理学基础。Hebb 对神经网络理论做出的四点主要贡献是：①指出在神经网络中，信息存储在连接权中；②假设连接权的学习（训练）速率正比于神经元各活化值之积；③假定连接是对称的，即从神经元 A 到神经元 B 的连接权与从 B 到 A 的连接权是相同的（虽然这一点在神经网络中未免过于简单化，但它往往被应用到人工神经网络的各种现实方案中）；④提出细胞连接的假设，并指出当学习训练时，连接权的强度和类型发生变化，且由这种变化建立起细胞间的连接。Hebb 提出的这四点看法，在当今的人工神经网络中至少在某种程度上都得到了实现。

1958 年计算机学家 Frank Rosenblatt 发表了一篇有名的文章，提出了一种具有三层网络特性的神经网络结构，称为“感知机”（Perception）。这或许是世界上第一个真正优秀的人工神经网络，这一神经网络是用一台 IBM704 计算机模拟实现的。从模拟结果可以看出，感知机具有通过学习改变连接权值，将类似的或不同的模式进行正确分类的能力，因此也称它为“学习的机器”。Rosenblatt 用感知机来模拟一个生物视觉模型，输入节点群由视网膜上某一范围内细胞的随机集合组成。每个细胞连到下一层内的联合单元（Association Unit，AU）。AU 双向连接到第三层（最高层）中的响应单元（Response Unit，RU）。感知机的目的是对每一实际的输入去激活正确的 RU。Rosenblatt 利用他的感知机模型说明两个问题：一个问题是信息存储或记忆采用什么形式？他认为信息被包含在相互连接或联合之中，而不是反映在拓扑结构的表示法中。另一个问题是如何存储影响认知和行为的信息？他的回答是，存储的信息在神经网络系统内开始形成新的连接或传送链路后，新的刺激将会通过这些新建立的链路自动地激活适当的响应部分，而不要求任何识别或鉴定它们的过程。这种原始的感知学习机在激励-响应特性方面是“自组织”或“自联合”的。在“自组织”响应中被响应的节点，起初是随机的，然后逐渐地通过彼此竞争而形成支配的统治地位。这篇文章提出的算法与后来的反向传播算法和 Kohonen 的自组织算法类似，因此 Rosenblatt 所发表的网络基本结构是相当有活力的，尽管后来它遭到 Minsky 和 Papert 的抨击。

启蒙时期的最后两位代表人物是电机工程师 Bernard Widrow 和 Marcian Hoff。1960 年他们发表了一篇题为“自适应开关电路”（Adaptive Switching Circuits）的文章。从工程技术的角度看，这篇文章是神经网络技术发展中极为重要的文章之一。Widrow 和 Hoff 不仅设计了在计算机上仿真的人工神经网络，而且还用硬件电路实现了他们的设计。Widrow 和 Hoff 提出一种称为“Adaline”的模型，即自适应线性单元（Adaptive Linear）。Adaline 是一种累加输出单元，输出值为±1 的二值变量，权在 Widrow 和 Hoff 的文章中称为增益（Gain）。他们用这一名称反映他们工程学的背景，因为增益是指电信号通过放大器所放大的倍数。这比一般称为权也许更能说明它所起的作用，且更容易被工程技术人员所理解。Adaline 精巧的地方是 Widrow-Hoff 的学习训练算法，它根据加法器输出端误差大小来调整增益，使得训练期内所有样本模式的二次方和最小，因而速度较快且具有较高的精度。由于这一原因，Widrow-Hoff 算法也称为 δ（误差大小）算法或最小均方（LMS）算法，在数学上就是人们熟知的梯度下降法。Widrow 和 Hoff 指出，如果用计算机建立自适应神经元，它的具体结构可以由设计者通过训练给出来，而不是通过直接设计来确定。他们用硬件电路实现人工神经网络方面的工作为今天用超大规模集成电路实现神经网络计算机奠定了基础。他们是开发神经网络硬件最早的主要贡献者。

1.2.2　低潮时期

在 20 世纪 60 年代，掀起了神经网络研究的第一次热潮。由于当时对神经网络的学习能力的估计过于乐观，而随着神经网络研究的深入开展，人们遇到了来自认识方面、应用方面和实现方面的各种困难和迷惑，使得一些人产生了怀疑和失望。人工智能的创始人之一，M. Minsky 和 S. Papert 研究数年，对以感知器为代表的网络系统的功能及其局限性从数学上做了深入研究，于 1969 年发表了轰动一时的评论人工神经网络的书，称为《感知机》（Perceptron）。该书指出，简单的神经网络只能运用于线性问题的求解，能够求解非线性问题的网络应具有隐层，而从理论上还不能证明将感知机模型扩展到多层网络是有意义的。由于 Minsky 在学术界的地位和影响，其悲观论点极大地影响了当时的人工神经网络研究，为刚燃起的研究人工神经网络之火，泼了一大盆冷水。不久几乎所有为神经网络提供的研究基金都枯竭了，很多领域的专家纷纷放弃了这方面的研究课题，开始了神经网络发展史上长达 10 年的低潮时期。

使神经网络研究处于低潮的更重要的原因是 20 世纪 70 年代以来集成电路和微电子技术的迅猛发展，使传统的 Von Neumenn 型计算机进入发展的全盛时期，基于逻辑符号处理方法的人工智能得到迅速发展并取得显著成就，它们的问题和局限性尚未暴露，因此暂时掩盖了发展新型计算机和寻求新的神经网络的必要性和迫切性。

在 Minsky 和 Papert 的书出版后的十年中，在神经网络研究园地中辛勤耕耘的研究人员的数目大幅度减少，但仍有为数不多的学者在黑暗时期坚持致力于神经网络的研究。他们在极端艰难的条件下做出难能可贵的扎实奉献，为神经网络研究的复兴与发展奠定了理论基础。

1969 年，美国波士顿大学自适应系统中心的 S. Grossberg 教授和他的夫人 G. A. Carpenter 提出了著名的自适应共振理论（Adaptive Resonance Theory）模型。其中的基本论点是：若在全部神经节点中有一个神经节点特别兴奋，其周围的所有节点将受到抑制。这种周围抑制的观点也用在 Kohonen 的自组织网络中。Grossberg 对网络的记忆理论也做出了很大的贡献。他提出了关于短期记忆和长期记忆的机理，以及短期记忆如何与神经节点的激活值有关，而长期记忆如何与连接权有关。节点的激活值与连接权都会随时间的衰减而衰减，具有“忘却”特性。节点激活值的衰减相当快（短期记忆），而连接权有较长的记忆能力，衰减较慢。在其后的若干年里，Grossberg 和 Carpenter 发展了他们的自适应共振理论，并有 ARTl、ART2、ART3 三个 ART 系统的版本。ARTl 网络只能处理二值的输入。ART2 比起 ARTl 更为复杂并且能处理模拟量输入。

1972 年，有两位研究者分别在欧洲和美洲两地发表了类似的神经网络开发结果。一位是芬兰的 T. Kohonen 教授，提出了自组织映射（SOM）理论，并称其神经网络结构为“联想存储器”（Associative Memory）；另一位是美国的神经生理学家和心理学家 J. Anderson，提出了一个类似的神经网络，称为“交互存储器”（Interactive Memory）。他们在网络结构、学习算法和传递函数方面的技术几乎是相同的。今天的神经网络主要是根据 Kohonen 的工作来实现的，因为 SOM 模型是一类非常重要的无导师学习网络，主要应用于模式识别、语音识别、分类等场合。而 Anderson 的主要兴趣在对网络结构与训练算法的生物仿真性及模型的研究。Kohonen 于 1972 年发表的文章中所用的神经节点或处理单元是线性连续的，而不是 McCulloch、Pitts 和 Widrow-Hoff 提出的二进制方式。值得注意的是，Kohonen 网络用了许多邻近的同时激活的输入与输出节点。这一类节点在分析可视图像和语言声谱时是非常需要的。在这种情况下，不是由单个“优胜”神经元的动作电位来表示网络的输出，而是用相当大数目的一组输出神经节点来表示输入模式的分类，这使得网络能更好地进行概括推论且减少噪声的影响。最值得注意的是，文章提出的神经网络类型与先前提出的感知机有很大的不同。目前用得最普遍的实用多层感知机（误差反传网络）的学习训练是一种有指导的训练。而各种 Kohonen 网络形式被认为是自组织的网络，它的学习训练方式是无指导训练。这种学习训练方式往往是当不知道有哪些分类类型存在时，用作提取分类信息的一种训练。

低潮时期第三位重要的研究者是日本东京 NHK 广播科学研究实验室的福岛邦彦（Kunihiko Fukushima）。他开发了一些神经网络结构与训练算法，其中最有名的是 1980 年发表的“新认知机”（Neocognitron）。此后还有一系列改进的报道文章。“新认知机”是视觉模式识别机制模型，它与生物视觉理论相符合，其目的在于综合出一种神经网络模型，使其像人类一样具有进行模式识别的能力。这类网络起初为自组织的无指导训练，后来采用有指导的训练。福岛邦彦等人在 1983 年发表的文章中承认，有指导的训练方式能更好地反映设计模式识别装置的工程师的立场，而不是纯生物学的模型。福岛邦彦给出的神经认知机，能正确识别手写的 0~9 十个数字。其中包括样本模式变形、不完全的样本模式和受噪声干扰的样本模式等。尽管今天看来这似乎不难，但当时这的确是一项重大的成就。

在整个低潮时期，上述开创性的研究成果和有意义的工作虽然未能引起当时人们的普遍重视，但是其科学价值不可磨灭，它们为神经网络的进一步发展奠定了基础。

1.2.3 复兴时期

进入 20 世纪 80 年代后，经过十几年迅速发展起来的以逻辑符号处理为主的人工智能理论和 Von Neumann 计算机在诸如视觉、听觉、形象思维、联想记忆等智能信息处理问题上受到了挫折，在大型复杂计算方面显示出巨大威力的计算机却很难“学会”人们习以为常的普通知识和经验。这一切迫使人们不得不慎重思考：智能问题是否可以完全由人工智能中的逻辑推理规则来描述？人脑的智能是否可以在计算机中重现？

1982年，美国加州理工学院的优秀物理学家John J. Hopfield博士发表了一篇对神经网络研究的复苏起了重要作用的文章。他总结与吸取前人对神经网络研究的成果与经验，把网络的各种结构和各种算法概括起来，塑造出一种新颖的强有力的网络模型，称为Hopfield网络。Hopfield在1984年和1986年连续发表了有关其网络应用的文章，获得工程技术界与学术界的重视。Hopfield没有提出太多的新原理，但他创造性地把前人的观点概括综合在一起。其中最具有创新意义的是他对网络引用了物理力学的分析方法，把网络作为一个动态系统并研究这种网络动态系统的稳定性。他把李雅普诺夫（Lyapunov）能量函数引入网络训练这一动态系统中。他指出：对已知的网络状态存在一个正比于每个神经元的活动值和神经元之间的连接权的能量函数，活动值的改变向能量函数减小的方向进行，直到达到一个极小值。换句话说，他证明了在一定条件下网络可以到达稳定状态。Hopfield网络还有一个显著的优点，即与电子电路存在明显的对应关系，使得它易于理解且便于用集成电路来实现。

Hopfield网络一出现，很快引起半导体工业界的注意。在他1984年的文章发表后的三年，美国电话与电报公司的贝尔实验室声称利用Hopfield理论首先在硅片上制成神经计算机网络，继而仿真出耳蜗与视网膜等硬件网络。继Hopfield的文章之后，不少研究非线性电路的科学家、物理学家和生物学家在理论和应用上对Hopfield网络进行了比较深刻的讨论和改进。G. E. Hinton和T. J. Sejnowski借助统计物理学的概念和方法提出了一种随机神经网络模型——波尔兹曼（Blotzmann）机，其学习过程采用模拟退火技术，有效地克服了Hopfield网络存在的能量局部极小问题。不可否认，是Hopfield博士点亮了人工神经网络复兴的火炬，掀起了各学科关注神经网络的热潮。

在1986年贝尔实验室宣布制成神经网络芯片前不久，美国的David E. Rumelhart和James L. McCelland及其领导的研究小组发表了《并行分布式处理》（Parallel Distributed Processing，PDP）一书的前两卷，接着在1988年发表了带有软件程序的第三卷。由Hopfield燃起的神经网络复苏之火，激起了他们写这部著作的热情，而他们提出的PDP网络思想，则为神经网络研究新高潮的到来起到了推波助澜的作用。书中涉及神经网络的三个主要特征，即结构、神经元的传递函数（也称传输函数、转移函数、激励函数）和它的学习训练方法，这部书介绍了这三方面各种不同的网络类型。PDP这部书最重要的贡献之一是发展了多层感知机的反向传播训练算法，把学习的结果反馈到中间层次的隐节点，改变其连接权值，以达到预期的学习目的。该算法已成为当今影响最大的一种网络学习方法。

这一时期大量而深入的开拓性工作大大发展了神经网络的模型和学习算法，增强了对神经网络系统特性的进一步认识，使人们对模仿脑信息处理的智能计算机的研究重新充满了希望。

1.2.4 新时期

1987年6月，首届国际神经网络学术会议在美国加州圣地亚哥召开，到会代表1600余人。这标志着世界范围内掀起神经网络开发研究的热潮。在会上成立了国际神经网络学会

(International Neural Network Society, INNS)，并于1988年在美国波士顿召开了年会，会议讨论的议题涉及生物、电子、计算机、物理、控制、信号处理及人工智能等各个领域。自1988年起，国际神经网络学会和国际电气工程师与电子工程师学会（IEEE）联合召开每年一次的国际学术会议。

这次会议不久，由世界著名的三位神经网络学家，美国波士顿大学的Stephen Grossberg教授、芬兰赫尔辛基技术大学的Teuvo Kohonen教授及日本东京大学的甘利俊一(Shunichi Amari）教授，主持创办了世界第一份神经网络杂志《Neural Network》。随后，IEEE也成立了神经网络协会并于1990年3月开始出版神经网络会刊。各种学术期刊的神经网络特刊也层出不穷。

从以上现象可以清楚地看到，神经网络的研究出现了新的高潮，进入发展的新时期。神经网络研究再度掀起高潮，除了神经科学研究本身的突破和进展之外，更重要的动力是计算机科学和人工智能发展的需要，以及VLSI技术、生物技术、超导技术和光学技术等领域的迅速发展提供了技术上的可能性。

自1987年以来，神经网络的理论、应用、实现及开发工具均以令人振奋的速度快速发展。神经网络理论已成为涉及神经生理科学、认知科学、数理科学、心理学、信息科学、计算机科学、微电子学、光学、生物电子学等多学科交叉、综合的前沿学科。神经网络的应用已渗透到模式识别、图像处理、非线性优化、语音处理、自然语言理解、自动目标识别、机器人、专家系统等各个领域，并取得了令人瞩目的成果。与此同时，美国、日本等国在神经网络计算机的硬件实现方面也取得了一些实实在在的成绩。应当指出，对神经网络及神经计算机的研究决不意味着数字计算机将要退出历史舞台。在智能的、模糊的、随机的信息处理方面，神经网络及神经计算机具有巨大优势；而在符号逻辑推理、数值精确计算等方面，数字计算机仍将发挥其不可替代的作用。两种计算机互为补充、共同发展。从真正的“电脑”意义上来说，未来的智能型计算机应该是精确计算和模糊处理功能兼备、逻辑思维和形象思维兼优的崭新计算机。

表1-1列出了神经网络发展过程中起过重要作用的十几种著名神经网络的情况，它也是神经网络发展史的一个缩影。

表1-1　对神经网络发展有重要影响的神经网络

名称	提出者	诞生年	典型应用领域	弱点	特点
Perceptron（感知机）	Frank Rosenblatt（康奈尔大学）	1957	文字识别、声音识别、声纳信号识别、学习记忆问题研究	不能识别复杂字形，对字的大小、平移和倾斜敏感	最早的神经网络，已很少应用。有学习能力，只能进行线性分类
Adaline（自适应线性单元）和Madaline（多个Adaline的组合网络）	Bernard Widrow（斯坦福大学）	1960-1962	雷达天线控制、自适应回波抵消、适应性调制解调、电话线中适应性补偿等	要求输入-输出之间为线性关系	学习能力较强，较早开始商业应用，Madaline是Adaline的功能扩展

（续）

名称	提出者	诞生年	典型应用领域	弱点	特点
Avalanche（雪崩网）	S.Drossberg（波士顿大学）	1967	连续语音识别、机器人手臂运动的教学指令	不易改变运动速度和插入运动	
Cerellatron（小脑自动机）	D.Marr（麻省理工学院）	1969-1982	控制机器人的手臂运动	需要复杂的控制输入	类似于 Avalanche 网络，能调和各种指令序列，按需要缓慢地插入动作
Back Propagation（误差反传网络）	P.Werbos（哈佛大学）David Rumelhart（斯坦福大学）James McClelland（斯坦福大学）	1974-1985	语音识别、工业过程控制、贷款信用评估、股票预测、自适应控制等	需要大量输入-输出数据，训练时间长，易陷入局部极小	多层前馈网络，采用最小方均差学习方式，是目前应用最广泛的网络
Adaptive Resonance Theory（自适应共振理论 ART）有 ART1、ART2 和 ART3 三种类型	G. Carpenter（波士顿大学）S Grossberg（波士顿大学）	1976-1990	模式识别领域，擅长识别复杂模式或未知的模式	受平移、旋转及尺度的影响。系统比较复杂，难以用硬件实现	可以对任意多和任意复杂的二维模式进行自组织学习，ART 1 用于二进制，ART 2 用于连续信号
Brain State in a Box（盒中脑 BSB 网络）	James Anderson（布朗大学）	1977	结实概念形成、分类和知识处理	只能做一次性决策，无重复性共振	具有最小方均差的单层自联想网络，类似于双向联想记忆，可对片段输入补全
Neocognition（新认知机）	Fukushima K 福岛邦彦（日本广播协会）	1978-1984	手写字母识别	需要大量加工单元和联系	多层结构化字符识别网络，与输入模式的大小、平移和旋转无关，能识别复杂字形
Self-Organizing feature map（自组织特征映射网络）	Tuevo Konhonen（芬兰赫尔辛基技术大学）	1980	语音识别、机器人控制、工业过程控制、图像压缩、专家系统等	模式类型数需预先知道	对输入样本自组织聚类，映射样本空间的分布
Hopfield 网络	John Hopfield（加州理工学院）	1982	求解 TSP 问题、线性规划、联想记忆和用于辨识	无学习能力，连接要对称，权值要预先给定	单层自联想网络，可从有缺损或有噪声输入中恢复完整信息
Boltzman machine（玻尔兹曼机）Cauchy machine（柯西机）	J. Hinton（多伦多大学）T.Sejnowski（霍布金斯大学）	1985-1986	图像、声纳和雷达等模式识别	玻尔兹曼机训练时间长，柯西机在某些统计分布下产生噪声	一种采用随机学习算法的网络，可训练时实现全局最优
Bidirectional Associiative Memory（BAM，双向联想记忆网）	Baaart Kosko（南加州大学）	1985-1988	内容寻址的联想记忆	存储的密度低，数据必须适应编码	双向联想式单层网络，具有学习功能，简单易学
Counter Proagation（CPN，双向传播网）	Robert Hecht-Nielsen	1986	神经网络计算机，图像分析和统计分析	需要大量处理单元和连接，需要高度准确	一种在功能上作为统计最优化和概率密度函数分析的网络

（续）

名称	提出者	诞生年	典型应用领域	弱点	特点
Radial Basis Fuctions（RBF，径向基函数网络）	Broomhead Lowe	1988	非线性函数逼近，时间序列分析，模式识别、信息处理、图像处理、系统建模	需要大量输入输出数据，计算较复杂	网络设计采用原理化方法，有坚实的数学基础
Support Vector Machine（SVM，支持向量机）	Vapnik	1992-1998	模式分类，非线性映射	训练时间长，支持向量的选择较困难，学习算法的推导较深奥	在模式分类问题上能提供良好的泛化性能

1.2.5 海量数据时代

随着海量数据时代的到来，原来的浅层神经网络（内含1个或2个隐层）已经不能满足实际应用的需要，新的模型和相应算法的需求迫在眉睫。2006年Hinton提出的深度学习算法，为解决如何处理“抽象概念”这个亘古难题带来了曙光。深度学习的动机在于建立可以模拟人脑进行分析学习的神经网络，它模仿人脑的机制来解释数据，例如，图像、声音和文本。2012年6月，《纽约时报》披露了Google Brain项目，吸引了公众的广泛关注。这个项目是由著名的斯坦福大学机器学习教授Andrew Ng和在大规模计算机系统方面的世界顶尖专家JeffDean共同主导，用16000个CPU Core的并行计算平台训练一种称为“深度神经网络”（Deep Neural Networks，DNN）的机器学习模型（内部共有10亿个节点），在语音识别和图像识别等领域获得了巨大的成功。2013年4月，《麻省理工学院技术评论》杂志将深度学习列为2013年十大突破性技术（Breakthrough Technology）之首。2014年3月，Facebook的DeepFace项目同样基于深度学习，使得人脸识别技术的识别率已经达到了97.25%，只比人类识别97.5%的正确率略低，准确率几乎可媲美人类。2015年，Andrew Ng在专访中提到，在海量数据时代，深度学习为人工智能带来了新的机会。这些机会集中体现在三个地方：文本、图片和语音识别。

1.2.6 国内研究概况

我国最早涉及人工神经网络的著作是涂序彦先生等于1980年发表的《生物控制论》一书，书中将“神经系统控制论”单独设为一章，系统地介绍了神经元和神经网络的结构、功能和模型。该书发表时人工神经网络的研究尚未进入复苏时期，国内学术界对该领域的情况知之甚少，研究热点主要集中在人工智能方面。随着人工神经网络20世纪80年代在世界范围的复苏，国内也逐步掀起了研究热潮。1989年10月和11月分别在北京和广州召开了神经网络及其应用学术讨论会和第一届全国信号处理—神经网络学术会议。1990年2月，由我国8个一级学会（中国电子学会、中国计算机学会、中国人工智能学会、中国自动化学会、中国通信学会、中国物理学会、中国生物物理学会和中国心理学会）联合在北京召开“中国神经网络首届学术大会”。这次会议以“八学会联盟，探智能奥秘”为主题，收到了来自全国300多篇论文，从而开创了我国人工神经网络及神经计算机方面科学研究的新纪元。此后经过十几年的发展，我国学术界和工程界在人工神经网络的理论研究与应用方面取得了丰硕成果，学术论文、应用成果和研究人员的数量逐年增长。目前，人工神经网络已在我国科研、生产和生活中产生了普遍而巨大的影响。

1.3 神经网络的基本特征与功能

人工神经网络是基于对人脑组织结构、活动机制的初步认识提出的一种新型信息处理体系。通过模仿脑神经系统的组织结构以及某些活动机理，人工神经网络可呈现出人脑式信息处理的许多特征，并表现出人脑的一些基本功能。

1.3.1 神经网络的基本特点

下面从结构、性能和能力3个方面介绍神经网络的基本特点。

（1）结构特点 信息处理的并行性、信息存储的分布性、信息处理单元的互连性、结构的可塑性。人工神经网络是由大量简单处理元件相互连接构成的高度并行的非线性系统，具有大规模并行性处理特征。虽然每个处理单元的功能十分简单，但大量简单处理单元的并行活动使网络呈现出丰富的功能并具有较快的速度。结构上的并行性使神经网络的信息存储必然采用分布式方式，即信息不是存储在网络的某个局部，而是分布在网络所有的连接权中。一个神经网络可存储多种信息，其中每个神经元的连接权中存储的是多种信息的一部分。当需要获得已存储的知识时，神经网络在输入信息激励下采用“联想”的办法进行回忆，因而具有联想记忆功能。神经网络内在的并行性与分布性表现在其信息的存储与处理都是空间上分布、时间上并行的。

（2）性能特点 高度的非线性、良好的容错性和计算的非精确性。神经元的广泛互连与并行工作必然使整个网络呈现出高度的非线性特点。而分布式存储的结构特点会使网络在两个方面表现出良好的容错性：一方面，由于信息的分布式存储，当网络中部分神经元损坏时不会对系统的整体性能造成影响，这一点正如人脑中每天都有神经细胞正常死亡而不会影响大脑的功能一样；另一方面，当输入模糊、残缺或变形的信息时，神经网络能通过联想恢复完整的记忆，从而实现对不完整输入信息的正确识别，这一特点就像人脑可以对不规范的手写字进行正确识别一样。神经网络能够处理连续的模拟信号以及不精确的、不完全的模糊信息，因此给出的是次优的逼近解而非精确解。

（3）能力特征 自学习、自组织与自适应性。自适应性是指一个系统能改变自身的性能以适应环境变化的能力，它是神经网络的一个重要特征。自适应性包含自学习与自组织两层含义。神经网络的自学习是指当外界环境发生变化时，经过一段时间的训练或感知，神经网络能通过自动调整网络结构参数，使得对于给定输入能产生期望的输出，训练是神经网络学习的途径，因此经常将学习与训练两个词混用。神经系统能在外部刺激下按一定规则调整神经元之间的突触连接，逐渐构建起神经网络，这一构建过程称为网络的自组织（或称重构）。神经网络的自组织能力与自适应性相关，自适应性是通过自组织实现的。

1.3.2 神经网络的基本功能

人工神经网络是借鉴生物神经网络而发展起来的新型智能信息处理系统，由于其结构上

“仿造”了人脑的生物神经系统，因而其功能上也具有了某种智能特点。下面对神经网络的基本功能进行简要介绍。

1. 联想记忆

由于神经网络具有分布存储信息和并行计算的性能，因此它具有对外界刺激信息和输入模式进行联想记忆的能力。这种能力是通过神经元之间的协同结构以及信息处理的集体行为而实现的。神经网络是通过其突触权值和连接结构来表达信息的记忆，这种分布式存储使得神经网络能存储较多的复杂模式和恢复记忆的信息。神经网络通过预先存储信息和学习机制进行自适应训练，可以从不完整的信息和噪声干扰中恢复原始的完整信息，这一能力使其在图像复原、图像和语音处理、模式识别、分类等方面具有巨大的潜在应用价值。

联想记忆有两种基本形式：自联想记忆与异联想记忆，如图 1-1 所示。

（1）自联想记忆　网络中预先存储（记忆）多种模式信息，当输入某个已存储模式的部分信息或带有噪声干扰的信息时，网络能通过动态联想过程回忆起该模式的全部信息。

（2）异联想记忆　网络中预先存储了多个模式对，每一对模式均由两部分组成，当输入某个模式对的一部分时，即使输入信息是残缺的或叠加了噪声的，网络也能回忆起与其对应的另一部分。

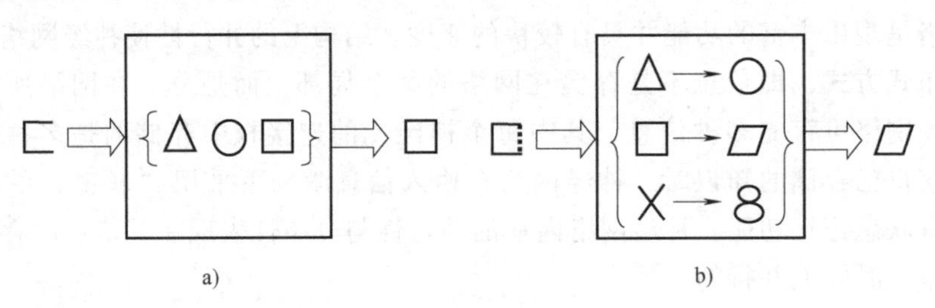

图 1-1　联想记忆

2. 非线性映射

在客观世界中，许多系统的输入与输出之间存在复杂的非线性关系，对于这类系统，往往很难用传统的数理方法建立其数学模型。设计合理的神经网络通过对系统输入输出样本对进行自动学习，能够以任意精度逼近任意复杂的非线性映射。神经网络的这一优良性能使其可以作为多维非线性函数的通用数学模型。该模型的表达是非解析的，输入输出数据之间的映射规则由神经网络在学习阶段自动抽取并分布式存储在网络的所有连接中。具有非线性映射功能的神经网络应用十分广泛，几乎涉及所有领域。

3. 分类与识别

神经网络对外界输入样本具有很强的识别与分类能力。对输入样本的分类实际上是在样本空间找出符合分类要求的分割区域，每个区域内的样本属于一类。传统分类方法只适合解决同类相聚，异类分离的识别与分类问题。但客观世界中许多事物（如不同的图像、声音、文字等）在样本空间上的区域分割曲面是十分复杂的，相近的样本可能属于不同的类，而远离的样本可能同属一类。神经网络可以很好地解决对非线性曲面的逼近，因此比传统的分类器具有更好的分类与识别能力。

4. 优化计算

优化计算是指在已知的约束条件下，寻找一组参数组合，使由该组合确定的目标函数达到最小值。某些类型的神经网络可以把待求解问题的可变参数设计为网络的状态，将目标函数设计为网络的能量函数。神经网络经过动态演变过程达到稳定状态时对应的能量函数最小，从而其稳定状态就是问题的最优解。这种优化计算不需要对目标函数求导，其结果是网络自动给出的。

5. 知识处理

知识是人们从客观世界的大量信息以及自身的实践中总结归纳出来的经验、规则和判据。当知识能够用明确定义的概念和模型进行描述时，计算机进行知识处理时具有极快的处理速度和很高的运算精度。而在很多情况下，知识常常无法用明确的概念和模型表达，或者概念的定义十分模糊，甚至解决问题的信息不完整、不全面，对于这类知识处理问题，神经网络获得知识的途径与人类似，也是从对象的输入输出信息中抽取规律而获得关于对象的知识，并将知识分布在网络的连接中予以存储。神经网络的知识抽取能力使其能够在没有任何先验知识的情况下自动从输入数据中提取特征、发现规律，并通过自组织过程将自身构建成适合于表达所发现的规律。另一方面，人的先验知识可以大大提高神经网络的知识处理能力，两者相结合会使神经网络智能得到进一步提升。

1.4　神经网络的应用领域

神经网络的脑式智能信息处理特征与能力使其应用领域日益扩大，潜力日趋明显。许多用传统信息处理方法无法解决的问题采用神经网络后取得了良好的效果。下面简要介绍一下目前神经网络的几个主要应用领域，以使读者对神经网络能做什么有一个初步印象。

1.4.1　信息处理领域

神经网络作为一种新型智能信息处理系统，其应用贯穿信息的获取、传输、接收与加工利用等各个环节，这里仅列举几个方面的应用：

（1）信号处理　神经网络广泛应用于自适应信号处理和非线性信号处理中。前者如信号的自适应滤波、时间序列预测、谱估计、噪声消除等；后者如非线性滤波、非线性预测、非线性编码、调制/解调等。在信号处理方面神经网络有着许多成功应用的实例，第一个成功应用的实例就是电话线中回声的消除，其他还有雷达回波的多目标分类、运动目标的速度估计、多探测器的信息融合等。

（2）模式识别　模式识别涉及模式的预处理变换和将一种模式映射为其他类型的操作，神经网络在这两个方面都有许多成功的应用。神经网络不仅可以处理静态模式（如固定图像、固定能谱等），还可以处理动态模式（如视频图像、连续语音等）。大家所熟悉的静态模式识别的成功例子有手写字的识别，动态模式识别的成功实例有语音信号的识别。目前市场上随处可见的手写输入和语音输入系统进一步表明神经网络在模式识别方面的应用已经商品化。

（3）数据压缩　在数据传送与存储时，数据压缩至关重要。神经网络可对待传送（或待存储）的数据提取模式特征，只将该特征传出（或存储），接收后（或使用时）再将其恢复成原始模式。

1.4.2 自动化领域

20 世纪 80 年代以来，神经网络和控制理论与控制技术相结合，发展为自动控制领域的一个前沿学科——神经网络控制。它是智能控制的一个重要分支，为解决复杂的非线性、不确定、不确知系统的控制问题开辟了一条新的途径。神经网络用于控制领域，已取得以下主要进展：

（1）系统辨识　在自动控制问题中，系统辨识的目的是建立被控对象的数学模型。多年来控制领域一直未能很好地解决复杂的非线性对象的辨识。神经网络所具有的非线性特性和学习能力，使其在系统辨识方面有很大的潜力，为解决具有复杂的非线性、不确定性和不确知对象的辨识问题开辟了一条有效途径。基于神经网络的系统辨识是以神经网络作为被辨识对象的模型，利用其非线性特性，建立非线性系统的静态或动态模型。

（2）神经控制器　由于控制器在实时控制系统中起着“大脑”的作用，神经网络具有自学习和自适应等智能特点，因而非常适合作控制器。对于复杂非线性系统，神经控制器所达到的控制效果往往明显好于常规控制器。近年来，神经控制器在工业、航空以及机器人等领域的控制系统应用中已取得许多可喜的成就。

（3）智能检测　所谓智能检测一般包括干扰量的处理、传感器输入输出特性的非线性补偿、零点和量程的自动校正以及自动诊断等。这些智能检测功能可以通过传感元件和信号处理元件的功能集成来实现。随着智能化程度的提高，功能集成型已逐渐发展为功能创新型，如复合检测、特征提取及识别等，而这类信息处理问题正是神经网络的强项。在对综合指标的检测（例如对环境舒适度这类综合指标的检测）中，以神经网络作为智能检测中的信息处理元件便于对多个传感器的相关信息（如温度、湿度、风向和风速等）进行复合、集成、融合、联想等数据融合处理，从而实现单一传感器所不具备的功能。

1.4.3 工程领域

20 世纪 80 年代以来，神经网络的理论研究成果已在众多的工程领域取得了丰硕的应用成果，下面的介绍仅供读者窥其一斑：

（1）汽车工程　汽车在不同状态参数下运行时，能获得最佳动力性与经济性的档位称为最佳档位。利用神经网络的非线性映射能力，通过学习优秀驾驶员的换档经验数据，可自动提取蕴含在其中的最佳换档规律。神经网络在汽车刹车自动控制系统中也有成功的应用，该系统能在给定刹车距离、车速和最大减速度的情况下，以人体感受到最小冲击实现平稳刹车，而不受路面坡度和车重的影响。随着国内外对能源短缺和环境污染问题的日趋关注，燃油消耗率和排烟度越来越受到人们的关注。神经网络在载重车柴油机燃烧系统方案优化中的应用，有效地降低了油耗和排烟度，获得了良好的社会经济效益和环境效益。

（2）军事工程　神经网络同红外搜索与跟踪系统配合后可发现与跟踪飞行器。一个成功的例子是，利用神经网络检测空间卫星的动作状态是稳定、倾斜、旋转还是摇摆，正确率可达 95%。利用声呐信号判断水下目标是潜艇还是礁石是军事上常采用的办法。借助神经网络在语音分类与信号处理上的经验对声呐信号进行分析研究，对水下目标的识别率可达 90%。密码学研究一直是军事领域中的重要研究课题，利用神经网络的联想记忆特点可设计出密钥分散保管方案；利用神经网络的分类能力可提高密钥的破解难度；利用神经网络还可设计出安全的保密开关，如语音开关、指纹开关等。

(3) 化学工程　20世纪80年代中期以来，神经网络在制药、生物化学、化学工程等领域的研究与应用蓬勃开展，取得了不少成果。例如，在光谱分析方面，应用神经网络在红外光谱、紫外光谱、折射光谱和质谱与化合物的化学结构间建立某种确定的对应关系方面的成功应用实例比比皆是。此外，还有将神经网络用于判定化学反应的生成物；用于判定钾、钙、硝酸、氯等离子的浓度；用于研究生命体中某些化合物的含量与其生物活性的对应关系等大量应用实例。

(4) 水利工程　近年来，我国水利工程领域的科技人员已成功地将神经网络的方法用于水力发电过程辨识和控制、河川径流预测、河流水质分类、水资源规划、混凝土性能预估、拱坝优化设计、预应力混凝土桩基等结构损伤诊断、砂土液化预测、岩体可爆破性分级及爆破效应预测、岩土类型识别、地下工程围岩分类、大坝等工程结构安全监测、工程造价分析等许多实际问题中。

1.4.4　医学领域

(1) 检测数据分析　许多医学检测设备的输出数据都是连续波形的形式，这些波的极性和幅值常常能够提供有意义的诊断依据。神经网络在这方面的应用非常普遍，一个成功的应用实例是用神经网络进行多道脑电棘波的检测。很多癫痫病人常规治疗往往无效，但他们可得益于脑电棘波检测系统。脑电棘波的出现通常意味着脑功能的某些异常，棘波的极性和幅值提供了异常的部位和程度信息，因而神经网络脑电棘波检测系统可用来提供脑电棘波的实时检测和癫痫的预报。

(2) 生物活性研究　用神经网络对生物学检测数据进行分析，可提取致癌物的分子结构特征，建立分子结构和致癌活性之间的定量关系，并对分子致癌活性进行预测。分子致癌性的神经网络预测具有生物学检测所不具备的优点，它不仅可对新化合物的致癌性和致突变性预先做出评价，从而避免盲目投入造成浪费，而且检测费用低，可作为致癌物大面积预筛的工具。

(3) 医学专家系统　专家系统在医疗诊断方面有许多应用。虽然专家系统的研究与应用取得了重大进展，但由于知识“爆炸”和冯·诺依曼计算机的“瓶颈”问题使其应用受到严重挑战。以非线性并行分布式处理为基础的神经网络为专家系统的研究开辟了新的途径，利用其学习功能、联想记忆功能和分布式并行信息处理功能，来解决专家系统中的知识表示、获取和并行推理等问题取得了良好效果。

1.4.5　经济领域

(1) 在微观经济领域的应用　用人工神经网络构造的企业成本预测模型，可以模拟生产、管理各个环节的活动，跟踪价值链的构成，适应企业的成本变化，预测的可靠性强。利用人工神经网络对销售额进行仿真实验，可以准确地预测未来的销售额。另外，神经网络在各类企业的信用风险、财务风险、金融风险的评级和评价方面也得到大量应用。与其他预测方法比较，它具有处理非线性问题的能力和自学习特点。

(2) 在宏观经济领域的应用　主要用于国民经济参数的测算、通货膨胀率和经济周期的预测，经济运行态势的预测预警。例如，对汇率和利率的测算，对GDP和各种总产值的预测等。使用人工神经网络对宏观经济变量进行测算和预测只需少量训练样本就可以确定网络的权重和阈值，精度较高，能够对宏观经济系统中的非线性关系进行描述，使建立的非线性模型与实际系统更加接近。

（3）在证券市场中的应用　股票的收益性是投资者购买股票的主要依据，用BP网络可以准确地预测盈利水平的未来走向。在投资组合的选择时遇到的证券投资组合模型是一个多目标的非线性规划问题，考虑到各种证券的收益性、风险性和投资期的搭配等多种因素的综合作用，模型的规模较大，用一般的分析工具找到最优投资组合的过程非常困难，人工神经网络的自学习、自组织和非线性动态特征，能够实现并行处理和快速运算，使它在选择投资组合时有独特的优势。

（4）在金融领域的应用　在金融领域用BP网络构造的信用评价模型可以对贷款申请人的信用等级进行评价，对公司信用和财务状况做综合评价，进行破产风险分析，对贷款产生的效益针对不同的利益主体进行综合评价。采用人工神经网络为金融和实物期权定价，能较好地克服现有定价方法缺乏相关信息、价格确定过程主观化等不足，使定价更客观准确，为投资决策提供科学的定价依据。

（5）在社会经济发展评价和辅助决策中的应用　社会经济是多目标、多层次的大系统，其发展状况评价的分析工具必须适应大系统动态化的要求。人工神经网络能够逼近任何函数，这一特点使大系统的综合评价、模糊评价和动态评价有了科学依据。同时在评价中可以产生一系列的决策参数，使人工神经网络成为辅助决策的可靠工具。例如在产业竞争力评价、可持续发展评价、选址决策、运输方案决策、规划问题、区域发展战略研究等领域运用神经网络做出的评价结果和决策方案能真实地反映客观实际，具有科学性和可靠性。

本章小结

本章讨论了人脑与计算机信息处理能力的差异，分析了两者在信息处理机制方面的特点，并阐述了人工神经网络的概念。通过对人工神经网络曲折发展过程的叙述，展示了该领域的主要研究内容与理论成果。此外，简要说明了神经网络的基本特征与主要功能，并通过简要介绍神经网络的广泛应用使读者初步了解了神经网络在信息处理方面表现出来的巨大潜力。

本章要点包括：

（1）什么是人工神经网络　在对人脑神经网络的基本认识的基础上，用数理方法从信息处理的角度对人脑神经网络进行抽象，并建立某种简化模型，就称为人工神经网络。人工神经网络远不是人脑生物神经网络的真实写照，而只是对它的简化、抽象与模拟。因此，人工神经网络是一种旨在模仿人脑结构及其功能的信息处理系统。

（2）神经网络的发展　可分为四个时期：启蒙时期开始于1890年W. James关于人脑结构与功能的研究，结束于1969年Wlinsky和Papert发表《感知机》（Preceptions）一书。低潮时期开始于1969年，结束于1982年Hopfield发表著名的文章“神经网络和物理系统”（Neural Network and Physical System）。复兴时期开始于J. J. Hopfield的突破性研究论文，结束于1986年D. E. Rumelhart和J. L. McClelland领导的研究小组发表的《并行分布式处理》（Parallel Distributed Processing）一书。高潮时期以1987年首届国际人工神经网络学术会议为开端，迅速在全世界范围内掀起人工神经网络的研究应用热潮。目前随着深度学习的发展，神经网络不断在应用领域发挥着重要作用。

（3）神经网络的基本特征　结构上的特征是处理单元的高度并行性与分布性，这种特征使神经网络在信息处理方面具有信息的分布存储与并行计算而且存储与处理一体化的特点。而这些特点必然给神经网络带来较快的处理速度和较强的容错能力。能力方面的特征是神经网络的自学习、自组织与自适应性。自适应性是指一个系统能改变自身的性能以适应环境变化的能力，它包含自学习与自组织两层含义。自学习是指当外界环境发生变化时，经过一段时间的训练或感知，神经网络能通过自动调整网络结构参数，使得对于给定输入能产生期望的输出。自组织是指神经系统能在外部刺激下按一定规则调整神经元之间的突触连接，逐渐构建起神经网络。

（4）神经网络的基本功能　神经网络的5种功能具有智能特点，重点是其前两种功能：①联想记忆功能，指神经网络能够通过预先存储信息和学习机制进行自适应训练，从不完整的信息和噪声干扰中恢复原始的完整信息；②非线性映射功能，指神经网络能够通过对系统输入输出样本对的学习自动提取蕴涵其中的映射规则，从而以任意精度拟合任意复杂的非线性函数。

习　题

1.1　根据自己的体会，列举人脑与计算机信息处理能力有哪些不同。

1.2　神经网络的功能特点是由什么决定的？

1.3　根据人工神经网络的特点，你认为它善于解决哪类问题？

1.4　神经网络研究在20世纪70~80年代处于低潮的主要原因是什么？

1.5　神经网络研究在20世纪80年代中期复兴的动力是什么？

1.6　深度学习为神经网络的发展带来了哪些变化？

第 2 章 人工神经网络建模基础

20 世纪 40 年代第一台计算机的问世是人类改造大自然进程中的一个重要里程碑。计算机作为具有计算和存储能力的“电脑”，物化延伸了人脑的智力，这是探索构造具有脑智能的人工系统的一个重大进步。以计算机为基础的人工智能和专家系统，在信息的加工、处理中起到了“智能化”的作用。然而，传统人工智能的表示必须是形式化的，处理的方式是计算机串行处理，而作为真正具有智能的人脑并不是以这种方式进行思维活动。

下面的内容将说明，作为“智能”物质基础的脑是如何构成和如何工作的？在构造新型智能信息处理系统时可以从中得到什么启示？

2.1 脑的生物神经系统概述

人脑是物质世界进化的最高级产物，也是世界上最复杂的信息处理系统。其中，人脑生物神经系统是人脑实现各种高级功能的物质基础，也是人工神经网络试图模拟和借鉴的原型系统。为了研究开发具有某种人脑高级功能的仿脑智能系统，需要尽可能了解人脑神经系统的结构与机制，并从信息处理及工程学的观点进行分析、抽象与简化。

在脑科学中，“脑”这个词通常有两层涵义。狭义地说，脑即指中枢神经系统，有时特指大脑；广义地说，脑可泛指整个神经系统。因此，脑科学等同于神经科学。对神经科学曾有过各种定义，其中较有代表性和权威性的是美国神经科学学会的定义：“神经科学是为了了解神经系统内分子水平、细胞水平及细胞间的变化过程，以及这些过程在中枢的功能、控制系统内的整合作用所进行的研究。”一般来说，人们是从最广泛的交叉学科的意义上来理解神经科学或脑科学的，因此其研究涵盖了所有与认识脑和神经系统有关的研究，可以是在从分子水平至行为水平等各种不同的水平上进行，只要是与了解正常神经系统的活动有关，均属于神经科学或脑科学的范畴。

神经系统是人体的主导系统。人体内外环境的各种刺激由感受器感受后，经传入神经传至中枢神经系统，在此整合后再经传出神经将整合的信息传导至全身各器官，调节各器官的活动，保证人体各器官、系统活动的协调以及机体与客观世界的统一，维持生命活动的正常进行。

2.1.1 人体神经系统的构成

人体神经系统分为中枢神经系统和周围神经系统。中枢神经系统包括位于颅腔内的脑和位于脊柱椎管内的脊髓。周围神经系统是联络中枢神经与周围器官之间的神经系统，其中与脑相连的部分称为脑神经或颅神经，共12对；与脊髓相连的部分称为脊神经，共31对。根据所支配的周围器官的性质不同，周围神经又可分为躯体神经和内脏神经。躯体神经分布于体表、骨、关节和骨骼肌；内脏神经支配内脏、心血管的平滑肌和腺体。

人体神经系统作为人体的主要信息调控系统，其体系结构的简化模型如图2-1所示。图2-1中人体神经系统各子系统功能和相互关系如下：

中枢神经是信息处理机构。人体外部环境和内部的各种活动状态信号经过各种传入神经传递到中枢，分别在一定的中枢部位进行分析、处理；从中枢产生的信号再经传出神经传至效应器引起腺体和肌肉的活动。中枢神经系统又可分为高级和低级两个部分：以大脑皮层为中心的高级中枢神经系统包括大脑、丘脑、下丘脑和小脑，人脑高级功能主要由高级中枢实现；脑干和脊髓属于低级中枢神经系统，它们向上与高级中枢联系，向下按节段发出周围神经（12对脑神经和31对脊神经）和全身的外周器官联系。

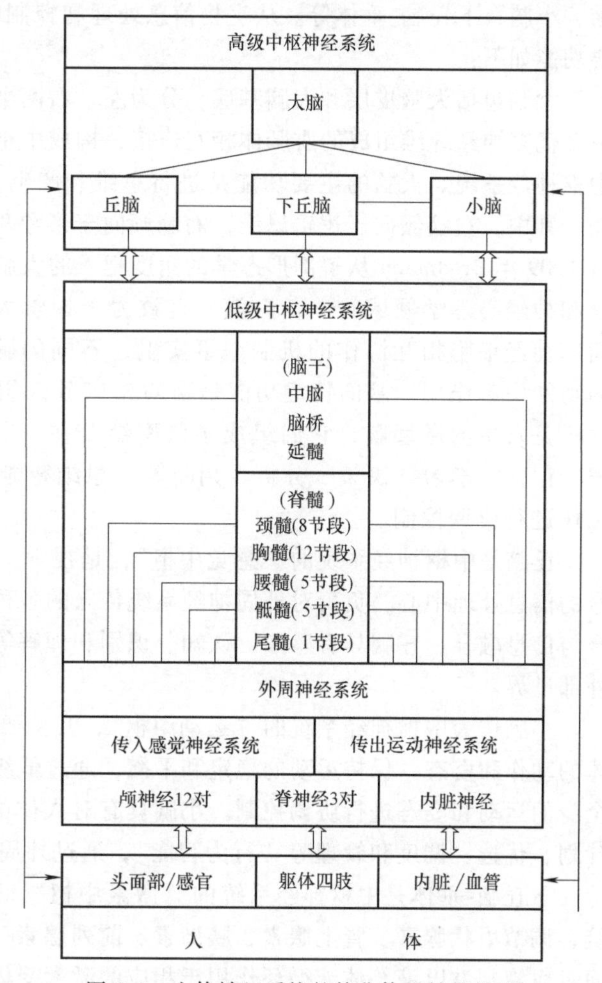

图2-1　人体神经系统的简化体系结构模型

周围神经系统包括：传入神经系统和传出神经系统。传入神经系统接收来自人体各种感受器的信息，传入中枢神经系统进行信息处理；传出神经系统将中枢神经系统发出的关于人体生理状态调节与运动姿态控制的指令信息传至人体的各种效应器，产生相应的生理状态调节与运动姿态控制效应，以保持人体的正常生理状态，进行各种有意识的生命活动，实现各种有目的的动作行为。

人体具有各种感受器，神经系统通过感受器感受内外环境的变化。感受器具有换能作用，可以将各种信号“翻译”成神经能够理解的“语言”，再向中枢传递。例如视觉感受器（眼）、听觉感受器（耳）、嗅觉感受器（鼻）、味觉感受器（舌）、触觉感受器（皮肤）以及痛觉、温觉、压觉等体内神经末梢感受器。

效应器是以中枢神经内的下位运动神经元向外周发出的传出纤维的终末为主体而形成的。这些终末止于骨骼肌、脏器的平滑肌或腺体，支配肌肉的活动或腺体的分泌。

2.1.2　高级中枢神经系统的功能

人脑高级中枢神经系统是实现人类智能的物质基础，其系统构成主要包括：大脑、丘脑、小脑、下丘脑-垂体等。从生物信息处理和控制的角度看，人脑高级中枢神经系统的主要功能如下：

大脑包括大脑皮层和大脑基底，分为左、右两半球，即“左脑”和“右脑”。左、右脑由2亿多神经纤维组成的胼胝体相互连接，构成中枢神经系统的“思维中枢”，是最高级的中枢神经系统。大脑的主要功能是进行思维、产生意志、控制行为以及协调人体的生命活动。其中，左脑倾向于逻辑思维，右脑倾向于形象思维，左脑和右脑协同工作，并联运行。自1909年Brodmann从解剖形态学的角度把人的大脑皮层划分为52个区域以来，神经生理学和神经心理学领域的学者们就一直致力于探索大脑皮层的功能分区，以及不同分区之间的神经细胞相互协作的机制。事实上，不同的脑区以某种方式结合起来，协同在不同的功能中起作用。脑的特定功能是脑的相应分区组成的特定系统实现的，但不同的脑区并不是自主的微型脑，它们组成了紧密结合在一起的一体化系统，该系统具有推理、联想、记忆、学习、决策、分析、判断等“思维智能”，此外还对中枢神经系统其他部分的工作进行协调控制。

丘脑是中枢神经系统的“感觉中枢”，是视觉、听觉、触觉、嗅觉、味觉等各种感觉信号的信息处理中心，负责对外周神经系统传入的各种多媒体、多模式的感觉信号进行时空整合与信息融合。丘脑具有感知、认知、识别和理解等“感知智能”，通过外周神经系统感知外部世界。

小脑作为中枢神经系统的“运动中枢”，其主要功能是协调人体的运动和行为，控制人体的动作和姿态，保持运动的稳定和平衡，通过低级中枢神经系统及外周神经系统，对人体全身的运动和姿态进行协调控制。小脑具有对人体的运动姿态和行为动作进行协调、平衡、计划、优选、调度和管理等“行为智能”，通过外周传出神经系统作用于外部世界。

下丘脑-垂体是中枢神经系统的“激素中枢”，其主要功能是释放激素，控制内分泌系统，调节甲状腺素、肾上腺素、胰岛素、前列腺素、性激素等各种内分泌激素的分泌水平，通过血液、淋巴液等体液循环作用于相应的激素受体，如靶细胞、靶器官等，对人体生理机制的状态进行分工式调节和控制，具有通过内分泌系统对人体的各种内分泌激素和体液进行调节和控制的功能。

2.1.3 脑组织的分层结构

在人脑中，解剖组织有大小之分，机能有高低之别。图2-2根据复杂性水平给出人脑中不同脑组织的层次结构。突触的活动依赖于分子和离子，是分层结构中最基本的层次。其后的层次有神经微电路、树突和神经元。神经微电路指突触集成，组织成可以完成某种功能操作的连接模式。局部电路的复杂性水平高于神经元，由具有相似或不同性质的神经元组成，这些神经元集成完成脑局部区域的特征操作。复杂性水平更高的是区域间电路，涉及脑中不同部分的多个区域。

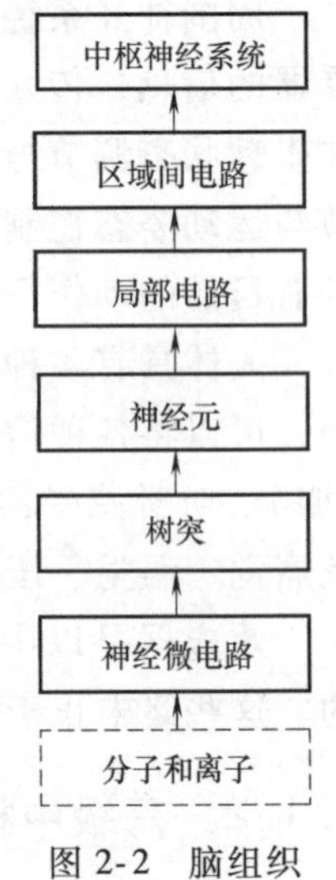

图2-2 脑组织的分层结构

结构分层组织是人脑的独有特征，但在人工神经网络中还无法近似地重构。目前人们构造的网络只相当于人脑中初级的局部电路和区域间电路，但研究工作一直在向图2-2中的层状结构缓慢推进。通过不断从模拟和借鉴人脑生物神经网络中获得灵感，人们将在人工神经网络研究领域不断取得新的成果。

2.2　生物神经网络基础

神经生理学和神经解剖学的研究结果表明，神经元是脑组织的基本单元，是神经系统结构与功能的单位。据估计，人类大脑大约包含 1.4×10^{11} 个神经元，每个神经元与 $10^3\sim10^5$ 个其他神经元相连接，构成一个极为庞大而复杂的网络，即生物神经网络。生物神经网络中各神经元之间连接的强弱，按照外部的激励信号做自适应变化，而每个神经元又随着接收到的多个激励信号的综合结果呈现出兴奋与抑制状态。大脑的学习过程就是神经元之间连接强度随外部激励信息做自适应变化的过程，大脑处理信息的结果由各神经元状态的整体效果确定。显然，神经元是人脑信息处理系统的最小单元。

2.2.1　生物神经元的结构

人脑中神经元的形态不尽相同，功能也有差异，但从组成结构来看，各种神经元是有共性的。图 2-3 给出一个典型神经元的基本结构和与其他神经元发生连接的简化示意图。

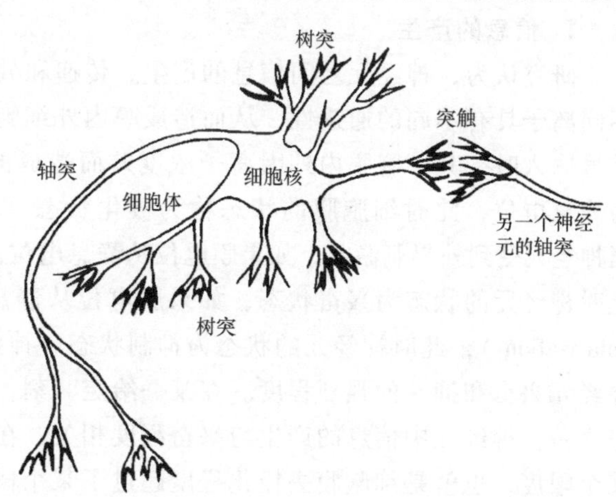

图 2-3　生物神经元简化示意图

神经元在结构上由细胞体、树突、轴突和突触四部分组成。

（1）细胞体（Cell Body）　细胞体是神经元的主体，由细胞核、细胞质和细胞膜三部分构成。细胞核占据细胞体的很大一部分，进行着呼吸和新陈代谢等许多生化过程。细胞体的外部是细胞膜，将膜内外细胞液分开。由于细胞膜对细胞液中的不同离子具有不同的通透性，使得膜内外存在着离子浓度差，从而出现内负外正的静息电位。

（2）树突（Dendrite）　从细胞体向外延伸出许多突起的神经纤维，其中大部分突起较短，其分支多群集在细胞体附近形成灌木丛状，这些突起称为树突。神经元通过树突接收来自其他神经元的输入信号，相当于细胞体的输入端。

（3）轴突（Axon）　由细胞体伸出的最长的一条突起称为轴突。轴突比树突长而细，用来传出细胞体产生的输出电化学信号。轴突也称神经纤维，其分支倾向于在神经纤维终端处长出，这些细的分支称为轴突末梢或神经末梢。每一条神经末梢可以向四面八方传出信号，相当于细胞体的输出端。

（4）突触（Synapse）　神经元之间通过一个神经元的轴突末梢和其他神经元的细胞体或树突进行通信连接，这种连接相当于神经元之间的输入输出接口，称为突触。突触包括突触前、突触间隙和突触后三个部分。突触前是某个神经元的轴突末梢部分，突触后是指另一个神经元的树突或细胞体等受体表面。突触在轴突末梢与其他神经元的受体表面相接触的地方有 15~50nm 的间隙，称为突触间隙，在电学上把两者断开，如图 2-4 所示。每个神经元有 $10^3 \sim 10^5$ 个突触，多个神经元以突触连接即形成神经网络。

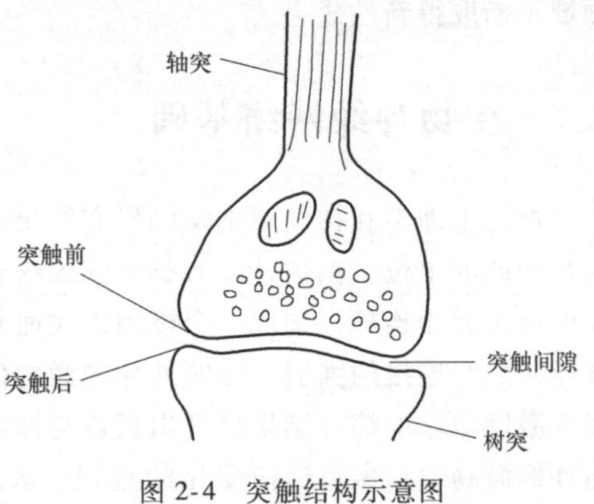

图 2-4　突触结构示意图

2.2.2　生物神经元的信息处理机理

在生物神经元中，突触为输入输出接口，树突和细胞体为输入端，接收突触点的输入信号；细胞体相当于一个微型处理器，对各树突和细胞体各部位收到的来自其他神经元的输入信号进行整合，并在一定条件下触发，产生一输出信号；输出信号沿轴突传至末梢，轴突末梢作为输出端通过突触将这一输出信号传向其他神经元的树突和细胞体。下面对生物神经元之间接收、产生、传递和处理信息的机理进行分析。

1. 信息的产生

研究认为，神经元之间信息的产生、传递和处理是一种电化学活动。由于细胞膜本身对不同离子具有不同的通透性，从而造成膜内外细胞液中的离子存在浓度差。神经元在无神经信号输入时，其细胞膜内外因离子浓度差而造成的电位差为-70mV（内负外正）左右，称为静息电位，此时细胞膜的状态称为极化状态（Polarization），神经元的状态为静息状态。当神经元受到外界刺激时，如果膜电位从静息电位向正偏移，称之为去极化（Depolarization），此时神经元的状态为兴奋状态；如果膜电位从静息电位向负偏移，称之为超级化（Hyper-polarization），此时神经元的状态为抑制状态。神经元细胞膜的去极化和超极化程度反映了神经元兴奋和抑制的强烈程度。在某一给定时刻，神经元总是处于静息、兴奋和抑制三种状态之一。神经元中信息的产生与兴奋程度相关，在外界刺激下，当神经元的兴奋程度超过了某个限度，也就是细胞膜去极化程度超过了某个阈电位时，神经元被激发而输出神经脉冲。每个神经脉冲产生的经过如下：当膜电位以静息膜电位为基准高出 15mV，即超过阈值电位（-55mV）时，该神经细胞变成活性细胞，其膜电位自发地急速升高，在 1ms 内比静息膜电位上升 100mV 左右，此后膜电位又急速下降，回到静止时的值。这一过程称作细胞的兴奋过程，兴奋的结果产生一个宽度为 1ms，振幅为 100mV 的电脉冲，又称神经冲动，如图 2-5 所示。

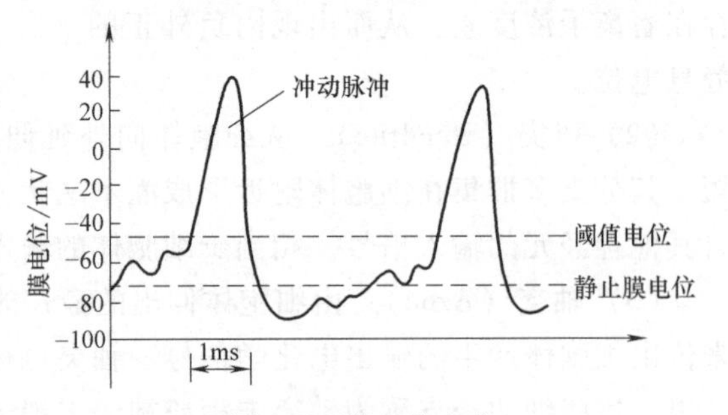

图 2-5　膜电位变化

值得注意的是，当细胞体产生一个电脉冲后，即使受到很强的刺激，也不会立刻产生兴奋，这是因为神经元发放电脉冲时阈值急速升高，持续 1ms 后慢慢下降到-55mV 这一正常状态，这段时间约为数毫秒，称为不应期。不应期结束后，若细胞受到很强的刺激，则再次产生兴奋性电脉冲。由此可见，神经元产生的信息是具有电脉冲形式的神经冲动。各脉冲的宽度和幅度相同，而脉冲的间隔是随机变化的。神经元的输入脉冲密度越大，其兴奋程度越高，在单位时间内产生的脉冲串的平均频率也越高。

2. 信息的传递与接收

神经脉冲信号沿轴突传向其末端的各个分支，在轴突的末端触及突触前时，突触前的突触小泡能释放一种化学物质，称为递质。在前一个神经元发放脉冲并传到其轴突末端后，这种递质从突触前膜释放出，经突触间隙的液体扩散，在突触后膜与特殊受体相结合。受体的性质决定了递质的作用是兴奋的还是抑制的，并据此改变后膜的离子通透性，从而使突触后膜电位发生变化。根据突触后膜电位的变化，可将突触分为两种：兴奋性突触和抑制性突触。兴奋性突触的后膜电位随递质与受体结合数量的增加而向正电位方向增大，抑制性突触的后膜电位随递质与受体结合数量的增加向负电位方向变化。从化学角度看，当兴奋性化学递质传送到突触后膜时，后膜对离子通透性的改变使流入细胞膜内的正离子增加，从而使突触后成分去极化，产生兴奋性突触后电位；当抑制性化学递质传送到突触后膜时，后膜对离子通透性的改变使流出细胞膜外的正离子增加，从而使突触后成分超极化，产生抑制性突触后电位。

当突触前膜释放的兴奋性递质使突触后膜的去极化电位超过了某个阈电位时，后一个神经元就有神经脉冲输出，从而把前一神经元的信息传递给了后一神经元（见图2-6）。

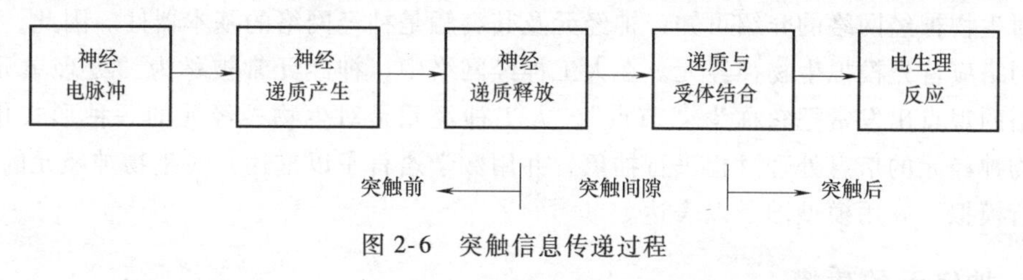

图2-6　突触信息传递过程

从脉冲信号到达突触前膜，再到突触后膜电位发生变化，有0.2~1ms的时间延迟，称为突触延迟（Synaptic Delay），这段延迟是化学递质分泌、向突触间隙扩散、到达突触后膜并在那里发生作用的时间总和。由此可见，突触对神经冲动的传递具有延时作用。

在人脑中，神经元间的突触联系大部分是在出生后由于给予刺激而成长起来的。外界刺激性质不同，能够改变神经元之间的突触联系，即突触后膜电位变化的方向与大小。从突触信息传递的角度看，表现为放大倍数和极性的变化。正是由于各神经元之间的突触连接强度和极性有所不同并具有可塑性，因此人脑才具有学习和存储信息的功能。

3. 信息的整合

神经元对信息的接收和传递都是通过突触来进行的。单个神经元可以与数千个其他神经元的轴突末梢形成突触连接，接收从各个轴突传来的脉冲输入。这些输入可到达神经元的不同部位，输入部位不同，对神经元影响的权重也不同。在同一时刻产生的刺激所引起的膜电位变化，大致等于各单独刺激引起的膜电位变化的代数和。这种累加求和称为空间整合。另外，各输入脉冲抵达神经元的先后时间也不一样。由一个脉冲引起的突触后膜电位很小，但在其持续时间内有另一脉冲相继到达时，总的突触后膜电位增大，这种现象称为时间整合。

输入一个神经元的信息在时间和空间上常呈现一种复杂多变的形式，神经元需要对它们进行积累和整合加工，从而决定其输出的时机和强弱。正是神经元的这种时空整合作用，才使得亿万个神经元在神经系统中可以有条不紊、夜以继日地处理着各种复杂的信息，执行着生物中枢神经系统的各种信息处理功能。

4. 生物神经网络

由多个生物神经元以确定方式和拓扑结构相互连接即形成生物神经网络，它是一种更为灵巧、复杂的生物信息处理系统。研究表明，每一个生物神经网络系统均是一个有层次的、多单元的动态信息处理系统，它们有其独特的运行方式和控制机制，以接收生物系统内外环境的输入信息，加以综合分析处理，然后调节控制机体对环境做出适当反应。生物神经网络的功能不是单个神经元信息处理功能的简单叠加。每个神经元都有许多突触与其他神经元连接，任何一个单独的突触连接都不能完整表达一项信息。只有当它们集合成总体时才能对刺激的特殊性质给出明确的答复。由于神经元之间突触连接方式和连接强度的不同并且具有可塑性，神经网络在宏观上呈现出千变万化的复杂的信息处理能力。

2.3 人工神经元模型

人工神经网络是在现代神经生物学研究基础上提出的一种模拟生物过程、反映人脑某些特性的计算结构。它不是人脑神经系统的真实描写，而只是它的某种抽象、简化和模拟。根据前面对生物神经网络的介绍可知，神经元及其突触是神经网络的基本器件。因此，模拟生物神经网络应首先模拟生物神经元。在人工神经网络中，神经元常被称为“处理单元”。有时从网络的观点出发常把它称为“节点”。人工神经元是对生物神经元的一种形式化描述，它对生物神经元的信息处理过程进行抽象，并用数学语言予以描述；对生物神经元的结构和功能进行模拟，并用模型图予以表达。

2.3.1 神经元的建模

目前人们提出的神经元模型已有很多，其中最早提出且影响最大的是 1943 年心理学家 McCulloch 和数学家 W. Pitts 在分析总结神经元基本特性的基础上首先提出的 M-P 模型。该模型经过不断改进后，形成目前广泛应用的形式神经元模型。关于神经元的信息处理机制，该模型在简化的基础上提出以下六点假定进行描述：

1）每个神经元都是一个多输入单输出的信息处理单元。

2）神经元输入分兴奋性输入和抑制性输入两种类型。

3）神经元具有空间整合特性和阈值特性。

4）神经元输入与输出间有固定的时滞，主要取决于突触延搁。

5）忽略时间整合作用和不应期。

6）神经元本身是非时变的，即其突触时延和突触强度均为常数。

显然，上述假定是对生物神经元信息处理过程的简化和概括，它清晰地描述了生物神经元信息处理的特点，而且便于进行形式化表达。上述假定，可用图 2-7 中的神经元模型示意图进行图解表示。

图 2-7a 表明，正如生物神经元有许多激励输入一样，人工神经元也应该有许多输入信号（图中每个输入的大小用确定数值 x_i 表示），它们同时输入神经元 j。生物神经元具有不同的突触性质和突触强度，其对输入的影响是使某些输入在神经元产生脉冲输出过程中所起的作用比另外一些输入更为重要。图 2-7b 中对神经元的每一个输入都有一个加权系数 w_{ij}，

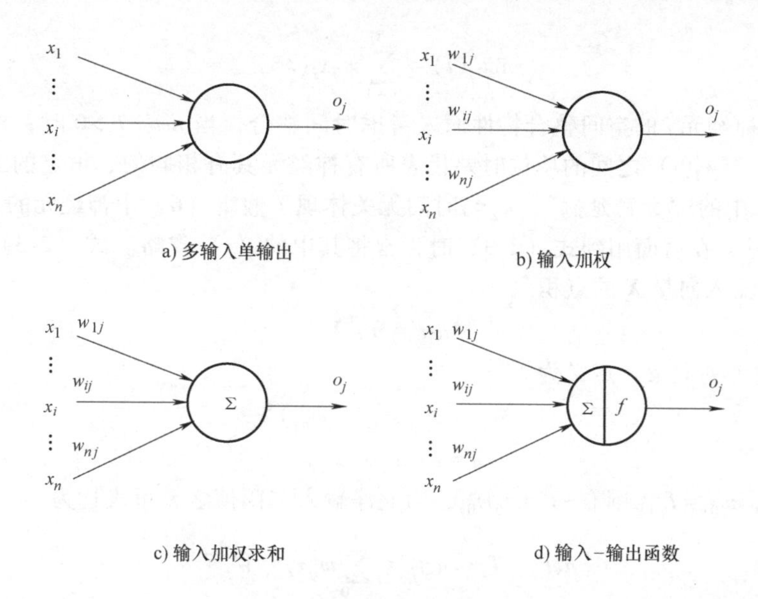

a) 多输入单输出　b) 输入加权　c) 输入加权求和　d) 输入-输出函数

图 2-7　神经元模型示意图

称为权重值，其正负模拟了生物神经元中突触的兴奋和抑制，其大小则代表了突触的不同连接强度。作为人工神经网络的基本处理单元，必须对全部输入信号进行整合，以确定各类输入的作用总效果，图 2-7c 表示整合输入信号的“总和值”，相应于生物神经元的膜电位。神经元激活与否取决于某一阈值电平，即只有当其输入总和超过阈值时，神经元才被激活而发放脉冲，否则神经元不会产生输出信号。人工神经元的输出也同生物神经元一样仅有一个，如用 o_j 表示神经元输出，则输出与输入之间的对应关系可用图 2-7d 中的某种函数 f 来表示，这种函数一般都是非线性的。

2.3.2　神经元的数学模型

上述内容可用一个数学表达式进行抽象与概括。令 $x_i(t)$ 表示 t 时刻神经元 j 接收的来自神经元 i 的输入信息，$o_j(t)$ 表示 t 时刻神经元 j 的输出信息，则神经元 j 的状态可表达为

$$o_j(t) = f\left\{\left[\sum_{i=1}^{n} w_{ij}x_i(t-\tau_{ij})\right] - T_j\right\} \tag{2-1}$$

式中，τ_{ij} 为输入输出间的突触时延；T_j 为神经元 j 的阈值；w_{ij} 为神经元 i 到 j 的突触连接系数或称权重值；f 为神经元变换函数。

为简单起见，将上式中的突触时延取为单位时间，则式（2-1）可写为

$$o_j(t+1) = f\left\{\left[\sum_{i=1}^{n} w_{ij}x_i(t)\right] - T_j\right\} \tag{2-2}$$

上式描述的神经元数学模型全面表达了神经元模型的六点假定。其中输入 x_i 的下标 $i=1, 2, \cdots, n$，输出 o_j 的下标 j 体现了神经元模型假定（1）中的“多输入单输出”。权重值 w_{ij} 的正负体现了假定（2）中“突触的兴奋与抑制”。T_j 代表假定（3）中神经元的“阈值”；“输入总和”常称为神经元在 t 时刻的净输入，用 $net_j'(t)$ 表示

$$net'_j(t) = \sum_{i=1}^{n} w_{ij}x_i(t) \tag{2-3}$$

$net'_j(t)$ 体现了神经元 j 的空间整合特性而未考虑时间整合，当 $net'_j-T_j>0$ 时，神经元才能被激活。$o_j(t+1)$ 与 $x_i(t)$ 之间的单位时差代表所有神经元具有相同的、恒定的工作节律，对应于假定（4）中的“突触延搁”；w_{ij}与时间无关体现了假定（6）中神经元的“非时变”。

为简便起见，在后面用到式（2-3）时，常将其中的（t）省略。式（2-3）还可表示为权重向量 $\boldsymbol{W}_j$和输入向量 $\boldsymbol{X}$ 的点积

$$net'_j=\boldsymbol{W}_j^{\mathrm{T}}\boldsymbol{X} \tag{2-4}$$

其中 $\boldsymbol{W}_j$和 $\boldsymbol{X}$ 均为列向量，定义为

$$\boldsymbol{W}_j=(w_{1j}\, w_{2j}\cdots\, w_{nj})^{\mathrm{T}}$$
$$\boldsymbol{X}=(x_1x_2\cdots\, x_n)^{\mathrm{T}}$$

如果令 $x_0=-1$，$w_{0j}=T_j$，则有$-T_j=x_0w_{0j}$，因此净输入与阈值之差可表达为

$$net'_j - T_j = net_j = \sum_{i=0}^{n} w_{ij}x_i = W_j^{\mathrm{T}}X \tag{2-5}$$

显然，式（2-4）中列向量 $\boldsymbol{W}_j$和 $\boldsymbol{X}$ 的第一个分量的下标均从 1 开始，而式（2-5）中则从 0 开始。采用式（2-5）的约定后，净输入改写为 net_j，与原来的区别是包含了阈值。综合以上各式，神经元模型可简化为

$$o_j=f(net_j)=f(\boldsymbol{W}_j^{\mathrm{T}}\cdot\boldsymbol{X}) \tag{2-6}$$

2.3.3 神经元的变换函数

神经元的各种不同数学模型的主要区别在于采用了不同的变换函数，从而使神经元具有不同的信息处理特性。神经元的信息处理特性是决定人工神经网络整体性能的三大要素之一，因此变换函数的研究具有重要意义。神经元的变换函数反映了神经元输出与其激活状态之间的关系，最常用的变换函数有以下四种形式。

（1）阈值型变换函数　阈值型变换函数采用了图 2-8a 中的单位阶跃函数，用下式定义：

$$f(x)=\begin{cases}1 & x\geqslant 0\\ 0 & x<0\end{cases} \tag{2-7}$$

具有这一作用方式的神经元称为阈值型神经元，这是神经元模型中最简单的一种，经典的 M-P模型就属于这一类。函数中的自变量 x 代表 net'_j-T_j，即当 $net'_j\geqslant T_j$时，神经元为兴奋状态，输出为 1；当 $net'_j<T_j$时，神经元为抑制状态，输出为 0。

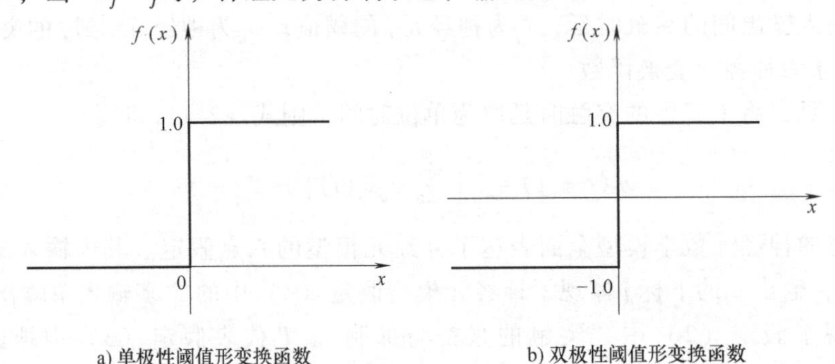

a) 单极性阈值形变换函数　　b) 双极性阈值形变换函数

图 2-8　阈值型变换函数

（2）非线性变换函数　非线性变换函数为实数域 R 到 [0.1] 闭区间的非减连续函数，代表了状态连续型神经元模型。最常用的非线性变换函数是单极性 Sigmoid 函数曲线，简称 S 型函数，其特点是函数本身及其导数都是连续的，因而在处理上十分方便。单极性 S 型函数定义如下：

$$f(x)=\frac{1}{1+e^{-x}} \tag{2-8}$$

有时也常采用双极性 **S** 型函数（双曲正切）等形式

$$f(x)=\frac{2}{1+e^{-x}}-1=\frac{1-e^{-x}}{1+e^{-x}}$$

S 型函数其曲线特点如图 2-9 所示。

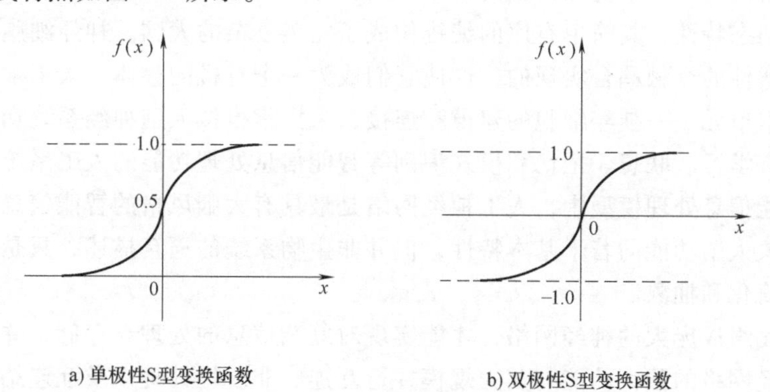

图 2-9　S 型变换函数

（3）分段线性变换函数　该函数的特点是神经元的输入与输出在一定区间内满足线性关系。由于具有分段线性的特点，因而在实现上比较简单。这类函数也称为伪线性函数，单极性分段线性变换函数的表达式如下：

$$f(x)=\begin{cases}0 & x\leqslant 0\\ cx & 0<x\leqslant x_c\\ 1 & x_c<x\end{cases} \tag{2-9}$$

式中，c 为线性段的斜率，图 2-10a 给出了该函数曲线。

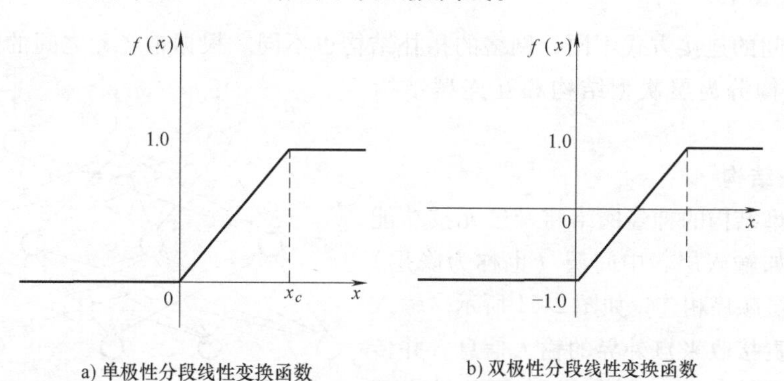

图 2-10　分段线性变换函数

（4）概率型变换函数　采用概率型变换函数的神经元模型其输入与输出之间的关系是

不确定的，需用一个随机函数来描述其输出状态为1或为0的概率。设神经元输出为1的概率为

$$P(1)=\frac{1}{1+\mathrm{e}^{-x/T}} \tag{2-10}$$

式中，T为温度参数。由于采用该变换函数的神经元输出状态分布与热力学中的玻尔兹曼（Boltzmann）分布相类似，因此这种神经元模型也称为热力学模型。

2.4 人工神经网络模型

神经细胞是构筑神经系统和人脑的基本单元，它既具有结构和功能的动态特性，又具有时间和空间的动态特性，其简单有序的编排构成了完美复杂的大脑。神经细胞之间的通信是通过其具有可塑性的突触耦合实现的，这使它们成为一个有机的整体。人工神经网络就是通过对人脑的基本单元——神经细胞的建模和连接，来探索模拟人脑神经系统功能的模型，其任务是构造具有学习、联想、记忆和模式识别等智能信息处理功能的人工系统。

在各种智能信息处理模型中，人工神经网络是最具有大脑风格的智能信息处理模型，许多网络都能反映人脑功能的若干基本特性，但并非生物系统的逼真描述，只是对其局部电路的某种模仿、简化和抽象。

大量神经元组成庞大的神经网络，才能实现对复杂信息的处理与存储，并表现出各种优越的特性。神经网络的强大功能与其大规模并行互连、非线性处理以及互连结构的可塑性密切相关。因此必须按一定规则将神经元连接成神经网络，并使网络中各神经元的连接权按一定规则变化。生物神经网络由数以亿计的生物神经元连接而成，而人工神经网络限于物理实现的困难和为了计算简便，是由相对少量的神经元按一定规律构成的网络。人工神经网络中的神经元常称为节点或处理单元，每个节点均具有相同的结构，其动作在时间和空间上均同步。

人工神经网络的模型很多，可以按照不同的方法进行分类。其中常见的两种分类方法是，按网络连接的拓扑结构分类和按网络内部的信息流向分类。

2.4.1 网络拓扑结构类型

神经元之间的连接方式不同，网络的拓扑结构也不同。根据神经元之间的连接方式，可将神经网络结构分为层次型结构和互连型结构两大类。

1. 层次型结构

具有层次型结构的神经网络将神经元按功能分成若干层，如输入层、中间层（也称为隐层）和输出层，各层顺序相连，如图2-11所示。输入层各神经元负责接收来自外界的输入信息，并传递给中间各隐层神经元；隐层是神经网络的内部信息处理层，负责信息变换，根据信息变换能力的需要，隐层可设计为一层或多层；最后一个隐

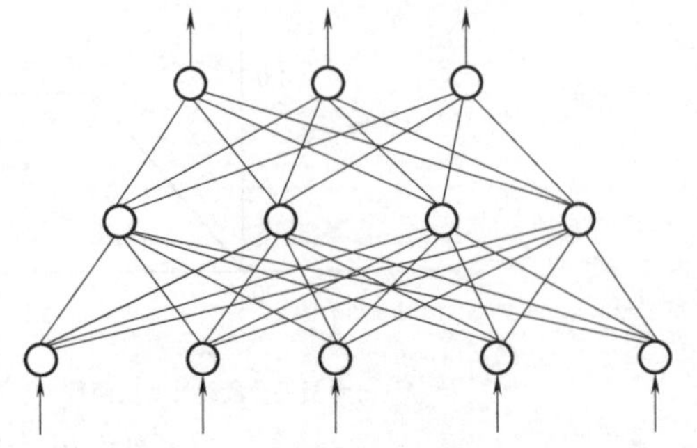

图2-11 层次型网络结构示意图

层传递到输出层各神经元的信息经进一步加工后即完成一次信息处理，由输出层向外界（如执行机构或显示设备）输出信息处理结果。层次型网络结构有三种典型的结合方式。

（1）单纯型层次网络结构　在图2-11所示的层次型网络中，神经元分层排列，各层神经元接收下一层输入并输出到上一层，层内神经元自身以及神经元之间不存在连接通路。

（2）输出层到输入层有连接的层次网络结构　图2-12所示为输出层到输入层有连接路径的层次型网络结构示意图。其中输入层神经元既可接收输入，也具有信息处理功能。

（3）层内有互连的层次网络结构　图2-13所示为同一层内神经元有连接的层次型网络结构，这种结构的特点是在同一层内引入神经元间的侧向作用，使得能同时激活的神经元个数可控，以实现各层神经元的自组织。

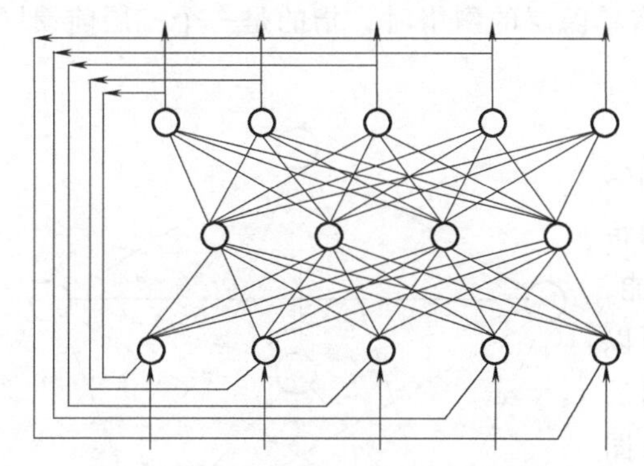

图2-12　输出层到输入层有连接的层次型网络结构示意图

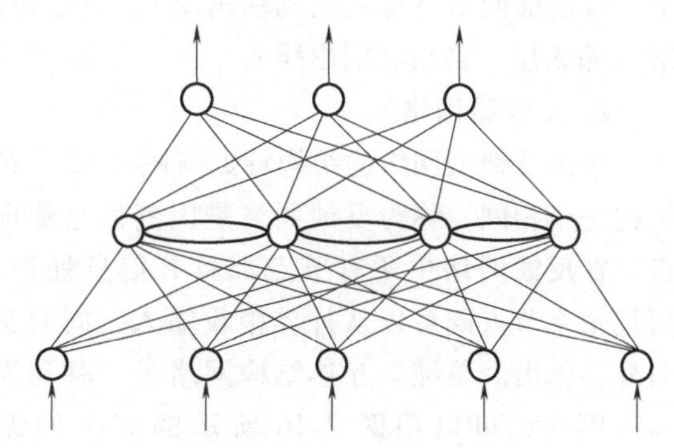

图2-13　层内有互连的层次型网络结构示意图

2. 互连型结构

对于互连型网络结构，网络中任意两个节点之间都可能存在连接路径，因此可以根据网络中节点的互连程度将互连型网络结构细分为三种情况：

（1）全互连型　网络中的每个节点均与所有其他节点连接，如图2-14所示。

（2）局部互连型　网络中的每个节点只与其邻近的节点有连接，如图2-15所示。

（3）稀疏连接型　网络中的节点只与少数相距较远的节点相连。

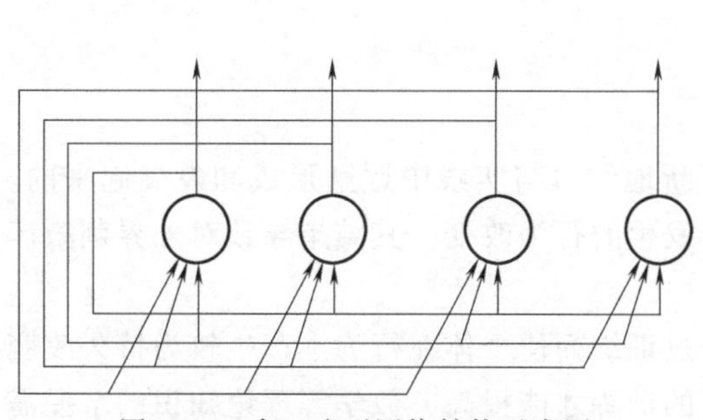

图2-14　全互连型网络结构示意图

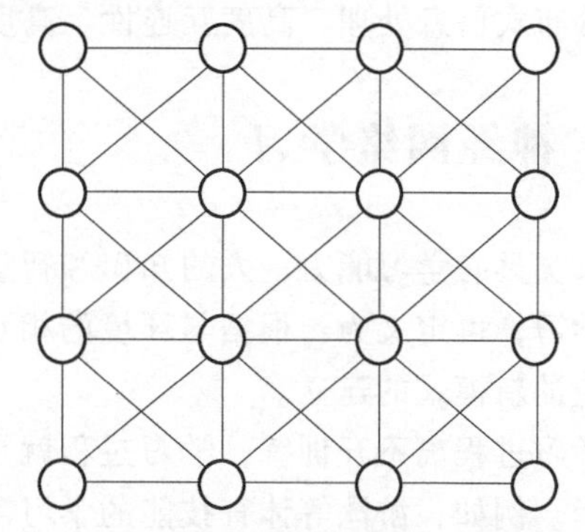

图2-15　局部互连型网络结构示意图

2.4.2　网络信息流向类型

根据神经网络内部信息的传递方向，可分为前馈型网络和反馈型网络两种类型。

1. 前馈型网络

单纯前馈型网络的结构特点与图 2-11 中所示的分层网络完全相同，因网络信息处理的方向是从输入层到各隐层再到输出层逐层进行而得名。从信息处理能力看，网络中的节点可分为两种：一种是输入节点，只负责从外界引入信息后向前传递给第一隐层；另一种是具有处理能力的节点，包括各隐层和输出层节点。前馈网络中某一层的输出是上一层的输入，信息的处理具有逐层传递进行的方向性，一般不存在反馈环路。因此这类网络很容易串联起来建立多层前馈网络。

多层前馈网络可用一个有向无环路的图表示。其中输入层常记为网络的第一层，第一个隐层记为网络的第二层，依此类推。所以，当提到具有单层计算神经元的网络时，指的是一个两层前馈网络（输入层和输出层），当提到具有单隐层的网络时，指的是一个三层前馈网络（输入层、隐层和输出层）。

2. 反馈型网络

单纯反馈型网络的结构特点与图 2-12 中的网络结构完全相同，称为反馈网络是因其信息流向的特点。在反馈网络中所有节点都具有信息处理功能，而且每个节点既可以从外界接收输入，同时又可以向外界输出。单纯全互连结构网络是一种典型的反馈型网络，可以用图 2-16 所示的完全的无向图表示。

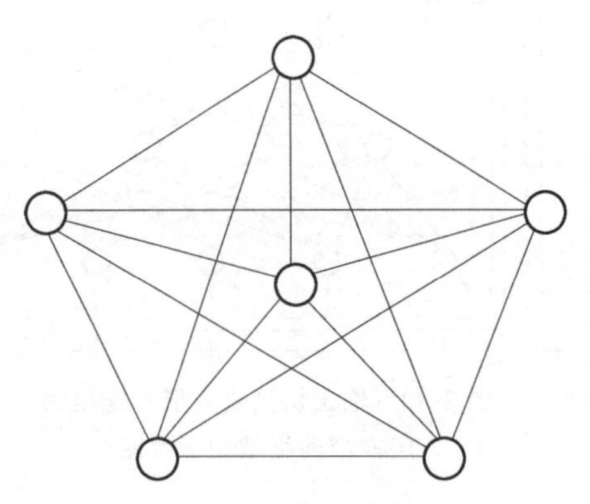

图 2-16　反馈型网络

上面介绍的分类方法、结构形式和信息流向只是对目前常见的网络结构的概括和抽象。实际应用的神经网络可能同时兼有其中一种或几种形式。例如，从连接形式看，层次网络中可能出现局部的互连；从信息流向看，前馈网络中可能出现局部反馈。综合来看，图 2-11～图 2-15 中的网络模型可分别称为：前馈层次型、输入输出有反馈的前馈层次型、前馈层内互连型、反馈全互连型和反馈局部互连型。

神经网络的拓扑结构是决定神经网络特性的第二大要素，其特点可归纳为分布式存储记忆与分布式信息处理、高度互连性、高度并行性和结构可塑性。

2.5　神经网络学习

人类具有学习能力，人的知识和智慧是在不断地学习与实践中逐渐形成和发展起来的。关于学习，可定义为：根据与环境的相互作用而发生的行为改变，其结果导致对外界刺激产生反应的新模式的建立。

学习过程离不开训练，学习过程就是一种经过训练而使个体在行为上产生较为持久改变的过程。例如，游泳等体育技能的学习需要反复的训练才能提高，数学等理论知识的掌握需要通过大量的习题进行练习。一般来说，学习效果随着训练量的增加而提高，这就是通过学习获得的进步。

关于学习的神经机制，涉及神经元如何分布、处理和存储信息。这样的问题单用行为研究是不能回答的，必须把研究深入到细胞和分子水平。正如心理学家 D. Hebb 和 J. Konorski

提出的，学习和记忆一定包含有神经回路的变化。每一种心理功能，如记忆与思考，均归因于神经细胞组群的活动。在大脑中，要建立功能性的神经元连接，突触的形成是关键。神经元之间的突触联系，其基本部分是先天就有的，但其他部分是由于学习过程中频繁地给予刺激而成长起来的。突触的形成、稳定与修饰均与刺激有关，随着外界给予的刺激性质不同，能形成和改变神经元间的突触联系。

人工神经网络的功能特性由其连接的拓扑结构和突触连接强度，即连接权值决定。神经网络全体连接权值可用一个矩阵 $\boldsymbol{W}$ 表示，它整体反映了神经网络对于所解决问题的知识存储。神经网络能够通过对样本的学习训练，不断改变网络的连接权值以及拓扑结构，以使网络的输出不断地接近期望的输出。这一过程称为神经网络的学习或训练，其本质是可变权值的动态调整。神经网络的学习方式是决定神经网络信息处理能力的第三大要素，因此有关学习的研究在神经网络研究中具有重要地位。改变权值的规则称为学习规则或学习算法（亦称训练规则或训练算法），在单个处理单元层次，无论采用哪种学习规则进行调整，其算法都十分简单。但当大量处理单元集体进行权值调整时，网络就呈现出“智能”特性，其中有意义的信息就分布地存储在调节后的权值矩阵中。

神经网络的学习算法很多，根据一种广泛采用的分类方法，可将神经网络的学习算法归纳为三类：一类是有导师学习，一类为无导师学习，还有一类是灌输式学习。

有导师学习也称为有监督学习，这种学习模式采用的是纠错规则。在学习训练过程中需要不断给网络成对提供一个输入模式和一个期望网络正确输出的模式，称为“教师信号”。将神经网络的实际输出同期望输出进行比较，当网络的输出与期望的教师信号不符时，根据差错的方向和大小按一定的规则调整权值，以使下一步网络的输出更接近期望结果。对于有导师学习，网络在能执行工作任务之前必须先经过学习，当网络对于各种给定的输入均能产生所期望的输出时，即认为网络已经在导师的训练下“学会”了训练数据集中包含的知识和规则，可以用来进行工作了。

无导师学习也称为无监督学习，学习过程中，需要不断地给网络提供动态输入信息，网络能根据特有的内部结构和学习规则，在输入信息流中发现任何可能存在的模式和规律，同时能根据网络的功能和输入信息调整权值，这个过程称为网络的自组织，其结果是使网络能对属于同一类的模式进行自动分类。在这种学习模式中，网络的权值调整不取决于外来教师信号的影响，可以认为网络的学习评价标准隐含于网络的内部。

在有导师学习中，提供给神经网络学习的外部指导信息越多，神经网络学会并掌握的知识越多，解决问题的能力也就越强。但是，有时神经网络所解决的问题的先验信息很少，甚至没有，这种情况下无导师学习就显得更有实际意义。

灌输式学习是指将网络设计成能记忆特别的例子，以后当给定有关该例子的输入信息时，例子便被回忆起来。灌输式学习中网络的权值不是通过训练逐渐形成的，而是通过某种设计方法得到的。权值一旦设计好即一次性“灌输”给神经网络不再变动，因此网络对权值的“学习”是“死记硬背”式的，而不是训练式的。

有导师学习和无导师学习网络的运行一般分为训练阶段和工作阶段两个阶段。训练学习的目的是为了从训练数据中提取隐含的知识和规律，并存储于网络中供工作阶段使用。

可以认为，一个神经元是一个自适应单元，其权值可以根据它所接收的输入信号、它的输出信号以及对应的监督信号进行调整。日本著名神经网络学者 Amari 于 1990 年提出一种神经网络权值调整的通用学习规则，该规则的图解表示如图 2-17 所示。图中的神经元 j 是神经网络中的某个节点，其输入用向量 $\boldsymbol{X}$ 表示，该输入可以来自网络外部，也可以来自其他神经元的输出。第 i 个输入与神经元 j 的连接权值用 w_{ij} 表示，连接到神经元 j 的全部权值构成了权向量 $\boldsymbol{W}_j$。应当注意的是，该神经元的阈值 $T_j=w_{0j}$，对应的输入分量 x_0 恒为-1。图 2-17 中，$r=r(\boldsymbol{W}_j, \boldsymbol{X}, d_j)$ 代表学习信号，该信号通常是 $\boldsymbol{W}_j$ 和 $\boldsymbol{X}$ 的函数，而在有导师学习时，它也是教师信号 d_j 的函数。通用学习规则可表达为：权向量 $\boldsymbol{W}_j$ 在 t 时刻的调整量 $\Delta\boldsymbol{W}_j(t)$ 与 t 时刻的输入向量 $\boldsymbol{X}(t)$ 和学习信号 r 的乘积成正比。用数学式表示为

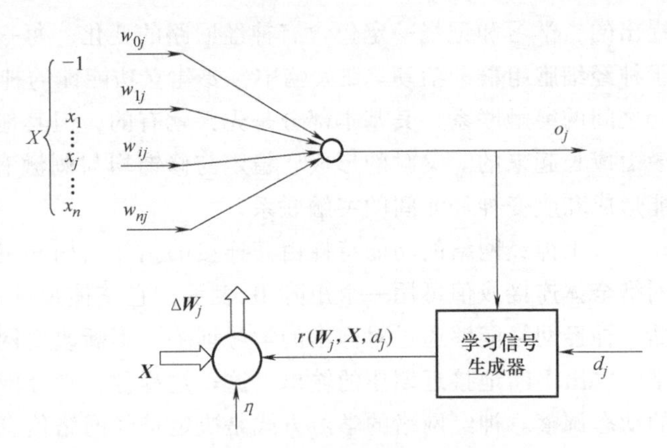

图 2-17　权值调整的一般情况

$$\Delta\boldsymbol{W}_j=\eta r[\boldsymbol{W}_j(t),\boldsymbol{X}(t),d_j(t)]\boldsymbol{X}(t) \tag{2-11}$$

式中，η 为正数，称为学习常数，其值决定了学习速率。基于离散时间调整时，下一时刻的权向量应为

$$\boldsymbol{W}_j(t+1)=\boldsymbol{W}_j(t)+\eta r[\boldsymbol{W}_j(t),\boldsymbol{X}(t),d_j(t)]\boldsymbol{X}(t) \tag{2-12}$$

不同的学习规则对 $r(\boldsymbol{W}_j, \boldsymbol{X}, d_j)$ 有不同的定义，从而形成各种各样的神经网络。下面对常用学习算法做一简要介绍，其具体应用将在后续各章中展开。

2.5.1　Hebbian 学习规则

1949 年，心理学家 D. O. Hebb 最早提出了关于神经网络学习机理的“突触修正”的假设。该假设指出，当神经元的突触前膜电位与突触后膜电位同时为正时，突触传导增强，当前膜电位与后膜电位正负相反时，突触传导减弱，也就是说，当神经元 i 与神经元 j 同时处于兴奋状态时，两者之间的连接强度应增强。根据该假设定义的权值调整方法，称为 Hebbian 学习规则。

在 Hebbian 学习规则中，学习信号简单地等于神经元的输出

$$r=f(\boldsymbol{W}_j^{\mathrm{T}}\boldsymbol{X}) \tag{2-13}$$

权向量的调整公式为

$$\Delta\boldsymbol{W}_j=\eta f(\boldsymbol{W}_j^{\mathrm{T}}\boldsymbol{X})\boldsymbol{X} \tag{2-14a}$$

权向量中，每个分量的调整由下式确定

$$\begin{aligned}\Delta w_{ij}&=\eta f(\boldsymbol{W}_j^{\mathrm{T}}\boldsymbol{X})x_i\\&=\eta o_j x_i \qquad i=0,1,\cdots,n\end{aligned} \tag{2-14b}$$

上式表明，权值调整量与输入输出的乘积成正比。显然，经常出现的输入模式将对权向量有最大的影响。在这种情况下，Hebbian 学习规则需预先设置权饱和值，以防止输入和输出正负始终一致时出现权值无约束增长。

此外，要求权值初始化，即在学习开始前（$t=0$），先对 $\boldsymbol{W}_j(0)$ 赋予零附近的小随机数。

Hebbian 学习规则代表一种纯前馈、无导师学习。该规则至今仍在各种神经网络模型中起着重要作用。

下面用一个简单的例子说明 Hebbian 学习规则的应用。

例 2-1 设有 4 输入单输出神经元网络，其阈值 $T=0$，学习率 $\eta=1$，3 个输入样本向量和初始权向量分别为 $\boldsymbol{X}^1=(1,-2,1.5,0)^{\mathrm{T}}$，$\boldsymbol{X}^2=(1,-0.5,-2,-1.5)^{\mathrm{T}}$，$\boldsymbol{X}^3=(0,1,-1,1.5)^{\mathrm{T}}$，$\boldsymbol{W}(0)=(1,-1,0,0.5)^{\mathrm{T}}$。

解： 首先设变换函数为双极性离散函数 $f(net)=\mathrm{sgn}(net)$，权值调整步骤为

(1) 输入第一个样本 $\boldsymbol{X}^1$，计算净输入 net^1，并调整权向量 $\boldsymbol{W}(1)$

$$net^1=\boldsymbol{W}(0)^{\mathrm{T}}\boldsymbol{X}^1=(1,-1,0,0.5)(1,-2,1.5,0)^{\mathrm{T}}=3$$

$$\begin{aligned}\boldsymbol{W}(1)&=\boldsymbol{W}(0)+\eta\mathrm{sgn}(net^1)\boldsymbol{X}^1=(1,-1,0,0.5)^{\mathrm{T}}+(1,-2,1.5,0)^{\mathrm{T}}\\&=(2,-3,1.5,0.5)^{\mathrm{T}}\end{aligned}$$

(2) 输入第二个样本 $\boldsymbol{X}^2$，计算净输入 net^2，并调整权向量 $\boldsymbol{W}$ (2)

$$net^2=\boldsymbol{W}(1)^{\mathrm{T}}\boldsymbol{X}^2=(2,-3,1.5,0.5)(1,-0.5,-2,-1.5)^{\mathrm{T}}=-0.25$$

$$\begin{aligned}\boldsymbol{W}(2)&=\boldsymbol{W}(1)+\eta\mathrm{sgn}(net^2)\boldsymbol{X}^2=(2,-3,1.5,0.5)^{\mathrm{T}}-(1,-0.5,-2,-1.5)^{\mathrm{T}}\\&=(1,-2.5,3.5,2)^{\mathrm{T}}\end{aligned}$$

(3) 输入第三个样本 $\boldsymbol{X}^3$，计算净输入 net^3，并调整权向量 $\boldsymbol{W}$ (3)

$$net^3=\boldsymbol{W}(2)^{\mathrm{T}}\boldsymbol{X}^3=(1,-2.5,3.5,2)(0,1,-1,1.5)^{\mathrm{T}}=-3$$

$$\begin{aligned}\boldsymbol{W}(3)&=\boldsymbol{W}(2)+\eta\mathrm{sgn}(net^3)\boldsymbol{X}^3=(1,-2.5,3.5,2)^{\mathrm{T}}-(0,1,-1,1.5)^{\mathrm{T}}\\&=(1,-3.5,4.5,0.5)^{\mathrm{T}}\end{aligned}$$

可见，当变换函数为符号函数且 $\eta=1$ 时，Hebbian 学习规则的权值调整将简化为权向量加或减输入向量。

下面设变换函数为双极性连续函数 $f(net)=\dfrac{1-\mathrm{e}^{-net}}{1+\mathrm{e}^{-net}}$，权值调整步骤同上

(1) $net^1=\boldsymbol{W}(0)^{\mathrm{T}}\boldsymbol{X}^1=3$

$$o^1=f(net^1)=\frac{1-\mathrm{e}^{-net}}{1+\mathrm{e}^{-net}}=0.905$$

$$\boldsymbol{W}(1)=\boldsymbol{W}(0)+\eta f(net^1)\boldsymbol{X}^1=(1.905,-2.81,1.357,0.5)^{\mathrm{T}}$$

(2) $net^2=\boldsymbol{W}(1)^{\mathrm{T}}\boldsymbol{X}^2=-0.154$

$$o^2=f(net^2)=\frac{1-\mathrm{e}^{-net}}{1+\mathrm{e}^{-net}}=-0.077$$

$$\boldsymbol{W}(2)=\boldsymbol{W}(1)+\eta f(net^2)\boldsymbol{X}^2=(1.828,-2.772,1.512,0.616)^{\mathrm{T}}$$

(3) $net^3=\boldsymbol{W}(2)^{\mathrm{T}}\boldsymbol{X}^3=-3.36$

$$o^3=f(net^3)=\frac{1-\mathrm{e}^{-net}}{1+\mathrm{e}^{-net}}=-0.932$$

$$\boldsymbol{W}(3)=\boldsymbol{W}(2)+\eta f(net^3)\boldsymbol{X}^3=(1.828,-3.70,2.44,-0.785)^{\mathrm{T}}$$

比较两种权值调整结果可以看出，两种变换函数下的权值调整方向是一致的，但采用连续变换函数时，权值调整力度减弱。

2.5.2 离散感知器学习规则

1958 年，美国学者 Frank Rosenblatt 首次定义了一个具有单层计算单元的神经网络结构，

称为感知器（Perceptron）。感知器的学习规则规定，学习信号等于神经元期望输出（教师信号）与实际输出之差

$$r=d_j-o_j \tag{2-15}$$

式中，d_j为期望的输出，$o_j=f(\boldsymbol{W}_j^{\mathrm{T}}\boldsymbol{X})$。感知器采用了与阈值变换函数类似的符号变换函数，其表达为

$$f(\boldsymbol{W}_j^{\mathrm{T}}\boldsymbol{X})=\operatorname{sgn}(\boldsymbol{W}_j^{\mathrm{T}}\boldsymbol{X})=\begin{cases}1 & \boldsymbol{W}_j^{\mathrm{T}}\boldsymbol{X}\geqslant 0\\ -1 & \boldsymbol{W}_j^{\mathrm{T}}\boldsymbol{X}<0\end{cases} \tag{2-16}$$

因此，权值调整公式应为

$$\Delta\boldsymbol{W}_j=\eta[d_j-\operatorname{sgn}(\boldsymbol{W}_j^{\mathrm{T}}\boldsymbol{X})]\boldsymbol{X} \tag{2-17a}$$

$$\Delta w_{ij}=\eta[d_j-\operatorname{sgn}(\boldsymbol{W}_j^{\mathrm{T}}\boldsymbol{X})]x_i \quad i=0,1,\cdots,n \tag{2-17b}$$

式中，当实际输出与期望值相同时，权值不需要调整；在有误差存在情况下，由于 $d_j-\operatorname{sgn}(\boldsymbol{W}_j^{\mathrm{T}}\boldsymbol{X})\in\{-1,1\}$，权值调整公式可简化为

$$\Delta\boldsymbol{W}_j=\square 2\eta\boldsymbol{X} \tag{2-17c}$$

感知器学习规则只适用于二进制神经元，初始权值可取任意值。

感知器学习规则代表一种有导师学习。由于感知器理论是研究其他神经网络的基础，该规则对于神经网络的有导师学习具有极为重要的意义。

2.5.3 连续感知器学习规则

1986 年，认知心理学家 McClelland 和 Rumelhart 在神经网络训练中引入了 δ 规则，该规则亦可称为连续感知器学习规则，与上述离散感知器学习规则并行。δ 规则的学习信号规定为

$$\begin{aligned}r&=[d_j-f(\boldsymbol{W}_j^{\mathrm{T}}\boldsymbol{X})]f'(\boldsymbol{W}_j^{\mathrm{T}}\boldsymbol{X})\\&=(d_j-o_j)f'(net_j)\end{aligned} \tag{2-18}$$

上式定义的学习信号称为 δ。式中，$f'(\boldsymbol{W}_j^{\mathrm{T}}\boldsymbol{X})$ 是变换函数 $f(net_j)$ 的导数。显然，δ 规则要求变换函数可导，因此只适用于有导师学习中定义的连续变换函数，如 Sigmoid 函数。

事实上，δ 规则很容易由输出值与期望值的最小二次方误差条件推导出来。定义神经元输出与期望输出之间的二次方误差为

$$\begin{aligned}E&=\frac{1}{2}(d_j-o_j)^2\\&=\frac{1}{2}[d_j-f(\boldsymbol{W}_j^{\mathrm{T}}\boldsymbol{X})]^2\end{aligned} \tag{2-19}$$

其中，误差 E 是权向量 $\boldsymbol{W}_j$的函数。欲使误差 E 最小，$\boldsymbol{W}_j$应与误差的负梯度成正比，即

$$\Delta\boldsymbol{W}_j=-\eta\,\square E \tag{2-20}$$

式中，比例系数 η 为一个正常数。由式（2-19），误差梯度为

$$\square E=-(d_j-o_j)f'(\boldsymbol{W}_j^{\mathrm{T}}\boldsymbol{X})\boldsymbol{X} \tag{2-21}$$

将此结果代入式（2-20），可得权值调整计算式

$$\Delta\boldsymbol{W}_j=\eta(d_j-o_j)f'(net_j)\boldsymbol{X} \tag{2-22a}$$

可以看出，上式中η与X之间的部分正是式（2-18）中定义的学习信号δ。ΔW_j中每个分量的调整由下式计算

$$\Delta w_{ij}=\eta(d_j-o_j)f'(net_j)x_i \quad i=0,1,\cdots,n \tag{2-22b}$$

δ学习规则可推广到多层前馈网络中，权值可初始化为任意值。

下面举例说明δ学习规则的应用。

例2-2　设有3输入单输出神经元网络，将阈值含于权向量内，故有$w_0=T$，$x_0=-1$，学习率$\eta=0.1$，3个输入向量和初始权向量分别为$X^1=(-1,1,-2,0)^T$，$X^2=(-1,0,1.5,-0.5)^T$，$X^3=(-1,1,0.5,-1)^T$，$W(0)=(0.5,1,-1,0)^T$。

解：设变换函数为双极性连续函数$f(net)=\frac{1-e^{-net}}{1+e^{-net}}$，权值调整步骤为

（1）输入样本X^1，计算净输入net^1及权向量W（1）

$$net^1=W(0)^TX^1=2.5$$

$$o^1=f(net^1)=\frac{1-e^{-net^1}}{1+e^{-net^1}}=0.848$$

$$f'(net^1)=\frac{1}{2}[1-(o^1)^2]=0.14$$

$$\begin{aligned}W(1)&=W(0)+\eta(d^1-o^1)f'(net^1)X^1\\&=(0.526,\ 0.974,\ -0.948,\ 0)^T\end{aligned}$$

（2）输入样本X^2，计算净输入net^2及权向量W（2）

$$net^2=W(1)^TX^2=-1.948$$

$$o^2=f(net^2)=\frac{1-e^{-net^2}}{1+e^{-net^2}}=-0.75$$

$$f'(net^2)=\frac{1}{2}[1-(o^2)^2]=0.218$$

$$\begin{aligned}W(2)&=W(1)+\eta(d^2-o^2)f'(net^2)X^2\\&=(0.531,0.974,-0.956,0.002)^T\end{aligned}$$

（3）输入样本X^3，计算净输入net^3及权向量W（3）

$$net^3=W(2)^TX^3=-2.416$$

$$o^3=f(net^3)=\frac{1-e^{-net^3}}{1+e^{-net^3}}=-0.842$$

$$f'(net^3)=\frac{1}{2}[1-(o^3)^2]=0.145$$

$$\begin{aligned}W(3)&=W(2)+\eta(d^3-o^3)f'(net^3)X^3\\&=(0.505,\ 0.947,\ -0.929,\ 0.016)^T\end{aligned}$$

2.5.4　最小方均学习规则

1962年，Bernard Widrow和Marcian Hoff提出了Widrow-Hoff学习规则。因为它能使神经元实际输出与期望输出之间的二次方差最小，所以又称为最小方均学习规则（LMS）。LMS学习规则的学习信号为

$$r=d_j-\boldsymbol{W}_j^{\mathrm{T}}\boldsymbol{X} \tag{2-23}$$

权向量调整量为

$$\Delta\boldsymbol{W}_j=\eta(d_j-\boldsymbol{W}_j^{\mathrm{T}}\boldsymbol{X})\boldsymbol{X} \tag{2-24a}$$

$\Delta\boldsymbol{W}_j$的各分量为

$$\Delta w_{ij}=\eta(d_j-\boldsymbol{W}_j^{\mathrm{T}}\boldsymbol{X})x_j \qquad i=0,1,\cdots,n \tag{2-24b}$$

实际上，如果在δ学习规则中假定神经元变换函数为$f(\boldsymbol{W}_j^{\mathrm{T}}\boldsymbol{X})=\boldsymbol{W}_j^{\mathrm{T}}\boldsymbol{X}$，则有$f'(\boldsymbol{W}_j^{\mathrm{T}}\boldsymbol{X})=1$，此时式（2-18）与式（2-23）相同。因此，LMS 学习规则可以看成是δ学习规则的一个特殊情况。该学习规则与神经元采用的变换函数无关，因而不需要对变换函数求导数，不仅学习速度较快，而且具有较高的精度。权值可初始化为任意值。

2.5.5 相关学习规则

相关（Correlation）学习规则规定学习信号为

$$r=d_j \tag{2-25}$$

易得出$\Delta\boldsymbol{W}_j$及Δw_{ij}分别为

$$\Delta\boldsymbol{W}_j=\eta d_j\boldsymbol{X} \tag{2-26a}$$

$$\Delta w_{ij}=\eta d_j x_i \quad i=0,1,\cdots,n \tag{2-26b}$$

该规则表明，当d_j是x_i的期望输出时，相应的权值增量Δw_{ij}与两者的乘积d_jx_i成正比。

如果 Hebbian 学习规则中的变换函数为二进制函数，且有$o_j=d_j$，则相关学习规则可看作 Hebbian 规则的一种特殊情况。应当注意的是，Hebbian 学习规则是无导师学习，而相关学习规则是有导师学习。这种学习规则要求将权值初始化为零。

2.5.6 胜者为王学习规则

胜者为王（Winner-Take-All）学习规则是一种竞争学习规则，用于无导师学习。一般将网络的某一层确定为竞争层，对于一个特定的输入$\boldsymbol{X}$，竞争层的所有p个神经元均有输出响应，其中响应值最大的神经元为在竞争中获胜的神经元，即

$$\boldsymbol{W}_m^{\mathrm{T}}\boldsymbol{X}=\max_{i=1,2,\cdots,p}(\boldsymbol{W}_i^{\mathrm{T}}\boldsymbol{X}) \tag{2-27}$$

只有获胜的神经元才有权调整其权向量$\boldsymbol{W}_m$，调整量为

$$\Delta\boldsymbol{W}_m=\alpha(\boldsymbol{X}-\boldsymbol{W}_m) \tag{2-28}$$

式中，$\alpha\in(0,1]$，是一个小的学习常数，一般其值随着学习的进展而减小。由于两个向量的点积越大，表明两者越近似，所以调整获胜神经元权值的结果是使$\boldsymbol{W}_m$进一步接近当前输入$\boldsymbol{X}$。显然，当下次出现与$\boldsymbol{X}$相似的输入模式时，上次获胜的神经元更容易获胜。在反复的竞争学习过程中，竞争层的各神经元所对应的权向量被逐渐调整为输入样本空间的聚类中心。

在有些应用中，以获胜神经元为中心定义一个获胜邻域，除获胜神经元调整权值外，邻域内的其他神经元也不同程度地调整权值。权值一般被初始化为任意值并进行归一化处理。

2.5.7 外星学习规则

神经网络中有两类常见节点，分别称为内星节点和外星节点，其特点如图 2-18 所示。

图 2-18a 中的内星节点总是接收来自其他神经元的输入加权信号，因此是信号的汇聚点，对应的权值向量称为内星权向量；图 2-18b 中的外星节点总是向其他神经元发出输出加权信号，因此是信号的发散点，对应的权值向量称为外星权向量。内星学习规则规定内星节点的输出响应是输入向量 $\boldsymbol{X}$ 和内星权向量 $\boldsymbol{W}_j$ 的点积。该点积反映了 $\boldsymbol{X}$ 与 $\boldsymbol{W}_j$ 的相似程度，其权值按式（2-28）调整。因此 Winner-Take-All 学习规则与内星规则一致。下面介绍外星学习规则。

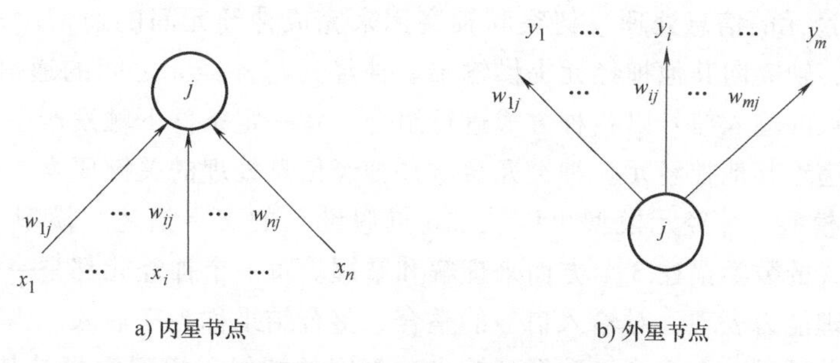

图 2-18　内星节点与外星节点

外星学习规则属于有导师学习，其目的是生成一个期望的 m 维输出向量 $\boldsymbol{d}$，设对应的外星权向量用 $\boldsymbol{W}_j$ 表示，学习规则如下

$$\Delta \boldsymbol{W}_j=\eta(\boldsymbol{d}-\boldsymbol{W}_j) \tag{2-29}$$

式中，η 的规定与作用与其他神经元式（2-28）中的 α 相同。正像式（2-28）给出的内星学习规则使节点 j 对应的内星权向量向输入向量 $\boldsymbol{X}$ 靠拢一样，式（2-29）给出的外星学习规则使节点 j 对应的外星权向量向期望输出向量 $\boldsymbol{d}$ 靠拢。

以上集中介绍了神经网络中几种常用的学习规则，有些规则之间有着内在联系，读者可以通过比较体会其异同。对上述各种学习规则的对比总结列于表 2-1 中。

表 2-1　常用学习规则一览表

学习规则	权值调整		权值初始化	学习方式	变换函数
	向量式	元素式			
Hebbian	$\Delta \boldsymbol{W}_j=\eta f(\boldsymbol{W}_j^{\mathrm{T}}\boldsymbol{X})\boldsymbol{X}$	$\Delta w_{ij}=\eta f(\boldsymbol{W}_j^{\mathrm{T}}\boldsymbol{X})x_i$	0	无导师	任意
离散 Perception	$\Delta \boldsymbol{W}_j=\eta[d_j-\mathrm{sgn}(\boldsymbol{W}_j^{\mathrm{T}}\boldsymbol{X})]\boldsymbol{X}$	$\Delta w_{ij}=\eta[d_j-\mathrm{sgn}(\boldsymbol{W}_j^{\mathrm{T}}\boldsymbol{X})]x_i$	任意	有导师	二进制
连续感知器 δ 规则	$\Delta \boldsymbol{W}_j=\eta(d_j-o_j)f(net_j)\boldsymbol{X}$	$\Delta w_{ij}=\eta(d_j-o_j)f(net_j)x_i$	任意	有导师	连续
最小均方 LMS	$\Delta \boldsymbol{W}_j=\eta(d_j-\boldsymbol{W}_j^{\mathrm{T}}\boldsymbol{X})\boldsymbol{X}$	$\Delta w_{ij}=\eta(d_j-\boldsymbol{W}_j^{\mathrm{T}}\boldsymbol{X})x_i$	任意	有导师	任意
相关 Correlation	$\Delta \boldsymbol{W}_j=\eta d_j\boldsymbol{X}$	$\Delta w_{ij}=\eta d_j x_i$	0	有导师	任意
胜者为王 Winner-take-all	$\Delta \boldsymbol{W}_m=\eta(\boldsymbol{X}-\boldsymbol{W}_m)$	$\Delta \boldsymbol{W}_m=\eta(x_i-w_{im})$	随机、归一化	无导师	连续
外星 Outstar	$\Delta \boldsymbol{W}_j=\eta(\boldsymbol{d}-\boldsymbol{W}_j)$	$\Delta w_{kj}=\eta(d_k-w_{kj})$	0	有导师	连续

本章小结

本章重点介绍了生物神经元的结构及其信息处理机制、人工神经元数理模型、常见的网络拓扑结构和学习规则。其中，神经元的数学模型、神经网络的连接方式以及神经网络的学习方式是决定神经网络信息处理性能的三大要素，因而是本章学习的重点。

（1）生物神经元的信息处理　树突和轴突用来完成神经元间的通信。树突接收来自其他神经元的输入，轴突向其他神经元提供输出。神经元与神经元之间的通信连接称为突触。神经元对各突触点的输入信号以各种方式进行组合，在一定条件下触发产生输出信号，这一信号通过轴突传递给其他神经元。神经元突触是神经信息处理的关键要素。

（2）神经元模型　神经元模型可以从“6 点假设”的文字描述、模型示意图的符号描述以及解析表达式的数学描述 3 个方面来理解和掌握。每一个神经元都是一个最基本的信息处理单元，其处理能力表现为对输入信号的整合，整合结果称为净输入。当净输入超过阈值时，神经元激发并通过一个变换函数得到输出。不同的神经元模型主要是其变换函数不同，本章介绍了 4 种常用的变换函数。

（3）神经网络模型　按一定规则将神经元连接成神经网络，才能实现对复杂信息的处理与存储。根据网络的连接特点和信息流向特点，可将其分为前馈层次型、输入输出有反馈的前馈层次型、前馈层内互连型、反馈全互连型和反馈局部互连型等几种常见类型。

（4）神经网络学习　神经网络在外界输入样本的刺激下不断改变网络的连接权值乃至拓扑结构，以使网络的输出不断地接近期望的输出。这一过程称为神经网络的学习，其本质是对可变权值的动态调整。在学习过程中，网络中各神经元的连接权需按一定规则调整变化，这种权值调整规则称为学习规则。本章简要介绍了几种常见学习规则，在后面的章节中将结合具体的网络结构进行详细介绍。

习　　题

2.1　人工神经元模型是如何体现生物神经元的结构和信息处理机制的？

2.2　若权值只能按 1 或-1 变化，对神经元的学习有何影响？试举例说明。

2.3　举例说明什么是有导师学习和无导师学习？

2.4　双输入单输出神经网络，初始权向量 $\boldsymbol{W}(0)=(1,-1)^{\mathrm{T}}$，学习率 $\eta=1$，4 个输入向量为 $\boldsymbol{X}^1=(1,-2)^{\mathrm{T}}$，$\boldsymbol{X}^2=(0,1)^{\mathrm{T}}$，$\boldsymbol{X}^3=(2,3)^{\mathrm{T}}$，$\boldsymbol{X}^4=(1,1)^{\mathrm{T}}$，对以下两种情况求 Hebbian 学习规则第四步训练后的权向量：

① 神经元采用离散型变换函数 $f(net)=\mathrm{sgn}(net)$；

② 神经元采用双极性连续型变换函数 $f(net)=\dfrac{1-\mathrm{e}^{-net}}{1+\mathrm{e}^{-net}}$。

2.5　某神经网络的变换函数为符号函数 $f(net)=\mathrm{sgn}(net)$，学习率 $\eta=1$，初始权向量 $\boldsymbol{W}(0)=(0,1,0)^{\mathrm{T}}$，两对输入样本为 $\boldsymbol{X}^1=(2,1,-1)^{\mathrm{T}}$，$d^1=-1$；$\boldsymbol{X}^2=(0,-1,-1)^{\mathrm{T}}$，$d^2=1$。试用感知器学习规则对以上样本进行反复训练，直到网络输出误差为零，写出每一训练步的净输入 $net(t)$。

2.6　某神经网络采用双极性 sigmoid 函数，学习率 $\eta=0.25$，初始权向量 $\boldsymbol{W}(0)=(1,0,1)^{\mathrm{T}}$，两对输入样本为 $\boldsymbol{X}^1=(2,0,-1)^{\mathrm{T}}$，$d^1=-1$；$\boldsymbol{X}^2=(1,-2,-1)^{\mathrm{T}}$，$d^2=1$。试用 delta 学习规则进行训练，并写出前两步的训练结果（提示：双极性 sigmoid 函数的导数为 $f'(net)=1/2(1-o^2)$。）

2.7　神经网络数据同 2.6 题，试用 Widrow-Hoff 学习规则进行训练，并写出前两步训练结果。

2.8　上机编程练习，要求程序具有以下功能：

① 能对 6 输入单节点网络进行训练；

② 能选用不同的学习规则；

③ 能选用不同的变换函数；

④ 能选用不同的训练样本。

程序调试通过后，用以上各题提供的数据进行训练。训练时应给出每一步的净输入和权向量调整结果。

第3章 感知器神经网络

感知器是一种前馈神经网络，是神经网络中的一种典型结构。感知器具有分层结构，信息从输入层进入网络，逐层向前传递至输出层。根据感知器神经元变换函数、隐层数以及权值调整规则的不同，可以形成具有各种功能特点的神经网络。

3.1 单层感知器

1958年，美国心理学家 Frank Rosenblatt 提出一种具有单层计算单元的神经网络，称为 Perceptron，即感知器。感知器模拟人的视觉接收环境信息，并由神经冲动进行信息传递。感知器研究中首次提出了自组织、自学习的思想，而且对所能解决的问题存在着收敛算法，并能从数学上严格证明，因而对神经网络的研究起了重要推动作用。

单层感知器的结构与功能都非常简单，以至于目前在解决实际问题时很少被采用，但由于它在神经网络研究中具有重要意义，是研究其他网络的基础，而且较易学习和理解，适合于作为学习神经网络的起点。

3.1.1 感知器模型

单层感知器是指只有一层处理单元的感知器，如果包括输入层在内，应为两层。其拓扑结构如图3-1所示。图中输入层也称为感知层，有 n 个神经元节点，这些节点只负责引入外部信息，自身无信息处理能力，每个节点接收一个输入信号，n 个输入信号构成输入列向量 $\boldsymbol{X}$。输出层也称为处理层，有 m 个神经元节点，每个节点均具有信息处理能力，m 个节点向外部输出处理信息，构成输出列向量 $\boldsymbol{O}$。两层之间的连接权值用权值列向量 $\boldsymbol{W}_j$ 表示，m 个权向量构成单层感知器的权值矩阵 $\boldsymbol{W}$。3个列向量分别表示为

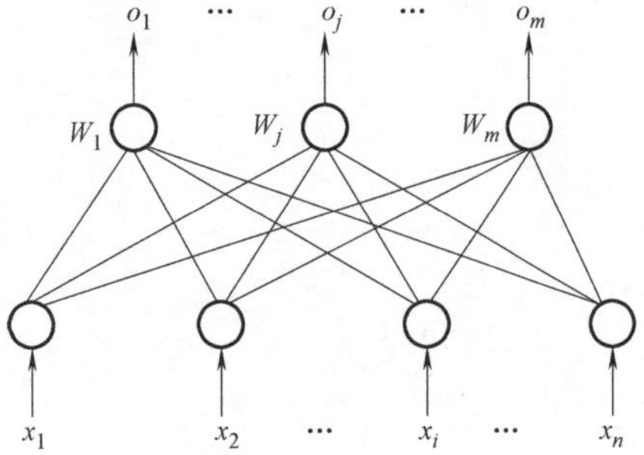

图3-1 单层感知器

$$\boldsymbol{X}=(\mathrm{x}_1,\mathrm{x}_2,\cdots\mathrm{x}_i,\cdots,\mathrm{x}_n)^{\mathrm{T}}$$

$$\boldsymbol{O}=(o_1,o_2,\cdots o_i,\cdots,o_m)^{\mathrm{T}}$$

$$\boldsymbol{W}_j=(w_{1j},w_{2j},\cdots w_{ij},\cdots,w_{nj})^{\mathrm{T}}\qquad j=1,2,\cdots,m$$

由第2章介绍的神经元数学模型知，对于处理层中任一节点，其净输入 net_j 为来自输入

层各节点的输入加权和

$$net_j = \sum_{i=1}^{n} w_{ij}x_i \tag{3-1}$$

输出 o_j 由节点的变换函数决定，离散型单计算层感知器的变换函数一般采用符号函数。

$$o_j = \operatorname{sgn}(net_j - T_j) = \operatorname{sgn}\left(\sum_{i=0}^{n} w_{ij}x_i\right) = \operatorname{sgn}(\boldsymbol{W}_j^{\mathrm{T}}\boldsymbol{X}) \tag{3-2}$$

3.1.2　感知器的功能

为便于直观分析，考虑图 3-2 中单计算节点感知器的情况。不难看出，单计算节点感知器实际上就是一个 M-P 神经元模型，由于采用了符号变换函数，又称为符号单元。式（3-2）可进一步表达为

$$o_j = \begin{cases} 1 & \boldsymbol{W}_j^{\mathrm{T}}\boldsymbol{X} > 0 \\ -1 & \boldsymbol{W}_j^{\mathrm{T}}\boldsymbol{X} < 0 \end{cases}$$

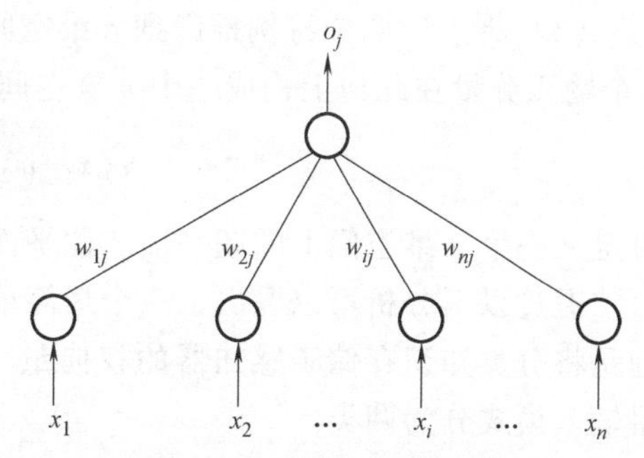

图 3-2　单计算节点感知器

下面分三种情况讨论单计算节点感知器的功能。

（1）设输入向量 $\boldsymbol{X}=(x_1,\ x_2)^{\mathrm{T}}$，则两个输入分量在几何上构成一个二维平面，输入样本可以用该平面上的一个点表示。节点 j 的输出为

$$o_j = \begin{cases} 1 & w_{1j}x_1 + w_{2j}x_2 - T_j > 0 \\ -1 & w_{1j}x_1 + w_{2j}x_2 - T_j < 0 \end{cases}$$

则由方程

$$w_{1j}x_1 + w_{2j}x_2 - T_j = 0 \tag{3-3}$$

确定的直线成为二维输入样本空间上的一条分界线。线上方的样本用 * 表示，它们使 $net_j>0$，从而使输出为 1；线下方的样本用 o 表示，它们使 $net_j<0$，从而使输出为-1，如图 3-3 所示。显然，由感知器权值和阈值确定的直线方程规定了分界线在样本空间的位置，从而也确定了如何将输入样本分为两类。假如分界线的初始位置不能将 * 类样本同 o 类样本正确分开，改变权值和阈值，分界线也会随之改变，因此总可以将其调整到正确分类的位置。

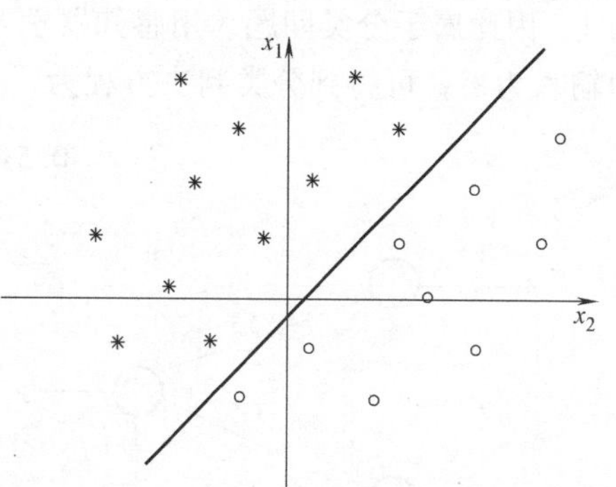

图 3-3　单计算节点感知器对二维样本的分类

（2）设输入向量 $\boldsymbol{X}=(x_1,x_2,x_3)^{\mathrm{T}}$，则 3 个输入分量在几何上构成一个三维空间。节点 j 的输出为

$$o_j = \begin{cases} 1 & w_{1j}x_1 + w_{2j}x_2 + w_{3j}x_3 - T_j > 0 \\ -1 & w_{1j}x_1 + w_{2j}x_2 + w_{3j}x_3 - T_j < 0 \end{cases}$$

则由方程

$$w_{1j}x_1 + w_{2j}x_2 + w_{3j}x_3 - T_j = 0 \tag{3-4}$$

确定的平面成为三维输入样本空间上的一个分界平面。平面上方的样本用 * 表示，它们使 $net_j>0$，从而使输出为 1；平面下方的样本用 o 表示，它们使 $net_j<0$，从而使输出为 -1。同样，由感知器权值和阈值确定的平面方程规定了分界平面在样本空间的方向与位置，从而也确定了如何将输入样本分为两类。假如分界平面的初始位置不能将 * 类样本同 o 类样本正确分开，改变权值和阈值即改变了分界平面的方向与位置，因此总可以将其调整到正确分类的位置。

（3）将上述两个特例推广到 n 维空间的一般情况，设输入向量 $\boldsymbol{X}=(x_1,x_2,\cdots,x_n)^{\mathrm{T}}$，则 n 个输入分量在几何上构成一个 n 维空间。由方程

$$w_{1j}x_1+w_{2j}x_2+\cdots+w_{nj}x_n-T_j=0 \tag{3-5}$$

可定义一个 n 维空间上的超平面。此平面可以将输入样本分为两类。

通过以上分析可以看出，一个最简单的单计算节点感知器具有线性分类功能。其分类原理是将分类知识存储于感知器的权向量（包含了阈值）中，由权向量确定的分类判决界面将输入模式分为两类。

下面研究用单计算节点感知器实现逻辑运算问题。

首先，用感知器实现逻辑“与”功能。逻辑“与”的真值表及感知器结构如下：

x_1	x_2	y
0	0	0
0	1	0
1	0	0
1	1	1

从真值表中可以看出，4 个样本使输出出现两种情况，一种使输出为 0，另一种使输出为 1，因此属于分类问题。用感知器学习规则进行训练，得到的连接权值标在图 3-4 中。令净输入为零，可得到分类判决方程为

$$0.5x_1+0.5x_2-0.75=0$$

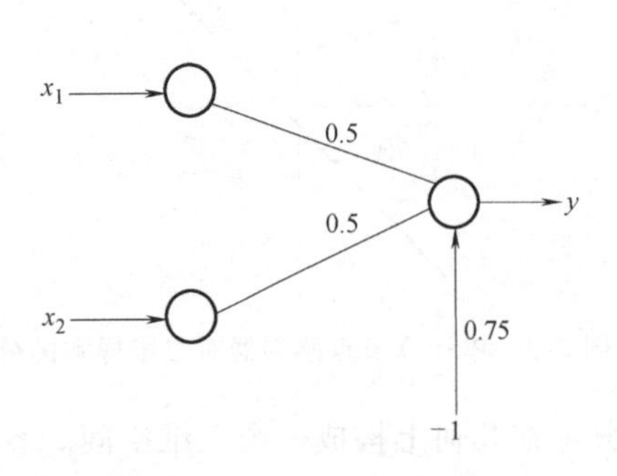

图 3-4 “与”逻辑感知器

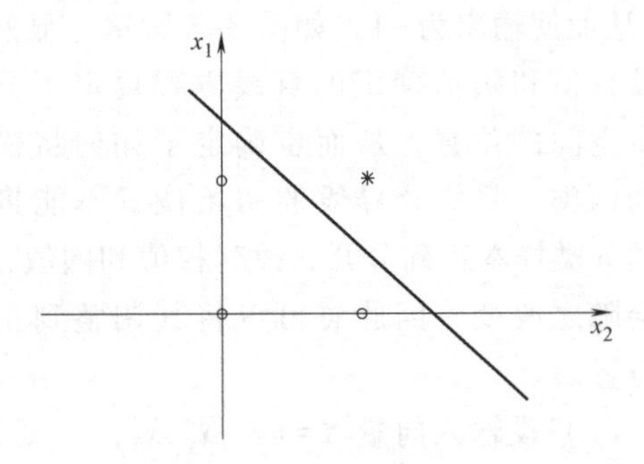

图 3-5 “与”运算的分类

由图 3-5 可以看出，该方程确定的直线将输出为 1 的样本点 * 和输出为 0 的样本点 o 正确分开了。从图中还可以看出，该直线并不是唯一解。

同样，可以用感知器实现逻辑“或”功能。逻辑“或”的真值表如下：

x_1	x_2	y
0	0	0
0	1	1
1	0	1
1	1	1

从真值表中可以看出，4 个样本使输出也分为两类，一类使输出为 0，另一类使输出为 1。用感知器学习规则进行训练，得到的连接权值为 $w_1=w_2=1$，$T=-0.5$，令净输入为零，得分类判决方程为

$$x_1+x_2-0.5=0$$

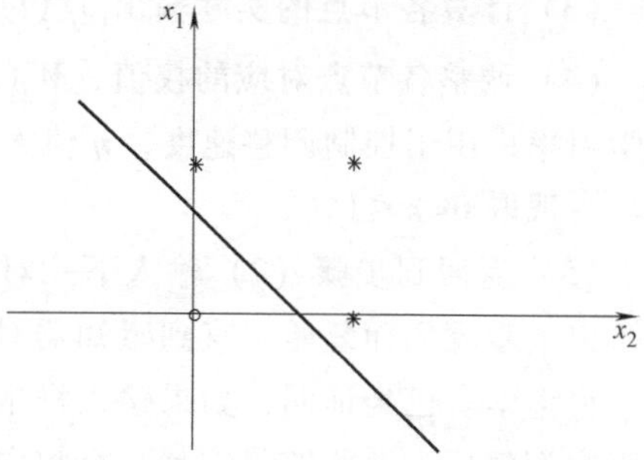

图 3-6　“或”运算的分类

该直线能把图 3-6 中的两类样本分开，显然，该直线也不是唯一解。

3.1.3　感知器的局限性

以上两例说明单计算节点感知器可具有逻辑“与”和逻辑“或”的功能。那么它是否也具有“异或”功能呢？请看下一个例子。

例 3-1　能否用感知器实现“异或”功能？

“异或”的真值表如下：

x_1	x_2	y
0	0	0
0	1	1
1	0	1
1	1	0

表中的 4 个样本也分为两类，但把它们标在图 3-7的平面坐标系中可以发现，任何直线也不可能把两类样本分开。

如果两类样本可以用直线、平面或超平面分开，称为线性可分，否则为线性不可分。由感知器分类的几何意义可知，由于净输入为零确定的分类判决方程是线性方程，因而它只能解决线性可分问题而不可能解决线性不可分问题。由此可知，单计算层感知器的局限性是：仅对线性可分问题具有分类能力。

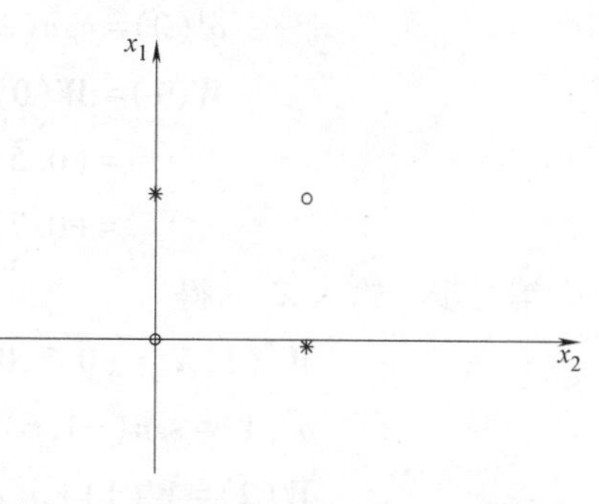

图 3-7　“异或”问题的线性不可分性

3.1.4　感知器的学习算法

感知器采用第 2 章介绍的感知器学习规则。考虑到训练过程是感知器权值随每一步调整改变的过程，为此用 t 表示学习步的序号，权值看作 t 的函数。$t=0$ 对应于学习开始前的初始状态，此时对应的权值为初始化值。训练可按如下步骤进行：

（1）对各权值 $w_{0j}(0)$，$w_{1j}(0)$，…，$w_{nj}(0)$，$j=1, 2, \cdots, m$（m 为计算层的节点数）赋予较小的非零随机数。

（2）输入样本对 $\{\boldsymbol{X}^p, \boldsymbol{d}^p\}$，其中 $\boldsymbol{X}^p=(-1, x_1^p, x_2^p, \cdots, x_n^p)$，$\boldsymbol{d}^p=(d_1^p, d_2^p, \cdots, d_m^p)$ 为期望的输出向量（教师信号），上标 p 代表样本对的序号，设样本集中的样本总数为 P，则 $p=1, 2, \cdots, P$。

(3) 计算各节点的实际输出 $o_j^p(t)=\text{sgn}[\boldsymbol{W}_j^{\mathrm{T}}(t)\boldsymbol{X}^p]$，$j=1, 2, \cdots, m$。

(4) 调整各节点对应的权值，$\boldsymbol{W}_j(t+1)=\boldsymbol{W}_j(t)+\eta[d_j^p-o_j^p(t)]\boldsymbol{X}^p$，$j=1, 2, \cdots, m$，其中 η 为学习率，用于控制调整速度，η 值太大会影响训练的稳定性，太小则使训练的收敛速度变慢，一般取 $0<\eta\leqslant 1$。

(5) 返回到步骤（2）输入下一对样本。

以上步骤周而复始，直到感知器对所有样本的实际输出与期望输出相等。

许多学者已经证明，如果输入样本线性可分，无论感知器的初始权向量如何取值，经过有限次调整后，总能够稳定到一个权向量，该权向量确定的超平面能将两类样本正确分开。应当看到，能将样本正确分类的权向量并不是唯一的，一般初始权向量不同，训练过程和所得到的结果也不同，但都能满足误差为零的要求。

例 3-2 某单计算节点感知器有 3 个输入。给定 3 对训练样本如下：

$$\boldsymbol{X}^1=(-1,1,-2,0)^{\mathrm{T}} \qquad d^1=-1$$

$$\boldsymbol{X}^2=(-1,0,1.5,-0.5)^{\mathrm{T}} \qquad d^2=-1$$

$$\boldsymbol{X}^3=(-1,-1,1,0.5)^{\mathrm{T}} \qquad d^3=1$$

设初始权向量 $\boldsymbol{W}(0)=(0.5,\ 1,\ -1,\ 0)^{\mathrm{T}}$，$\eta=0.1$。注意，输入向量中第一个分量 x_0 恒等于-1，权向量中第一个分量为阈值，试根据以上学习规则训练该感知器。

解：

第一步　输入 $\boldsymbol{X}^1$，得

$$\boldsymbol{W}^{\mathrm{T}}(0)\boldsymbol{X}^1=(0.5,1,-1,0)(-1,1,-2,0)^{\mathrm{T}}=2.5$$

$$o^1(0)=\text{sgn}(2.5)=1$$

$$\begin{aligned}\boldsymbol{W}(1)&=\boldsymbol{W}(0)+\eta[d^1-o^1(0)]\ \boldsymbol{X}^1\\&=(0.5,1,-1,0)^{\mathrm{T}}+0.1(-1-1)(-1,1,-2,0)^{\mathrm{T}}\\&=(0.7,0.8,-0.6,0)^{\mathrm{T}}\end{aligned}$$

第二步　输入 $\boldsymbol{X}^2$，得

$$\boldsymbol{W}^{\mathrm{T}}(1)\boldsymbol{X}^2=(0.7,0.8,-0.6,0)(-1,0,1.5,-0.5)^{\mathrm{T}}=-1.6$$

$$o^2(1)=\text{sgn}(-1.6)=-1$$

$$\begin{aligned}\boldsymbol{W}(2)&=\boldsymbol{W}(1)+\eta[d^2-o^2(1)]\boldsymbol{X}^2\\&=(0.7,0.8,-0.6,0)^{\mathrm{T}}+0.1[-1-(-1)](-1,0,1.5,-0.5)^{\mathrm{T}}\\&=(0.7,0.8,-0.6,0)^{\mathrm{T}}\end{aligned}$$

由于 $d^2=o^2(1)$，所以 $\boldsymbol{W}(2)=\boldsymbol{W}(1)$。

第三步　输入 $\boldsymbol{X}^3$，得

$$\boldsymbol{W}^{\mathrm{T}}(2)\boldsymbol{X}^3=(0.7,0.8,-0.6,0)(-1,-1,1,0.5)^{\mathrm{T}}=-2.1$$

$$o^3(2)=\text{sgn}(-2.1)=-1$$

$$\begin{aligned}\boldsymbol{W}(3)&=\boldsymbol{W}(2)+\eta[d^3-o^3(2)]\ \boldsymbol{X}^3\\&=(0.7,0.8,-0.6,0)^{\mathrm{T}}+0.1[1-(-1)](-1,-1,1,0.5)^{\mathrm{T}}\\&=(0.5,0.6,-0.4,0.1)^{\mathrm{T}}\end{aligned}$$

第四步　继续输入 $\boldsymbol{X}$ 进行训练，直到 $d^p-o^p=0$，$p=1,\ 2,\ 3$。

3.2 多层感知器

前面的分析表明，单计算层感知器只能解决线性可分问题，而大量的分类问题是线性不可分的。克服单计算层感知器这一局限性的有效办法是，在输入层与输出层之间引入隐层作为输入模式的“内部表示”，将单计算层感知器变成多（计算）层感知器。多层感知器是否可以解决线性不可分问题？下面通过一个例子进行分析。

例 3-3 用两计算层感知器解决“异或”问题。

图 3-8 给出一个具有单隐层的感知器，其中隐层的两个节点相当于两个独立的符号单元（单计算节点感知器）。根据上节所述，这两个符号单元可分别在 x_1-x_2 平面上确定两条分界直线 S_1 和 S_2，从而构成图 3-9 所示的开放式凸域。显然，通过适当调整两条直线的位置，可使两类线性不可分样本分别位于该开放式凸域内部和外部。此时对隐节点 1 来说，直线 S_1 下面的样本使其输出为 $y_1=1$，而直线上面的样本使其输出为 $y_1=0$；而对隐节点 2 来说，直线 S_2 上面的样本使其输出为 $y_2=1$，而直线下面的样本使其输出为 $y_2=0$。

当输入样本为 o 类时，其位置处于开放式凸域内部，即同时处在直线 S_1 下方和直线 S_2 上方。根据以上分析，应有 $y_1=1$，$y_2=1$。

当输入样本为 * 类时，其位置处于开放式凸域外部，即或者同时处在两直线 S_1、S_2 上方，使 $y_1=0$，$y_2=1$；或者同时处在两直线 S_1、S_2 下方，使 $y_1=1$，$y_2=0$。

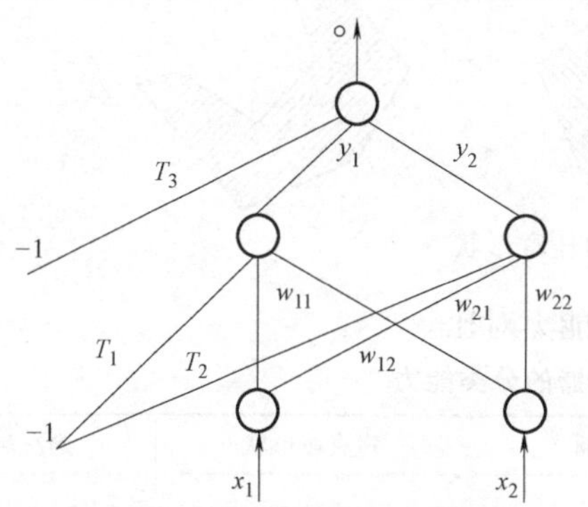

图 3-8 具有两个计算层的感知器

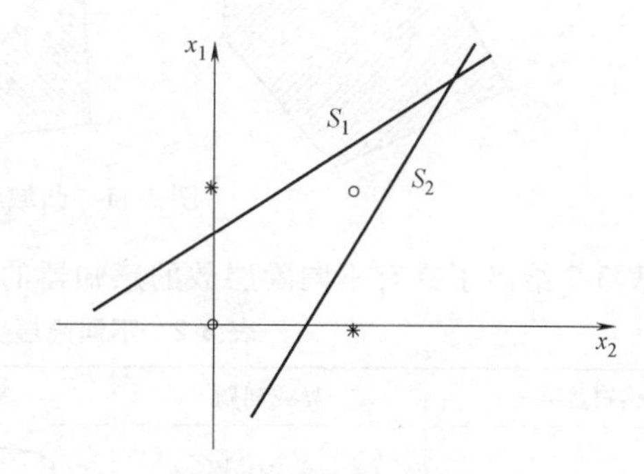

图 3-9 “异或”问题分类

输出层节点以隐层两节点的输出 y_1、y_2 作为输入，其结构也相当于一个符号单元。如果经过训练，使其具有逻辑“与非”功能，则异或问题即可得到解决。根据“与非”逻辑，当隐节点输出为 $y_1=1$，$y_2=1$ 时，该节点输出为 o=0；当隐节点输出为 $y_1=1$，$y_2=0$ 时，或 $y_1=0$，$y_2=1$ 时，该节点输出为 o=1。将 4 种输入样本与各节点的输出情况列于表 3-1，可以看出单隐层感知器确实可以解决异或问题，因此具有解决线性不可分问题的能力。

表 3-1

x_1	x_2	y_1	y_2	o
0	0	1	1	0
0	1	0	1	1
1	0	1	0	1
1	1	1	1	0

图 3-1 中给出的是单隐层感知器的一般形式。根据上述原理，不难想象，当输入样本为

二维向量时，隐层中的每个节点确定了二维平面上的一条分界直线。多条直线经输出节点组合后会构成图 3-10 所示的各种形状的凸域（所谓凸域是指其边界上任意两点之连线均在域内）。通过训练调整凸域的形状，可将两类线性不可分样本分为域内和域外。输出层节点负责将域内外的两类样本进行分类。

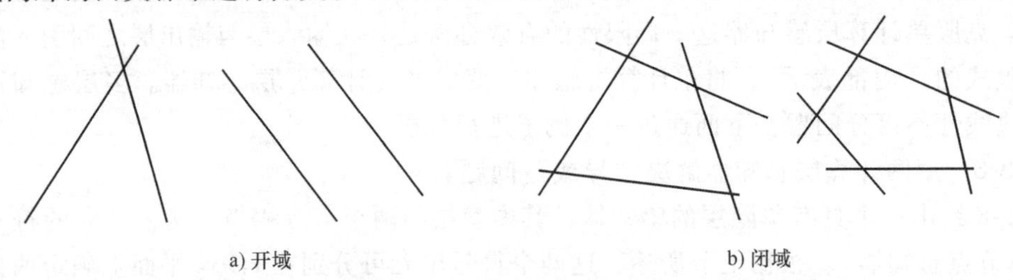

a) 开域　　b) 闭域

图 3-10　二维平面上的凸域

可以看出，单隐层节点数量增加可以使多边形凸域的边数增加，从而构建出任意形状的凸域。如果在此基础上再增加第二个隐层，则该层的每个节点确定一个凸域，各种凸域经输出层节点组合后成为图 3-11 中的任意形状域。由图中可以看出，由凸域组合成任意形状后，意味着双隐层的分类能力比单隐层大大提高。分类问题越复杂，不同类别样本在样本空间的布局越趋于犬牙交错，因而隐层需要的神经元节点数也越多。Kolmogorov 理论指出：双隐层感知器足以解决任何复杂的分类问题。该结论已经过严格的数学证明。

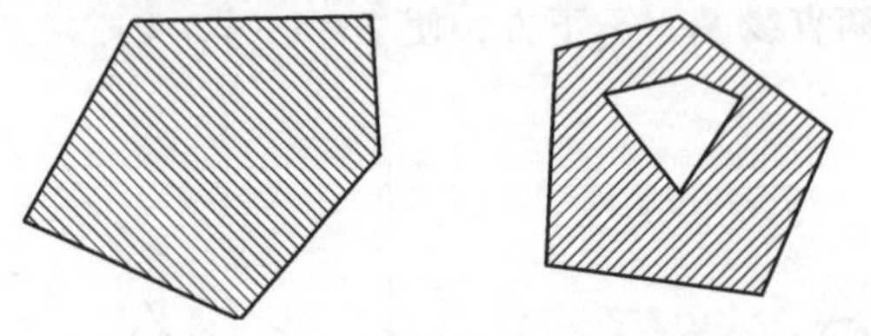

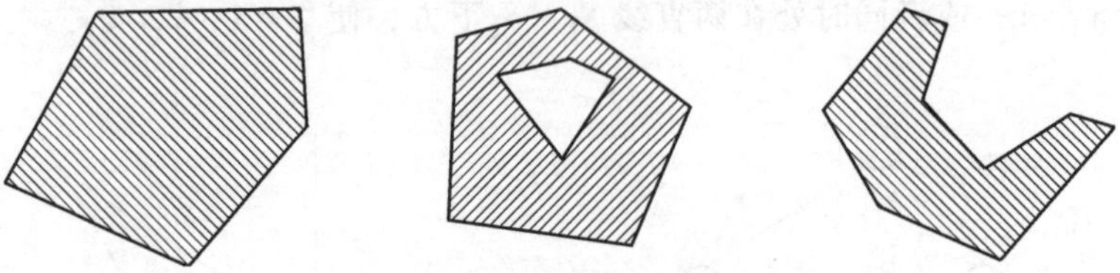

图 3-11　凸域组合的任意形状

表 3-2 给出了具有不同隐层数的感知器的分类能力对比。

表 3-2　不同隐层数感知器的分类能力

感知器结构	异或问题	复杂问题	判决域形状	判决域
无隐层 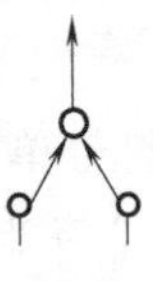	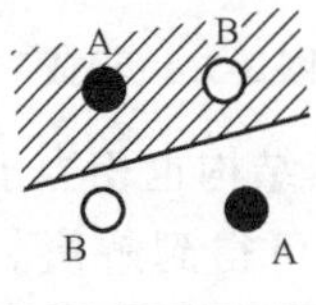 A B B A	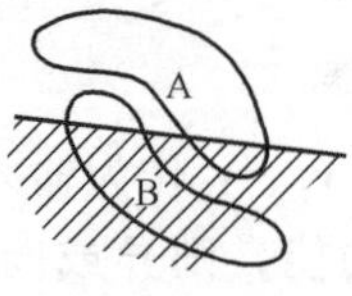 A B	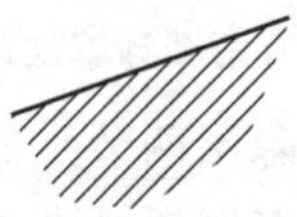	半平面
单隐层 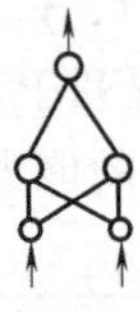	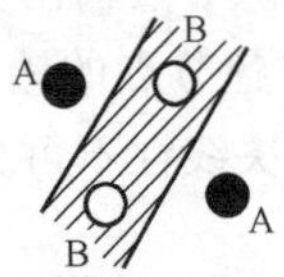 A B B A	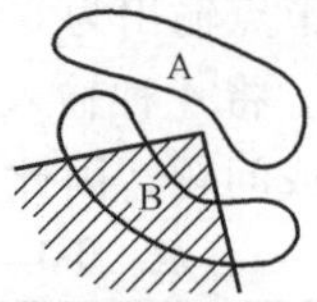 A B	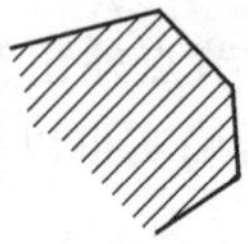	凸域
双隐层 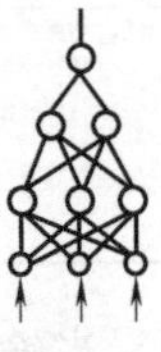	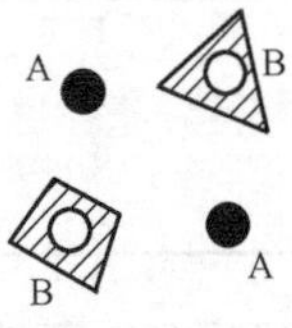 A B B A	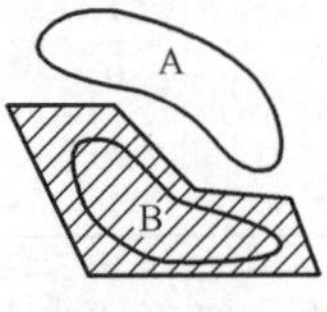 A B		任意复杂形状域

为便于直观描述感知器的分类能力，在上述分析中，将变换函数限定为符号函数或单位阶跃函数。实际上，提高感知器分类能力的另一个途径是，采用非线性连续函数作为神经元的变换函数。这样做的好处是能使区域边界线的基本线素由直线变成曲线，从而使整个边界线变成连续光滑的曲线。

Minsky 和 Papert 在颇具影响的《Perceptron》一书中指出，简单的感知器只能求解线性问题，能够求解非线性问题的网络应具有隐层，但对隐层神经元的学习规则尚无所知。的确，多层感知器从理论上可解决线性不可分问题，但从前面介绍的感知器学习规则看，其权值调整量取决于感知器期望输出与实际输出之差，即 $\Delta \boldsymbol{W}_j(t)=\boldsymbol{\eta}[d_j-o_j(t)]\boldsymbol{X}$。对于各隐层节点来说，不存在期望输出，因而该学习规则对隐层权值不适用。

3.3　自适应线性单元简介

1962 年美国斯坦福大学教授 Widrow 提出一种自适应可调的神经网络，其基本构成单元称为自适应线性单元（Adaptive Linear Neuron，ADALINE）。这种自适应可调的神经网络主要适用于信号处理中的自适应滤波、预测和模式识别。

3.3.1　ADALINE 模型

自适应线性单元在结构上与感知器单元相似，如图 3-12 所示。其中输入向量为 $\boldsymbol{X}=(x_0, x_1, x_2, \cdots, x_n)^{\mathrm{T}}$，每个输入分量可以是数字量，也可以是模拟量；权向量 $\boldsymbol{W}=(w_0, w_1, w_2, \cdots, w_n)^{\mathrm{T}}$。

ADALINE 有两种输出：

（1）当变换函数为线性函数时，输出为模拟量

$$y=f(\boldsymbol{W}^{\mathrm{T}}\boldsymbol{X})=\boldsymbol{W}^{\mathrm{T}}\boldsymbol{X}$$

（2）当变换函数为符号函数时，输出为双极性数字量

$$q=\mathrm{sgn}(y)=\begin{cases}1 & (y\geqslant 0)\\-1 & (y<0)\end{cases}$$

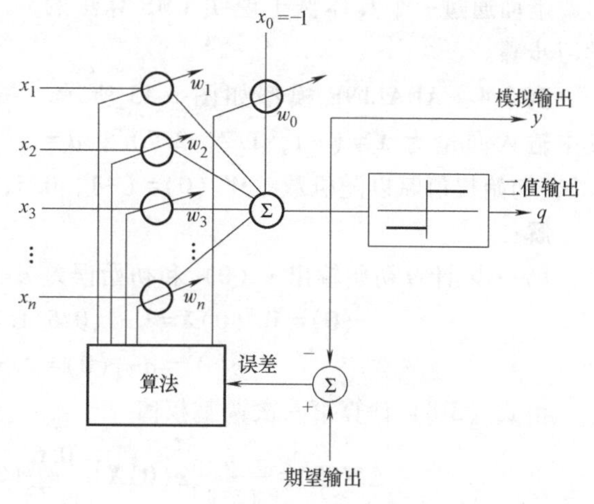

图 3-12　ADALINE 原理

从数字输出看，ADALINE 与感知器的符号单元完全相同，可进行线性分类；从模拟输出看，它只作为调节误差的手段。由于模拟量输出时的变换函数为线性，故称为自适应线性单元 ADALINE。ADALINE 的功能是，将 ADALINE 的期望输出与实际的模拟输出相比较，得到一个同为模拟量的误差信号，根据该误差信号不断在线调整权向量，以保证在任何时刻始终保持期望输出与实际的模拟输出相等（$y=d$），从而可将一组输入模拟信号转换变为任意期望的波形 d。

3.3.2　ADALINE 学习算法

ADALINE 学习算法采用了第 2 章介绍的 Widrow-Hoff 学习规则，也称为最小二乘算法

(Least Mean Square，LMS)。下面以单个自适应线性神经元为例，讨论其学习算法。

根据第2章的式（2-24a)，考虑到单节点情况，权向量调整量省略下标后可表示为

$$\Delta \boldsymbol{W}=\eta(d-\boldsymbol{W}^{\mathrm{T}}\boldsymbol{X})\boldsymbol{X} \tag{3-6}$$

输出为模拟量时，ADALINE 的变换函数为单位线性函数，所以有

$$y=\boldsymbol{W}^{\mathrm{T}}\boldsymbol{X}$$

定义输出误差 ε 为期望输出与实际输出之差

$$\varepsilon=d-y \tag{3-7}$$

则权向量调整式可改写为

$$\Delta \boldsymbol{W}=\eta(d-y)\boldsymbol{X}=\eta\varepsilon\boldsymbol{X}$$

将上式中的输入向量 $\boldsymbol{X}$ 除以其模的二次方，可得

$$\Delta \boldsymbol{W}=\frac{\eta}{\|\boldsymbol{X}\|^2}\varepsilon\boldsymbol{X} \tag{3-8}$$

由式（3-7）有

$$\Delta\varepsilon=\Delta(d-\boldsymbol{W}^{\mathrm{T}}\boldsymbol{X})=-\Delta\ \boldsymbol{W}^{\mathrm{T}}\boldsymbol{X}=-\frac{\eta}{\|\boldsymbol{X}\|^2}\varepsilon\ \boldsymbol{X}^{\mathrm{T}}\boldsymbol{X}=-\eta\varepsilon \tag{3-9}$$

由上式可以看出，$\Delta\varepsilon$ 永远与 ε 符号相反，这意味着在训练中，ε 的绝对值是单调下降的，y 总是在不断地接近 d。因此 LMS 算法能保证 ADALINE 在自适应学习时的收敛性。

下面通过一个具体例子说明 LMS 算法的学习步骤。

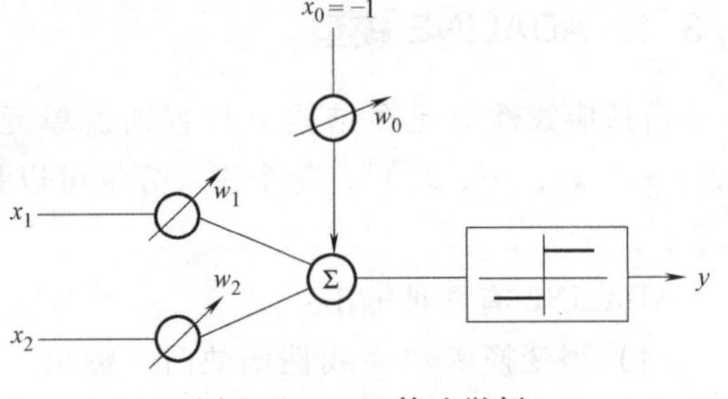

图 3-13　LMS 算法举例

例 3-4　ADALINE 模型如图 3-13 所示。其中输入向量为 $\boldsymbol{X}=(-1,\ 1.2,\ 2.7)^{\mathrm{T}}$，$d=2.3$，初始权值赋以随机数，$\boldsymbol{W}(0)=(-1,\ 0.5,\ 1.1)^{\mathrm{T}}$，$\eta=0.6$。

解：

第一步 计算初始输出 $y(0)$ 和初始误差 $\varepsilon(0)$，分别为

$$y(0)=\boldsymbol{W}^{\mathrm{T}}(0)\boldsymbol{X}=(-1,0.5,1.1)^{\mathrm{T}}(-1,1.2,2.7)=4.57$$

$$\varepsilon(0)=d-y(0)=2.3-4.57=-2.27$$

由式（3-8）计算第一次调整权值

$$\Delta\boldsymbol{W}(0)=\frac{\eta}{\|\boldsymbol{X}\|^2}\varepsilon(0)\boldsymbol{X}=\frac{0.6}{9.73}(2.3-4.57)(-1,1.2,2.7)^{\mathrm{T}}$$
$$=(0.14,\ -0.168,\ -0.378)^{\mathrm{T}}$$

$$\boldsymbol{W}(1)=\boldsymbol{W}(0)+\Delta\boldsymbol{W}(0)=(-1,0.5,1.1)^{\mathrm{T}}+(0.14,-0.168,-0.378)^{\mathrm{T}}$$
$$=(-0.86,\ 0.332,\ 0.722)^{\mathrm{T}}$$

第二步 计算输出 $y(1)$ 和误差 $\varepsilon(1)$，分别为

$$y(1)=\boldsymbol{W}^{\mathrm{T}}(1)\boldsymbol{X}=(-0.86,0.332,0.722)^{\mathrm{T}}(-1,1.2,2.7)=3.21$$

$$\varepsilon(1)=d-y(1)=2.3-3.21=-0.91$$

由式（3-8）计算第二次调整权值

$$\Delta \boldsymbol{W}(1)=\frac{\eta}{\|\boldsymbol{X}\|^{2}}\varepsilon(1)\boldsymbol{X}=\frac{0.6}{9.73}(-0.91)(-1,1.2,2.7)^{\mathrm{T}}$$

$$=(0.056,\ -0.0672,\ -0.151)^{\mathrm{T}}$$

$$\boldsymbol{W}(2)=\boldsymbol{W}(1)+\Delta \boldsymbol{W}(1)=(-0.86,0.332,0.722)^{\mathrm{T}}+(0.056,-0.0672,-0.151)^{\mathrm{T}}$$

$$=(-0.804,\ 0.265,\ 0.571)^{\mathrm{T}}$$

第三步 计算输出 $y(2)$ 和误差 $\varepsilon(2)$，分别为 $y(2)=2.518$，$\varepsilon(2)=-0.218$。由此可继续调整下一步权值。从调整结果可以明显看出，误差 ε 由初始时的-2.27 只经过两步调整便下降为-0.218，而 ADALINE 的实际输出也由初始时的 4.57 调整到 2.518，大大接近其 $d=2.3$ 的期望值。可以预见，继续训练下去，误差将不断减小。

LMS 算法和感知器算法都是基于误差 ε 的有导师学习算法，由于隐层的误差无从得知，该算法不能用于多层网络。

3.3.3 ADALINE 应用

ADALINE 主要应用于语音识别、天气预报、心电图诊断、信号处理以及系统辨识等方面。下面以 ADALINE 自适应滤波器为例进行介绍。

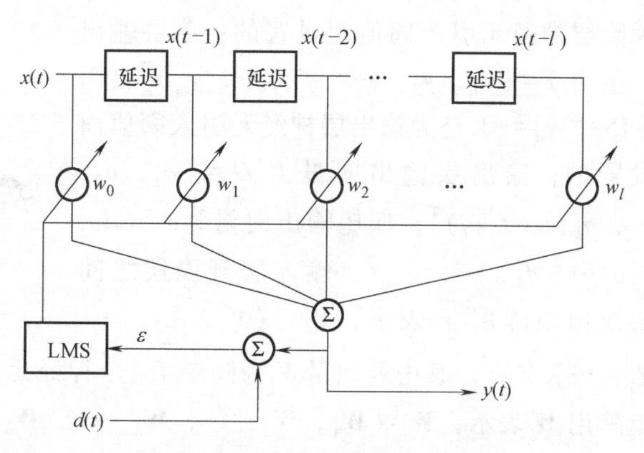

图 3-14 ADALINE 自适应滤波器

图 3-14 给出用单个 ADALINE 作为信号处理的自适应滤波器。对于语音波形和控制信号等随时间连续变化的信息，可用其采样后的离散信号序列作为网络的输入。图中 $x(t)$ 是随时间连续变化的输入信号的当前值，通过采样可得到 $x(t)$ 以前各时刻的采样值 $x(t-1)$，$x(t-2)$，…，$x(t-l)$，这样 ADALINE 滤波器共有 $l+1$ 个输入分量。ADALINE 滤波器的作用是用期望的输出 $d(t)$ 与实际输出 $y(t)$ 之间的误差来调整权值，以使对输入波形 $x(t)$ 得到期望 $d(t)$ 波形，从而达到滤波的目的。

3.4 误差反传算法

前面已指出，含有隐层的多层感知器能大大提高网络的分类能力，但长期以来没有提出解决权值调整问题的有效算法。1986 年，Rumelhart 和 McCelland 领导的科学家小组在《Parallel Distributed Processing》一书中，对具有非线性连续变换函数的多层感知器的误差反向传播（Error Back Proragation，BP）算法进行了详尽的分析，实现了 Minsky 关于多层网络的设想。由于多层感知器的训练经常采用误差反向传播算法，人们也常把多层感知器直接称为 BP 网。

BP 算法的基本思想是，学习过程由信号的正向传播与误差的反向传播两个过程组成。正向传播时，输入样本从输入层传入，经各隐层逐层处理后，传向输出层。若输出层的实际输出与期望的输出（教师信号）不符，则转入误差的反向传播阶段。误差反传是将输出误差以某种形式通过隐层向输入层逐层反传，并将误差分摊给各层的所有单元，从而获得各层单元的误差信号，此误差信号即作为修正各单元权值的依据。这种信号正向传播与误差反向传播的各层权值调整过程，是周而复始地进行的。权值不断调整的过程，也就是网络的学习训练过程。此过程一直进行到网络输出的误差减少到可接受的程度，或进行到预先设定的学习次数为止。

3.4.1 基于BP算法的多层感知器模型

采用BP算法的多层感知器是至今为止应用最广泛的神经网络，在多层感知器的应用中，以图3-15所示的单隐层网络的应用最为普遍。一般习惯将单隐层前馈网称为三层感知器，所谓三层包括了输入层、隐层和输出层。

三层感知器中，输入向量为 $\boldsymbol{X}=(x_1, x_2, \cdots, x_i, \cdots, x_n)^{\mathrm{T}}$，图3-15中 $x_0=-1$ 是为隐层神经元引入阈值而设置的；隐层输出向量为 $\boldsymbol{Y}=(y_1, y_2, \cdots, y_j, \cdots, y_m)^{\mathrm{T}}$，图3-15中 $y_0=-1$ 是为输出层神经元引入阈值而设置的；输出层输出向量为 $\boldsymbol{O}=(o_1, o_2, \cdots, o_k, \cdots, o_l)^{\mathrm{T}}$；期望输出向量为 $\boldsymbol{d}=(d_1, d_2, \cdots, d_k, \cdots, d_l)^{\mathrm{T}}$。输入层到隐层之间的权值矩阵用 $\boldsymbol{V}$ 表示，$\boldsymbol{V}=(\boldsymbol{V}_1, \boldsymbol{V}_2, \cdots, \boldsymbol{V}_j, \cdots, \boldsymbol{V}_m)$，其中列向量 $\boldsymbol{V}_j$ 为隐层第 j 个神经元对应的权向量；隐层到输出层之间的权值矩阵用 $\boldsymbol{W}$ 表示，$\boldsymbol{W}=(\boldsymbol{W}_1, \boldsymbol{W}_2, \cdots, \boldsymbol{W}_k, \cdots, \boldsymbol{W}_l)$，其中列向量 $\boldsymbol{W}_k$ 为输出层第 k 个神经元对应的权向量。下面分析各层信号之间的数学关系。

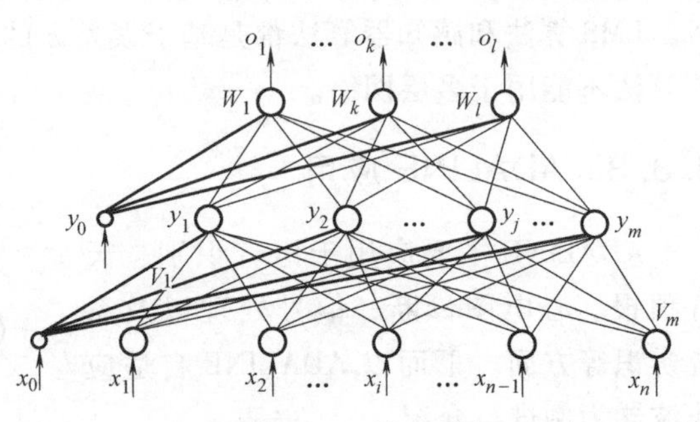

图3-15 三层BP网

对于输出层，有

$$o_k=f(net_k) \qquad k=1,2,\cdots,l \tag{3-10}$$

$$net_k=\sum_{j=0}^{m} w_{jk}y_j \qquad k=1,2,\cdots,l \tag{3-11}$$

对于隐层，有

$$y_j=f(net_j) \qquad j=1,2,\cdots,m \tag{3-12}$$

$$net_j=\sum_{i=0}^{n} v_{ij}x_i \qquad j=1,2,\cdots,m \tag{3-13}$$

以上两式中，变换函数 $f(x)$ 均为单极性Sigmoid函数

$$f(x)=\frac{1}{1+\mathrm{e}^{-x}} \tag{3-14}$$

$f(x)$ 具有连续、可导的特点，且有

$$f'(x)=f(x)[1-f(x)] \tag{3-15}$$

根据应用需要，也可以采用双极性Sigmoid函数（或称双曲线正切函数）

$$f(x)=\frac{1-\mathrm{e}^{-x}}{1+\mathrm{e}^{-x}}$$

式（3-10）~式（3-14）共同构成了三层感知器的数学模型。

3.4.2 BP 学习算法

下面以三层感知器为例介绍 BP 学习算法，然后将所得结论推广到一般多层感知器的情况。

1. 网络误差与权值调整

当网络输出与期望输出不等时，存在输出误差 E，定义如下

$$E=\frac{1}{2}(\boldsymbol{d}-\boldsymbol{O})^2=\frac{1}{2}\sum_{k=1}^{l}(d_k-o_k)^2 \tag{3-16}$$

将以上误差定义式展开至隐层，有

$$E=\frac{1}{2}\sum_{k=1}^{l}[d_k-f(net_k)]^2=\frac{1}{2}\sum_{k=1}^{l}\left[d_k-f\left(\sum_{j=0}^{m}w_{jk}y_j\right)\right]^2 \tag{3-17}$$

进一步展开至输入层，有

$$E=\frac{1}{2}\sum_{k=1}^{l}\left\{d_k-f\left[\sum_{j=0}^{m}w_{jk}f(net_j)\right]\right\}^2=\frac{1}{2}\sum_{k=1}^{l}\left\{d_k-f\left[\sum_{j=0}^{m}w_{jk}f\left(\sum_{i=0}^{n}v_{ij}x_i\right)\right]\right\}^2 \tag{3-18}$$

由上式可以看出，网络输入误差是各层权值 w_{jk}、v_{ij} 的函数，因此调整权值可改变误差 E。

显然，调整权值的原则是使误差不断地减小，因此应使权值的调整量与误差的梯度下降成正比，即

$$\Delta w_{jk}=-\eta\frac{\partial E}{\partial w_{jk}}\qquad j=0,1,2,\cdots,m;\quad k=1,2,\cdots,l \tag{3-19a}$$

$$\Delta v_{ij}=-\eta\frac{\partial E}{\partial v_{ij}}\qquad i=0,1,2,\cdots,n;\quad j=1,2,\cdots,m \tag{3-19b}$$

式中，负号表示梯度下降，常数 $\eta\in(0,1)$ 表示比例系数，在训练中反映了学习速率。可以看出 BP 算法属于 δ 学习规则类，这类算法常被称为误差的梯度下降（Gradient Descent）算法。

2. BP 算法推导

式（3-19）仅是对权值调整思路的数学表达，而不是具体的权值调整计算式。下面推导三层 BP 算法权值调整的计算式。事先约定，在全部推导过程中，对输出层均有 $j=0, 1, 2, \cdots, m$；$k=1, 2, \cdots, l$；对隐层均有 $i=0, 1, 2, \cdots, n$；$j=1, 2, \cdots, m$。

对于输出层，式（3-19a）可写为

$$\Delta w_{jk}=-\eta\frac{\partial E}{\partial w_{jk}}=-\eta\frac{\partial E}{\partial net_k}\frac{\partial net_k}{\partial w_{jk}} \tag{3-20a}$$

对隐层，式（3-19b）可写为

$$\Delta v_{ij}=-\eta\frac{\partial E}{\partial v_{ij}}=-\eta\frac{\partial E}{\partial net_j}\frac{\partial net_j}{\partial v_{ij}} \tag{3-20b}$$

对输出层和隐层各定义一个误差信号，令

$$\delta_k^o=-\frac{\partial E}{\partial net_k} \tag{3-21a}$$

$$\delta_j^y=-\frac{\partial E}{\partial net_j} \tag{3-21b}$$

综合应用式（3-11）和式（3-21a），可将式（3-20a）的权值调整式改写为

$$\Delta w_{ij}=\eta\delta_k^o y_j \tag{3-22a}$$

综合应用式（3-13）和式（3-21b），可将式（3-20b）的权值调整式改写为

$$\Delta v_{ij}=\eta\delta_j^y x_i \tag{3-22b}$$

可以看出，只要计算出式（3-22）中的误差信号 δ_k^o 和 δ_j^y，权值调整量的计算推导即可完成。下面继续推导如何计算 δ_k^o 和 δ_j^y。

对于输出层，δ_k^o 可展开为

$$\delta_k^o=-\frac{\partial E}{\partial net_k}=-\frac{\partial E}{\partial o_k}\frac{\partial o_k}{\partial net_k}=-\frac{\partial E}{\partial o_k}f'(net_k) \tag{3-23a}$$

对于隐层，δ_j^y 可展开为

$$\delta_j^y=-\frac{\partial E}{\partial net_j}=-\frac{\partial E}{\partial y_j}\frac{\partial y_j}{\partial net_j}=-\frac{\partial E}{\partial y_j}f'(net_j) \tag{3-23b}$$

下面求式（3-23）中网络误差对各层输出的偏导。

对于输出层，利用式（3-16），可得

$$\frac{\partial E}{\partial o_k}=-(d_k-o_k) \tag{3-24a}$$

对于隐层，利用式（3-17），可得

$$\frac{\partial E}{\partial y_j}=-\sum_{k=1}^{l}(d_k-o_k)f'(net_k)w_{jk} \tag{3-24b}$$

将以上结果代入式（3-23），并应用式（3-15），得

$$\delta_k^o=(d_k-o_k)o_k(1-o_k) \tag{3-25a}$$

$$\begin{aligned}\delta_j^y&=\left[\sum_{k=1}^{l}(d_k-o_k)f'(net_k)w_{jk}\right]f'(net_j)\\&=\left(\sum_{k=1}^{l}\delta_k^o w_{jk}\right)y_j(1-y_j)\end{aligned} \tag{3-25b}$$

至此两个误差信号的推导已完成，将式（3-25）代回到式（3-22），得到三层感知器的BP学习算法权值调整计算公式为

$$\begin{cases}\Delta w_{jk} = \eta\delta_k^o y_j = \eta(d_k - o_k)o_k(1 - o_k)y_j & (3\text{-}26a)\\ \Delta v_{ij} = \eta\delta_j^y x_i = \eta\left(\sum_{k=1}^{l}\delta_k^o w_{jk}\right)y_j(1 - y_j)x_i & (3\text{-}26b)\end{cases}$$

对于一般多层感知器，设共有 h 个隐层，按前向顺序各隐层节点数分别记为 m_1，m_2，…，m_h，各隐层输出分别记为 y^1，y^2，…，y^h，各层权值矩阵分别记为 W^1，W^2，…，W^h，W^{h+1}，则各层权值调整计算公式为

输出层

$$\Delta w_{jk}^{h+1} = \eta\delta_k^{h+1}y_j^h = \eta(d_k - o_k)o_k(1 - o_k)y_j^h \qquad j = 0,1,2,\cdots,m_h;k = 1,2,\cdots,l$$

第 h 隐层

$$\Delta w_{ij}^h = \eta\delta_j^h y_i^{h-1} = \eta\left(\sum_{k=1}^{l}\delta_k^o w_{jk}^{h+1}\right)y_j^h(1 - y_j^h)y_i^{h-1} \qquad i = 0,1,2,\cdots,m_{h-1};j = 1,2,\cdots,m_h$$

按以上规律逐层类推，则第一隐层权值调整计算公式

$$\Delta w_{pq}^1 = \eta\delta_q^1 x_p = \eta\left(\sum_{r=1}^{m_2}\delta_r^2 w_{qr}^2\right)y_q^1(1 - y_q^1)x_p \quad p = 0,1,2,\cdots,n;\quad j = 1,2,\cdots,m_1$$

三层感知器的 BP 学习算法也可以写成向量形式

对于输出层，设 $\boldsymbol{Y} = (y_0, y_1, y_2, \cdots, y_j, \cdots, y_m)^{\mathrm{T}}$，$\boldsymbol{\delta}^0 = (\delta_1^o, \delta_2^o, \cdots, \delta_k^o, \cdots, \delta_l^o)^{\mathrm{T}}$，则

$$\Delta\boldsymbol{W} = \eta\ (\boldsymbol{\delta}^o\boldsymbol{Y}^{\mathrm{T}})^{\mathrm{T}} \tag{3-27a}$$

对于隐层，设 $\boldsymbol{X} = (x_0, x_1, x_2, \cdots, x_i, \cdots, x_n)^{\mathrm{T}}$，$\boldsymbol{\delta}^y = (\delta_1^y, \delta_2^y, \cdots, \delta_j^y, \cdots, \delta_m^y)^{\mathrm{T}}$，则

$$\Delta\boldsymbol{V} = \eta\ (\delta^y\boldsymbol{X}^{\mathrm{T}})^{\mathrm{T}} \tag{3-27b}$$

容易看出，BP 学习算法中，各层权值调整公式形式上都是一样的，均由 3 个因素决定，即学习率 $\boldsymbol{\eta}$、本层输出的误差信号 $\boldsymbol{\delta}$ 以及本层输入信号 $\boldsymbol{Y}$（或 $\boldsymbol{X}$）。其中输出层误差信号与网络的期望输出与实际输出之差有关，直接反映了输出误差，而各隐层的误差信号与前面各层的误差信号都有关，是从输出层开始逐层反传过来的。

3. BP 算法的信号流向

BP 算法的特点是信号的前向计算和误差的反向传播，图 3-16 清楚地表达了算法的信号流向特点。

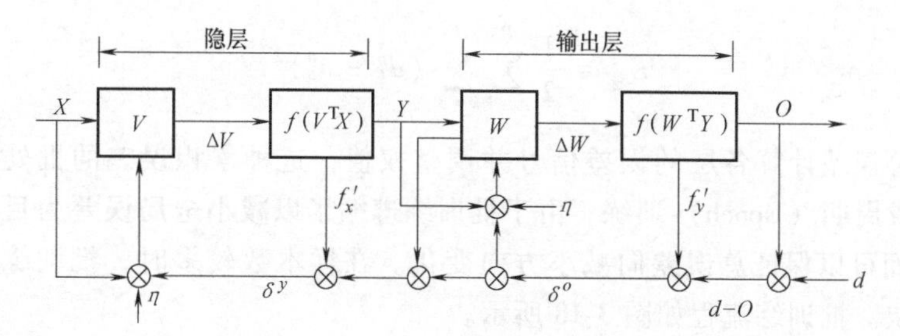

图 3-16 BP 算法的信号流向

由图中可以看出，前向过程是：输入信号 $\boldsymbol{X}$ 从输入层进入后，通过隐层各节点的内星权向量 $\boldsymbol{V}_j$ 得到该层的输出信号 $\boldsymbol{Y}$；该信号向前输入到输出层，通过其各节点内星权向量 $\boldsymbol{W}_k$ 得到该层输出 $\boldsymbol{O}$。反向过程是：在输出层期望输出 $\boldsymbol{d}$ 与实际输出 $\boldsymbol{O}$ 相比较得到误差信号 $\boldsymbol{\delta}^o$，由此可计算出输出层权值的调整量；误差信号 $\boldsymbol{\delta}^o$ 通过隐层各节点的外星权向量反传至隐层各节点，得到隐层的误差信号 δ^y，由此可计算出隐层权值的调整量。

3.4.3 BP 算法的程序实现

前面推导出的算法是 BP 算法的基础，称为标准 BP 算法。由于目前神经网络的实现仍以软件编程为主，下面介绍标准 BP 算法的编程步骤。

（1）初始化　对权值矩阵 $\boldsymbol{W}$、$\boldsymbol{V}$ 赋随机数，将样本模式计数器 p 和训练次数计数器 q 置为 1，误差 E 置 0，学习率 η 设为［0~1］区间的小数，网络训练后达到的精度 E_{MIN} 设为一正的小数。

（2）输入训练样本对，计算各层输出　用当前样本 $\boldsymbol{X}^p$、$\boldsymbol{d}^p$ 对向量数组 $\boldsymbol{X}$、$\boldsymbol{d}$ 赋值，用式（3-12）和式（3-10）计算 $\boldsymbol{Y}$ 和 $\boldsymbol{O}$ 中各分量。

（3）计算网络输出误差　设共有 P 对训练样本，网络对于不同的样本具有不同的误差 $E^p=\dfrac{1}{2}\sum_{k=1}^{l}(d_k^p-o_k^p)^2$，可用诸误差中的最大者 E_{MAX} 代表网络的总输出误差，实用中更多采用均方根误差 $E_{\mathrm{RME}}=\sqrt{\dfrac{1}{P}\sum_{p=1}^{P}E^p}$ 作为网络的总误差。

（4）计算各层误差信号　应用式（3-25a）和式（3-25b）计算 δ_k^o 和 δ_j^y。

（5）调整各层权值　应用式（3-26a）和式（3-26b）计算 $\boldsymbol{W}$、$\boldsymbol{V}$ 中各分量。

（6）检查是否对所有样本完成一次轮训　若 $p<P$，计数器 p、q 增 1，返回步骤（2），否则转步骤（7）。

（7）检查网络总误差是否达到精度要求　例如，当用 E_{RME} 作为网络的总误差时，若满足 $E_{\mathrm{RME}}<E_{\mathrm{MIN}}$，训练结束，否则 E 置 0，p 置 1，返回步骤（2）。

标准 BP 算法流程如图 3-17 所示。

目前在实际应用中有两种权值调整方法。从以上步骤可以看出，在标准 BP 算法中，每输入一个样本，都要回传误差并调整权值，这种对每个样本轮训的权值调整方法又称为单样本训练。由于单样本训练遵循的是只顾眼前的“本位主义”原则，只针对每个样本产生的误差进行调整，难免顾此失彼，使整个训练的次数增加，导致收敛速度过慢。另一种方法是在所有样本输入之后，计算网络的总误差 $E_{总}$。

$$E_{总}=\frac{1}{2}\sum_{p=1}^{P}\sum_{k=1}^{l}(d_k^p-o_k^p)^2 \tag{3-28}$$

然后根据总误差计算各层的误差信号并调整权值，这种累积误差的批处理方式称为批（Batch）训练或周期（Epoch）训练。由于批训练遵循了以减小全局误差为目标的“集体主义”原则，因而可以保证总误差向减小方向变化。在样本数较多时，批训练比单样本训练时的收敛速度快。批训练流程如图 3-18 所示。

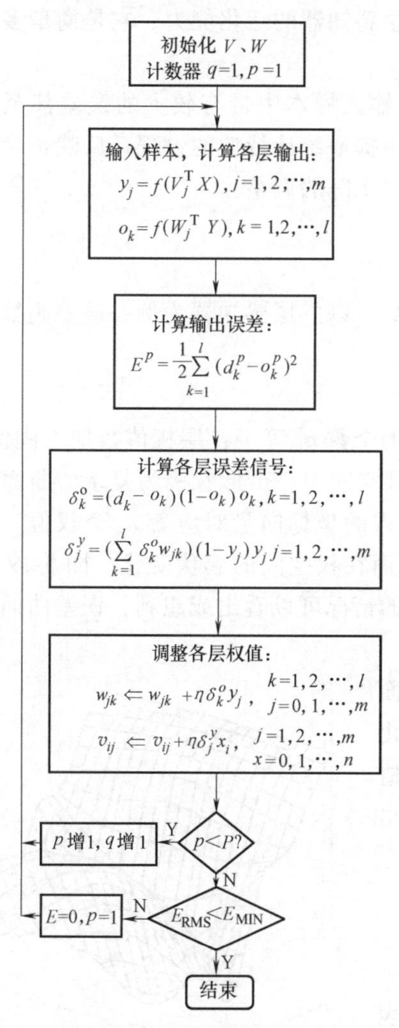

图 3-17 标准 BP 算法流程

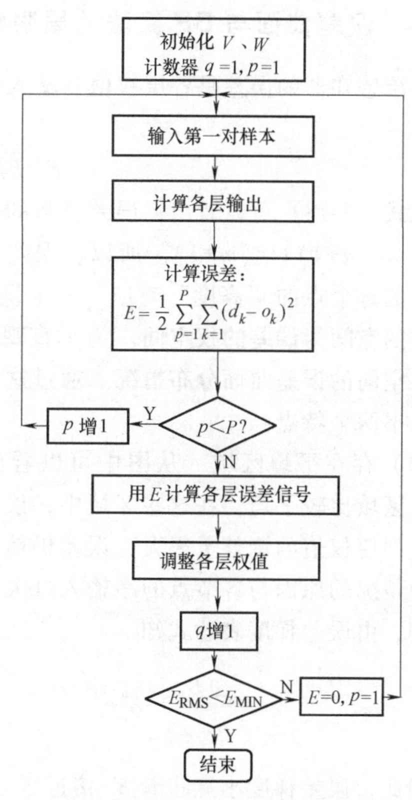

图 3-18 批训练 BP 算法流程

3.4.4 多层感知器的主要能力

多层感知器是目前应用最多的神经网络，这主要归结于基于 BP 算法的多层感知器具有以下一些重要能力。

（1）非线性映射能力　多层感知器能学习和存储大量输入-输出模式映射关系，而无需事先了解描述这种映射关系的数学方程。只要能提供足够多的样本模式对供 BP 网络进行学习训练，它便能完成由 n 维输入空间到 m 维输出空间的非线性映射。在工程上及许多技术领域中经常遇到这样的问题：对某输入-输出系统已经积累了大量相关的输入-输出数据，但对其内部蕴涵的规律仍未掌握，因此无法用数学方法来描述该规律。这一类问题的共同特点是：①难以得到解析解；②缺乏专家经验；③能够表示和转化为模式识别或非线性映射问题。对于这类问题，多层感知器具有无可比拟的优势。

（2）泛化能力　多层感知器训练后将所提取的样本对中的非线性映射关系存储在权值矩阵中，在其后的工作阶段，当向网络输入训练时未曾见过的非样本数据时，网络也能完成由输入空间向输出空间的正确映射。这种能力称为多层感知器的泛化能力，它是衡量多层感知器性能优劣的一个重要方面。

（3）容错能力　多层感知器的魅力还在于，允许输入样本中带有较大的误差甚至个别错误。因为对权矩阵的调整过程也是从大量的样本对中提取统计特性的过程，反映正确规律的知识来自全体样本，个别样本中的误差不能左右对权矩阵的调整。

3.4.5　误差曲面与 BP 算法的局限性

多层感知器的误差是各层权值和输入样本对的函数。以三层感知器为例，误差函数可表达为

$$E=F(\boldsymbol{X}^p,\boldsymbol{W},\boldsymbol{V},\boldsymbol{d}^p)$$

从式（3-18）可以看出，误差函数的可调整参数的个数 n_w 等于各层权值数加上阈值数，即 $n_w=m\times(n+1)+l\times(m+1)$。所以，误差 E 是 n_w+1 维空间中一个形状极为复杂的曲面，该曲面上的每个点的“高度”对应于一个误差值，每个点的坐标向量对应着 n_w 个权值，因此称这样的空间为误差的权空间。为了直观描述误差曲面在权空间的起伏变化，图 3-19 给出二维权空间的误差曲面分布情况。通过这样一种简单的情况可以看出或想到，误差曲面的分布有以下两个特点：

（1）存在平坦区域　从图中可以看出，误差曲面上有些区域比较平坦，在这些区域中，误差的梯度变化很小，即使权值的调整量很大，误差仍然下降缓慢。造成这种情况的原因与各节点的净输入过大有关。以输出层为例，由误差梯度表达式知

$$\frac{\partial E}{\partial w_{jk}}=-\delta_k^o y_j$$

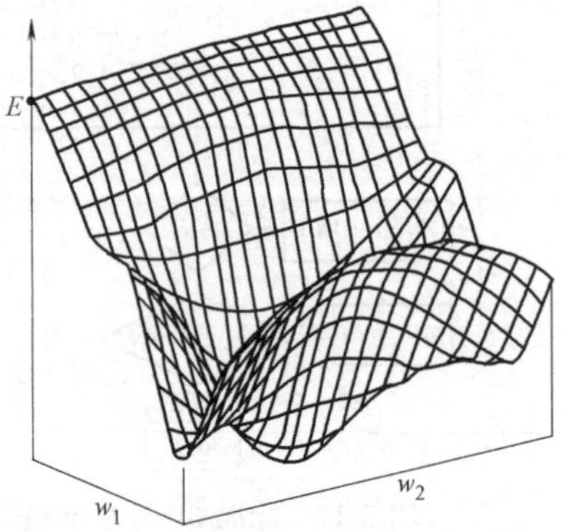

因此，误差梯度小意味着 δ_k^o 接近零。而从 δ_k^o 的表达式

$$\delta_k^o=(d_k-o_k)o_k(1-o_k)$$

图 3-19　二维权空间的误差曲面

可以看出，δ_k^o 接近零有 3 种可能：一种可能是 o_k 充分接近 d_k，此时应对应着误差的某个谷点；第二种可能是 o_k 始终接近 0；第三种可能是 o_k 始终接近 1。在后两种情况下误差 E 可以是任意值，但梯度很小，这样误差曲面上就出现了平坦区。o_k 接近 0 或 1 的原因在于 Sigmoid 变换函数具有饱和特性，从图 2-7 可以看出，当净输入（即变换函数的自变量）的绝对值 $\left|\sum_{j=0}^{m} w_{jk}y_j\right|>3$ 时，o_k 将处于接近 1 或 0 的饱和区内，此时对权值的变化不太敏感。BP 算法是严格遵从误差梯度降的原则调整权值的，训练进入平坦区后，尽管 d_k-o_k 仍然很大，但由于误差梯度小而使权值调整力度减小，训练只能以增加迭代次数为代价缓慢进行。只要调整方向正确，调整时间足够长，总可以退出平坦区而进入某个谷点。

（2）存在多个极小点　二维权空间的误差曲面像一片连绵起伏的山脉，其低凹部分就是误差函数的极小点。可以想象，高维权空间的误差曲面“山势”会更加复杂，因而会有更多的极小点。多数极小点都是局部极小，即使是全局极小往往也不是唯一的，但其特点都

是误差梯度为零。误差曲面的这一特点使以误差梯度降为权值调整依据的 BP 算法无法辨别极小点的性质，因而训练经常陷入某个局部极小点而不能自拔。图 3-20 以单权值调整为例描述了局部极小问题。

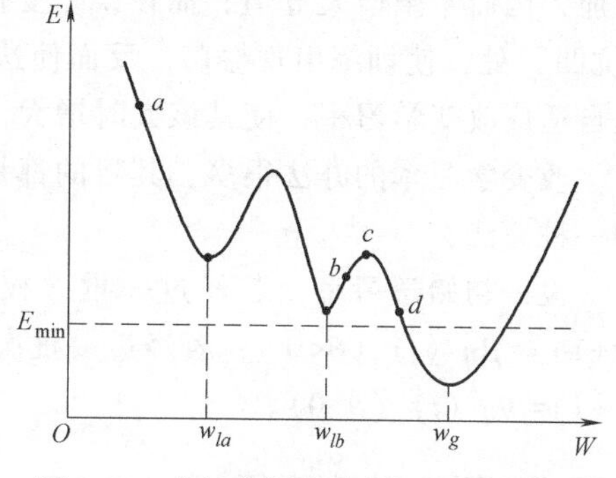

图 3-20　单权值调整时的误差局部极小

误差曲面的平坦区域会使训练次数大大增加，从而影响了收敛速度；而误差曲面的多极小点会使训练陷入局部极小，从而使训练无法收敛于给定误差。以上两个问题都是 BP 算法的固有缺陷，其根源在于其基于误差梯度降的权值调整原则每一步求解都取局部最优（该调整原则即所谓贪心（Greedy）算法的原则）。此外，对于较复杂的多层感知器，标准 BP 算法能否收敛是无法预知的，因为训练最终进入局部极小还是全局极小与网络权值的初始状态有关，而初始权值是随机确定的。

3.5　标准 BP 算法的改进

将 BP 算法用于具有非线性变换函数的三层感知器，可以以任意精度逼近任何非线性函数，这一非凡优势使多层感知器得到越来越广泛的应用。然而标准的 BP 算法在应用中暴露出不少内在的缺陷：

（1）易形成局部极小而得不到全局最优。

（2）训练次数多使得学习效率低，收敛速度慢。

（3）隐节点的选取缺乏理论指导。

（4）训练时学习新样本有遗忘旧样本的趋势。

针对上述问题，国内外已提出不少有效的改进算法，下面仅介绍其中 3 种较常用的方法。

3.5.1　增加动量项

一些学者于 1986 年提出，标准 BP 算法在调整权值时，只按 t 时刻误差的梯度降方向调整，而没有考虑 t 时刻以前的梯度方向，从而常使训练过程发生振荡，收敛缓慢。为了提高网络的训练速度，可以在权值调整公式中增加一动量项。若用 $\boldsymbol{W}$ 代表某层权矩阵，$\boldsymbol{X}$ 代表某层输入向量，则含有动量项的权值调整向量表达式为

$$\Delta \boldsymbol{W}(t)=\eta\delta\boldsymbol{X}+\alpha\Delta\boldsymbol{W}(t-1) \tag{3-29}$$

可以看出，增加动量项即从前一次权值调整量中取出一部分迭加到本次权值调整量中，α 称为动量系数，一般有 $\alpha\in(0,1)$。动量项反映了以前积累的调整经验，对于 t 时刻的调整起阻尼作用。当误差曲面出现骤然起伏时，可减小振荡趋势，提高训练速度。目前，BP 算法中都增加了动量项，以致于有动量项的 BP 算法成为一种新的标准算法。

3.5.2　自适应调节学习率

学习率 η 也称为步长，在标准 BP 算法中定为常数，然而在实际应用中，很难确定一个

从始至终都合适的最佳学习率。从误差曲面可以看出，在平坦区域内 η 太小会使训练次数增加，因而希望增大 η 值；而在误差变化剧烈的区域，η 太大会因调整量过大而跨过较窄的“坑凹”处，使训练出现振荡，反而使迭代次数增加。为了加速收敛过程，一个较好的思路是自适应改变学习率，使其该大时增大，该小时减小。

改变学习率的办法很多，其目的都是使其在整个训练过程中得到合理调节。这里介绍其中一种方法：

设一初始学习率，若经过一批次权值调整后使总误差 $E_{总}\uparrow$，则本次调整无效，且 $\eta(t+1)=\beta\eta(t)\ (\beta<0)$；若经过一批次权值调整后使总误差 $E_{总}\downarrow$，则本次调整有效，且 $\eta(t+1)=\theta\eta(t)\ (\theta>0)$。

3.5.3 引入陡度因子

前面的分析指出，误差曲面上存在着平坦区域。权值调整进入平坦区的原因是神经元输出进入了变换函数的饱和区。如果在调整进入平坦区后，设法压缩神经元的净输入，使其输出退出变换函数的饱和区，就可以改变误差函数的形状，从而使调整脱离平坦区。实现这一思路的具体做法是，在原变换函数中引入一个陡度因子 λ

$$o_k=\frac{1}{1+e^{-net_k/\lambda}} \tag{3-30}$$

当发现 ΔE 接近零而 d_k-o_k 仍较大时，可判断已进入平坦区，此时令 $\lambda>1$；当退出平坦区后，再令 $\lambda=1$。从图 3-21 可以看出，当 $\lambda>1$ 时，net_k 坐标压缩了 λ 倍，神经元的变换函数曲线的灵敏区段变长，从而可使绝对值较大的 net_k 退出饱和值。当 $\lambda=1$ 时，变换函数恢复原状，对较小的 net_k 具有较高的灵敏度。应用结果表明该方法对于提高 BP 算法的收敛速度十分有效。

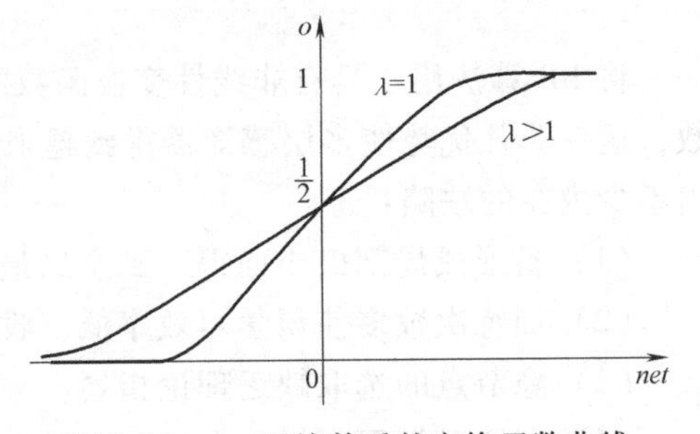

图 3-21　net_k 压缩前后的变换函数曲线

3.6 基于 BP 算法的多层感知器设计基础

尽管神经网络的研究与应用已经取得巨大的成功，但是在网络的开发设计方面至今还没有一套完善的理论作为指导。应用中采用的主要设计方法是，在充分了解待解决问题的基础上将经验与试探相结合，通过多次改进性试验，最终选出一个较好的设计方案。许多人原以为只要掌握了几种神经网络的结构和算法，就能直接应用了，但真正用神经网络解决问题时才会发现，应用原来不是那么简单。为帮助读者在神经网络应用方面尽快入门或作为参考，本节介绍多层感知器开发设计中常用的基本方法与实用技术，其中关于数据准备等内容设计的原则与方法也适合于后面将要介绍的其他网络。

3.6.1 网络信息容量与训练样本数

多层感知器的分类能力与网络信息容量相关。如用网络的权值和阈值总数 n_W 表征网络信息容量，研究表明，训练样本数 P 与给定的训练误差 ε 之间应满足以下匹配关系

$$P \approx \frac{n_W}{\varepsilon}$$

上式表明网络的信息容量与训练样本数之间存在着合理匹配关系。在解决实际问题时，训练样本数常常难以满足以上要求。对于确定的样本数，网络参数太少则不足以表达样本中蕴涵的全部规律，而网络参数太多则由于样本信息少而得不到充分训练。因此，当实际问题不能提供较多的训练样本时，必须设法减少样本维数，从而降低 n_W。

3.6.2　训练样本集的准备

训练数据的准备工作是网络设计与训练的基础，数据选择的科学合理性以及数据表示的合理性对于网络设计具有极为重要的影响。数据准备包括原始数据的收集、数据分析、变量选择和数据预处理等诸多步骤，下面分几个方面介绍有关的知识。

1. 输入输出量的选择

一个待建模系统的输入-输出就是神经网络的输入输出变量。这些变量可能是事先确定的，也可能不够明确，需要进行一番筛选。一般来讲，输出量代表系统要实现的功能目标，其选择确定相对容易一些，例如系统的性能指标，分类问题的类别归属，或非线性函数的函数值等。输入量必须选择那些对输出影响大且能够检测或提取的变量，此外还要求各输入变量之间互不相关或相关性很小，这是输入量选择的两条基本原则。如果对某个变量是否适合作网络输入没有把握，可分别训练含有和不含有该输入的两个网络，对其效果进行对比。

从输入、输出量的性质来看，可分为两类：一类是数值变量，一类是语言变量。数值变量的值是数值确定的连续量或离散量。语言变量是用自然语言表示的概念，其“语言值”是用自然语言表示的事物的各种属性。例如，颜色、性别、规模等都是语言变量，其语言值可分别取为红、绿、蓝，男、女，大、中、小等。当选用语言变量作为网络的输入或输出变量时，需将其语言值转换为离散的数值量。

2. 输入量的提取与表示

很多情况下，神经网络的输入量无法直接获得，常常需要用信号处理与特征提取技术从原始数据中提取能反映其特征的若干特征参数作为网络的输入。提取的方法与待解决的问题密切相关，下面仅讨论几种典型的情况。

(1) 文字符号输入　在各类字符识别的应用中，均以字符为输入的原始对象。BP 网络的输入层不能直接接收字符输入，必须先对其进行编码，变成网络可接收的形式。下面举一个简单的例子进行说明。

例 3-5　识别英文字符 C、I、T。

如图 3-22 所示，将每个字符纳入 3×3 网格，用数字 1~9 表示网格的序号。设计一个具有 9 个分量的输入向量 X，其中每一个分量的下标与网格的序号相对应，其取值为 1 或 0 代表网格内字符笔迹的有无。则代表 3 个字符样本的输入向量分别为：$\boldsymbol{X}^{\mathrm{C}}=(111100111)^{\mathrm{T}}$、$\boldsymbol{X}^{\mathrm{I}}=(010010010)^{\mathrm{T}}$ 和 $\boldsymbol{X}^{\mathrm{T}}=(111010010)^{\mathrm{T}}$，对应的期望输出应为：C 类、I 类和 T 类。关于输出量的表示稍后讨论。

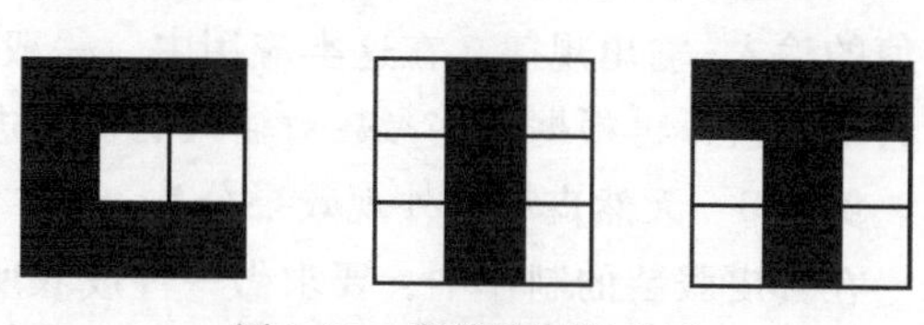

图 3-22　字符的网格表示

当字符较复杂或要区分的类型较多时，网格数也需增加。此外，对于有笔锋的字符，可用0~1之间的小数表达其充满网格的情况，从而反映字符笔画在不同位置的粗细情况。

（2）曲线输入 多层感知器在模式识别类应用中常被用来识别各种设备输出的波形曲线，对于这类输入模式，常用的表示方法是提取波形在各区间分界点的值，以其作为网络输入向量的分量值。各输入分量的下标表示输入值在波形中的位置，因此分量的编号是严格有序的。

例 3-6 控制系统过渡过程曲线。

为了将图3-23的曲线表示为神经网络能接受的形式，将该过程按一定的时间间隔采样，整个过渡过程共采得 n 个样本值，于是某输入向量可表示为

$$X^p=(x_1^p,x_2^p,...,x_i^p,...,x_n^p)^{\mathrm{T}} \qquad p=1,2,\cdots,P$$

其中，P 为网络要学习的曲线类型总数。

采样周期的大小应满足香农采样定理的要求，周期越小，对输入曲线的表达也越精确，但要求网络输入层节点数也越多。采样区间的划分也可以采用不等分的方法，对于曲线变化较大的部分或能提供重要信息的部分，可以将区间分得较细，而对于曲线较平缓的部分，可将区间放宽。

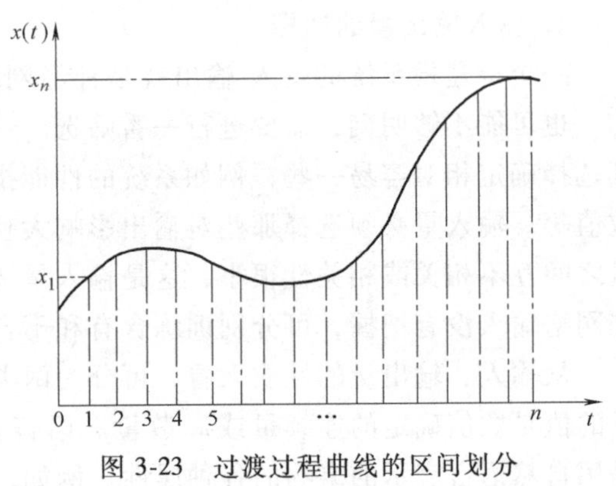

图 3-23 过渡过程曲线的区间划分

（3）函数自变量输入 用多层感知器建立系统的数学模型属于典型的非线性映射问题。一般系统已有大量输入-输出数据对，建模的目的是提取其中隐含的映射规则（即函数关系）。这类应用的输入表示比较简单，一般函数有几个自变量就设几个输入分量，1个输入分量对应1个输入层节点。

例 3-7 用多层感知器实现环境舒适程度测量。

舒适程度无法直接测量，该应用是利用多层感知器进行多传感器数据融合，得出关于舒适程度的综合结果，属于多自变量函数的建模问题。影响环境舒适程度的变量有很多，可选温度、湿度、风向和风速等影响较大的参数作为输入量，这样网络的输入向量应有4个分量，各代表一个影响参数。显然，这种情况下，各分量具有不同的物理意义和量纲。

（4）图像输入 当需要对物体的图像进行识别时，很少直接将每个像素点的灰度值作为网络的输入。因为图像的像素点常数以万计，不适合作为网络的输入，而且难以从中提取有价值的输入-输出规律。在这类应用中，一般先根据识别的具体目的从图像中提取一些有用的特征参数，再根据这些参数对输入的贡献进行筛选，这种特征提取属于图像分析的范畴。

例 3-8 天然皮革的外观效果分类。

在真皮服装的制作中，要求做一件成衣所用的数张皮料外观效果一致。如用多层感知器对天然皮革的外观效果进行分类，不能直接用皮料图像作为网络输入量。在实际应用中，应用图像处理技术从皮革图像中提取了6个特征参数，其中3个参数描述其纹理特征，另外3个描述其颜色特征。一幅像素数为150×150的图像只用了6个输入分量便可描述其视觉特征。

3. 输出量的表示

所谓输出量实际上是指为网络训练提供的期望输出，一个网络可以有多个输出变量，其表示方法通常比输入量容易得多，而且对网络的精度和训练时间影响也不大。输出量可以是数值变量，也可以是语言变量。对于数值类的输出量，可直接用数值量来表示，但由于网络实际输出只能是0~1或-1~1之间的数，所以需要将期望输出进行尺度变换处理，有关的方法在样本的预处理中介绍。下面介绍几种语言变量的表示方法：

（1）"n中取1"表示法　分类问题的输出变量多用语言变量类型，如质量可分为优、良、中、差4个类别。"n中取1"是令输出向量的分量数等于类别数，输入样本被判为哪一类，对应的输出分量取1，其余$n-1$个分量全取0。例如，用0001、0010、0100和1000分别表示优、良、中、差4个类别。这种方法的优点是比较直观，当分类的类别数不是太多时经常采用。

（2）"$n-1$"表示法　上述方法中没有用到编码全为0的情况，如果用$n-1$个全为0的输出向量表示某个类别，则可以节省一个输出节点。如上面提到的4个类别也可以用000、001、010和100表示。特别是当输出只有两种可能时，只用一个二进制数便可以表达清楚。如用0和1代表性别的男和女，考察结果的合格与不合格，性能的好和差等。

（3）数值表示法　二值分类只适于表示两类对立的分类，而对于有些渐进式的分类，可以将语言值转化为二值之间的数值表示。例如，质量的差与好可以用0和1表示，而较差和较好这样的渐进类别可用0和1之间的数值表示，如用0.25表示较差，0.5表示中等，0.75表示较好等。数值的选择要注意保持由小到大的渐进关系，并要根据实际意义拉开距离。

4. 输入输出数据的预处理

（1）尺度变换　尺度变换也称归一化或标准化，是指通过变换处理将网络的输入、输出数据限制在［0，1］或［-1，1］区间内。进行尺度变换的主要原因有：①网络的各个输入数据常常具有不同的物理意义和不同的量纲，如某输入分量在$0\sim1\times10^5$范围内变化，而另一输入分量则在$0\sim1\times10^{-5}$范围内变化。尺度变换使所有分量都在0~1或-1~1之间变化，从而使网络训练一开始就给各输入分量以同等重要的地位；②BP网的神经元均采用Sigmoid变换函数，变换后可防止因净输入的绝对值过大而使神经元输出饱和，继而使权值调整进入误差曲面的平坦区；③Sigmoid变换函数的输出在0~1或-1~1之间，作为教师信号的输出数据如不进行变换处理，势必使数值大的输出分量绝对误差大，数值小的输出分量绝对误差小，网络训练时只针对输出的总误差调整权值，其结果是在总误差中占份额小的输出分量相对误差较大，对输出量进行尺度变换后这个问题可迎刃而解。此外，当输入或输出向量的各分量量纲不同时，应对不同的分量在其取值范围内分别进行变换；当各分量物理意义相同且为同一量纲时，应在整个数据范围内确定最大值x_{max}和最小值x_{min}，进行统一的变换处理。

将输入输出数据变换为［0，1］区间的值常用以下变换式

$$\bar{x}_i=\frac{x_i-x_{min}}{x_{max}-x_{min}} \tag{3-31}$$

式中，x_i为输入或输出数据；x_{min}为数据变化的最小值；x_{max}为数据变化的最大值。

将输入输出数据变换为［-1，1］区间的值常用以下变换式

$$x_{mid}=\frac{x_{max}+x_{min}}{2}$$

$$\bar{x}_i=\frac{x_i-x_{mid}}{\frac{1}{2}(x_{max}-x_{min})} \tag{3-32}$$

式中，x_{mid}为数据变化范围的中间值。

按上述方法变换后，处于中间值的原始数据转化为零，而最大值和最小值分别转换为1和-1。当输入或输出向量中的某个分量取值过于密集时，对其进行以上预处理可将数据点拉开距离。

（2）分布变换　尺度变换是一种线性变换，当样本的分布不合理时，线性变换只能统一样本数据的变化范围，而不能改变其分布规律。适于网络训练的样本分布应比较均匀，相应的样本分布曲线应比较平坦。当样本分布不理想时，最常用的变换是对数变换，其他常用的还有二次方根、立方根等。由于变换是非线性的，其结果不仅压缩了数据变化的范围，而且改善了其分布规律。

5. 训练集的设计

网络的性能与训练用的样本密切相关，设计一个好的训练样本集既要注意样本规模，又要注意样本质量，下面讨论这两个问题。

（1）训练样本数的确定　一般来说训练样本数越多，训练结果越能正确反映其内在规律，但样本的收集整理往往受到客观条件的限制。此外，当样本数多到一定程度时，网络的精度也很难再提高，训练误差与样本数之间的关系如图3-24所示。实践表明，网络训练所需的样本数取决于输入-输出非线性映射关系的复杂程度，映射关系越复杂，样本中含的噪声越大，为保证一定映射精度所需要的样本数就越多，而且网络的规模也越大。因此，可以参考这样一个经验规则，即训练样本数是网络连接权总数的5~10倍。

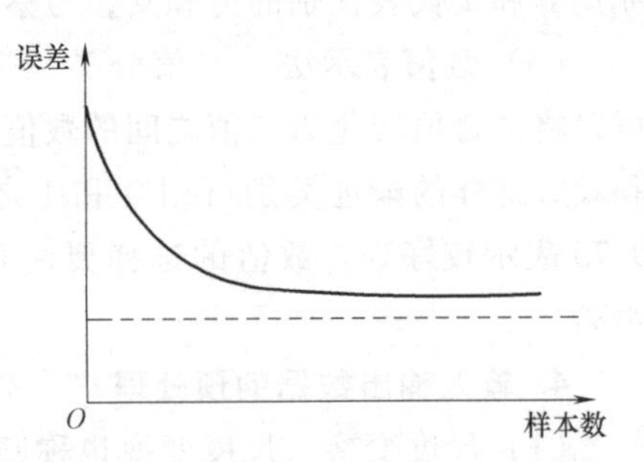

图3-24　网络误差与训练样本数的关系

（2）样本的选择与组织　网络训练中提取的规律蕴涵在样本中，因此样本一定要有代表性。样本的选择要注意样本类别的均衡，尽量使每个类别的样本数量大致相等。即使是同一类样本也要照顾样本的多样性与均匀性。按这种“平均主义”原则选择的样本能使网络在训练时见多识广，而且可以避免网络对样本数量多的类别“印象深”，而对出现次数少的类别“印象浅”。样本的组织要注意将不同类别的样本交叉输入，或从训练集中随机选择输入样本。因为同类样本太集中会使网络训练时倾向于只建立与其匹配的映射关系，当另一类样本集中输入时，权值的调整又转向新的映射关系而将前面的训练结果否定。当各类样本轮流集中输入时，网络的训练会出现振荡使训练时间延长。

3.6.3　初始权值的设计

网络权值的初始化决定了网络的训练从误差曲面的哪一点开始，因此初始化方法对缩短网络的训练时间至关重要。神经元的变换函数都是关于零点对称的，如果每个节点的净输入均在零点附近，则其输出均处在变换函数的中点。这个位置不仅远离变换函数的两个饱和区，而且是其变化最灵敏的区域，必然使网络的学习速度较快。从净输入的表达式（2-5）可以看出，为了使各节点的初始净输入在零点附近，有两种办法可以采用。一种办法是，使初始权值足够小；另一种办法是，使初始值为+1 和−1 的权值数相等。应用中对隐层权值可采用第一种办法，而对输出层可采用第二种办法。因为从隐层权值调整公式（3-26b）来看，如果输出层权值太小，会使隐层权值在训练初期的调整量变小，因此采用了第二种权值与净输入兼顾的办法。按以上方法设置的初始权值可使每个神经元一开始都工作在其变换函数变化最大的位置。

3.6.4　多层感知器结构设计

网络的训练样本问题解决以后，网络的输入层节点数和输出层节点数便已确定。因此，多层感知器的结构设计主要是解决设几个隐层和每个隐层设几个隐节点的问题。对于这类问题，不存在通用性的理论指导，但神经网络的设计者们通过大量的实践已经积累了不少经验，下面进行简要介绍以供读者借鉴。

1. 隐层数的设计

理论分析证明，具有单隐层的前馈网可以映射所有连续函数，只有当学习不连续函数（如锯齿波等）时，才需要两个隐层，所以多层感知器最多只需两个隐层。在设计多层感知器时，一般先考虑设一个隐层，当一个隐层的隐节点数很多仍不能改善网络性能时，才考虑再增加一个隐层。经验表明，采用两个隐层时，如在第一个隐层设置较多的隐节点而第二个隐层设置较少的隐节点，则有利于改善多层感知器的性能。此外，对于有些实际问题，采用双隐层所需要的隐节点总数可能少于单隐层所需的隐节点数。所以，对于增加隐节点仍不能明显降低训练误差的情况，应该想到尝试一下增加隐层数。

2. 隐节点数的设计

隐节点的作用是从样本中提取并存储其内在规律，每个隐节点有若干个权值，而每个权值都是增强网络映射能力的一个参数。隐节点数量太少，网络从样本中获取的信息能力就差，不足以概括和体现训练集中的样本规律；隐节点数量过多，又可能把样本中非规律性的内容如噪声等也学会记牢，从而出现所谓“过度吻合”问题，反而降低了泛化能力。此外隐节点数太多还会增加训练时间。

设置多少个隐节点取决于训练样本数的多少、样本噪声的大小以及样本中蕴涵规律的复杂程度。一般来说，波动次数多、幅度变化大的复杂非线性函数要求网络具有较多的隐节点来增强其映射能力。

确定最佳隐节点数的一个常用方法称为试凑法，可先设置较少的隐节点训练网络，然后逐渐增加隐节点数，用同一样本集进行训练，从中确定网络误差最小时对应的隐节点数。在用试凑法时，可以使用一些确定隐节点数的经验公式。这些公式计算出来的隐节点数只是一种粗略的估计值，可作为试凑法的初始值。下面介绍几个公式：

$$m=\sqrt{n+l}+\alpha \tag{3-33}$$

$$m=\log_2 n \tag{3-34}$$

$$m=\sqrt{nl} \tag{3-35}$$

以上各式中 m 为隐层节点数，n 为输入层节点数，l 为输出节点数，α 为 1~10 之间的常数。

试凑法的另一种做法是先设置较多的隐节点，进行训练时采用以下误差代价函数

$$E_f = E_{总} + \varepsilon \sum_{h,j,i} |w_{ij}^h| \quad h=1,2;j=1,2,\cdots,m;i=1,2,\cdots,n。$$

其中，$E_{总}$为式（3-28）所定义的网络输出误差的二次方和，对于单隐层 BP 网，n 表示输入层节点数，m 为隐层节点数，其作用相当于引入一个遗忘项，其目的是为了使训练后的连接权值尽量小。为此求 E_f对 $w_{ij}{}^h$的偏导为

$$\frac{\partial E_f}{\partial w_{ij}^h}=\frac{\partial E_{总}}{\partial w_{ij}^h}+\varepsilon \text{sgn}(w_{ij}^h)$$

利用上式，仿照 3.4.2 节中的推导过程可得出相应的学习算法。根据该算法，在训练过程中影响小的权值将逐渐衰减到零，因此可以去掉相应的节点，最后保留下来的即为最佳隐节点数。

3.6.5 网络训练与测试

网络设计完成后，要应用设计值进行训练。训练时对所有样本正向运行一轮并反向修改权值一次称为一次训练。在训练过程中要反复使用样本集数据，但每一轮最好不要按固定的顺序取数据。通常训练一个网络需要成千上万次。

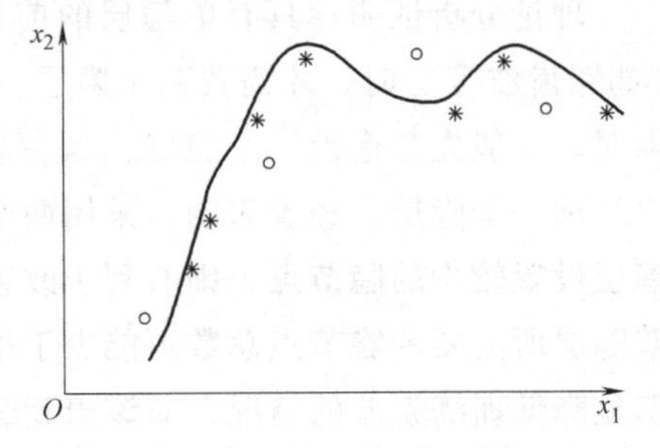

图 3-25 训练误差小而测试误差大

网络的性能好坏主要看其是否具有很好的泛化能力，对泛化能力的测试不能用训练集的数据进行，而要用训练集以外的测试数据来进行检验。一般的做法是，将收集到的可用样本随机地分为两部分，一部分作为训练集，另一部分作为测试集。如果网络对训练集样本的误差很小，而对测试集样本的误差很大，说明网络已被训练得过度吻合，因此泛化能力很差。如用 * 代表训练集数据，用 o 代表测试集数据，过度训练的极端情况下网络实现的是类似查表的功能，如图 3-25 所示。

在隐节点数一定的情况下，为获得好的泛化能力，存在着一个最佳训练次数 t_0。为了说明这个问题，训练时将训练与测试交替进行，每训练一次记录一个训练均方误差，然后保持网络权值不变，用测试数据正向运行网络，记录测试均方误差。利用两种误差数据可绘出图 3-26 中的两条均方误差随训练次数变化的曲线。

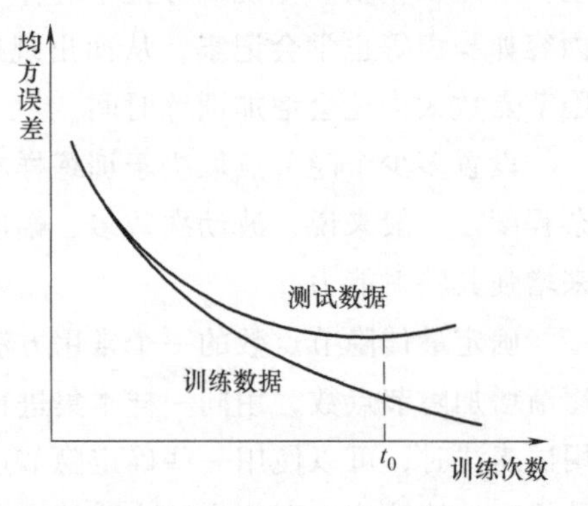

图 3-26 两种均方误差曲线

从误差曲线可以看出，在某一个训练次数 t_o 之前，随着训练次数的增加，两条误差曲线同时下降。当超过这个训练次数时，训练误差继续减小而测试误差则开始上升。因此，该训练次数即为最佳训练次数，在此之前停止训练称为训练不足，在此之后则称为训练过度。

3.7 基于 BP 算法的多层感知器应用与设计实例

采用 BP 算法的多层感知器是神经网络在各个领域中应用最广泛的一类网络，已经成功地解决了大量实际问题。本节介绍几例应用，通过了解例子中解决问题的思路可以进一步掌握应用多层感知器解决实际问题的设计方法和技巧。

3.7.1 基于 BP 算法的多层感知器用于催化剂配方建模

随着化工技术的发展，各种新型催化剂不断问世，在产品的研制过程中，需要制定优化指标并设法找出使指标达到最佳值的优化因素组合，因此属于典型的非线性优化问题。目前常用的方法是采用正交设计法安排实验，利用实验数据建立指标与因素间的回归方程，然后采用某种寻优法，求出优化配方与优化指标。这种方法的缺陷是，数学模型粗糙，难以描述优化指标与各因素之间的非线性关系，以其为基础的寻优结果误差较大。

理论上已经证明，三层前馈神经网络可以任意精度逼近任意连续函数。本例采用 BP 神经网络对脂肪醇催化剂配方的实验数据进行学习，以训练后的网络作为数学模型映射配方与优化指标之间的复杂非线性关系，获得了较高的精度。网络设计方法与建模效果如下：

（1）网络结构设计与训练　首先利用正交表安排实验，得到一批准确的实验数据作为神经网络的学习样本。根据配方的因素个数和优化指标的个数设计神经网络的结构，然后用实验数据对神经网络进行训练。完成训练之后的多层前馈神经网络，其输入与输出之间形成了一种能够映射配方与优化指标内在联系的连接关系，可作为仿真实验的数学模型。图 3-27 给出针对五因素、三指标配方的实验数据建立的三层前馈神经网络。5 维输入向量与配方组成因素相对应，3 维输出向量与三个待优化指标：脂肪酸甲脂转化率 *TR*%、脂肪醇产率 Y_{OH}% 和脂肪醇选择性 S_{OH}% 相对应。通过试验确定隐层节点数为 4。正交表安排了 18 组实验，从而得到 18 对训练样本。训练时采用了式（3-31）中的改进 BP 算法。

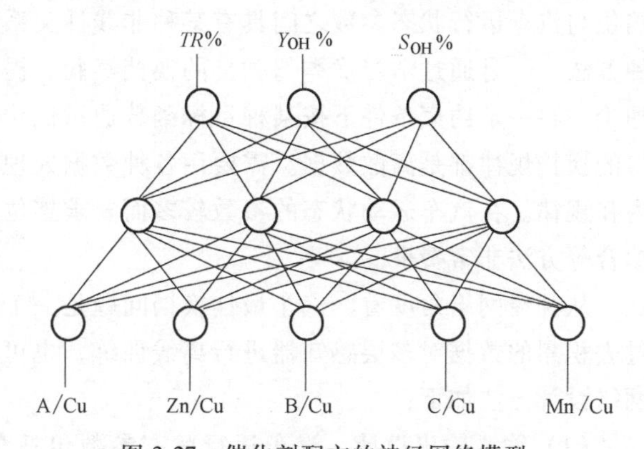

图 3-27 催化剂配方的神经网络模型

（2）多层感知器模型与回归方程仿真结果的对比　表 3-3 给出多层感知器配方模型与回归方程建立的配方模型的仿真结果对比。其中回归方程为经二次多元逐步回归分析，在一定置信水平下经过 F 检验而确定的最优回归方程。从表 3-3 中可以看出，采用 BP 算法训练的多层前馈神经网络具有较高的仿真精度。

表 3-3　催化剂配方的神经网络模型与回归方程模型输出结果对比

No.	A/Cu	Zn/Cu	B/Cu	C/Cu	Mn/Cu	TR_1%	TR_2%	TR_3%	Y_{OH1}%	Y_{OH2}%	Y_{OH3}%	S_{OH1}%	S_{OH2}%	S_{OH3}%
1	0.0500	0.130	0.080	0.140	0.040	94.50	94.62	83.83	96.30	96.56	95.98	97.80	97.24	102.83
2	0.0650	0.070	0.120	0.160	0.020	88.05	88.05	92.43	75.50	75.97	76.50	86.5	86.67	79.65
3	0.0800	0.190	0.080	0.060	0.000	60.25	60.43	82.03	40.21	41.43	44.87	96.25	95.36	81.92
4	0.0950	0.110	0.060	0.160	0.040	93.05	93.11	94.31	97.31	96.29	105.11	99.30	99.39	103.08
5	0.1100	0.050	0.020	0.060	0.020	94.65	94.72	85.79	88.55	88.06	77.89	95.20	97.49	87.12
6	0.1250	0.170	0.000	0.140	0.000	96.05	95.96	97.08	95.50	96.69	105.43	99.50	99.52	104.71
7	0.1400	0.090	0.160	0.040	0.040	61.00	61.13	65.39	59.72	58.90	54.76	67.35	69.10	73.52
8	0.155	0.030	0.120	0.140	0.020	70.40	70.39	80.44	37.50	41.83	46.36	52.25	51.38	71.45
9	0.1700	0.150	0.100	0.040	0.000	83.30	83.32	70.22	82.85	82.48	59.50	99.20	96.53	74.30
10	0.0500	0.070	0.060	0.120	0.050	84.50	85.27	70.22	90.90	90.46	91.51	95.90	97.87	92.75
11	0.0650	0.190	0.040	0.020	0.030	69.50	69.45	80.77	61.80	65.03	55.22	88.20	92.41	98.44
12	0.0800	0.130	0.000	0.120	0.010	94.55	94.60	94.75	97.60	95.74	92.44	103.40	97.93	101.65
13	0.095	0.050	0.160	0.020	0.050	70.95	69.51	92.88	62.54	60.40	52.50	60.10	62.63	68.12
14	0.110	0.170	0.140	0.100	0.030	87.20	87.16	78.64	91.00	89.19	76.92	103.60	99.36	92.22
15	0.125	0.110	0.100	0.000	0.010	64.20	64.08	69.59	58.30	59.12	54.02	58.90	60.22	72.50
16	0.140	0.030	0.080	0.100	0.050	86.15	86.15	82.40	75.65	61.43	29.93	86.50	78.07	79.28
17	0.155	0.150	0.040	0.000	0.030	77.15	77.17	75.23	71.90	71.72	83.94	91.80	91.74	94.23
18	0.170	0.090	0.020	0.080	0.010	96.05	96.00	87.05	94.60	94.62	94.61	98.00	99.12	90.35

表中，下标 1 表示实测结果，下标 2 表示神经网络输出结果，下标 3 表示回归方程计算结果。

3.7.2　基于 BP 算法的多层感知器用于汽车变速器最佳挡位判定

汽车在不同状态参数下运行时，能获得最佳动力性与经济性的挡位称为最佳挡位。最佳挡位与汽车运行状态参数之间具有某种非线性关系，称为换挡规律。通常获得换挡规律有两种方法：一是通过学习优秀驾驶员的换挡经验，提取最佳换挡规律；二是根据汽车自动变速理论，在一定约束条件下按某种目标函数通过优化实验获取换挡规律。无论哪种方法，所获得的换挡规律都是离散数据。需要用各种数据处理的方法建立数学模型来表达蕴藏在其中的内在规律。在汽车运动状态的参数较多而要求挡位判定精度又较高的情况下，用传统的函数拟合等方法非常费事。

从神经网络角度看，汽车最佳换挡问题是一个十分简单的非线性分类问题。可以直接用过去积累的数据对多层感知器进行离线训练，也可以让多层感知器在线向优秀驾驶员学习。网络设计方法如下：

（1）输入输出设计　汽车运行状态参数包括车速 v、油门开度 α 和加速度 a 等三个参数，因此输入向量 X 有 3 个分量，分别代表 3 个状态参数。对应于汽车的 4 个挡位，输出层应设 4 个节点，网络输出的挡位信号可用“n 中取 1”法编码，即 1000 代表 1 挡，0100 代表 2 挡，0010 代表 3 挡，0001 代表 4 挡。

（2）隐层设计　前面已述及，多层感知器隐层及隐层节点数的设计与样本中蕴涵规律的复杂程度相关。汽车运行状态参数与最佳挡位之间的规律是分段非线性的，为简单直观，图 3-28 给出某车型的两参数换挡规律。由于图中换挡规律曲线不连续，多层感知器需要设两个隐层。通过试验比较，确定该多层感知器各层节点数为 3-3-3-4。

3.7.3 基于BP算法的多层感知器用于图像压缩编码

Ackley 和 Hinton 等人于 1985 年提出了利用多层前馈神经网络的模式变换能力实现数据编码的基本思想。其原理是，把一组输入模式通过少量的隐层节点映射到一组输出模式，并使输出模式等同于输入模式。当中间隐层的节点数比输入模式维数少时，就意味着隐层能更有效地表达输入模式，并把这种表达传给输出层。在这个过程中，输入层和隐层的变换可以看成是压缩编码的过程；而隐层和输出层的变换可以看成是解码过程。

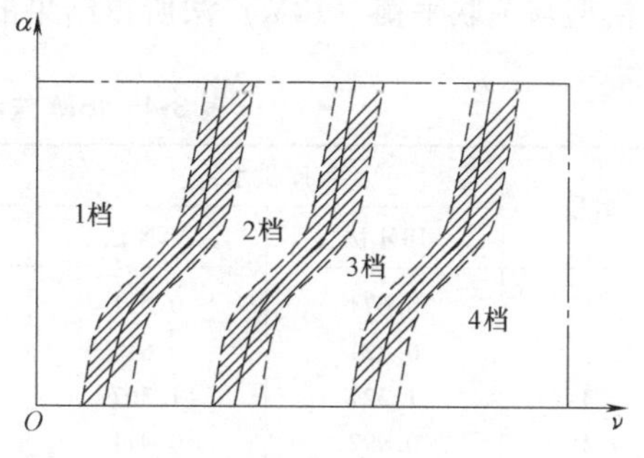

图 3-28 两参数换挡规律

用多层感知器实现图像数据压缩时，只需一个隐层，网络结构如图 3-29 所示。输入层和输出层均含有 $n\times n$ 个神经元，每个神经元对应于 $n\times n$ 图像分块中的一个像素。隐层神经元的数量由图像压缩比决定，如 $n=16$ 时，取隐层神经元数为 $m=8$，则可将 256 像素的图像块压缩为 8 像素。设用于学习的图像有 $N\times N$ 个像素，训练时从中随机抽取 $n\times n$ 图像块作为训练样本，并使教师模式和输入模式相等。通过调整权值使训练集图像的重建误差达到最小。训练后的网络就可以用来执行图像的数据压缩任务了，此时隐层输出向量便是数据压缩结果，而输出层的输出向量便是图像重建的结果。

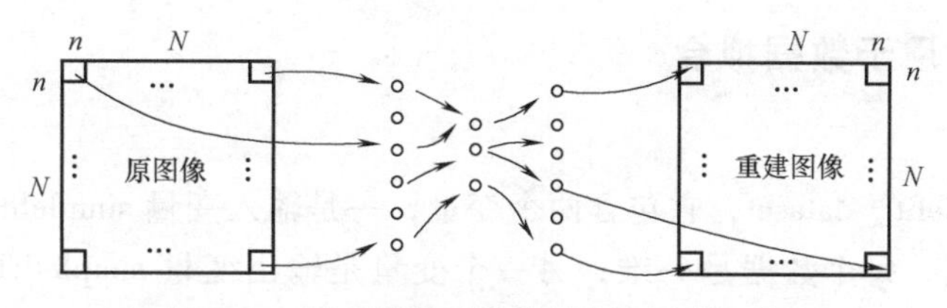

图 3-29 用于图像压缩编码的多层感知器

3.7.4 基于BP算法的多层感知器用于水库群优化调度

对水库群进行优化调度的目的是有效地利用水资源。其中一个重要问题是建立水库群调度模型。常规的方法是选用广义线性函数作为调度函数，但由于选择基函数和求解系数方面的困难，求得的调度函数难以表达水库群调度决策变量及其影响因子之间固有的复杂非线性关系。多层前馈神经网络作为调度函数，可以克服常规方法的缺陷，具有良好的应用前景。

水库群调度属于优化问题，其约束条件为时段发电量约束、保证供水量约束、水量平衡约束、渠道输水能力约束、变量可行域约束和弃水约束等。优化的目标函数是调度期供水量最大。

水库群选北方某严重缺水地区的 3 个并联供水水库为实例。训练样本集的数据来自 1919~1984 年共 66 年的实测径流资料，将每年划分为 18 个时段，对应于每个时段设计一个神经网络，共 18 个网络，各获得 66 个训练样本。每个网络的输入层有 18 个神经元，分别对应于本时段和前两个时段 3 个水库的入库流量和库存水量。输出层有 3 个神经元，对应于 3 个水库的供水量。

训练后的网络作为水库群调度函数模型应用于该水库群 1985 年~1990 年联合调度模拟运行，较准确地反映出调度函数中因变量和自变量之间的非线性关系。表 3-4 列出多层感知器模型与关联平衡（IBM）法所得结果的对比。

表 3-4 IBM 法和神经网络法时段供水量对比

时段	A 库供水量		B 库供水量		C 库供水量	
	IBM 法	ANN 法	IBM 法	ANN 法	IBM 法	ANN 法
1	0.674	0.651	0.763	0.748	0.275	0.290
2	0.821	0.813	0.541	0.545	0.280	0.293
3	1.327	1.307	0.872	0.865	0.284	0.280
4	0.992	0.971	1.406	1.309	0.776	0.790
5	1.420	1.320	1.112	1.137	0.721	0.712
…	…	…	…	…	…	…
17	0.476	0.473	0.573	0.554	0.395	0.383
18	0.621	0.639	0.687	0.665	0.417	0.392

3.8 基于 MATLAB 的 BP 网络应用实例

在多层前馈网络中，最初应用成功的是误差反传算法，在 MATLAB 中分别对应解决拟合问题和分类问题的多层前馈网络的函数是 fitnet 和 patternnet。

3.8.1 BP 网络用于数据拟合

（1）数据准备

下载数据 simplefit_ dataset，它包含两个变量，一是输入变量 simplefitInputs，为 1×94 的向量，即 94 个数据，每个数据是一维；另一个变量是输出变量 simplefitTargets，也为 1×94 的向量，即 94 个数据，每个数据是一维；通过画图 plot（simplefitInputs，simplefitTargets，'+'）可以看出输入输出的分布情况，如图 3-30 所示。

```
load simplefit_dataset;
plot(simplefitInputs,simplefitTargets,'+');
```

（2）采用网络进行拟合

```
[x,t] = simplefit_dataset;%将 simplefitInputs,simplefitTargets 分别赋予 x,t
net = fitnet(10); %建立用于拟合的前馈网络,隐层节点数为 10
net = train(net,x,t); %训练网络,默认采用 trainlm 算法,目标误差函数 mse
view(net) %查看网络
```

可以看出，网络的输入节点为 1 个，隐层节点数为 10 个，输出节点为 1 个，如图 3-31 所示。

```
y=net(x); %网络输出
perf = perform(net,t,y)
```

如果需要观察训练参数和结果，可以再由网络训练界面获得（该界面在训练时自动弹出）。由于数据划分、初始权值等为随机化产生，读者运行时会产生不同结果。

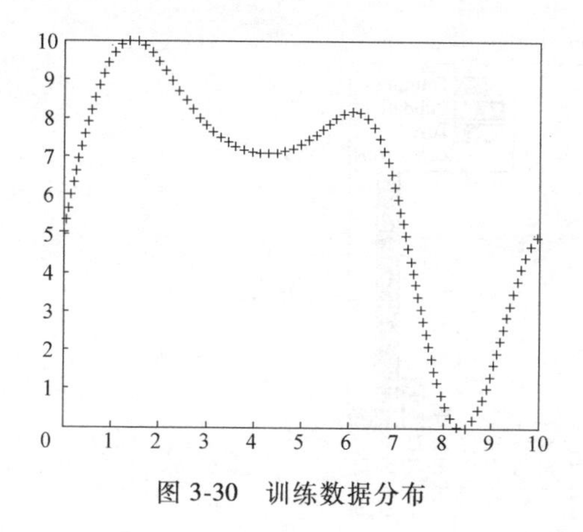

图 3-30　训练数据分布

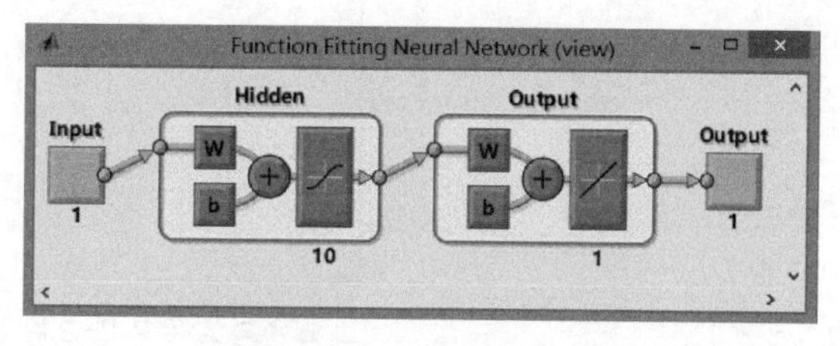

图 3-31　网络结构

如图 3-32 所示，在 Plots 看板中，单击【Performance】可以观察训练过程。在范例中，采用的是利用校验集误差提前停止训练的方式，而且程序自动将数据集分为训练、校验和测试集，一般校验步数默认设为 6，即如果校验误差在某次训练之后的 6 步没有下降，就不再训练，并在此处作为训练停止的标志。单击【Training State】可以看到具体训练参数的变化，如图 3-33 所示。由图可以看出，由于在规定训练次数内（设为 1000 次），训练误差和校验集的误差在规定步数内一直在下降或没有上升，因此没有提前停止，权值的取值由训练到 1000 步的时候确定。我们将在第二个例子中观察到提前停止的情况。

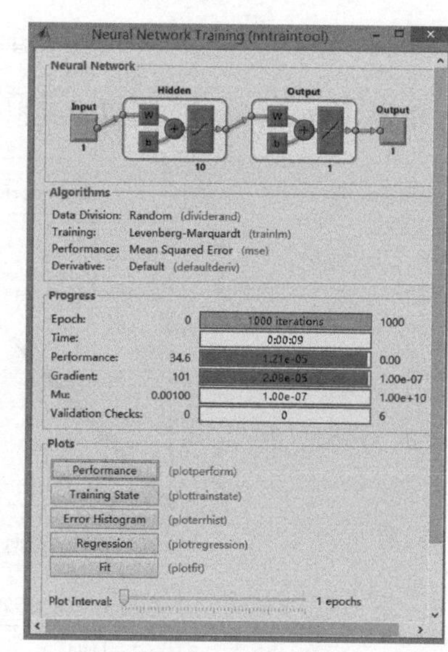

图 3-32　训练界面

单击【Error Histogram】，可以看到训练集、校验集、测试集的误差分布柱形图，如图 3-34 所示。

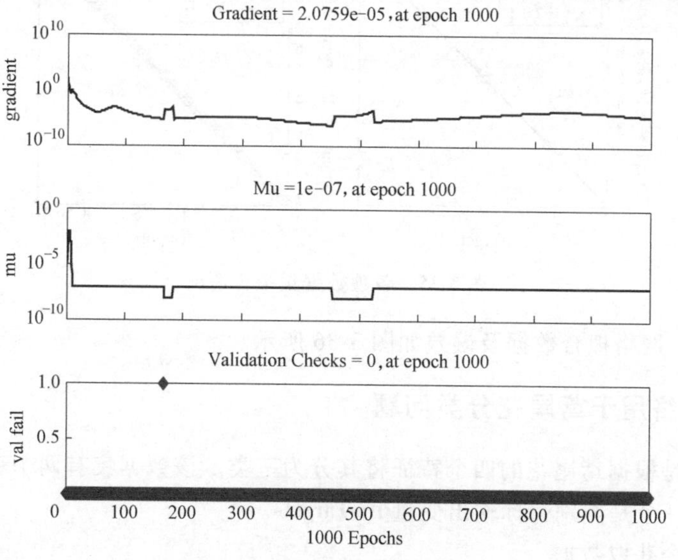

图 3-33　训练过程参数变化

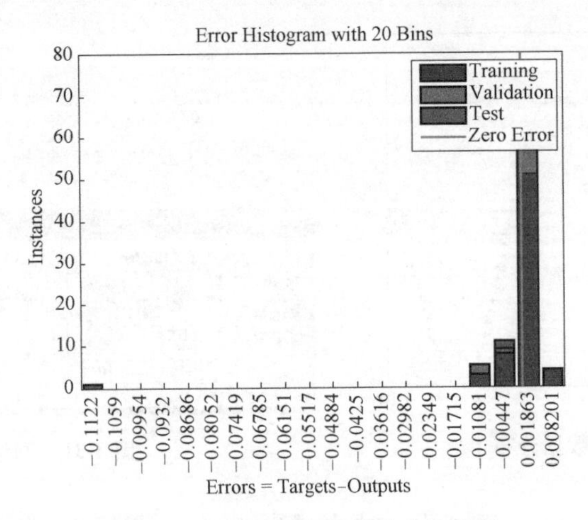

图 3-34　各项数据集误差分布柱形图

单击【Regression】，可以看到拟合的情况，如图 3-35 所示，R 越高表示拟合程度越高。

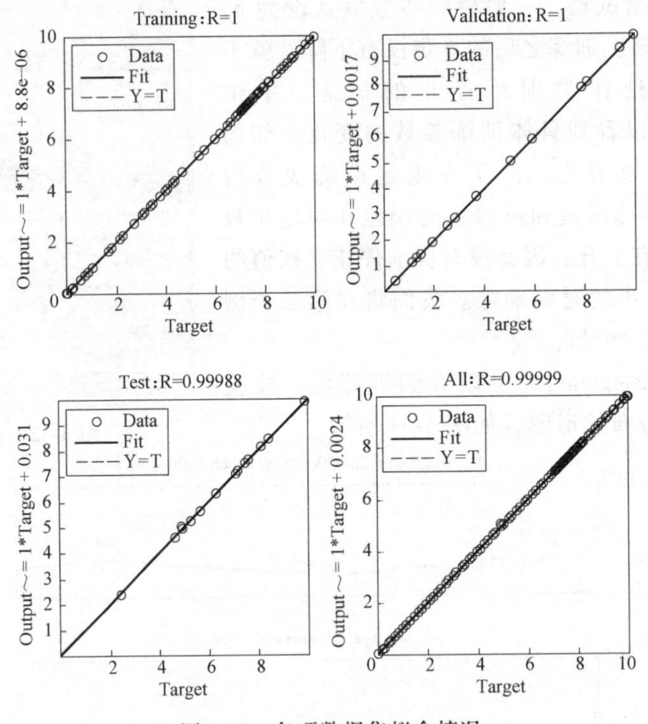

图 3-35　各项数据集拟合情况

单击【Fit】，网络拟合数据及误差如图 3-36 所示。

3.8.2　BP 网络用于鸢尾花分类问题

鸢尾花数据是根据鸢尾花的四个特征将其分为三类。该数据集有两个变量，一个是输入变量 irisInputs，一个是类别目标输出变量 irisTargets。

输入以下指令获取数据

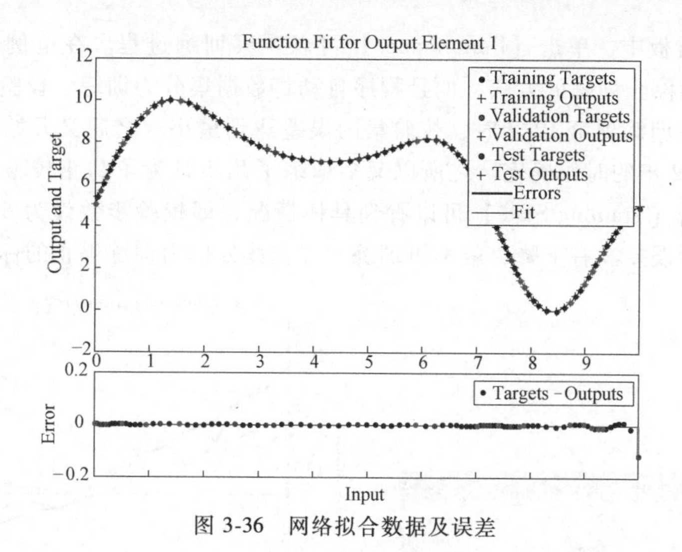

图 3-36　网络拟合数据及误差

load iris_ dataset. MAT

irisInputs-为 4×150 的矩阵，是输入向量，代表鸢尾花的特征值，每一列代表一个输入向量，四个维度表示以下四个特征：

① 花萼的长度（cm）Sepal length in cm

② 花萼的宽度（cm）Sepal width in cm

③ 花瓣的长度（cm）Petal length in cm

④ 花瓣的宽度（cm）Petal width in cm

irisTargets-为 3×150 的矩阵，是类别目标，每一列代表一个目标输出，其中 1 个元素为 1，行号表示类别，其余为 0。

[x，t] =iris_ dataset；%下载数据，并将 irisInputs 和 irisTargets 分别赋予 x，t。

net=patternnet（10）；%用于分类的前向网络，隐层节点数设为 10 个。

net=train（net，x，t）；%训练网络，默认采用 trainscg 算法（scaled conjugate gradient backpropagation），目标误差函数 crossentropy（最小化交叉熵）作为目标误差函数。

view（net）%观察网络

如图 3-37 所示，可以看出，网络的输入节点为 4 个，隐层节点数为 10 个，输出节点为 3 个。

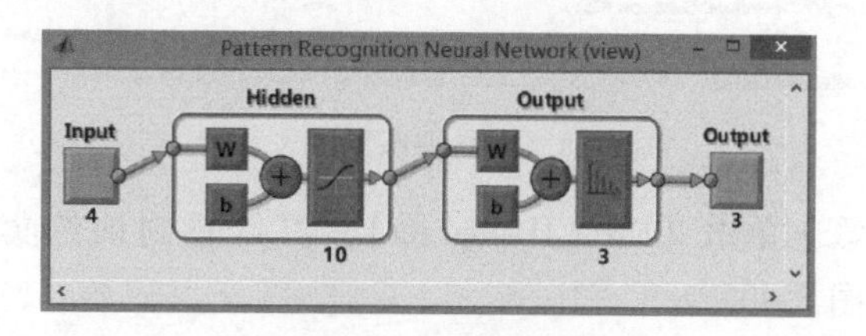

图 3-37　网络结构

y=net(x)；%测试输出

classes = vec2ind(y)；

如果需要观察训练参数和结果，可以在由网络训练界面获得（该界面在训练时自动弹出）。

首先，在【Algorithms】看板中，数据训练时采用的是将所有数据随机按以下比例 0.7：0.15：0.15分为训练集、校验集和测试集。其中训练集用于网络训练时权值的调整，校验集用于提前停止训练以避免过拟合，而测试集只在测试网络训练效果时使用，即在网络训练结束后使用。也可以指定训练集等，详见 MATLAB 帮助文档中的《Divide Data for Optimal Neural Network Training》一文。

在【Plots】看板中，单击【Performance】可以观察训练过程。在范例中，采用的是利用校验集误差提前停止训练的方式，而且程序自动将数据集分为训练、校验和测试集，由图3-39可以看出，在训练到第12步时，校验集的误差达到最小，之后又开始上升，因此权值的取值由训练到12步的时候确定。之所以又多训练了几步是为了防止校验误差可能出现波浪形的变化。单击【Training State】可以看到具体情况，即校验步数设为6，即在某次训练之后6步如果校验误差没有下降，就不再训练，并在此处作为训练停止的标志。

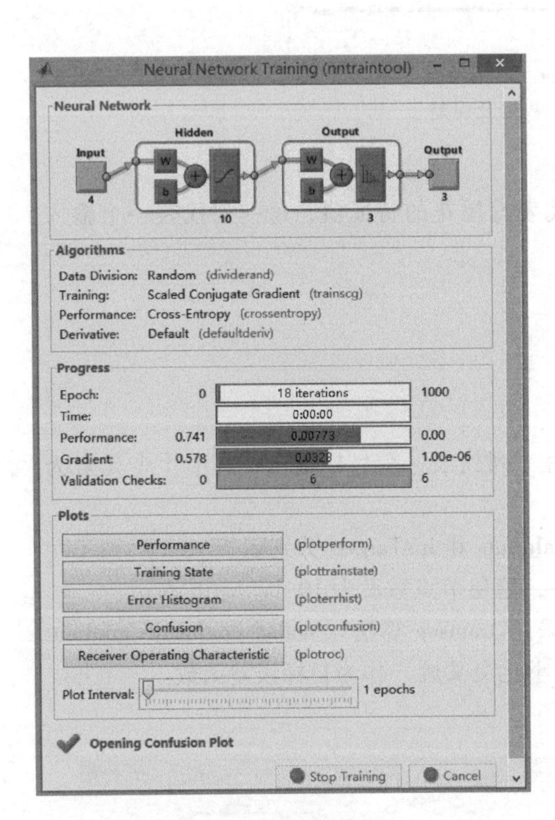

图 3-38　网络训练界面

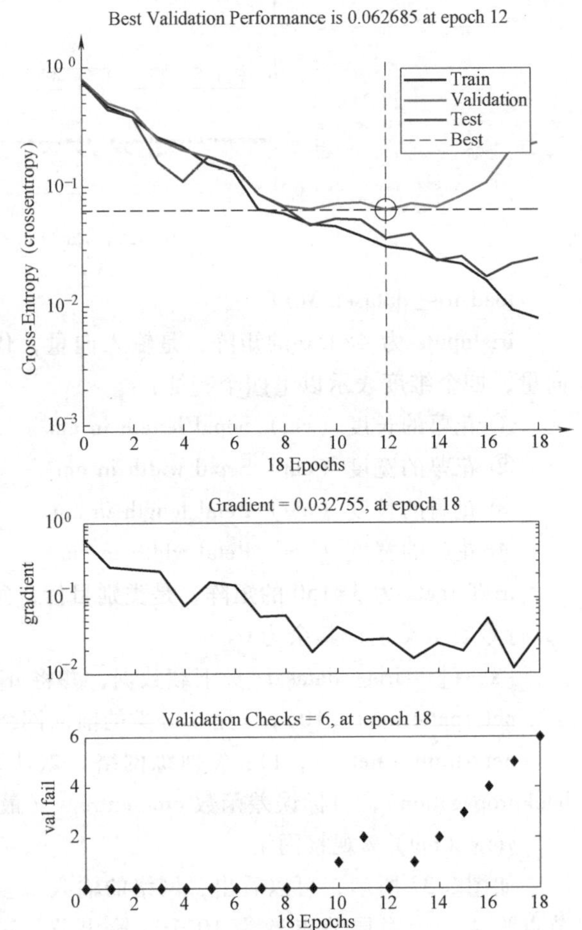

图 3-39　网络训练过程及参数变化

单击【Error Histogram】，可以看到训练集、校验集、测试集的误差分布柱形图，如图3-40所示。

单击【Confusion】，可以看到训练集、校验集、测试集以及总体数据的分类正确/错误的情况，如图3-41所示。

以右下角的图为例，可以看出，其中有1个应分为第三类的错分为第二类，有2个应分为第二类的错分为第三类，其他皆分类正确。

单击【Receiver Operating Characteristic】，可以观察ROC曲线，如图3-42所示。

最后可以通过perform函数获取网络性能。

perf = perform（net，t，y）；

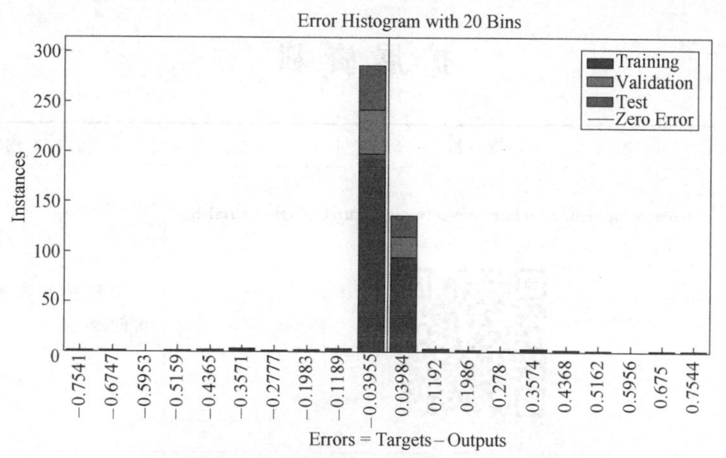

图 3-40　网络各数据集误差分布柱形图

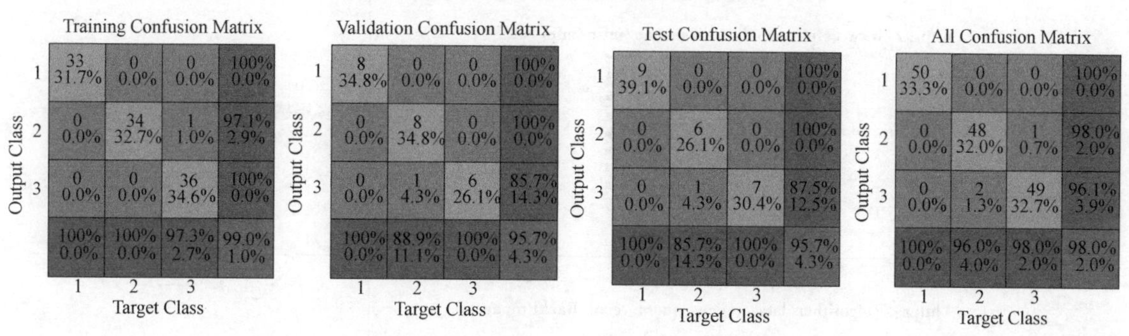

图 3-41　网络各数据集分类正确/错误情况

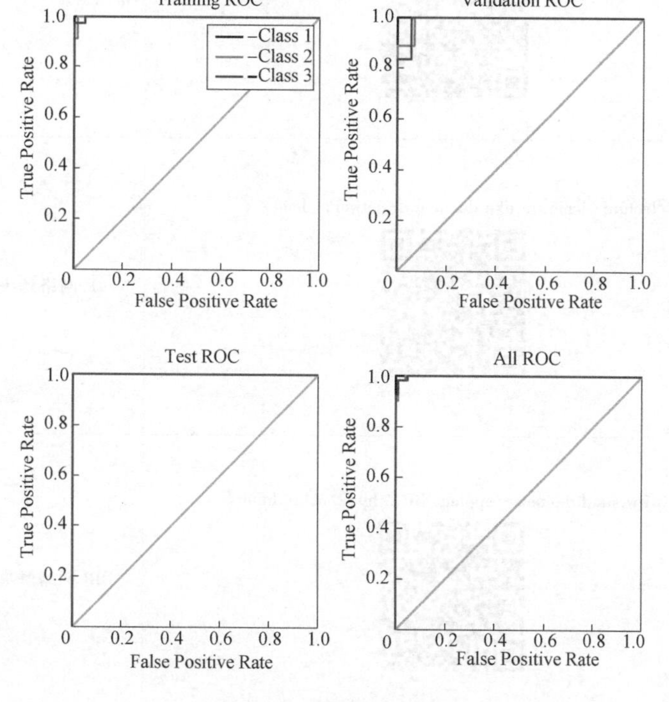

图 3-42　网络 ROC 曲线

扩展资料

标题	网 址	内 容
感知器	http://computing.dcu.ie/~humphrys/Notes/Neural/single.neural.html	单层感知器解决 AND/OR/NOT 等问题
	https://www.cs.utexas.edu/~teammco/misc/mlp/	多层感知器分类
BP 网络	https://algorithmsdatascience.quora.com/BackPropagation-a-collection-of-notes-tutorials-demo-and-codes	BP 网络原理、算法、例子的综合网站
	https://lecture-demo.ira.uka.de/neural-network-demo/	BP 网络解决 XOR 问题
	http://www.sund.de/netze/applets/BPN/bpn2/ochre.html	BP 网络解决字符识别问题

本 章 小 结

本章介绍了三种前馈型神经网络：由线性阈值单元组成的单层感知器、由自适应线性单元组成的自适应网络、由非线性单元组成的多层感知器以及误差反向传播算法。采用 BP 算法的多层感知器简称 BP 网络。学习重点如下：

（1）感知器　单层感知器只能解决线性可分的分类问题，多层感知器则可解决线性不可分的分类问题。感知器的每个隐节点可构成一个线性分类判决界，多个节点构成样本空间的凸域，输出节点可将凸域内外的样本分类。

（2）标准 BP 算法　BP 算法的实质是把一组输入输出问题转化为非线性映射问题，并通过梯度下降算法迭代求解权值。BP 算法分为净输入前向计算和误差反向传播两个过程。网络训练时，两个过程交替出现直到网络的总误差达到预设精度。网络工作时各权值不再变化，对每一给定输入，网络通过前向计算给出输出响应。

（3）改进的 BP 算法　针对标准 BP 算法存在的缺陷已提出许多改进算法。本章介绍了增加动量项法、变学习率法和引入陡度因子法。应用 BP 网络解决实际设计问题时，应尽量采用较成熟的改进算法。

（4）采用 BP 算法的多层感知器的设计　神经网络的设计涉及训练样本集设计、网络结构设计和训练与测试三个方面。训练样本集设计包括原始数据的收集整理、数据分析、变量选择、特征提取及数据预处理等多方面的工作。网络结构设计包括隐层数和隐层节点数的选择，初始权值（阈值）的选择等，目前尚缺乏理论指导，主要靠经验和试凑。训练与测试交替进行可找到一个最佳训练次数，以保证网络具有较好的泛化能力。

习　　题

3.1　BP 网络有哪些长处与缺陷，试各列举出三条。

3.2　什么是 BP 网络的泛化能力？如何保证 BP 网络具有较好的泛化能力？

3.3　BP 网络擅长解决哪些问题？试举几例。

3.4　已知以下样本分属于两类

1 类：$\boldsymbol{X}^1=(5,\ 1)^{\mathrm{T}}$、$\boldsymbol{X}^2=(7,\ 3)^{\mathrm{T}}$、$\boldsymbol{X}^3=(3,\ 2)^{\mathrm{T}}$、$\boldsymbol{X}^4=(5,\ 4)^{\mathrm{T}}$

2 类：$\boldsymbol{X}^5=(0,\ 0)^{\mathrm{T}}$、$\boldsymbol{X}^6=(-1,\ -3)^{\mathrm{T}}$、$\boldsymbol{X}^7=(-2,\ 3)^{\mathrm{T}}$、$\boldsymbol{X}^8=(-3,\ 0)^{\mathrm{T}}$

（a）判断两类样本是否线性可分；

（b）试确定一直线，并使该线与两类样本重心连线相垂直；

（c）设计一单节点感知器，如用上述直线方程作为其分类判决方程 $net=0$，写出感知器的权值与阈值。

（d）用上述感知器对以下 3 个样本进行分类：

$$\boldsymbol{X}=(4,2)^{\mathrm{T}},\ \boldsymbol{X}=(0,5)^{\mathrm{T}},\quad \boldsymbol{X}=\left(\frac{36}{13},\ 0\right)^{\mathrm{T}}$$

3.5　用感知器学习规则训练一分类器，算法中 $\eta=1$，初始权值 $\boldsymbol{W}=\boldsymbol{0}$，写出训练后的权值和阈值。训练样本如下：

1 类：$\boldsymbol{X}^1=(0.8, 0.5, 0)^{\mathrm{T}}$、$\boldsymbol{X}^2=(0.9, 0.7, 0.3)^{\mathrm{T}}$、$\boldsymbol{X}^3=(1, 0.8, 0.5)^{\mathrm{T}}$

2 类：$\boldsymbol{X}^4=(0, 0.2, 0.3)^{\mathrm{T}}$、$\boldsymbol{X}^5=(0.2, 0.1, 1.3)^{\mathrm{T}}$、$\boldsymbol{X}^6=(0.2, 0.7, 0.8)^{\mathrm{T}}$

3.6 BP 网络结构如图 3-43 所示，初始权值已标在图中。网络的输入模式为 $\boldsymbol{X}=(-1, 1, 3)^{\mathrm{T}}$，期望输出为 $\boldsymbol{d}=(0.95, 0.05)^{\mathrm{T}}$。试对单次训练过程进行分析，求出：

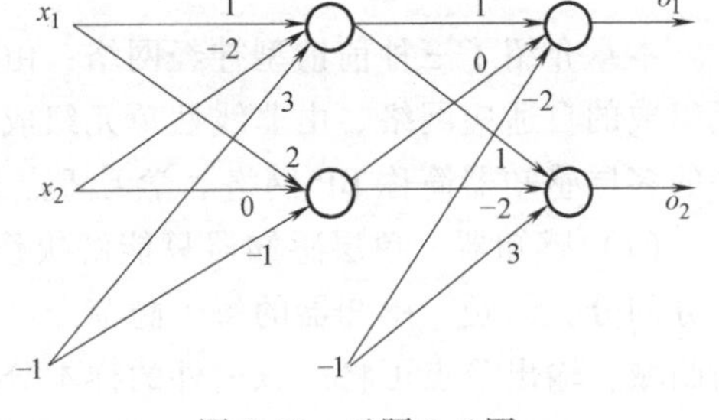

图 3-43 习题 3.6 图

① 隐层权值矩阵 $\boldsymbol{V}$ 和输出层权值矩阵 $\boldsymbol{W}$；

② 各层净输入和输出：$\mathbf{net}^{y}$、$\boldsymbol{Y}$ 和 $\mathbf{net}^{o}$、$\boldsymbol{O}$，其中上标 y 代表隐层，o 代表输出层；

③ 各层输出的一阶导数 $f'(\mathbf{net}^{y})$ 和 $f'(\mathbf{net}^{o})$；

④ 各层误差信号 $\boldsymbol{\delta}^{o}$ 和 $\boldsymbol{\delta}^{y}$；

⑤ 各层权值调整量 $\Delta\boldsymbol{V}$ 和 $\Delta\boldsymbol{W}$；

⑥ 调整后的权值矩阵 $\boldsymbol{V}$ 和 $\boldsymbol{W}$。

3.7 根据图 3-18 给出的流程图上机编程实现三层前馈神经网络的 BP 学习算法。要求程序具有以下功能：

① 允许选择各层节点数；

② 允许选用不同的学习率 $\boldsymbol{\eta}$；

③ 能对权值进行初始化，初始化用［-1，1］区间的随机数；

④ 允许选用单极性或双极性两种不同 Sigmoid 型变换函数。

程序调试通过后，可用以下各题提供的数据进行训练。

3.8 设计一个神经网络字符分类器对图 3-44 中的英文字母进行分类。输入向量含 16 个分量，输出向量分别用 $(1, -1, -1)^{\mathrm{T}}$、$(-1, 1, -1)^{\mathrm{T}}$ 和 $(-1, -1, 1)^{\mathrm{T}}$ 代表字符 **A**、**I** 和 **O**。试用标准 BP 学习算法训练网络，训练时可选择不同的隐节点数及不同的学习率，对达到同一训练误差的训练次数进行对比。

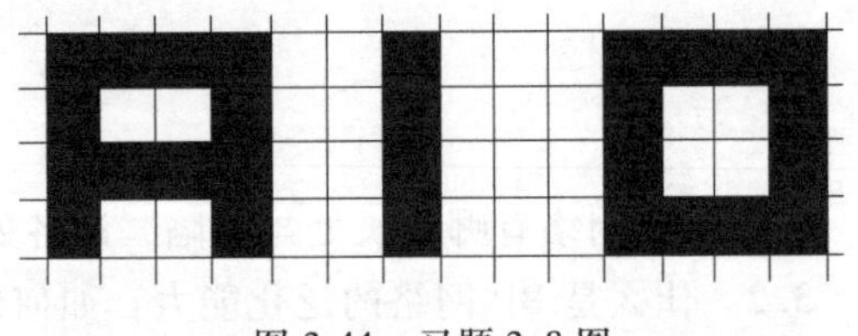
图 3-44 习题 3.8 图

3.9 设计一个神经网络对图 3-45 中的 3 类线性不可分模式进行分类。期望输出向量分别用 $(1, -1, -1)^{\mathrm{T}}$、$(-1, 1, -1)^{\mathrm{T}}$、$(-1, -1, 1)^{\mathrm{T}}$ 代表 3 类，输入用样本坐标。要求：

① 选择合适的隐节点数；

② 用 BP 算法训练网络对图中 9 个样本进行正确分类。

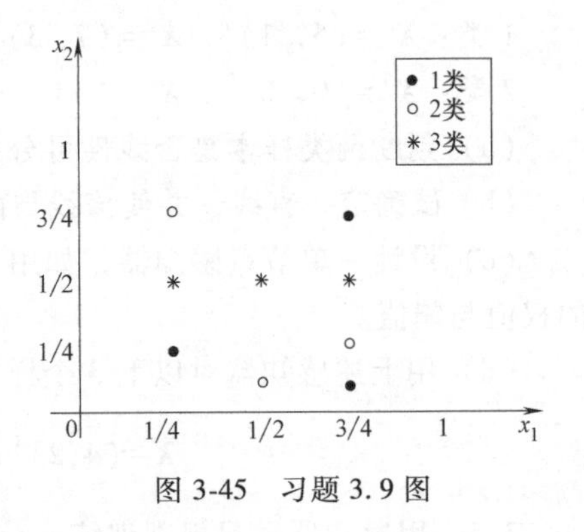

图 3-45 习题 3.9 图

3.10 图 3-46 所示神经网络的功能是逼近某单变量 t 的连续函数。该网络使用双极性 S 型函数，具有 10 个隐节点和 1 个输出节点。训练后网络权值矩阵如下：

$$V=\begin{pmatrix} 1.12 & 2.46 & 6.11 & -1.08 & 0.96 & -1.03 & -0.58 & -1.11 & 1.13 & 1.05 \\ 0.36 & 0.27 & 0.09 & 0.28 & 0.24 & -0.29 & 0.12 & -0.34 & 0.05 & 0.06 \end{pmatrix}$$

$$W^{\mathrm{T}}=(-1.35 \quad 0.14 \quad 4.26 \quad 1.18 \quad -1.02 \quad 1.20 \quad 0.55 \quad 1.33 \quad -1.27 \quad -1.20 \quad 0.45)$$

试用$-1\leqslant t\leqslant 1$范围的输入数据测试该网络，指出其映射的是何函数关系。

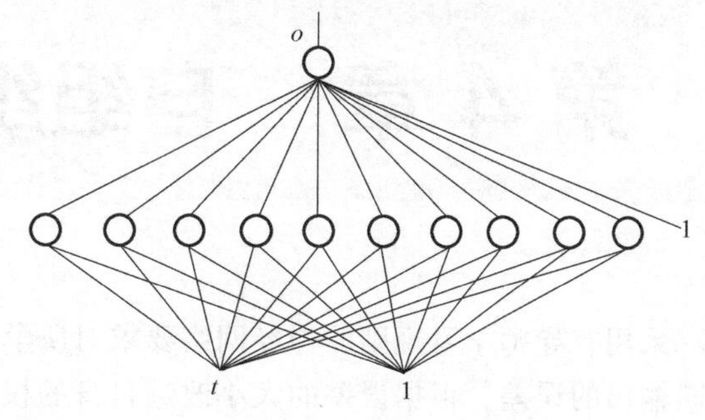

图 3-46　习题 3.10 图

3.11　Hermit 多项式如下式所示

$$f(x)=1.1(1-x+2x^2)\exp\left(-\frac{x^2}{2}\right)$$

采用 BP 算法设计一个单输入单输出的多层感知器对该函数进行逼近。训练样本按以下方法产生：样本数 $P=100$，其中输入样本 x_i 服从区间［-4，4］内的均匀分布，样本输出为 $F(x_i)+e_i$，e_i 为添加的噪声，服从均值为 0，标准差为 0.1 的正态分布。隐层采用 sigmoindal 激活函数，输出层采用线性激活函数：$f(u)=u$。

第 4 章　自组织竞争神经网络

采用有导师学习规则的神经网络要求对所学习的样本给出“正确答案”，以便网络据此判断输出的误差，根据误差的大小改进自身的权值，提高正确解决问题的能力。然而在很多情况下，人在认知过程中没有预知的正确模式，人获得大量知识常常是靠“无师自通”，即通过对客观事物的反复观察、分析与比较，自行揭示其内在规律，并对具有共同特征的事物进行正确归类。对于人的这种学习方式，基于有导师学习策略的神经网络是无能为力的。自组织神经网络的无导师学习方式更类似于人类大脑中生物神经网络的学习，其最重要的特点是通过自动寻找样本中的内在规律和本质属性，自组织、自适应地改变网络参数与结构。这种学习方式大大拓宽了神经网络在模式识别与分类方面的应用。

自组织网络结构上属于层次型网络，有多种类型，其共同特点是都具有竞争层。最简单的网络结构具有一个输入层和一个竞争层，如图 4-1 所示。输入层负责接收外界信息并将输入模式向竞争层传递，起“观察”作用，竞争层负责对该模式进行“分析比较”，找出规律以正确归类。这种功能是通过下面要介绍的竞争机制实现的。

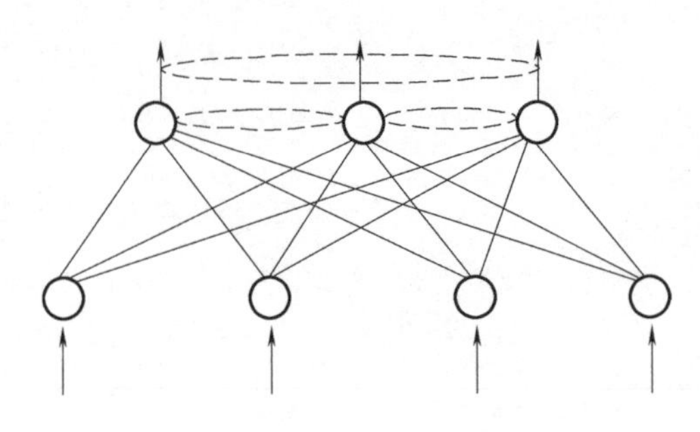

图 4-1　自组织网络的典型结构

4.1　竞争学习的概念与原理

竞争学习是自组织网络中最常采用的一种学习策略。为使后面的叙述清楚明了，首先说明与之相关的几个基本概念。

4.1.1　基本概念

1. 模式、分类、聚类与相似性

在神经网络应用中，输入样本、输入模式和输入模式样本这类术语经常混用。一般当神经网络涉及识别、分类问题时，常常用到输入模式的概念。模式是对某些感兴趣的客体的定量描述或结构描述，模式类是具有某些共同特征的模式的集合。分类是在类别知识等导师信号的指导下，将待识别的输入模式分配到各自的模式类中去。无导师指导的分类称为聚类，

聚类的目的是将相似的模式样本划归一类，而将不相似的分离开，其结果实现了模式样本的类内相似性和类间分离性。由于无导师学习的训练样本中不含有期望输出，因此对于某一输入模式样本应属于哪一类并没有任何先验知识。对于一组输入模式，只能根据它们之间的相似程度分为若干类，因此相似性是输入模式的聚类依据。

2. 相似性测量

神经网络的输入模式用向量表示，比较不同模式的相似性可转化为比较两个向量的距离，因而可用模式向量间的距离作为聚类判据。传统模式识别中常用到的两种聚类判据是欧式最小距离法和余弦法。下面分别予以介绍：

（1）欧式距离法　为了描述两个输入模式的相似性，常用的方法是计算其欧式距离，即

$$\|\boldsymbol{X}-\boldsymbol{X}_i\|=\sqrt{(\boldsymbol{X}-\boldsymbol{X}_i)^{\mathrm{T}}(\boldsymbol{X}-\boldsymbol{X}_i)} \tag{4-1}$$

两个模式向量的欧式距离越小，两个向量越接近，因此认为这两个模式越相似，当两个模式完全相同时其欧式距离为零。如果对同一类内各个模式向量间的欧式距离做出规定，不允许超过某一最大值 T，则最大欧式距离 T 就成为一种聚类判据。从图 4-2a 可以看出，同类模式向量的距离小于 T，异类模式向量的距离大于 T。

（2）余弦法　描述两个模式向量的另一个常用方法是计算其夹角的余弦，即

$$\cos\psi=\frac{\boldsymbol{X}^{\mathrm{T}}\boldsymbol{X}_i}{\|\boldsymbol{X}\|\|\boldsymbol{X}_i\|} \tag{4-2}$$

从图 4-2b 可以看出，两个模式向量越接近，其夹角越小，余弦越大。当两个模式向量方向完全相同时，其夹角余弦为 1。如果对同一类内各个模式向量间的夹角做出规定，不允许超过某一最大角 Ψ_T，则最大夹角 Ψ_T 就成为一种聚类判据。同类模式向量的夹角小于 Ψ_T，异类模式向量的夹角大于 Ψ_T。余弦法适合模式向量长度相同或模式特征只与向量方向相关的相似性测量。

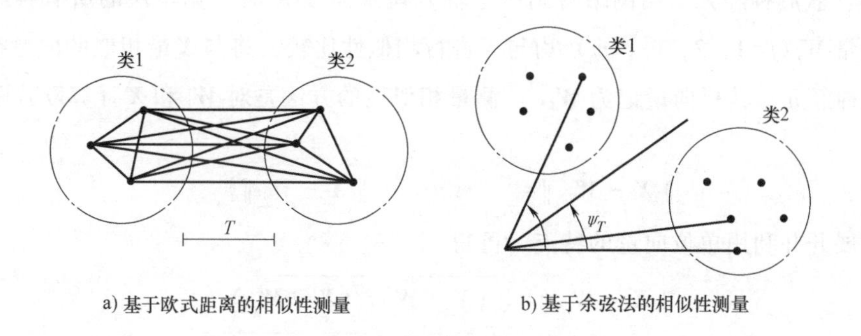

a) 基于欧式距离的相似性测量　　b) 基于余弦法的相似性测量

图 4-2　聚类的相似性测量

3. 侧抑制与竞争

实验表明，在人眼的视网膜、脊髓和海马中存在一种侧抑制现象，即当一个神经细胞兴奋后，会对其周围的神经细胞产生抑制作用。这种侧抑制使神经细胞之间呈现出竞争，开始时可能多个细胞同时兴奋，但一个兴奋程度最强的神经细胞对周围神经细胞的抑制作用也越强，其结果使其周围神经细胞兴奋度减弱，从而该神经细胞是这次竞争的“胜者”，而其他

神经细胞在竞争中失败。为了表现这种侧抑制，图 4-1 所示的网络在竞争层各神经元之间加了许多虚连接线，它们是模拟生物神经网络层内神经元相互抑制现象的权值。这类抑制性权值常满足一定的分布关系，如距离近的抑制强，距离远的抑制弱。由于这种权值一般是固定的，训练过程中不需要调整，在各类自组织网络拓扑图中一般予以省略。最强的抑制作用是竞争获胜者“唯我独兴”，不允许其他神经元兴奋，这种做法称为胜者为王。

4. 向量归一化

不同的向量有长短和方向的区别，向量归一化的目的是将向量变成方向不变长度为 1 的单位向量。2 维和 3 维单位向量可以在单位圆和单位球上直观表示。单位向量进行比较时，只需比较向量的夹角。向量归一化按下式进行

$$\hat{\boldsymbol{X}}=\frac{\boldsymbol{X}}{\|\boldsymbol{X}\|}=\left(\frac{x_1}{\sqrt{\sum_{j=1}^{n}x_j^2}}\quad\cdots\quad\frac{x_n}{\sqrt{\sum_{j=1}^{n}x_j^2}}\right)^{\mathrm{T}} \tag{4-3}$$

式中，归一化后的向量用^标记。

4.1.2 竞争学习原理

竞争学习采用的规则是胜者为王，第 2 章曾做过简单介绍，下面结合图 4-1 的网络结构和竞争学习的思想进一步学习该规则。

1. 竞争学习规则

在竞争学习策略中采用的典型学习规则称为胜者为王（Winner-Take-All）。该算法可分为 3 个步骤：

（1）向量归一化　首先将自组织网络中的当前输入模式向量 $\boldsymbol{X}$ 和竞争层中各神经元对应的内星向量 $\boldsymbol{W}_j$（$j=1,2,\cdots,m$）全部进行归一化处理，得到 $\hat{\boldsymbol{X}}$ 和 $\hat{\boldsymbol{W}}_j$（$j=1,2,\cdots,m$）。

（2）寻找获胜神经元　当网络得到一个输入模式向量 $\hat{\boldsymbol{X}}$ 时，竞争层的所有神经元对应的内星权向量 $\hat{\boldsymbol{W}}_j$（$j=1,2,\cdots,m$）均与 $\hat{\boldsymbol{X}}$ 进行相似性比较，将与 $\hat{\boldsymbol{X}}$ 最相似的内星权向量判为竞争获胜神经元，其权向量记为 $\hat{\boldsymbol{W}}_{j^*}$。测量相似性的方法是对 $\hat{\boldsymbol{W}}_j$ 和 $\hat{\boldsymbol{X}}$ 计算欧式距离（或夹角余弦）

$$\|\hat{\boldsymbol{X}}-\hat{\boldsymbol{W}}_{j^*}\|=\min_{j\in\{1,2,\cdots,m\}}\{\|\hat{\boldsymbol{X}}-\hat{\boldsymbol{W}}_j\|\} \tag{4-4}$$

将上式展开并利用单位向量的特点，可得

$$\begin{aligned}\|\hat{\boldsymbol{X}}-\hat{\boldsymbol{W}}_{j^*}\|&=\sqrt{(\hat{\boldsymbol{X}}-\hat{\boldsymbol{W}}_{j^*})^{\mathrm{T}}(\hat{\boldsymbol{X}}-\hat{\boldsymbol{W}}_{j^*})}\\&=\sqrt{\hat{\boldsymbol{X}}^{\mathrm{T}}\hat{\boldsymbol{X}}-2\hat{\boldsymbol{W}}_{j^*}^{\mathrm{T}}\hat{\boldsymbol{X}}+\hat{\boldsymbol{W}}_{j^*}^{\mathrm{T}}\hat{\boldsymbol{W}}_{j^*}^{\mathrm{T}}}\\&=\sqrt{2(1-\boldsymbol{W}_{j^*}^{\mathrm{T}}\hat{\boldsymbol{X}})}\end{aligned}$$

从上式可以看出，欲使两单位向量的欧式距离最小，需使两向量的点积最大。即

$$\hat{\boldsymbol{W}}_{j^*}{}^{\mathrm{T}}\hat{\boldsymbol{X}}=\max_{j\in\{1,2,\cdots,m\}}(\hat{\boldsymbol{W}}_j{}^{\mathrm{T}}\hat{\boldsymbol{X}}) \tag{4-5}$$

于是按式（4-4）求最小欧式距离的问题就转化为按式（4-5）求最大点积的问题，而权向量与输入向量的点积正是竞争层神经元的净输入。

(3) 网络输出与权值调整　胜者为王竞争学习算法规定，获胜神经元输出为 1，其余输出为零。即

$$o_j(t+1)=\begin{cases}1 & j=j^*\\0 & j\neq j^*\end{cases}\tag{4-6}$$

只有获胜神经元才有权调整其权向量 $\boldsymbol{W}_{j^*}$，调整后权向量为

$$\begin{cases}\boldsymbol{W}_{j^*}(t+1)=\hat{\boldsymbol{W}}_{j^*}(t)+\Delta\boldsymbol{W}_{j^*}=\hat{\boldsymbol{W}}_{j^*}(t)+\alpha(\hat{\boldsymbol{X}}-\hat{\boldsymbol{W}}_{j^*}) & j=j^*\\\boldsymbol{W}_j(t+1)=\hat{\boldsymbol{W}}_j(t) & j\neq j^*\end{cases}\tag{4-7}$$

式中，$\alpha\in(0,1]$ 为学习率，一般其值随着学习的进展而减小。可以看出，当 $i\neq j^*$ 时，对应神经元的权值得不到调整，其实质是“胜者”对它们进行了强侧抑制，不允许它们兴奋。

应当指出，归一化后的权向量经过调整后得到的新向量不再是单位向量，因此需要对调整后的向量重新进行归一化。步骤（3）完成后回到步骤（1）继续训练，直到学习率 α 衰减到 0 或规定的值。

2. 竞争学习原理

设输入模式为 2 维向量，归一化后其矢端可以看成分布在图 4-3 单位圆上的点，用“o”表示。设竞争层有 4 个神经元，对应的 4 个内星向量归一化后也标在同一单位圆上，用“＊”表示。从输入模式点的分布可以看出，它们大体上聚集为 4 簇，因而可以分为 4 类。然而自组织网络的训练样本中只提供了输入模式而没有提供关于分类的指导信息，网络是如何通过竞争机制自动发现样本空间的类别划分的？

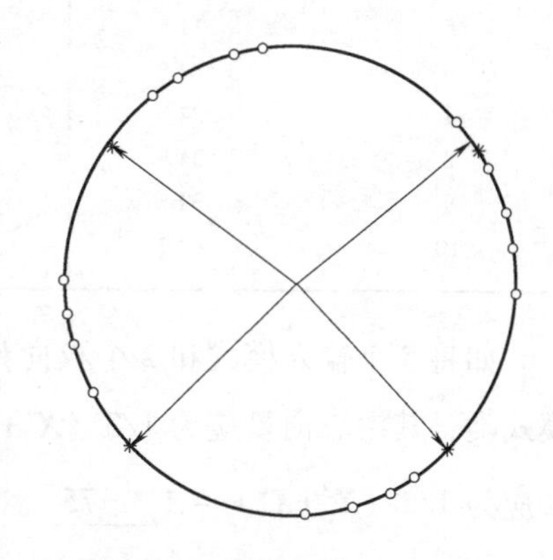

图 4-3　竞争学习的几何意义

自组织网络在开始训练前先对竞争层的权向量进行随机初始化。因此在初始状态时，单位圆上的＊是随机分布的。前面已经证明，两个等长向量的点积越大，两者越近似，因此以点积最大获胜的神经元对应的权向量应最接近当前输入模式。从图 4-4 可以看出，如果当前输入模式用空心圆“o”表示，单位圆上各“＊”点代表的权向量依次同“o”点代表的输入向量比较距离，结果是离得最近的那个“＊”点获胜。从获胜神经元的权值调整式可以看出，调整的结果是使 $\boldsymbol{W}_{j^*}$ 进一步接近当前输入 $\boldsymbol{X}$。这一点从图 4-4 的向量合成图上可以看得很清楚。调整后，获胜“＊”点的位置进一步移向“o”点及其所在的簇。显然，当下次出现与“o”点相像的同簇内的输入模式时，上次获胜的“＊”点更容易获胜。依此方式经过充分训练后，单位圆上的 4 个“＊”点会逐渐移入各输入模式的簇中心，从而使竞争层每个神经元的权向量成为一类输入模式的聚类中心。当向网络输入一个模式时，竞争层中哪个神经元获胜使输出为 1，当前输入模式就归为哪类。

例 4-1　用竞争学习算法将下列各模式分为两类。

$$\boldsymbol{X}^1=\begin{pmatrix}0.8\\0.6\end{pmatrix}\quad \boldsymbol{X}^2=\begin{pmatrix}0.1736\\-0.9848\end{pmatrix}\quad \boldsymbol{X}^3=\begin{pmatrix}0.707\\0.707\end{pmatrix}\quad \boldsymbol{X}^4=\begin{pmatrix}0.342\\-0.9397\end{pmatrix}\quad \boldsymbol{X}^5=\begin{pmatrix}0.6\\0.8\end{pmatrix}$$

解：为作图方便，将上述模式转换成极坐标形式

$X^1=1\angle 36.89°$ $X^2=1\angle -80°$ $X^3=1\angle 45°$ $X^4=1\angle -70°$ $X^5=1\angle 53.13°$

竞争层设两个权向量，随机初始化为单位向量

$$W_1(0)=\begin{pmatrix}1\\0\end{pmatrix}=1\angle 0° \quad W_2(0)=\begin{pmatrix}-1\\0\end{pmatrix}=1\angle 180°$$

取学习率 $\eta=0.5$，按 1~5 的顺序依次输入模式向量，用式（4-7）给出的算法调整权值，每次修改后重新进行归一化。前 20 次训练中两个权向量的变化情况列于表 4-1 中。

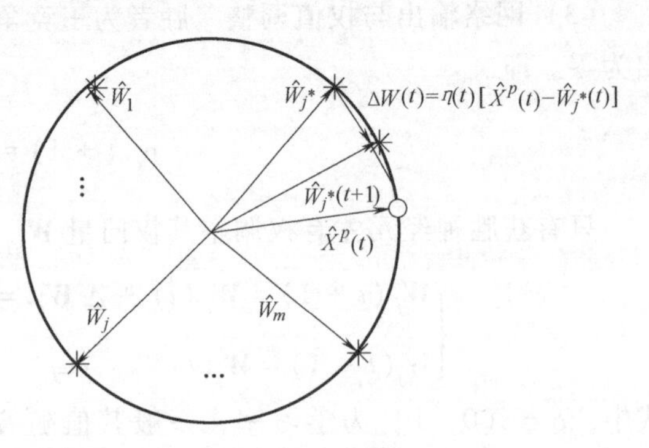

图 4-4　自组织权向量调整

表 4-1　权向量调整过程

训练次数	W_1	W_2	训练次数	W_1	W_2
1	18.43°	-180°	11	40.5°	-100°
2	-30.8°	-180°	12	40.5°	-90°
3	7°	-180°	13	43°	-90°
4	-32°	-180°	14	43°	-81°
5	11°	-180°	15	47.5°	-81°
6	24°	-180°	16	42°	-81°
7	24°	-130°	17	42°	-80.5°
8	34°	-130°	18	43.5°	-80.5°
9	34°	-100°	19	43.5°	-75°
10	44°	-100°	20	48.5°	-75°

如将 5 个输入模式和 2 个权向量标在单位圆中，可以明显看出，X^1、X^3、X^5属于同一模式类，其中心向量应为 1/3（$X^1+X^3+X^5$）$=1\angle 45°$；X^2、X^4属于同一模式类，其中心向量应为 1/2（X^2+X^4）$=1\angle -75°$。经过 20 次训练，W_1和W_2就已经非常接近 $1\angle 45°$和 $1\angle -75°$了。如果训练继续下去，两个权向量是否会最终收敛于两个模式类中心呢？事实上，如果训练中学习率保持为常数，W_1和W_2将在 $1\angle 45°$和 $1\angle -75°$附近来回摆动，永远也不可能收敛。只有当学习率随训练时间不断下降，才有可能使摆动减弱至终止。下面将要介绍的自组织特征映射网就是采用了这种训练方法。

4.2　自组织特征映射神经网络

1981 年芬兰 Helsink 大学的 T. Kohonen 教授提出一种自组织特征映射网（Self-Organizing Feature Map，SOFM），又称 Kohonen 网。Kohonen 认为，一个神经网络接受外界输入模式时，将会分为不同的对应区域，各区域对输入模式具有不同的响应特征，而且这个过程是自动完成的。自组织特征映射正是根据这一看法提出来的，其特点与人脑的自组织特性相类似。

4.2.1　SOFM 网的生物学基础

生物学研究的事实表明，在人脑的感觉通道上，神经元的组织原理是有序排列。因此当人脑通过感官接受外界的特定时空信息时，大脑皮层的特定区域兴奋，而且类似的外界信息在对应区域是连续映像的。例如，生物视网膜中有许多特定的细胞对特定的图形比较敏感，当视网膜中有若干个接收单元同时受特定模式刺激时，就使大脑皮层中的特定神经元开始兴奋，输入模式接近，对应的兴奋神经元也相近。在听觉通道上，神经元在结构排列上与频率的关系十分密切，对于某个频率，特定的神经元具有最大的响应，位置邻近的神经元具有相近的频率特征，而远离的神经元具有的频率特征差别也较大。大脑皮层中神经元的这种响应特点不是先天安排好的，而是通过后天的学习自组织形成的。

对于某一图形或某一频率的特定兴奋过程是自组织特征映射网中竞争机制的生物学基础。而神经元的有序排列以及对外界信息的连续映像在自组织特征映射网中也有反映，当外界输入不同的样本时，网络中哪个位置的神经元兴奋在训练开始时是随机的。但自组织训练后会在竞争层形成神经元的有序排列，功能相近的神经元非常靠近，功能不同的神经元离得较远。这一特点与人脑神经元的组织原理十分相似。

4.2.2　SOFM 网的拓扑结构与权值调整域

1. 拓扑结构

SOFM 网共有两层，输入层各神经元通过权向量将外界信息汇集到输出层的各神经元。输入层的形式与 BP 网相同，神经元数与样本维数相等。输出层也是竞争层，神经元的排列有多种形式，如一维线阵、二维平面阵和三维栅格阵，常见的是前两种类型，下面分别予以介绍。

输出层按一维阵列组织的 SOFM 网是最简单的自组织神经网络，其结构特点与图 4-1 中的网络相同，图 4-5a 中的一维阵列 SOFM 网的输出层只标出相邻神经元间的侧向连接。

输出按二维平面组织是 SOFM 网最典型的组织方式，该组织方式更具有大脑皮层的形象。输出层的每个神经元同它周围的其他神经元侧向连接，排列成棋盘状平面，结构如图 4-5b 所示。

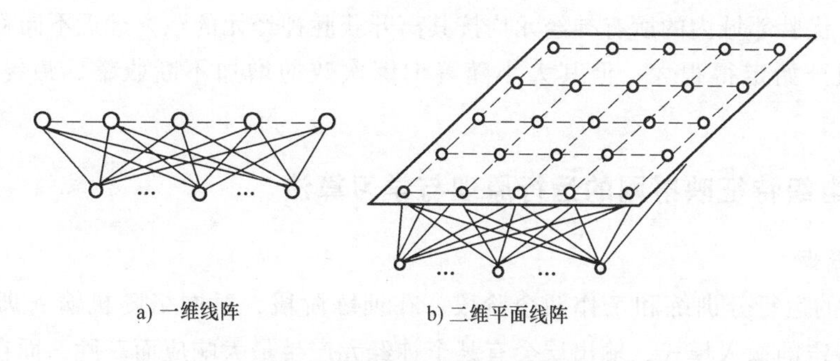

图 4-5　SOFM 网的输出阵列

2. 权值调整域

SOFM 网采用的学习算法称为 Kohonen 算法，是在胜者为王算法基础上加以改进而成的，其主要区别在于调整权向量与侧抑制的方式不同。在胜者为王算法中，只有竞争获胜神经元才能调整权向量，其他任何神经元都无权调整，因此它对周围所有神经元的抑制是“封杀”式的。而 SOFM 网的获胜神经元对其邻近神经元的影响是由近及远，由兴奋逐渐转变为抑制，因此其学习算法中不仅获胜神经元本身要调整权向量，它周围的神经元在其影响下也要不同程度地调整权向量。这种调整可用图 4-6 中的三种函数表示，其中图 4-6b 中的函数曲线是由图 4-6a 中的两个正态曲线组合而成的。

将图 4-6b~d 中的三种函数沿中心轴旋转后可形成形状似帽子的空间曲面，按顺序分别称为墨西哥帽函数、大礼帽函数和厨师帽函数。其中墨西哥帽函数是 Kohonen 提出来的，它表明获胜神经元有最大的权值调整量，邻近的神经元有稍小的调整量，离获胜神经元距离越大，权的调整量越小，直到某一距离 R 时，权值调整量为零。当距离再远一些时，权值调整量略负，更远时又回到零。墨西哥帽函数表现出的特点与生物系统的十分相似，但其计算上的复杂性影响了网络训练的收敛性。因此在 SOFM 网的应用中常使用与墨西哥帽函数类似的简化函数，如大礼帽函数和进一步简化的厨师帽函数。

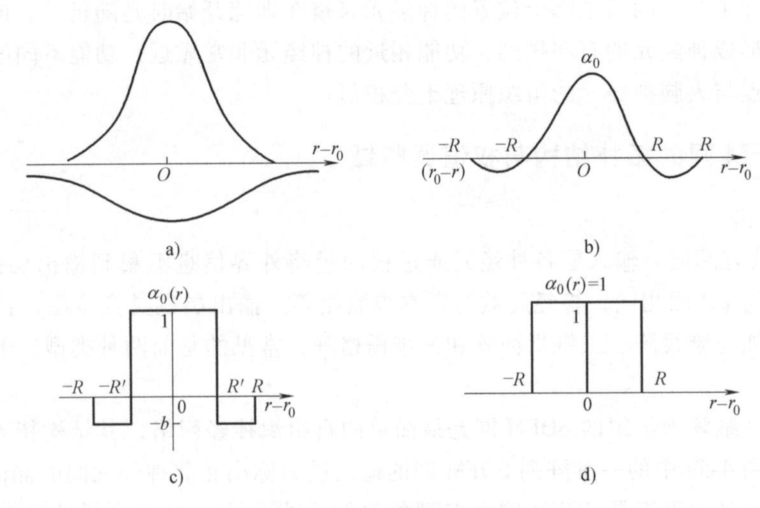

图 4-6　三种激励函数

以获胜神经元为中心设定一个邻域半径，该半径圈定的范围称为优胜邻域。在 SOFM 网学习算法中，优胜邻域内的所有神经元均按其离开获胜神经元的距离远近不同程度地调整权值。优胜邻域开始定得很大，但其大小随着训练次数的增加不断收缩，最终收缩到半径为零。

4.2.3　自组织特征映射网的运行原理与学习算法

1. 运行原理

SOFM 网的运行分训练和工作两个阶段。在训练阶段，对网络随机输入训练集中的样本。对某个特定的输入模式，输出层会有某个神经元产生最大响应而获胜，而在训练开始阶段，输出层哪个位置的神经元将对哪类输入模式产生最大响应是不确定的。当输入模式的类别改变时，二维平面的获胜神经元也会改变。获胜神经元周围的神经元因侧向相互兴奋作用也产生较大响应，于是获胜神经元及其优胜邻域内的所有神经元所连接的权向量均向输入向量的方向做程度不同的调整，调整力度依邻域内各神经元距获胜神经元的远近而逐渐衰减。

网络通过自组织方式，用大量训练样本调整网络的权值，最后使输出层各神经元成为对特定模式类敏感的神经细胞，对应的内星权向量成为各输入模式类的中心向量。并且当两个模式类的特征接近时，代表这两类的神经元在位置上也接近。从而在输出层形成能够反映样本模式类分布情况的有序特征图。

SOFM 网训练结束后，输出层各神经元与各输入模式类的特定关系就完全确定了，因此可用作模式分类器。当输入一个模式时，网络输出层代表该模式类的特定神经元将产生最大响应，从而将该输入自动归类。应当指出的是，当向网络输入的模式不属于网络训练时见过的任何模式类时，SOFM 网只能将它归入最接近的模式类。

2. 学习算法

对应于上述运行原理的学习算法称为 Kohonen 算法，按以下步骤进行：

（1）初始化　对输出层各权向量赋小随机数并进行归一化处理，得到 $\hat{\boldsymbol{W}}_j$，$j=1, 2, \cdots, m$；建立初始优胜邻域 $N_{j*}(0)$；学习率 η 赋初始值。

（2）接受输入　从训练集中随机选取一个输入模式并进行归一化处理，得到 $\hat{\boldsymbol{X}}^p$，$p \in \{1, 2, \cdots, P\}$。

（3）寻找获胜神经元　计算 $\hat{\boldsymbol{X}}^p$ 与 $\hat{\boldsymbol{W}}_j$ 的点积，$j=1, 2, \cdots, m$，从中选出点积最大的获胜神经元 $j*$；如果输入模式未经归一化，应按式（4-4）计算欧式距离，从中找出距离最小的获胜神经元。

（4）定义优胜邻域 $N_{j*}(t)$　以 j^* 为中心确定 t 时刻的权值调整域，一般初始邻域 $N_{j*}(0)$ 较大，训练过程中 $N_{j*}(t)$ 随训练时间逐渐收缩，如图 4-7 所示。

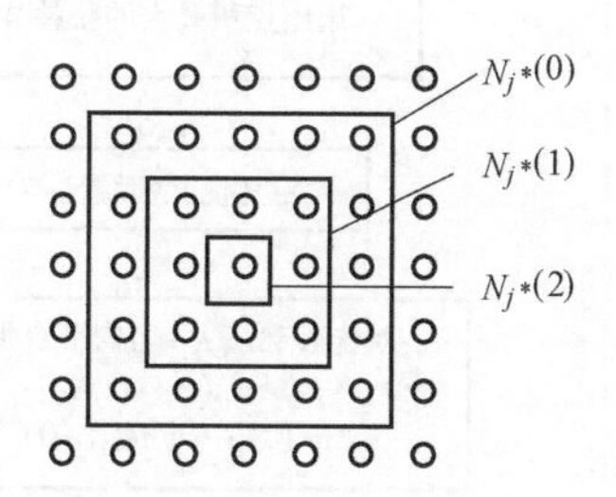

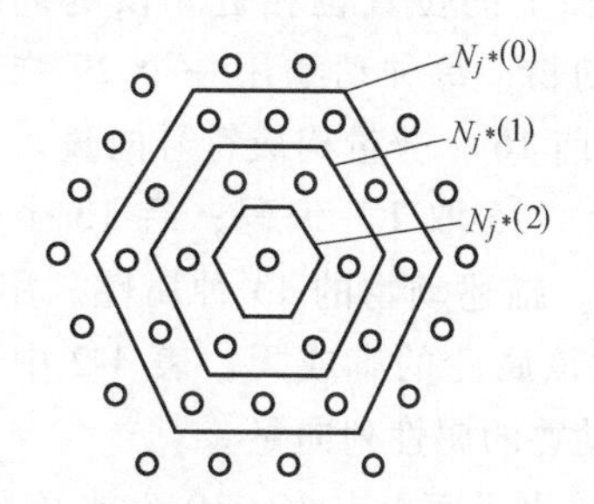

图 4-7　邻域 $N_{j*}(t)$ 的收缩

（5）调整权值　对优胜邻域 $N_{j*}(t)$ 内的所有神经元调整权值：

$$w_{ij}(t+1) = w_{ij}(t) + \eta(t,N)\left[x_i^{\ p} - w_{ij}(t)\right] \qquad i=1,2,\cdots,n \quad j \in N_{j*}(t) \tag{4-8}$$

式中，$\eta(t, N)$ 是训练时间 t 和邻域内第 j 个神经元与获胜神经元 $j*$ 之间的拓扑距离 N 的函数，该函数一般有以下规律：

$$t\uparrow \rightarrow \eta\downarrow, \quad N\uparrow \rightarrow \eta\downarrow$$

很多函数都能满足以上规律，例如可构造如下函数：

$$\eta(t,N) = \eta(t)\mathrm{e}^{-N} \tag{4-9}$$

式中，$\eta(t)$ 可采用 t 的单调下降函数，图 4-8 给出几种可用的类型。这种随时间单调下降的函数也称为退火函数。

（6）结束检查　SOFM网的训练不存在类似BP网中的输出误差概念，训练何时结束是以学习率 $\eta(t)$ 是否衰减到零或某个预定的正小数为条件，不满足结束条件则回到步骤（2）。

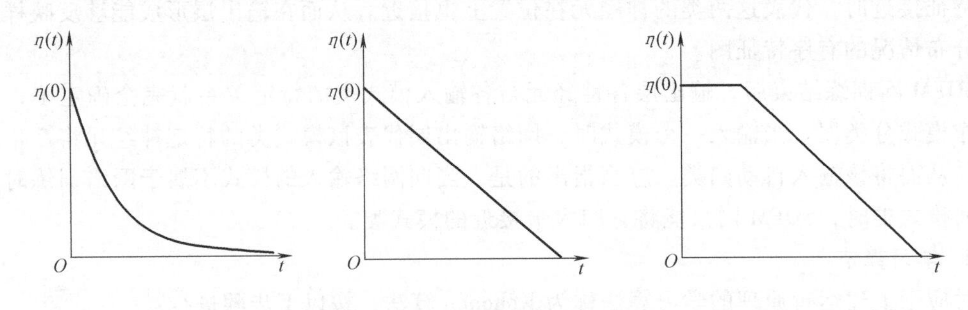

图4-8　随时间衰减的学习率

Kohonen学习算法的程序流程图如图4-9所示。

3. 功能分析

SOFM网的功能特点之一是保序映射。即能将输入空间的样本模式类有序地映射在输出层上，下面通过一个例子进行说明。

例4-2　动物属性特征映射。

1989年Kohonen给出一个SOFM网的著名应用实例，即把不同的动物按其属性特征映射到两维输出平面上，使属性相似的动物在SOFM网输出平面上的位置也相近。该例训练集中共有16种动物，每种动物用一个29维向量来表示，其中前16个分量构成符号向量，对不同的动物进行“16取1”编码；后13个分量构成属性向量，描述动物的13种属性，用1或0表示某动物该属性的有或无。表4-2中的各列给出16种动物的属性列向量。

SOFM网的输出平面上有10×10个神经元，用16个动物模式轮番输入进行训练，最后输出平面上出现图4-10所示的情况。可以看出，属性相似的动物在输出平面上位置相邻，实现了特征的保序分布。

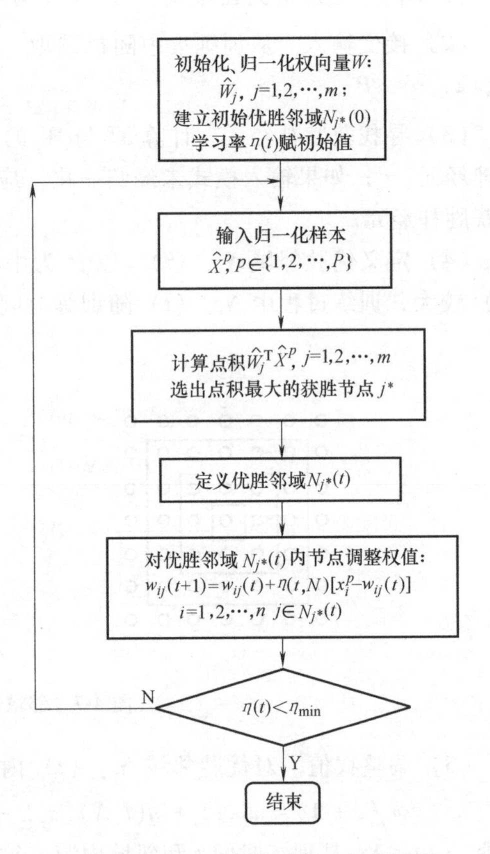

图4-9　Kohonen学习算法程序流程

SOFM网的功能特点之二是数据压缩。数据压缩是指将高维空间的样本在保持拓扑结构不变的条件下映射到低维空间。在这方面，SOFM网具有明显的优势。无论输入样本空间是多少维的，其模式样本都可以在SOFM网输出层的某个区域得到响应。SOFM网经过训练后，在高维空间相近的输入样本，其输出层响应神经元的位置也接近。因此对于任意 n 维输入空间的样本，均可通过映射到SOFM网的一维或二维输出层上完成数据压缩。如上例中的输入样本空间为29维，通过SOFM网后压缩为二维平面的数据。

表 4-2　16 种动物的属性向量

属性＼动物	鸽子	母鸡	鸭	鹅	猫头鹰	隼	鹰	狐狸	狗	狼	猫	虎	狮	马	斑马	牛
小	1	1	1	1	1	1	0	0	0	0	1	0	0	0	0	0
中	0	0	0	0	0	0	1	1	1	1	0	0	0	0	0	0
大	0	0	0	0	0	0	0	0	0	0	0	1	1	1	1	1
2 只腿	1	1	1	1	1	1	1	0	0	0	0	0	0	0	0	0
4 只腿	0	0	0	0	0	0	0	1	1	1	1	1	1	1	1	1
毛	0	0	0	0	0	0	0	1	1	1	1	1	1	1	1	1
蹄	0	0	0	0	0	0	0	0	0	0	0	0	0	1	1	1
鬃毛	0	0	0	0	0	0	0	0	0	0	0	0	0	1	1	0
羽毛	1	1	1	1	1	1	1	0	0	0	0	0	0	0	0	0
猎	0	0	0	0	1	1	1	1	0	1	1	1	1	0	0	0
跑	0	0	0	0	0	0	0	0	1	1	0	1	1	1	1	0
飞	1	0	0	1	1	1	1	0	0	0	0	0	0	0	0	0
泳	0	0	1	1	0	0	0	0	0	0	0	0	0	0	0	0

SOFM 网的功能特点之三是特征抽取。从特征抽取的角度看高维空间样本向低维空间的映射，SOFM 网的输出层相当于低维特征空间。在高维模式空间，很多模式的分布具有复杂的结构，从数据观察很难发现其内在规律。当通过 SOFM 网映射到低维输出空间后，其规律往往一目了然，因此这种映射就是一种特征抽取。高维空间的向量经过特征抽取后可以在低维特征空间更加清晰地表达，因此映射的意义不仅仅是单纯的数据压缩，更是一种规律发现。下面以字符排序为例进行分析。

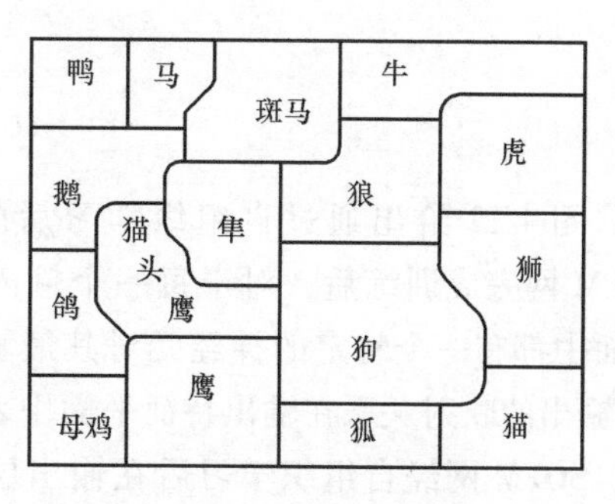

图 4-10　动物属性特征映射

例 4-3　SOFM 网用于字符排序。

用 32 个字符作为 SOFM 网的输入样本，包括 26 个英文字母和 6 个数字（1~6）。每个字符对应于一个 5 维向量，各字符与相应向量 $\boldsymbol{X}$ 的 5 个分量的对应关系见表 4-3。由表 4-3 可以看出，代表 A、B、C、D、E 的各向量中有 4 个分量相同，即 $x_i^{\mathrm{A}}=x_i^{\mathrm{B}}=x_i^{\mathrm{C}}=x_i^{\mathrm{D}}=x_i^{\mathrm{E}}=0$，$i=1$，2，3，4，因此应为一类；代表 F、G、H、I、J 的向量中有 4 个分量相同，同理也应归为一类；依此类推。这样就可根据表 4-3 中输入向量的相似关系，将对应的字符标在图 4-11 所示的树形结构图中。

表 4-3　字符与对应向量

	A	B	C	D	E	F	G	H	I	J	K	L	M	N	O	P	Q	R	S	T	U	V	W	X	Y	Z	1	2	3	4	5	6
x_0	1	2	3	4	5	3	3	3	3	3	3	3	3	3	3	3	3	3	3	3	3	3	3	3	3	3	3	3	3	3	3	3
x_1	0	0	0	0	0	1	2	3	4	5	3	3	3	3	3	3	3	3	3	3	3	3	3	3	3	3	3	3	3	3	3	3
x_2	0	0	0	0	0	0	0	0	0	0	1	2	3	4	5	6	7	8	3	3	3	3	6	6	6	6	6	6	6	6	6	6
x_3	0	0	0	0	0	0	0	0	0	0	0	0	0	0	0	0	0	0	1	2	3	4	1	2	3	4	2	2	2	2	2	2
x_4	0	0	0	0	0	0	0	0	0	0	0	0	0	0	0	0	0	0	0	0	0	0	0	0	0	0	1	2	3	4	5	6

SOFM 网络输出阵列为二维平面阵，该阵列由 70 个神经元组成，每个神经元用 5 维内

星向量与 5 维输入模式相联。将训练集中代表各字符的输入向量 X^p 随机选取后送入网络进行训练，经过 10000 步训练，各权向量趋于稳定，此时可对该网络输出进行校准，即根据输出阵列神经元与训练集的已知模式向量的对应关系贴标号。例如，当输入向量 B 时，输出平面的左上角神经元在整个阵列中产生最强的响应，于是该神经元被标为 B。在输出层的 70 个神经元中，有 32 个神经元有标号而另外 38 个为未用神经元。

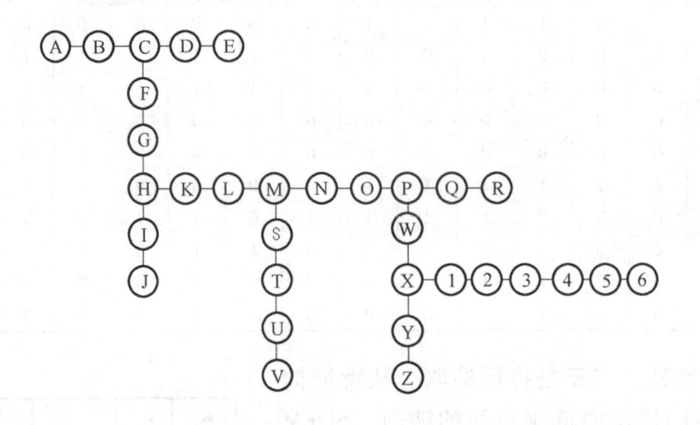

图 4-11　字符相似关系的树形结构

图 4-12 给出通过自组织学习后的输出结果。SOFM 网完成训练后，对于每一个输入字符，输出平面中都有一个特定的神经元对其最敏感，这种输入-输出的映射关系在输出特征平面中表现得非常清楚。SOFM 网经自组织学习后在输出层形成了有规则的拓扑结构，在图 4-12 中 SOFM 网络的输出平面上，各字符之间的位置关系与图 4-11 中的树状结构相当类似，两者结构特征上的一致性是非常明显的。

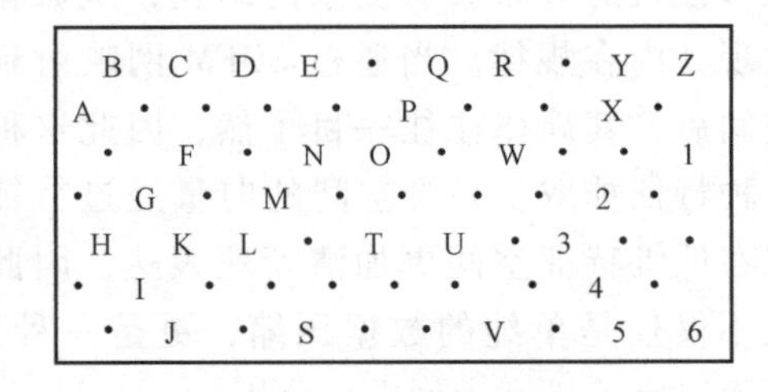

图 4-12　SOFM 网字符排序输出阵列

输出平面上的 · 号表示处于自由状态的神经元，它们对任何输入样本都不会发生兴奋。

4.2.4　SOFM 网的设计基础

SOFM 网输入层的设计与 BP 网相似，而输出层的设计以及网络参数的设计比 BP 网复杂得多，是网络设计的重点。下面分几个方面讨论。

1. 输出层设计

输出层的设计涉及两个问题，一个是神经元数的设计，一个是神经元排列的设计。神经元数与训练集样本有多少模式类有关。如果神经元数少于模式类数，则不足以区分全部模式类，训练的结果势必将相近的模式类合并为一类。这种情况相当于对输入样本进行“粗分”。如果神经元数多于模式类数，一种可能是将类别分得过细，而另一种可能是出现“死神经元”，即在训练过程中，某个神经元从未获胜过且远离其他获胜神经元，因此它们的权向量从未得到过调整。在解决分类问题时，如果对类别数没有确切信息，宁可先设置较多的输出神经元，以便较好地映射样本的拓扑结构，如果分类过细再酌情减少输出神经元。“死神经元”问题一般可通过重新初始化权值得到解决。

输出层的神经元排列成哪种形式取决于实际应用的需要，排列形式应尽量直观反映出实际问题的物理意义。例如，对于旅行路径类的问题，二维平面比较直观；对于一般的分类问题，一个输出神经元就能代表一个模式类，用一维线阵意义明确且结构简单；而对于机器人手臂控制问题，按三维栅格排列的输出神经元更能反映出手臂运动轨迹的空间特征。

2. 权值初始化问题

SOFM 网的权值一般初始化为较小的随机数。但在某些应用中，样本整体上相对集中于高维空间的某个局部区域，如果权向量的初始位置随机地分散于样本空间的广阔区域，训练时必然是离整个样本群最近的权向量被不断调整，并逐渐进入全体样本的中心位置，而其他权向量因初始位置远离样本群而永远得不到调整。如此训练的结果可能使全部样本聚为一类。解决这类问题的思路是尽量使权值的初始位置与输入样本的大致分布区域充分重合。图 4-13 给出两种初始权值的分布情况，显然，当初始权向量与输入模式向量整体上呈混杂状态时，不仅不会出现所有样本聚为一类的情况，而且会大大提高训练速度。

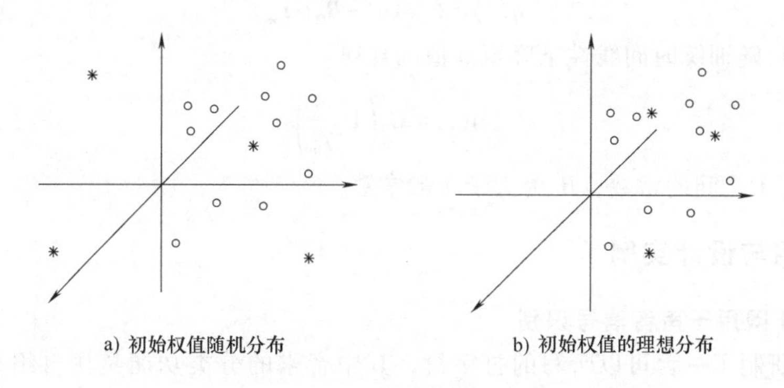

a) 初始权值随机分布　　b) 初始权值的理想分布

图 4-13　权向量的初始化

根据上述思路，一种简单易行的方法是从训练集中随机抽出 m 个输入样本作为初始权值，即

$$\boldsymbol{W}_j(0)=\boldsymbol{X}^{k_{\mathrm{ram}}},\ j=1,2,\cdots,m \tag{4-10}$$

式中，k_{ram} 为输入样本的顺序随机数，$k_{\mathrm{ram}}\in\{1,2,\cdots,P\}$。

因为任何 $X^{k_{\mathrm{ram}}}$ 一定是输入空间某个模式类的成员，各个权向量按上式初始化后从训练一开始就分别接近了输入空间的各模式类，占据了十分有利的“地形”。另一种可行的办法是先计算出全体样本的中心向量

$$\overline{\boldsymbol{X}}=\frac{1}{P}\sum_{p=1}^{P}X^{p} \tag{4-11}$$

在该中心向量基础上叠迭加小随机数作为权向量初始值，可将权向量的初始位置确定在样本群中。

3. 优胜邻域 $N_{j*}(t)$ 的设计

优胜邻域 $N_{j*}(t)$ 的设计原则是使邻域不断缩小，这样输出平面上相邻神经元对应的权向量之间既有区别又有一定的相似性，从而保证当获胜神经元对某一类模式产生最大响应时，其邻近神经元也能产生较大响应。邻域的形状可以是正方形、六边形或圆形。

优胜邻域的大小用邻域半径 $r(t)$ 表示，$r(t)$ 的设计目前还没有一般化的数学方法，通常凭借经验选择。下面给出两种计算式：

$$r(t) = C_1\left(1-\frac{t}{t_m}\right) \tag{4-12}$$

$$r(t) = C_1\exp(-B_1 t/t_m) \tag{4-13}$$

式中，C_1为与输出层神经元数 m 有关的正常数；B_1为大于 1 的常数；t_m为预先选定的最大训练次数。

4. 学习率 $\eta(t)$ 的设计

$\eta(t)$ 是网络在时刻 t 的学习率，在训练开始时 $\eta(t)$ 可以取值较大，之后以较快的速度下降，这样有利于很块捕捉到输入向量的大致结构。然后 $\eta(t)$ 又在较小的值上缓降至趋于 0 值，这样可以精细地调整权值使之符合输入空间的样本分布结构，按此规律变化的 $\eta(t)$ 表达式如下

$$\eta(t) = C_2\exp(-B_2 t/t_m) \tag{4-14}$$

还有一种 $\eta(t)$ 随训练时间线性下降至 0 值的规律

$$\eta(t) = C_2\left(1-\frac{t}{t_m}\right) \tag{4-15}$$

式中，C_2为 0~1 之间的常数；B_2为大于 1 的常数。

4.2.5 应用与设计实例

1. SOFM 网用于声音信号识别

Kohonon 研制了一台可以听写的打字机，其中音素的分类功能是用自组织网络实现的。该网络组成的系统与打字机相联形成一个听写系统，当发言者发出声音后，打字机可直接打出文字。对不同的人，系统要求对 100 个特定的单词进行 10min 的训练，用 1000 个单词识别，其识别率可达到 93%~98%。

芬兰语有 21 个音素，其中 3 个爆破音很难区分，因此计为一类，这样全部语音共分为 19 类，输出层用 8×12 个二维神经元阵列。声音信号的预处理用 5.3kHz 低通模拟滤波器和前置放大器完成，A-D 转换器为 12 位，采样频率为 13.02kHz，并用二维傅里叶变换求其频谱。进行对数化和归一化处理后形成的声音输入模式向量有 15 个分量，用来表示由实数谱系数描述的声音信号特征。每个音素取 50 个样本进行训练，输出层神经元的响应结果如图

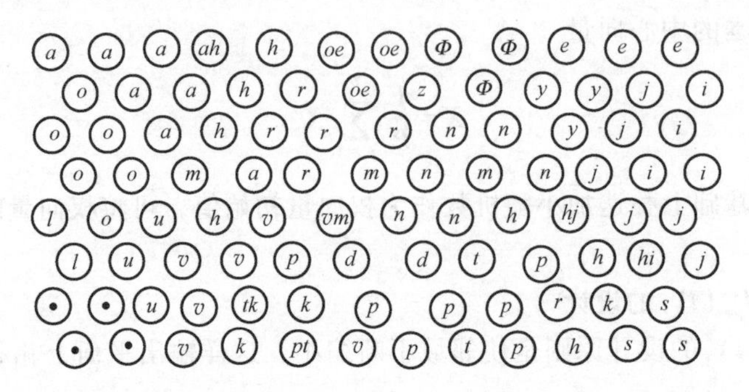

图 4-14 音素在输出平面上的映射

4-14 所示。可以看出，绝大多数输出神经元给出了唯一的答案，个别神经元代表两种样本。训练后的网络，对于连续语音输入在输出神经元上得到了响应。经过处理后程序可以将音素组合成单词和句子。该系统的全部硬件用两个 TMS320C10 芯片和一个 SOFM 神经网络组成，在 P0 机上训练后将权值存在 TMS320C10 中。

2. SOFM 网用于解决旅行商最优路径问题

旅行商最优路径问题简称 TSP，是人工智能中的一个典型问题：设有 n 个城市的集合，它们之间的相互距离分别为 $d_{ij}(d_{ij}=d_{ji})$，试求从某城市出发经过每个城市仅一次后又回到出发城市的最短路径。

采用传统方法求解 TSP 问题需要找出全部路径的组合，由 Sritlin 公式，路径总数可写为 $R_n=\frac{1}{2n}\sqrt{2\pi n}\,\mathrm{e}^{n(\ln^{n-1})}$。可见，随着城市数 n 的增加，组合数急剧增加。例如，当 $n=60$ 时，$R_n=0.6934155\times10^{20}$。要从如此多的路径中选出最短路径，计算量之大可想而知。

用 SOFM 网解决 TSP 问题要简单得多。基本思路是：训练集是城市的集合，每个二维输入向量代表一个城市在二维平面上的位置坐标，因此网络输入层有两个神经元。将输出层神经元分布在如图 4-15所示的一个封闭的圆环上，圆环中的每个神经元代表一个城市，因此该圆环模拟了一个巡回路径，在训练过程中，该巡回路径的城市组合顺序在不断地调整变动，训练结束后得到的就是优化解。

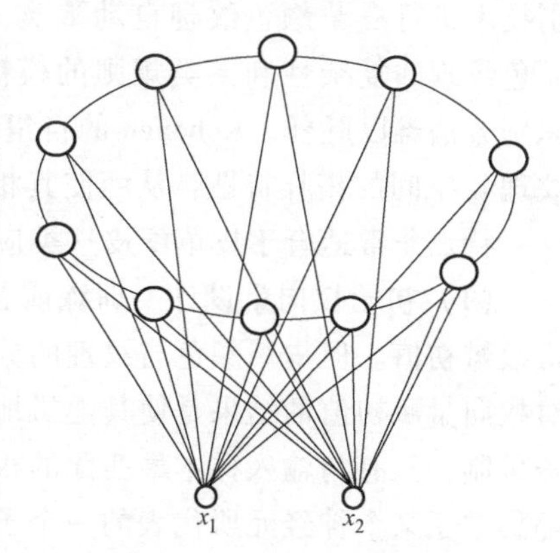

图 4-15　输出层的路径环

（1）训练过程　下面以 $n=10$ 为例说明训练过程。将所有权值初始化为小于 1 的随机数后，随机选择一个城市，将其坐标向量送入 SOFM 网的输入端 x_0 和 x_1，设置初始邻域和初始学习率。输出层各神经元通过竞争找出对应权向量与当前城市的位置最接近的优胜神经元。对该神经元及其邻域内的所有神经元向当前城市方向调整权值，然后缩小邻域，降低学习率，重新调整邻域内神经元的权值直到学习率衰减到 0。此时若城市集不为空，继续随机选择剩余城市并重复以上迭代步骤，注意每次竞争时以前获胜的神经元不再参加，但确定调整邻域时所有神经元都在入选范围。城市集为空即完成训练，此时给定一个起始城市并标明所对应的输出神经元，从该神经元开始转一周，依次找出环上神经元所对应的城市，即可得到 TSP 问题的解。

（2）参数设计　在本例中对应于每次输入，初始邻域半径为 $N_{j^*}(t_0)=(m-1)/2$，其中 m 为环上的神经元总数，在前 10%的迭代中，邻域半径先快后慢非线性地缩小到 1，在接下来的 30%迭代中保持为 1，在最后的 60%迭代中保持为 0，即邻域内只剩下获胜神经元。学习率在前 10%迭代中线性缩小到初始值的 10%，在后来的 90%迭代中线性缩小到 0。

（3）结果分析　采用上述排除训练算法对具有 300 个输出神经元的 SOFM 网进行训练，对每个城市迭代 250 次后所获得的路径长为 3.095，迭代 350 次后路径长为 2.782，与最优解 2.698 已十分接近。表 4-4 给出 10 个城市的平面坐标，图 4-16 给出训练后输出圆环上的神经元分布。

表 4-4　10 个城市的平面坐标

城市序号	x	y	城市序号	x	y
1	0.4000	0.4439	6	0.8732	0.6536
2	0.2439	0.1463	7	0.6878	0.5219
3	0.1707	0.2293	8	0.8488	0.3609
4	0.2239	0.7610	9	0.6683	0.2536
5	0.5171	0.9414	10	0.6195	0.2634

3. SOFM 网用于皮革外观效果分类

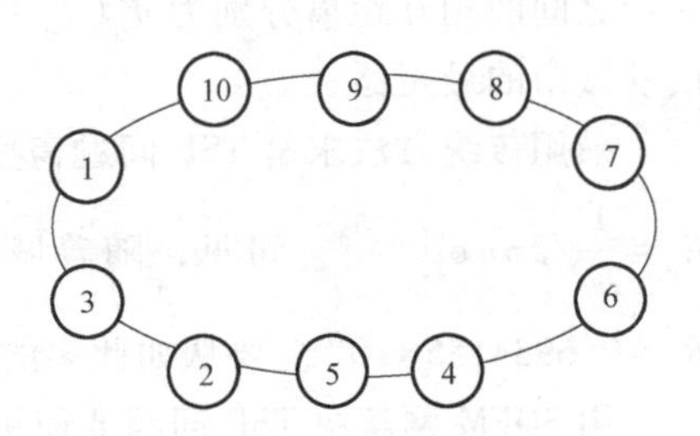

图 4-16　输出圆环上的神经元分布

皮革颜色纹理外观效果聚类常称为配皮。人工配皮的主要缺点是：配皮的结果与配皮工的个人经验密切相关，光线强弱的变化会对配皮结果造成影响，配皮工的劳动强度大，工作效率低。为了提高皮革服装的生产效率与质量，降低工人劳动强度，采用模式识别技术进行皮革颜色纹理自动聚类。然而，由于皮革颜色纹理的复杂性和聚类规则的模糊性，传统的模式识别方法难以胜任。Kohonen 的自组织映射神经网络能在输入-输出映射中保持输入（颜色纹理）空间的拓朴特性，从而使其相邻聚类神经元所对应的颜色纹理模式类子空间也相邻，这一特点非常适合于皮革配皮这类应用。

（1）初始权向量设计　训练前各个神经元权向量需赋予初始值，常用的做法是以小随机数赋初值。但皮革颜色与纹理的分类子空间在整个高维样本空间中相对集中，而以随机数对权向量赋初值的结果是使其随机地分布于整个高维样本空间。由于 SOFM 网络训练采用竞争机制，只有与输入样本最匹配的权向量才能得到最强的调整，其结果势必使所有纹理样本都集中于某个神经元所代表的一个子类空间而无法达到分类的目的。本应用解决这个问题的对策是，从 P 个输入样本中随机取 m 个对各神经元权重赋初值，实践证明该做法不仅可解决上述问题，而且使训练次数大大减少。

（2）网络构设计　从皮革图像中提取了三个颜色特征和三个纹理特征，输入模式为 6 维向量。聚类时每批 100 张皮料，平均每件皮衣需要 5~6 张皮料，因此在输出层设置 20 个神经元。每个神经元代表一类外观效果相似的皮料，如果聚为一类的皮料不够做一件皮衣，可以和相邻类合并使用。

（3）网络参数设计　对于自组织神经网络算法中的两个随训练次数 t 下降的函数 $\eta(t)$ 和 $N_{j^*}(t)$ 的选择，目前尚无一般化的数学方法。本例对 $\eta(t)$ 采用了图 4-17 所示的模拟退火函数，表达式如下：

$$\eta(t)=\begin{cases}\eta_0 & t\leqslant t_p\\ \eta_0[1-(t-t_p)/(t_m-t_p)] & t>t_p\end{cases}$$

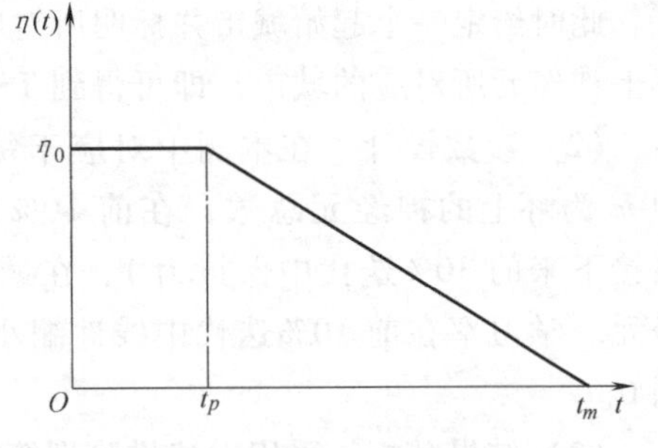

图 4-17　$\eta(t)$ 随训练次数 t 的变化

图中，t_p 为模拟退火的起始点，t_m 为模拟退火的终止点，$0<\eta_0\leqslant 1$。在网络训练初期，为了很快地捕捉到输入样本空间的大致概率结构，希望有较强的权值调整能力，因此当训练次数 $t\leqslant t_p$ 时，$\eta(t)$ 取最大值 η_0。当训练次数

$t>t_p$时，$\eta(t)$ 均匀下降至0以精细调整权值，使之符合样本空间的概率结构。当网络神经元的权值与样本空间结构匹配后，所对应的训练次数为 t_m。t_p可取为 t_m的分数，如取 $t_p=0.5t_m$。对于稍微复杂一些的问题，SOFM 算法常常需要几万次的迭代训练次数。但在本例中 t_m只有几千次，这是由于设计了合理的权重初值从而使训练次数大大减少。本例网络参数取 $\eta_0=0.95$，$t_m=5000$，$t_p=1500$。$N_{j*}(t)$ 优胜邻域在训练开始时覆盖整个输出线阵，以后训练次数每增加 $\Delta t=t_m/P$，$N_{j*}(t)$ 邻域两端各收缩一个神经元直至邻域内只剩下获胜神经元。

（4）皮革分类结果及分析　用 SOFM 皮革分类器对1000余张猪皮分10批进行配皮实验，同时请有经验的配皮技师进行人工分类，结果证明 SOFM 网的分类效果与人工分类相当。图4-18给出的直方图描述了某批100张皮料在输出层的映射结果。

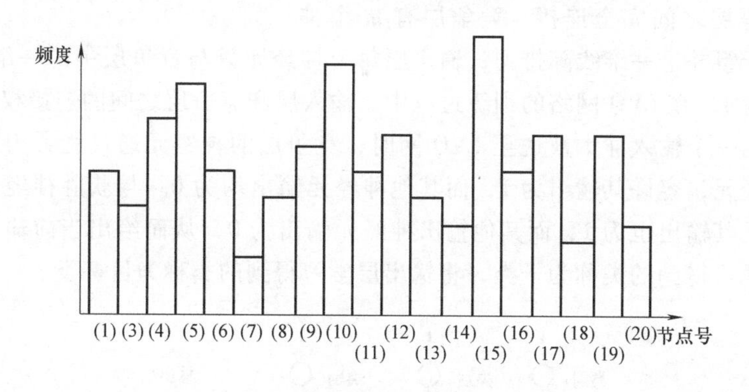

图4-18　SOFM 网配皮结果分布情况

4.3　学习向量量化神经网络

学习向量量化（Learning Vector Quantization，LVQ）网络是在竞争网络结构的基础上提出的，LVQ 网络将竞争学习思想和有监督学习算法相结合，在网络学习过程中，通过教师信号对输入样本的分配类别进行规定，从而克服了自组织网络采用无监督学习算法带来的缺乏分类信息的弱点。

4.3.1　向量量化

在信号处理领域，量化是针对标量进行的，指将信号的连续取值或者大量可能的离散取值近似为有限多个或较少的离散值的过程。向量量化是对标量量化的扩展，适用于高维数据。向量量化的思路是，将高维输入空间分成若干不同的区域，对每个区域确定一个中心向量作为聚类中心，与其处于同一区域的输入向量可用该中心向量来代表，从而形成以各中心向量为聚类中心的点集。在图像处理领域，常用各区域中心点（向量）的编码代替区域内的点来存储或传输，从而提出了各种基于向量量化的有损压缩技术。

在二维输入平面上表示的中心向量分布称为 Voronoi 图，如图4-19所示。前面介绍的胜者为王和 SOFM 竞争学习算法都是一种向量量化算法，都能用少量聚类中心表示原始数据，从而起到数据压缩作用。但 SOFM 的各相邻聚类中心对应的向量具有某种相似的特征，而一般向量量化的中心不具有这种相似性。

自组织映射可以起到聚类的作用，但还不能直接分类或识别，因此这只是自适应解决模式分类问题两步中的第一步。第二步是学习向量量化，采用有监督方法，在训练中加入教师信号作为分类信息对权值进行细调，并对输出神经元预先指定其类别。

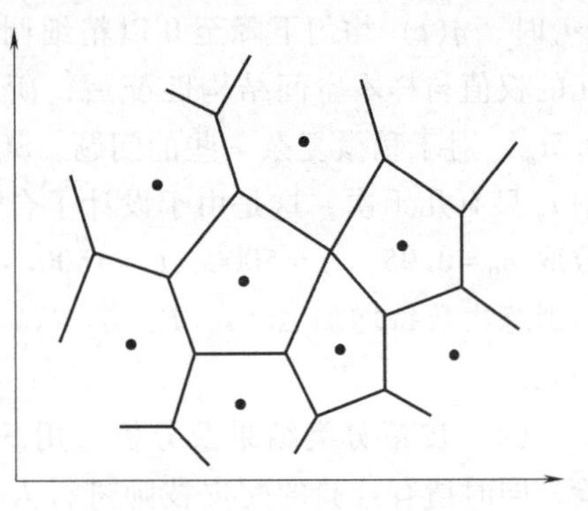

图 4-19　二维向量量化

4.3.2　LVQ 网络结构与工作原理

LVQ 网络结构如图 4-20 所示，由输入层、竞争层和输出层神经元组成。输入层有 n 个神经元接收输入向量，与竞争层之间完全连接；竞争层有 m 个神经元，分为若干组并呈一维线阵排列；输出层每个神经元只与竞争层中的一组神经元连接，连接权值固定为1。在 LVQ 网络的训练过程中，输入层和竞争层之间的连接权值被逐渐调整为聚类中心。当一个输入样本被送至 LVQ 网时，竞争层的神经元通过胜者为王竞争学习规则产生获胜神经元，容许其输出为1，而其他神经元输出均为 0。与获胜神经元所在组相连接的输出神经元其输出也为 1，而其他输出神经元输出为 0，从而给出当前输入样本的模式类。将竞争层学习得到的类称为子类，将输出层学习得到的类称为目标类。

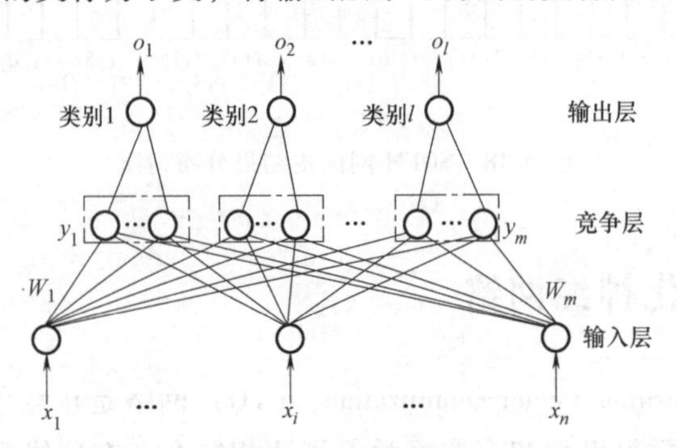

图 4-20　LVQ 网络结构

LVQ 网络各层的数学描述如下：设输入向量用 $\boldsymbol{X}$ 表示

$$\boldsymbol{X}=(x_1,x_2,\cdots,x_n)^{\mathrm{T}}$$

竞争层的输出用 $\boldsymbol{Y}$ 表示

$$\boldsymbol{Y}=(y_1,y_2,\cdots,y_m)^{\mathrm{T}},y_j\in\{0,1\},j=1,2,\cdots,m$$

输出层的输出用 $\boldsymbol{O}$ 表示

$$\boldsymbol{O}=(o_1,o_2,\cdots,o_l)^{\mathrm{T}}$$

网络的期望输出用 $\boldsymbol{d}$ 表示

$$\boldsymbol{d}=(d_1,d_2,\cdots,d_l)^{\mathrm{T}}$$

输入层到竞争层之间的权值矩阵用 $\boldsymbol{W}^1$ 表示

$$\boldsymbol{W}^1=(\boldsymbol{W}_1^1,\boldsymbol{W}_2^1,\cdots,\boldsymbol{W}_j^1,\cdots,\boldsymbol{W}_m^1)$$

其中，列向量 $\boldsymbol{W}_j^1$ 为隐层第 j 个神经元对应的权值向量。

竞争层到输出层之间的权值矩阵用 $\boldsymbol{W}^2$ 表示

$$W^2=(W_1^2,W_2^2,\cdots,W_k^2,\cdots,W_l^2)$$

其中，列向量 W_k^2 为输出层第 k 个神经元对应的权值向量。

4.3.3　LVQ 网络的学习算法

LVQ 网络的学习规则结合了竞争学习规则和有导师学习规则，需要一组有教师信号的样本对网络进行训练。在 LVQ 网络中有两组权值需要确定，一是输入层到竞争层的权值 W^1，一组是竞争层到输出层的权值 W^2，实际在训练中，只训练 W^1 而预先定义好 W^2。即子类到目标类的归属预先确定，而只将输入向量聚为若干子类。这一聚类过程并非如 SOFM 那样，即获胜神经元才能调节权值，而是获胜神经元的子类归属如果正确，权值才获得调节，并且朝输入向量的方向调节，即逐渐成为某类输入向量的聚类中心，否则向相反方向调节。这样，竞争层的节点就不是保序映射。

具体实现过程如下：设有训练样本集：$\{(x^1,\ d^1),\ ...,\ (x^p,\ d^p),\ ...\ (x^P,\ d^P)\}$，其中每个教师向量 d^p（$p=1,\ 2,\ \cdots,\ P$）中只有一个分量为 1，其他分量均为 0。通常把竞争层的每一个神经元指定给一个输出神经元，相应的权值为 1，从而得到输出层的权值矩阵 W^2。例如，某 LVQ 网络竞争层有 6 个神经元，输出层有 3 个神经元，代表 3 个类。若将竞争层的 1、3 号神经元指定为第 1 个输出神经元，第 2、5 号神经元指定为第 2 个输出神经元，第 4、6 号神经元指定为第 3 个输出神经元。则权值矩阵 W^2 定义为

$$W^2=\begin{bmatrix}1&0&0\\0&1&0\\1&0&0\\0&0&1\\0&1&0\\0&0&1\end{bmatrix}$$

W^2 的列表示类，行表示子类，每一行只有一个元素为 1，该元素所在的列表示这个子类所属的类。对任一输入样本，网络的输出为 $O=(W^2)^{\mathrm{T}}Y$

LVQ 网络在训练前预先定义好 W^2，从而指定了输出神经元类别。训练中 W^2 不再改变，网络的学习是通过改变 W^1 来进行的。根据输入样本类别（教师信号）和获胜神经元所属类别，可判断当前分类是否正确。如图 4-21 所示，若分类正确则将获胜神经元的权向量向输入向量方向调整，分类错误则向相反方向调整。

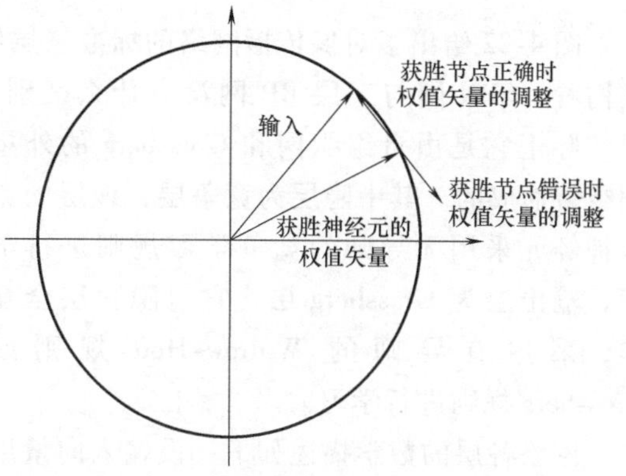

图 4-21　学习向量量化的权值调整

LVQ 网络学习算法的步骤如下：

（1）初始化　竞争层各神经元权值向量 $W_j^1(0)$，$j=1,\ 2,\ \cdots,\ m$ 赋小随机数，确定初始学习速率 $\eta(0)$ 和训练次数 t_m；

（2）输入样本向量 X；

（3）寻找获胜神经元 j^*

$$\| X-W_{j^*}^1 \| = \min_j \| X-W_j^1 \|, \quad j=1, 2, \cdots, m$$

（4）根据分类是否正确按不同规则调整获胜神经元的权值：当网络分类结果与教师信号一致，向输入样本方向调整权值

$$\boldsymbol{W}_{j^*}^1(t+1) = \boldsymbol{W}_{j^*}^1(t) + \eta(t)[\boldsymbol{X} - \boldsymbol{W}_{j^*}^1(t)] \tag{4-16}$$

否则将逆输入样本方向调整权值

$$\boldsymbol{W}_{j^*}^1(t+1) = \boldsymbol{W}_{j^*}^1(t) - \eta(t)[\boldsymbol{X} - \boldsymbol{W}_{j^*}^1(t)] \tag{4-17}$$

其他非获胜神经元的权值保持不变。

（5）更新学习速率

$$\eta(k) = \eta(0)\left(1 - \frac{t}{t_m}\right) \tag{4-18}$$

（6）当 $t<t_m$ 时，$t=t+1$，转到步骤（2）输入下一个样本，重复各步骤直到 $t=t_m$。

在上述训练过程中，需保证 $\eta(t)$ 为单调下降函数。此外，寻找获胜神经元时直接用最小欧式距离进行判断，因此不需要对权值向量和输入向量进行归一化处理。

LVQ 网络是 SOFM 网络的一种有监督形式的扩展，两者有效的结合可更好地发挥竞争学习和有监督学习的优点。

4.4 对偶传播神经网络

1987 年，美国学者 Robert Hecht-Nielsen 提出了对偶传播神经网络模型（Counter-Propagation Network，CPN），CPN 最早是用来实现样本选择匹配系统的。CPN 网能存储二进制或模拟值的模式对，因此这种网络模型也可用于联想存储、模式分类、函数逼近、统计分析和数据压缩等用途。

4.4.1 网络结构与运行原理

图 4-22 给出了对偶传播网络的标准三层结构，各层之间的神经元全互连连接。从拓扑结构看，CPN 网与三层 BP 网没有什么区别，但实际上它是由自组织网和 Grossberg 的外星网组合而成的。其中隐层为竞争层，该层的竞争神经元采用无导师的竞争学习规则进行学习，输出层为 Grossberg 层，它与隐含层全互连，采用有导师的 Widrow-Hoff 规则或 Grossberg 规则进行学习。

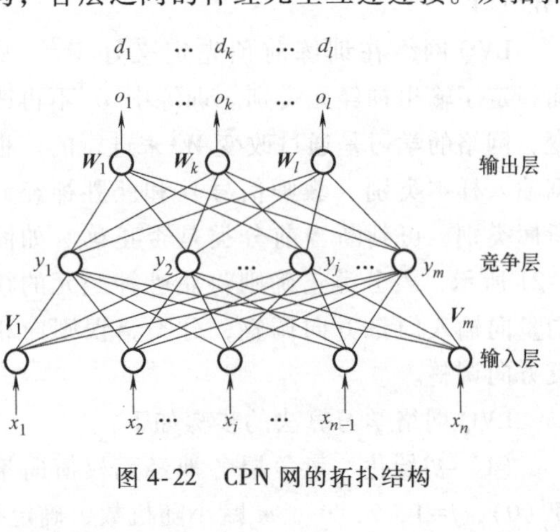

图 4-22　CPN 网的拓扑结构

网络各层的数学描述如下：设输入向量用 $\boldsymbol{X}$ 表示

$$\boldsymbol{X} = (x_1, x_2, \cdots, x_n)^{\mathrm{T}}$$

竞争结束后竞争层的输出用 $\boldsymbol{Y}$ 表示

$$\boldsymbol{Y} = (y_1, y_2, \cdots, y_m)^{\mathrm{T}}, \quad y_i \in \{0,1\}, i=1,2,\cdots,m$$

网络的输出用 O 表示

$$O=(o_1,o_2,\cdots,o_l)^{\mathrm{T}}$$

网络的期望输出用 d 表示

$$d=(d_1,d_2,\cdots,d_l)^{\mathrm{T}}$$

输入层到竞争层之间的权值矩阵用 $\boldsymbol{V}$ 表示

$$\boldsymbol{V}=(\boldsymbol{V}_1,\boldsymbol{V}_2,\cdots,\boldsymbol{V}_j,\cdots,\boldsymbol{V}_m)$$

其中列向量 $\boldsymbol{V}_j$ 为隐层第 j 个神经元对应的内星权向量。竞争层到输出层之间的权值矩阵用 $\boldsymbol{W}$ 表示

$$\boldsymbol{W}=(\boldsymbol{W}_1,\boldsymbol{W}_2,\cdots,\boldsymbol{W}_k,\cdots,\boldsymbol{W}_l)$$

其中，列向量 $\boldsymbol{W}_k$ 为输出层第 k 个神经元对应的权向量。

网络各层按两种学习规则训练好之后，运行阶段首先向网络送入输入向量，隐含层对这些输入进行竞争计算，若某个神经元的净输入值为最大则竞争获胜，成为当前输入模式类的代表，同时该神经元成为图 4-23a 所示的活跃神经元，输出值为 1；而其余神经元处于非活跃状态，输出值为 0。

竞争获胜的隐含神经元激励输出层神经元，使其产生如图 4-23b 所示的输出模式。由于竞争失败的神经元的输出值为 0，故它们在输出层神经元的净输入中没有贡献，不影响其输出值。因此输出就由竞争胜利的神经元所对应的外星向量来确定。

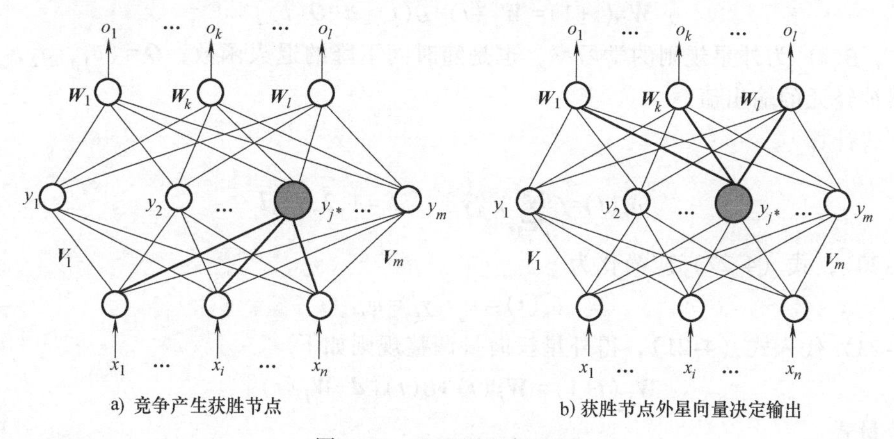

图 4-23　CNP 网运行过程

4.4.2　CPN 的学习算法

网络的学习规则由无导师学习和有导师学习组合而成，因此训练样本集中输入向量与期望输出向量应成对组成，即：$\{\boldsymbol{X}^p,\ \boldsymbol{d}^p\}$，$p=1,\ 2,\ \cdots,\ P$，$P$ 为训练集中的模式总数。

训练分为两个阶段进行，每个阶段采用一种学习规则。第一阶段用竞争学习算法对输入层至隐层的内星权向量进行训练，步骤如下：

（1）将所有内星权值随机地赋以 0~1 之间的初始值，并归一化为单位长度，得 $\hat{V}$；训练集内的所有输入模式也要进行归一化，得 $\hat{\boldsymbol{X}}$。

（2）输入一个模式 $\boldsymbol{X}^p$，计算隐层节点净输入 $\mathrm{net}_j=\hat{\boldsymbol{V}}_j^{\mathrm{T}}\hat{\boldsymbol{X}}$，$j=1,\ 2,\ \cdots,\ m$。

（3）确定竞争获胜神经元 $\mathrm{net}_{j^*}=\max\limits_{j}\{\mathrm{net}_j\}$，使 $y_{j^*}=1$，$y_j=0$，$j\neq j^*$。

（4）CPN网络的竞争算法不设优胜邻域，因此只调整获胜神经元的内星权向量，调整规则为

$$V_{j^*}(t+1)=\hat{V}_{j^*}(t)+\eta(t)[\hat{X}-\hat{V}_{j^*}(t)] \tag{4-19}$$

式中，$\eta(t)$ 为学习率，是随时间下降的退火函数。

由以上规则可知，调整的目的是使权向量不断靠近当前输入模式类，从而将该模式类的典型向量编码到获胜神经元的内星权向量中。

（5）重复步骤（2）至步骤（4）直到 $\eta(t)$ 下降至0。需要注意的是，权向量经过调整后必须重新做归一化处理。

第二阶段采用外星学习算法对隐层至输出层的外星权向量进行训练，步骤如下：

（1）输入一个模式对 X^p，d^p，计算净输入 $\mathrm{net}_j=\hat{V}_j^{\mathrm{T}}\hat{X}$，$j=1,2,\cdots,m$，其中输入层到隐层的权值矩阵保持第一阶段的训练结果。

（2）确定竞争获胜神经元 $net_{j^*}=\max\limits_{j}\{net_j\}$，使

$$y_j=\begin{cases}0 & j\neq j^*\\1 & j=j^*\end{cases} \tag{4-20}$$

（3）调整获胜神经元隐层到输出层的外星权向量，调整规则为

$$W_{j^*}(t+1)=W_{j^*}(t)+\beta(t)[d-O(t)] \tag{4-21}$$

式中，$\beta(t)$ 为外星规则的学习率，也是随时间下降的退火函数；$O=(o_1,o_2,\cdots,o_l)$ 是输出层神经元的输出值。

由下式计算

$$o_k(t)=\sum_{k=1}^{l}w_{jk}y_j \qquad k=1,2,\cdots,l \tag{4-22}$$

由式（4-20），式（4-22）应简化为

$$o_k(t)=w_{j^*k}y_{j^*}=w_{j^*k} \tag{4-23}$$

将式（4-23）代入式（4-21），得外星权向量调整规则如下

$$W_{j^*}(t+1)=W_{j^*}(t)+\beta(t)[d-W_{j^*}(t)] \tag{4-24}$$

或写为分量式

$$w_{jk}(t+1)=\begin{cases}w_{jk}(t) & j\neq j^*\\w_{jk}(t)+\beta(t)[d_k-w_{jk}(t)] & j=j^*\end{cases}$$

由以上规则可知，只有获胜神经元的外星权向量得到调整，调整的目的是使外星权向量不断靠近并等于期望输出，从而将该输出编码到外星权向量中。

（4）重复步骤（1）至步骤（3）直到 $\beta(t)$ 下降至0。

4.4.3 改进的CPN网

1. 双获胜神经元CPN网

在标准的对偶传播网络中，竞争层上只允许有一个神经元获胜。作为一种改进方案，在完成训练后的运行期间允许隐层有两个神经元同时获得竞争胜利，这两个获胜神经元均取值为1，其他的神经元则取值为0。于是两个获胜神经元同时按照式（4-23）影响网络的输出。

图4-24给出了这种情况的一个例子。其中图4-24a表示3个训练样本对，在图4-24b

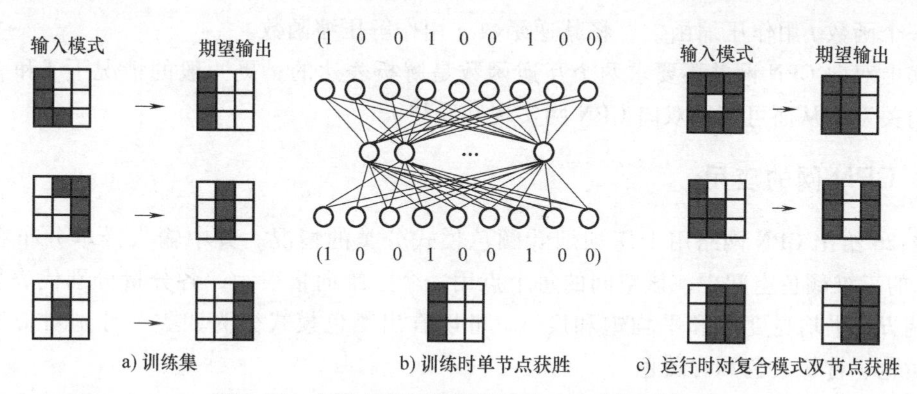

图 4-24 允许双获胜隐神经元的 CPN 网运行情况

中利用这些样本对 CPN 网进行训练。训练完成后，作为标准 CPN 网运行时，对于每个输入模式只允许有一个隐层神经元获胜，因此送入该网络一个输入模式，网络就以一个对应的输出模式来响应。但当作为改进 CPN 网运行时，对于每个输入模式允许有两个隐层神经元同时获胜，此时若给网络送入一个图 4-24c 所示的由两个训练样本线性组合而成的新模式（复合模式），那么网络的输出就是与复合输入模式中包含的样本相对应的输出模式的组合。CPN 网能对复合输入模式包含的所有训练样本对应的输出进行线性迭加，这种能力对于图像的迭加等应用是十分合适的。

2. 双向 CPN 网

将 CPN 网的输入层和输出层各自分为两组，可变换为图 4-25 的形式。该网络有两个输入向量 $\boldsymbol{X}$ 和 $\boldsymbol{Y}'$，两个与之对应的输出向量 $\boldsymbol{Y}$ 和 $\boldsymbol{X}'$。训练隐层内星权向量时，将两个输入向量作为一个输入向量处理；训练隐层的外星向量时，将两个输出向量作为一个输出向量处理。两种权向量的调整规则与标准 CPN 网完全相同。

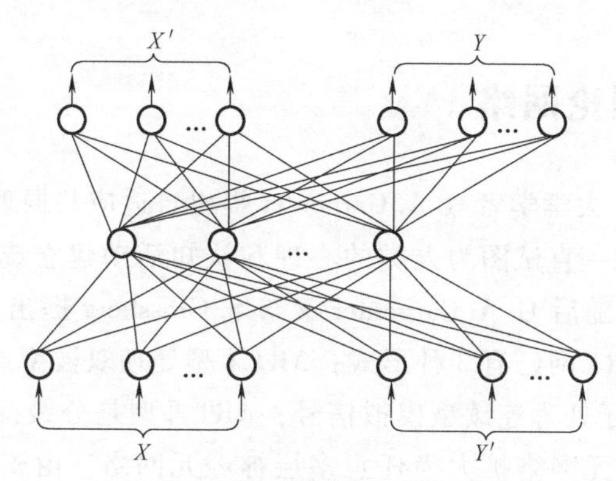

图 4-25 双向 CPN 网络拓扑结构

双向 CPN 网的优点是可以同时学习两个函数。例如

$$\boldsymbol{Y}=f(\boldsymbol{X})$$

$$\boldsymbol{X}'=g(\boldsymbol{Y}')$$

当向网络输入 $(\boldsymbol{X}, \boldsymbol{0})$ 时，网络输出为 $(\boldsymbol{Y}, \boldsymbol{0})$；当向网络输入 $(\boldsymbol{0}, \boldsymbol{Y}')$ 时，网络输出为 $(\boldsymbol{0}, \boldsymbol{X}')$，当向网络输入 $(\boldsymbol{X}, \boldsymbol{Y}')$ 时，网络输出为 $(\boldsymbol{Y}, \boldsymbol{X}')$。

当两个函数 f 和 g 互逆时，有 $\boldsymbol{X}=\boldsymbol{X}'$，$\boldsymbol{Y}=\boldsymbol{Y}'$。双向 CPN 可用于数据压缩与解压缩，可

将其中一个函数 f 用作压缩函数，将其逆函数 g 用作解压缩函数。

事实上双向 CPN 网并不要求两个互逆函数是解析表达的，更一般的情况下 f 和 g 是互逆的映射关系，从而可利用双向 CPN 网实现互联想。

4.4.4 CPN 网的应用

图 4-26 给出 CPN 网络用于烤烟烟叶颜色模式分类的情况。其中输入样本分布在图 4-26a 所示的三维颜色空间中，该空间的每个点用一个三维向量表示，各分量分别代表烟叶的平均色调 H、平均亮度 L 和平均饱和度 S。可以看出颜色模式分为四类，分别对应于红棕色、橘黄色、柠檬黄色和青黄色。

图 4-26b 给出了 CPN 网络结构，隐层共设了 10 个神经元，输出层设 4 个神经元。学习速率为随训练时间下降的函数，经过 2000 次递归之后，网络分类的正确率达 96%。

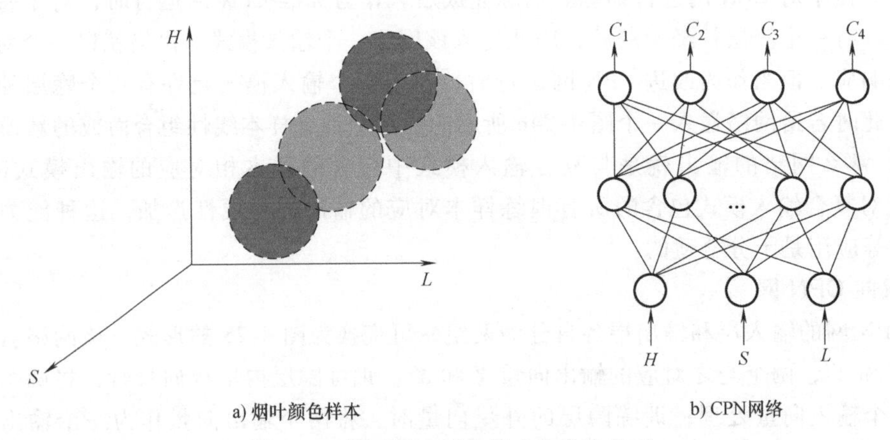

a) 烟叶颜色样本　　b) CPN网络

图 4-26　用于烟叶颜色模式分类的 CPN

4.5 自适应共振理论网络

1976 年，美国 Boston 大学学者 G. A. Carpenter 提出自适应共振理论（Adaptive Resonance Theory，ART），他多年来一直试图为人类的心理和认知活动建立统一的数学理论，ART 就是这一理论的核心部分。随后 G. A. Carpenter 又与 S. Grossberg 提出了 ART 网络。经过了多年的研究和不断发展，ART 网已有 3 种形式：ARTⅠ型处理双极型或二进制信号；ARTⅡ型是 ARTl 的扩展形式，用于处理连续型模拟信号；ARTⅢ型是分级搜索模型，它兼容前两种结构的功能并将两层神经元网络扩大为任意多层神经元网络。由于 ARTⅢ型在神经元的运行模型中纳入了生物神经元的生物电—化学反应机制，因而具备了很强的功能和可扩展能力。

前面介绍的神经网络根据学习方式可分为有导师学习和无导师学习两类。对于有导师学习网络，通过对网络反复输入样本模式使其达到稳定记忆后，如果再加入新的样本继续训练，前面的训练结果就会受到影响。对于无导师学习网络，输入新数据将会对某种聚类典型向量进行修改，这种修改意味着对新知识的学习会带来对旧知识的忘却。事实上，许多无导师学习网络的权值调整式中都包含了对数据的学习项和对旧数据的忘却项，通过控制其中的学习系数和遗忘系数的大小来达到某种折中。但是，如何确定这些系数的相对大小，目前尚未有一般方法。因此，无论是有导师学习还是无导师学习，由于给定网络的规模是确定的，因而由 **W** 矩阵所能记忆的模式类别信息总是有限的，新输入的模式样本必然会对已经记忆的模式样本产生抵消或遗忘，从而使网络的分类性能受影响。靠无限扩大网络规模解决上述问题是不现实的。

如何保证在适当增加网络规模的同时，在过去记忆的模式和新输入的训练模式之间做出某种折中，既能最大限度地接收新的模式信息（灵活性），同时又能保证较少地影响过去的模式样本（稳定性）呢？ART 网较好地解决了稳定性和灵活性兼顾的问题。

ART 网络及算法在适应新的输入模式方面具有较大的灵活性，同时能够避免对网络先前所学模式的修改。解决这一两难问题的思路是，当网络接收来自环境的输入时，按预先设计的参考门限检查该输入模式与所有存储模式类典型向量之间的匹配程度以确定相似度。对相似度超过参考门限的所有模式类，选择最相似的作为该模式的代表类，并调整与该类别相关的权值，以使以后与该模式相似的输入再与该模式匹配时能得到更大的相似度。若相似度都不超过参考门限，就需要在网络中设立一个新的模式类，同时建立与该模式类相连的权值，用以代表和存储该模式以及后来输入的所有同类模式。

4.5.1　ART Ⅰ型网络

1. 网络系统结构

从图 4-27 给出的 ART 模型结构可以看出，该模型的结构与前面出现过的网络拓扑结构有较大区别。ART Ⅰ型网络由两层神经元构成两个子系统，分别称为比较层 C（或称注意子系统）和识别层 R（或称取向子系统）。此外还有 3 种控制信号：复位信号（Reset），逻辑控制信号 G_1 和 G_2。下面对图 4-27 中各部分功能做一介绍。

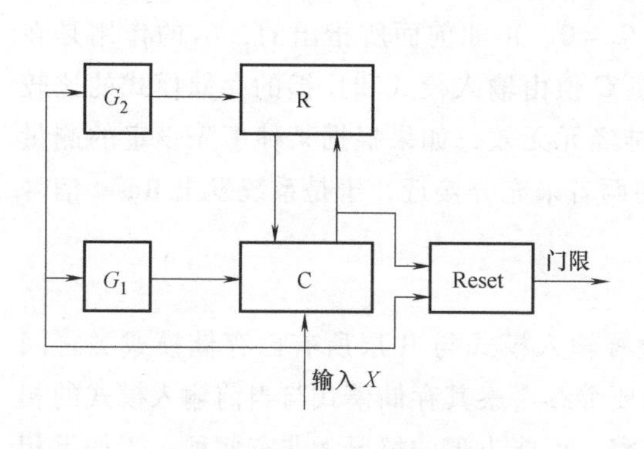

图 4-27　ART Ⅰ型网络结构

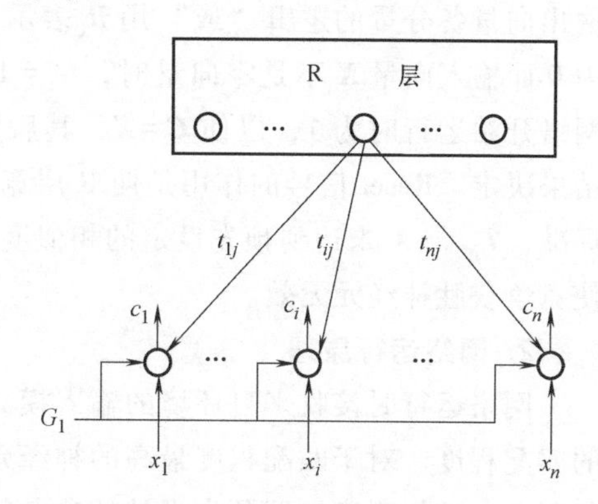

图 4-28　比较层结构示意

（1）C 层结构　C 层展开后的结构如图 4-28 所示，该层有 n 个神经元，每个神经元接收来自 3 个方面的信号：一个是来自外界的输入信号 x_i，另一个是来自 R 层获胜神经元的外星向量 T_{j^*} 的返回信号 t_{ij^*}，还有一个是来自 G_1 的控制信号。C 层神经元的输出是根据 2/3 的"多数表决"原则产生的，即输出值 c_i 与 x_i、t_{ij^*}、G_1 3 个信号中的多数信号值相同。

网络开始运行时，$G_1=1$，识别层尚未产生竞争获胜神经元，因此反馈回送信号为 0。由 2/3 规则知，C 层输出应由输入信号决定，有 $\boldsymbol{C}=\boldsymbol{X}$。当网络识别层出现反馈回送信号时，

$G_1=0$，由 2/3 规则，C 层输出应取决于输入信号与反馈信号的比较情况，如果 $x_i=t_{ij^*}$，则 $c_i=x_i$。否则 $c_i=0$。可以看出，控制信号 G_1的作用是使比较层能够区分网络运行的不同阶段，网络开始运行阶段 G_1的作用是使 C 层对输入信号直接输出；之后 G_1的作用是使 C 层行使比较功能，此时 c_i为对 x_i和 t_{ij^*}的比较信号，两者同时为 1 时 c_i为 1，否则为 0，可以看出，从 R 层返回的信号 t_{ij^*}对 C 层输出有调节作用。

(2) R 层结构　R 层展开后的结构如图 4-29所示，其功能相当于一种前馈竞争网。设 R 层有 m 个神经元，用以表示 m 个输入模式类。m 可动态增长，以设立新模式类。由 C 层向上连接到 R 第 j 个神经元的内星权向量用$\boldsymbol{B}_j=(b_{1j}, b_{2j}, \cdots, b_{nj})$ 表示。C 层的输出向量 $\boldsymbol{C}$ 沿 m 个内星权向量 $\boldsymbol{B}_j$ $(j=1, 2, \cdots, m)$ 向前传送，到达 R 层各个神经元后经过竞争再产生获胜神经元 j^*，指示本次输入模式的所属类别。获胜神经元输出 $r_{j^*}=1$，其余神经元输出为 0。R 层的每个神经元都对应两个权向量，一个是将 C 层前馈信号汇聚到 R 层的内星权向量 $\boldsymbol{B}_j$，另一个是将 R 层反馈信号散发到 C 层的外星权向量 $\boldsymbol{T}_j$，该向量为对应于 R 层各神经元的存储模式类。

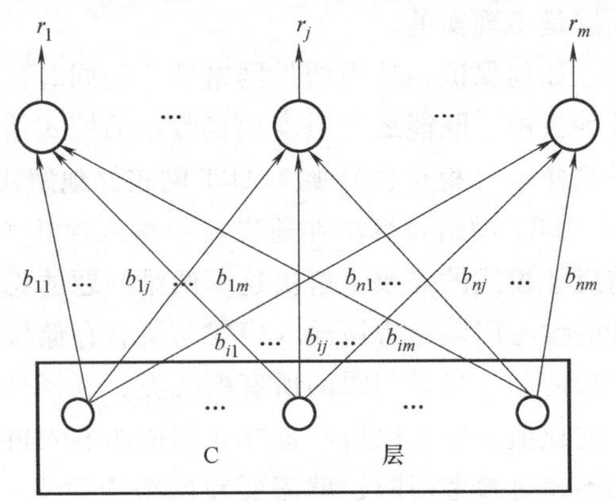

图 4-29　识别层结构示意

(3) 控制信号　3 个控制信号的作用分别是：信号 G_2检测输入模式 $\boldsymbol{X}$ 是否为 0，它等于 $\boldsymbol{X}$ 各分量的逻辑 "或"，如果 x_i $(i=1, 2, \cdots, n)$ 全为 0，则 $G_2=0$，否则 $G_2=1$。设 R 层输出向量各分量的逻辑 "或" 用 R_0表示，则信号 $G_1=G_2\bar{R}_0$，当 R 层输出向量 $\boldsymbol{R}$ 的各分量全为 0 而输入向量 $\boldsymbol{X}$ 不是零向量时，$G_1=1$，否则 $G_1=0$。正如前面所指出的，G_1的作用是在网络开始运行时为 1，以使 $\boldsymbol{C}=\boldsymbol{X}$，其后为 0 以使 $\boldsymbol{C}$ 值由输入模式和反馈的存储模式的比较结果决定。Reset 信号的作用是使 R 层竞争获胜神经元无效，如果根据某种事先设定的测量标准，$\boldsymbol{T}_{j^*}$与 $\boldsymbol{X}$ 未达到预先设定的相似度 ρ，表明两者未充分接近，于是系统发出 Reset 信号使竞争获胜神经元无效。

2. 网络运行原理

网络运行时接收来自环境的输入模式，并检查输入模式与 R 层所有已存储模式类之间的匹配程度。对于匹配程度最高的神经元，网络要继续考察其存储模式与当前输入模式的相似程度。相似程度按照预先设计的参考门限来考察，可能出现的情况无非有两种：①如果相似度超过参考门限，将当前输入模式归为该类。权值调整规则是，相似度超过参考门限的获胜神经元调整其相应的内外星权向量，以使其以后遇到与当前输入模式接近的样本时能得到更大的相似度；对其他权值向量则不做任何变动。②如果相似度不超过门限值，则对 R 层匹配程度次高的神经元所代表的模式类进行相似程度考察，若超过参考门限网络的运行回到情况①，否则仍然回到情况②。可以想到，运行反复回到情况②意味着最终已存储的所有模式类与当前输入模式的相似度都没有超过参考门限，此时需在网络输出端设立一个代表新模式类的神经元，用以代表及存储该模式，以便于参加以后的匹配过程。网络对所接收的每个新输入样本，都进行上面的运行过程。对于每一个输入模式，网络运行过程可归纳为四个阶段：

（1）匹配阶段　网络在没有输入模式之前处于等待状态，此时输入端 $\boldsymbol{X}=0$，因此信号 $G_2=0$，$R_0=0$。当输入不全为 0 的模式 $\boldsymbol{X}$ 时，$G_2=1$，$R_0=0$，使得 $G_1=G_2\bar{R}_0=1$。G_1 为 1 时允许输入模式直接从 C 层输出，并向前传至 R 层，与 R 层神经元对应的所有内星向量 $\boldsymbol{B}_j$ 进行匹配计算：

$$net_j=\boldsymbol{B}_j^{\mathrm{T}}\boldsymbol{X}=\sum_{i=1}^{n}b_{ij}x_i \qquad j=1,2,\cdots,m \tag{4-25}$$

选择具有最大匹配度（即具有最大点积）的竞争获胜神经元：$net_{j^*}=\max\limits_{j}\{net_j\}$，使获胜神经元输出 $r_{j^*}=1$，其他神经元输出为 0。

（2）比较阶段　R 层输出信息通过外星向量返回到 C 层。$r_{j^*}=1$ 使 R 层获胜神经元所连的外星权向量 $\boldsymbol{T}_{j^*}$ 激活，从神经元 j^* 发出的 n 个权值信号 t_{ij^*} 返回到 C 层的 n 个神经元。此时，R 层输出不全为零，$R_0=1$，而 $G_1=G_2\bar{R}_0=0$，所以 C 层最新输出状态 $\boldsymbol{C}'$ 取决于由 R 层返回的外星权向量 $\boldsymbol{T}_{j^*}$ 和网络输入模式 $\boldsymbol{X}$ 的比较结果，即 $c_i=t_{ij^*}x_i$，$i=1,2,\cdots,n$。由于外星权向量 $\boldsymbol{T}_{j^*}$ 是 R 层模式类的典型向量，该比较结果 $\boldsymbol{C}'$ 反映了在匹配阶段 R 层竞争排名第一的模式类的典型向量 $\boldsymbol{T}_{j^*}$ 与当前输入模式 $\boldsymbol{X}$ 的相似程度。相似程度的大小可用相似度 N_0 反映，定义为

$$N_0=\boldsymbol{X}^{\mathrm{T}}t_{j^*}=\sum_{i=1}^{n}t_{ij^*}x_i=\sum_{i=1}^{n}c_i \tag{4-26}$$

因为输入 x_i 为二进制数 0 或 1，N_0 实际上表示获胜神经元的类别模式典型向量与输入模式样本相同分量同时为 1 的次数。设输入模式样本中的非零分量数为

$$N_1=\sum_{i=1}^{n}x_i \tag{4-27}$$

用于比较的警戒门限为 ρ，在 0~1 范围取值。检查输入模式与模式类典型向量之间的相似性是否低于警戒门限，如果有

$$N_0/N_1<\rho$$

则 $\boldsymbol{X}$ 与 T_{j^*} 的相似程度不满足要求，网络发出 Reset 信号使第一阶段的匹配失败，竞争获胜神经元无效，网络进入搜索阶段。如果有

$$N_0/N_1>\rho$$

表明 $\boldsymbol{X}$ 与获胜神经元对应的类别模式非常接近，称 $\boldsymbol{X}$ 与 $\boldsymbol{T}_{j^*}$ 发生“共振”，第一阶段的匹配结果有效，网络进入学习阶段。

（3）搜索阶段　网络发出 Reset 重置信号后即进入搜索阶段，重置信号的作用是使前面通过竞争获胜的神经元受到抑制，并且在后续过程中受到持续的抑制，直到输入一个新的模式为止。由于 R 层中的竞争获胜的神经元被抑制，从而再度出现 $R_0=0$，$G_1=1$，因此网络又重新回到起始的匹配状态。由于上次获胜的神经元受到持续的抑制，此次获胜的必然是上次匹配程度排在第二的神经元。然后进入比较阶段，将该神经元对应的外星权向量 $\boldsymbol{t}_{j^*}$ 与输入模式进行相似度计算。如果对 R 层所有的模式类，在比较阶段的相似度检查中相似度都不能满足要求，说明当前输入模式无类可归，需要在网络输出层增加一个神经元来代表并存

储该模式类，为此将其内星向量$\boldsymbol{B}_{j^*}$设计成当前输入模式向量，外星向量$\boldsymbol{T}_{j^*}$各分量全设为1。

（4）学习阶段　在学习阶段要对发生共振的获胜神经元对应的模式类加强学习，使以后出现与该模式相似的输入样本时能获得更大的共振。

ART网络运行中存在两种记忆方式，C层和R层输出信号称为短期记忆，用STM（Short Time Memory）表示，短期记忆在运行过程中会不断发生变化；两层之间的内外星权向量称为长期记忆，用LTM（Long Time Memory）表示，长期记忆在运行过程中不会变化。下面对两种记忆形式进行分析：

C层输出信号是按照2/3原则取值的，在网络开始运行时，C层输出$\boldsymbol{C}$与输入模式$\boldsymbol{X}$相等，因而$\boldsymbol{C}$是对输入模式$\boldsymbol{X}$的记忆。当R层返回信号$\boldsymbol{T}_{j^*}$到达C层时，输出$\boldsymbol{C}$立刻失去对$\boldsymbol{X}$的记忆而变成对$\boldsymbol{T}_{j^*}$和$\boldsymbol{X}$的比较信号。R层输出信号是按照胜者为王原则取值的，获胜神经元代表的模式类是对输入模式的类别记忆。但当重置信号Reset作用于R层时，原获胜神经元无效，因此原记忆也消失。由此可见，$\boldsymbol{C}$和$\boldsymbol{R}$对输入模式$\boldsymbol{X}$的记忆时间非常短暂，因此称为短期记忆。

权向量$\boldsymbol{T}_{j^*}$和$\boldsymbol{B}_{j^*}$在运行过程中不会发生变化，只在学习阶段进行调整以进一步加强记忆。经过学习后，对样本的记忆将留在两组权向量中，即使输入样本改变，权值依然不变，因此称为长期记忆。当以后输入的样本类似已经记忆的样本时，这两组长期记忆将R层输出回忆到记忆样本的状态。

3. 网络学习算法

ARTⅠ型网络可以用学习算法实现，也可以用硬件实现。学习算法从软件角度体现了网络的运行机制，与图4-27中带有硬件特色的系统结构并不一一对应，例如，学习算法中没有显式表现三个控制信号的作用。训练可按以下步骤进行：

（1）网络初始化　从C层上行到R层的内星权向量$\boldsymbol{B}_j$赋予相同的较小数值，如

$$b_{ij}(0)=\frac{1}{1+n}\qquad \begin{array}{l} i=1,2,\cdots,n \\ j=1,2,\cdots,m \end{array} \tag{4-28}$$

从R层下行到C层的外星权向量$\boldsymbol{T}_j$各分量均赋1

$$t_{ij}=1\qquad \begin{array}{l} i=1,2,\cdots,n \\ j=1,2,\cdots,m \end{array} \tag{4-29}$$

初始权值对整个算法影响重大，内星权向量按式（4-28）设置，可保证输入向量能够收敛到其应属类别而不会轻易动用未使用的神经元。外星权向量按式（4-29）设置，可保证对模式进行相似性测量时能正确计算其相似性。

相似性测量的警戒门限ρ设为0~1之间的数，它表示两个模式相距多近才认为是相似的，因此其大小直接影响到分类精度。

（2）网络接收输入　给定一个输入模式，$\boldsymbol{X}=(x_1, x_2, \cdots, x_n)$，$x_i \in (0, 1)^n$。

（3）匹配度计算　对R层所有内星向量$\boldsymbol{B}_j$计算与输入模式$\boldsymbol{X}$的匹配度：$\boldsymbol{B}_j^{\mathrm{T}}\boldsymbol{X}=\sum_{i=1}^{n} b_{ij} x_i$，$j=1, 2, \cdots, m$。

（4）选择最佳匹配神经元　在R层有效输出神经元集合$\boldsymbol{J}^*$内选择竞争获胜的最佳匹配神经元j^*，使得

$$r_j=\begin{cases}1 & j=j^*\\0 & j\neq j^*\end{cases}$$

（5）相似度计算　R层获胜神经元 j^* 通过外星送回存储模式类的典型向量 $\boldsymbol{T}_{j^*}$，C层输出信号给出对向量 $\boldsymbol{T}_{j^*}$ 和 $\boldsymbol{X}$ 的比较结果 $c_i=t_{ij^*}x_i$，$i=1,2,\cdots,n$，由此结果可计算出两向量的相似度为

$$N_0=\sum_{i=1}^{n}c_i,\ N_1=\sum_{i=1}^{n}x_i$$

（6）警戒门限检验　如果 $N_0/N_1<\rho$，表明 $\boldsymbol{X}$ 与 T_{j^*} 的相似程度不满足要求，本次竞争获胜神经元无效，因此从R层有效输出神经元集合 $\boldsymbol{J}^*$ 中取消该神经元并使 $r_{j^*}=0$，训练转入步骤（7）；如果 $N_0/N_1>\rho$，表明 $\boldsymbol{X}$ 应归为 T_{j^*} 代表的模式类，转向步骤（8）调整权值。

（7）搜索匹配模式类　如果有效输出神经元集合 $\boldsymbol{J}^*$ 不为空，转向步骤（4）重选匹配模式类；若 $\boldsymbol{J}^*$ 为空集，表明R层现存的所有模式类均与 $\boldsymbol{X}$ 不相似，$\boldsymbol{X}$ 无类可归，需在R层增加一个神经元。设新增神经元的序号为 n_c，应使 $\boldsymbol{B}_{n_c}=\boldsymbol{X}$，$t_{in_c}=1$，$i=1,2,\cdots,n$，此时有效输出神经元集合为 $\boldsymbol{J}^*=\{1,2,\cdots,m,m+1,\cdots,m+n_c\}$，转向步骤（2）输入新模式。

（8）调整网络权值　修改R层神经元 j^* 对应的权向量，网络的学习采用了两种规则，外星向量的调整按以下规则：

$$t_{ij^*}(t+1)=t_{ij^*}(t)x_i\quad i=1,2,\cdots,n;j^*\in\boldsymbol{J}^* \tag{4-30}$$

外星向量为对应模式类的典型向量或称聚类中心。内星向量的调整按以下规则：

$$b_{ij^*}(t+1)=\frac{t_{ij^*}(t)x_i}{0.5+\sum_{i=1}^{n}t_{ij^*}(t)x_i}=\frac{t_{ij^*}(t+1)}{0.5+\sum_{i=1}^{n}t_{ij^*}(t+1)}\quad i=1,2,\cdots,n \tag{4-31}$$

可以看出，如果不计分母中的常数0.5，式（4-31）相当于对外星权向量的归一化。

ART网络的特点是非离线学习，即不是对输入集样本反复训练后才开始运行，而是边学习边运行的实时方式。每个输出神经元可以看成一类相近样本的代表，每次最多只有一个输出神经元为1。当输入样本距某一个内星权向量较近时，代表它的输出神经元才响应。通过调整警戒门限的大小可调整模式的类数，ρ 小，模式的类别少，ρ 大则模式的类别多。

用硬件实现ARTⅠ模型时，C层和R层的神经元都用电路来实现，作为长期记忆的权值用CMOS电路完成，具体电路可参考有关资料。

4. ARTⅠ型网络的应用

例4-4　模式分类。

1987年Carpener和Grossberg提出ARTⅠ型网络时用到一个例子如图4-30所示。对图中给出的4种模式进行分类，输入模式 $\boldsymbol{X}$ 的维数为 $n=25$，4个待分类模式最多可能分成4类，故取 $m=4$。$\boldsymbol{X}\in\{0,1\}^{25}$，用1代表输入模式中的黑色，0代表白色，则4个输入模式向量为：

$$X^{A}=(1,0,0,0,0,0,1,0,0,0,0,0,1,0,0,0,0,0,1,0,0,0,0,0,1)^{T}$$
$$X^{B}=(1,0,0,0,1,0,1,0,1,0,0,0,1,0,0,0,1,0,1,0,1,0,0,0,1)^{T}$$
$$X^{C}=(1,0,0,0,1,0,1,0,1,0,1,1,1,1,1,0,1,0,1,0,1,0,0,0,1)^{T}$$
$$X^{D}=(1,0,0,0,1,1,1,0,1,1,1,1,1,1,1,1,1,0,1,1,1,0,0,0,1)^{T}$$

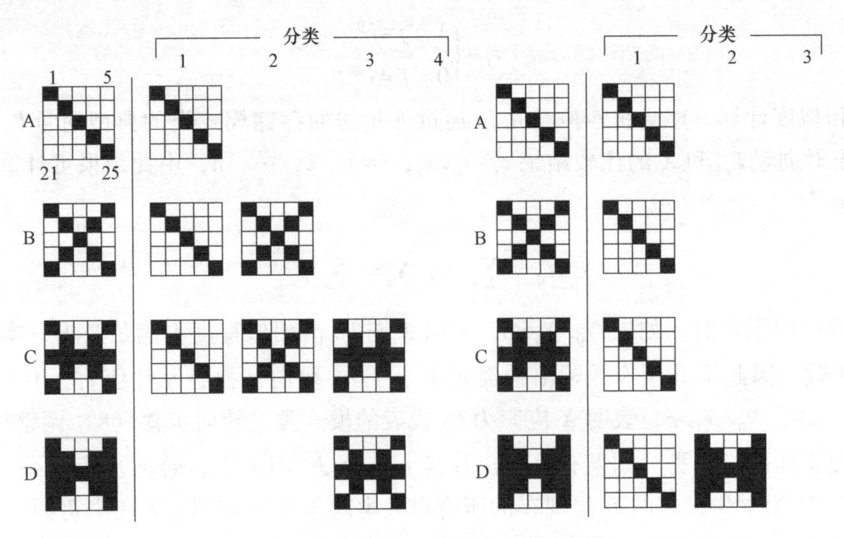

图 4-30 ART Ⅰ型网络用于模式分类

设$\rho=0.7$，取初始权值 $b_{ij}=1/(1+n)=1/26$，$t_{ij}=1$。

第 1 步：当输入模式 $\boldsymbol{X}^{A}$时，将 R 层的 4 个神经元中输出最大的一个命名为神经元 1，有 $j^{*}=1$。由于初始化后 $t_{ij}=1$，所以相似度 $N_0/N_1=1$，大于警戒门限ρ，故第一个模式被命名为第一类模式。按式（4-30）修改神经元 1 的内星权向量，得 $\boldsymbol{T}_1=(1,0,0,0,0,0,1,0,0,0,0,0,1,0,0,0,0,0,1,0,0,0,0,0,1)^{T}$，按式（4-31）修改神经元 1 的外星权向量，得 $b_{1,1}=b_{7,1}=b_{13,1}=b_{19,1}=b_{25,1}=2/11$，其余仍为初始值 1/26。对比输入模式 $\boldsymbol{X}^{A}$，可以看出，以上调整结果将模式 $\boldsymbol{X}^{A}$存储在神经元 1 的内外星权向量中。

第 2 步：当输入模式 $\boldsymbol{X}^{B}$时，R 层只有一个已存储模式，故不存在类别归属的竞争，只需判断该模式与已存储模式 $\boldsymbol{T}_1=\boldsymbol{X}^{A}$的相似度，得 $N_0/N_1=5/9<0.7$。从相似度可以看出，模式 $\boldsymbol{X}^{B}$有 9 个黑方格，而 $\boldsymbol{X}^{A}$与 $\boldsymbol{X}^{B}$只有 5 个黑方格完全重合，故相似度检验不合格。由于 R 层已没有其他已存储模式类可供选择，需动用一个新神经元，命名为神经元 2，用以代表新模式 $\boldsymbol{X}^{B}$。神经元 2 的外星权向量为 $\boldsymbol{T}_2=\boldsymbol{X}^{B}$，内星权向量为 $b_{1,2}=b_{5,2}=b_{7,2}=b_{9,2}=b_{13,2}=b_{17,2}=b_{19,2}=b_{21,2}=b_{25,2}=2/19$，其余分量均为初始值。

第 3 步：输入模式 $\boldsymbol{X}^{C}$时，神经元 1 和神经元 2 进行竞争，神经元 1 的净输入为 1.217，神经元 2 净输入为 1.101，所以神经元 1 获胜。计算 $\boldsymbol{T}_1$与 $\boldsymbol{X}$ 的相似度，得 $N_0/N_1=5/13<\rho=0.7$。其中分子表明模式 $\boldsymbol{X}^{C}$与记忆了模式 $\boldsymbol{X}^{A}$的权向量 $\boldsymbol{T}_1$只有 5 个黑色方格重合，而分子表明模式 $\boldsymbol{X}^{C}$中共有 13 个黑色方格，因此两个模式的相似度较低，不能将模式 $\boldsymbol{X}^{C}$归为模式 $\boldsymbol{X}^{A}$类。神经元 1 失效后，网络应在其余的存储模式类神经元中搜索，对于本例，只能取神经元 2 作为获胜神经元。于是计算 $\boldsymbol{X}^{C}$与代表 $\boldsymbol{X}^{B}$的 $\boldsymbol{T}_2\boldsymbol{X}$ 的相似度，得 $N_0/N_1=9/13<0.7$。该结果仍不能满足要求，只能把模式 $\boldsymbol{X}^{C}$视为第 3 类模式。并按式（4-31）和式（4-30）修改神经元 3 的内外星权向量。

第 4 步：输入模式 $\boldsymbol{X}^{D}$后，神经元 1、神经元 2 和神经元 3 参加竞争，结果是神经元 3 获胜，计算模式 $\boldsymbol{X}^{D}$与 $\boldsymbol{X}^{C}$的相似度，得 $N_0/N_1=13/17=0.765>0.7$，于是 $\boldsymbol{X}^{D}$归入已存储的 $\boldsymbol{X}^{C}$类，并按式（4-31）和式（4-30）修改神经元 3 的内外星权向量。

ART Ⅰ型网完成对4个模式的分类及存储之后，运行时当向网络输入这4个模式中的任一模式时，R层中代表该模式类的神经元输出将最大。

需要指出的是：若提高相似度的警戒门限值ρ，取$\rho \geqslant 0.8$，则上述4个模式便不得不分成4类；若取$\rho=0.3$，则如图4-30b所示，4个模式被分成两类，A、B和C被归入第1类，D被归入第2类；而取$\rho=0.2$时，则4个模式均属于同一类。由此不难看出，ρ值的选择对分类过程的影响很大。ρ值过大，大部分待分类的模式与已存储的类别模式的相似度测试均难以通过，只好不断地存储新的类别模式，导致分类剧增。反之，若ρ值太小，则不同的模式均划为同一类别，已存储的类别模式频繁地做较大幅度的修改，致使该类模式的特征很不明显。目前尚无有效的理论来指导ρ值的选择。一种可行的解决途径是自适应调整ρ值，即随机地给出一个ρ值，将分类结果作为反馈信号来调整ρ值，直至得到合适的分类数为止。

在无噪声情况下，ART Ⅰ在训练与运行两方面均有很好的性能。它对单极性二进制输入向量的分类是稳定可靠的。但是，只要训练模式中稍有噪声，就会引起问题。

例4-5　带噪声模式分类。

设有图4-31所示的4个无噪声字符A、B、C、D，用单极性二进制描述，每字符为5×5点阵。

首先用4个模式训练网络，当ρ值较大(0.85~0.95)时，4个模式被分成4类。此后，若将图4-31中的5号样本即带有噪声的模式A输入网络，由表4-5可以看出，只有当$\rho \leqslant 0.85$时才能被划入模式A类，否则被视为第5类模式。当把6号样本即另一个带噪声的字符A输入网络时，如果$\rho=0.85$，则该输入归为第5类(第一个带噪声的字符A)，如果$\rho \geqslant 0.9$，则视为第6类。

第7、8个样本都是带噪声的模式B，其分类情况与上述相似。如果$\rho=0.85$，样本7归入模式2类，样本8归入模式6类；当$\rho=0.9$时，均视为第7类；而$\rho=0.95$时，则分别视为新建的第7类和第8类。在不同ρ值下，其他带噪声样本的分类情况也列入表4-5中。

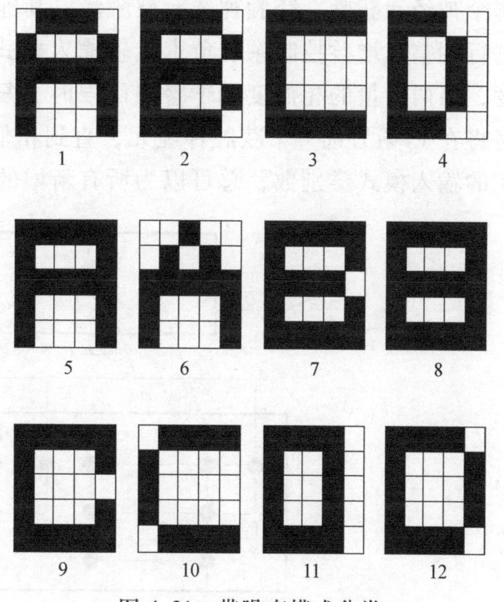

图4-31　带噪声模式分类

表4-5　不同ρ值时网络对带噪声模式的分类结果

样本序号	期望分类结果	实际分类结果		
		$\rho=0.95$	$\rho=0.90$	$\rho=0.85$
1	1	1	1	1
2	2	2	2	2
3	3	3	3	3
4	4	4	4	4
5	1	5	5	1
6	1	6	6	5
7	2	7	7	2
8	2	8	7	6
9	3	7	7	3
10	3	3	3	3
11	4	9	8	4
12	4	8	7	4

4.5.2 ARTⅡ型网络

ARTⅡ神经网络不仅能对双极性或二进制输入模式分类，而且能够对模拟输入模式的任意序列进行自组织分类，其基本设计思想仍然是采用竞争学习策略和自稳机制。

1. 网络结构与运行原理

ARTⅡ结构如图 4-32 所示，图 4-33 中给出第 i 个处理单元的拓扑连接。ARTⅡ由注意子系统和取向子系统组成。注意子系统中包括短期记忆 STM 特征表示场 F_1 和短期记忆类别表示场 F_2。F_1 相当于 ARTⅠ中的比较层，包括几个处理级和增益控制系统。F_2 相当于 ARTⅠ中的识别层，负责对当前输入模式进行竞争匹配。F_1 和 F_2 共有 N 个神经元，其中 F_1 场有 M 个，F_2 场有 $N-M$ 个，共同构成了 N 维状态向量代表网络的短期记忆。F_1 和 F_2 之间的内外星连接权向量构成了网络的自适应长期记忆 LTM，由下至上的权值用 z_{ij} 表示，由上至下的权值用 z_{ji} 表示。取向子系统由图 4-33 左侧的复位系统组成。

F_1 场的 M 个神经元从外界接收输入模式 $\boldsymbol{X}$，经场内的特征增强与噪声抑制等处理后通过由下至上的权值 z_{ij} 送到 F_2 场。F_2 场的 $N-M$ 个神经元接收 F_1 场上传的信号，经过竞争确定哪个神经元获胜，获胜神经元被激活，其他则均被抑制。与激活神经元相连的内外星权向量进行调整。增益控制系统负责比较输入模式与 F_2 场激活神经元的外星权向量之间的相似程度，当两向量的相似度低于警戒门限时，复位子系统发出信号抑制 F_2 场的激活神经元。网络将在 F_2 场另选一个获胜神经元，直到相似度满足要求。如果 F_2 场的神经元数 N-M 大于可能的输入模式类别数，总可以为所有新增的模式类分配一个代表神经元。

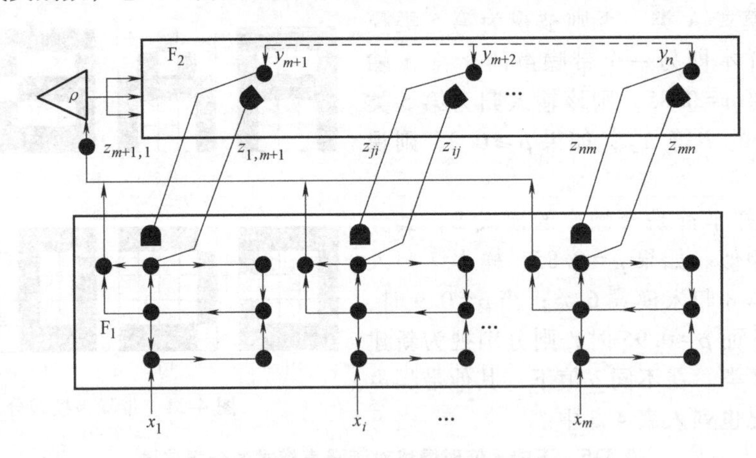

图 4-32　ARTⅡ型神经网络

结合图 4-32 和以上分析看出，ARTⅡ型网中有两种存储机制、两种连接权和两种抑制信号。两种存储机制是指：①长期记忆——F_1 与 F_2 之间的权值；②短期记忆——F_1 与 F_2 中的神经元状态。两种连接权是指：① $F_1 \rightarrow F_2$ 的内星权，决定 F_2 中哪个神经元获胜；② $F_1 \leftarrow F_2$ 的外星权，用作 F_1 输入模式的类别编码。两种抑制信号是指：① F_1 场神经元的抑制信号，来自增益控制子系统；② F_2 场神经元的抑制信号，来自复位子系统。

从以上分析可知，ARTⅡ与 ARTⅠ的原理类似，主要区别是 ARTⅡ的比较层 F_1 场的结构与功能更为复杂一些。

2. 网络的数学模型与学习算法

(1) 特征表示场 F_1 数学模型　特征表示场 F_1 由三层神经元构成，底层接收来自外界的输入，顶层接收来自 F_2 的外星反馈输入，在中间层对这两种输入进行相应的转换、比较并保存结果，将输出返回顶层神经元及底层神经元。

输入模式 $\boldsymbol{X}$ 是一个 M 维模拟向量，表示为

$$\boldsymbol{X}=(x_1,\ x_2,\ \cdots,\ x_M)$$

在 F_1 中有相应的 M 个处理单元，每个单元都包括上、中、下三层，每层都包含有两种不同功能的神经元，一种用小空心圆表示，另一种用大实心圆表示，它们的功能分别为：

① 空心圆神经元　每个空心圆代表的神经元有两种输入激励，一种是兴奋激励，代表指向神经元的特定模式；一种是抑制激励，代表增益控制输入。设神经元 i 的输出用 V_i 表示，所有兴奋激励的总和为 J_i^+，所有抑制激励的总和为 J_i^-，则 F_1 的 STM 方程为

$$\varepsilon\frac{\mathrm{d}V_i}{\mathrm{d}t}=-AV_i+(1-BV_i)J_i^{\ +}-(C+DV_i)J_i^{\ -}\quad i=1,2,\cdots,M \tag{4-32}$$

式中，ε 和 A 都是远小于 1 的正实数，且 $\varepsilon<A$，$B<1$，$C<D$，D 接近于 1。如果 $B=C=0$，且 $\varepsilon\to 0$，上式可简化为

$$V_i=J_i^{\ +}/(A+DJ_i^{\ -})\qquad i=1,2,\cdots,M \tag{4-33}$$

② 实心圆神经元　实心圆神经元的功能是求输入向量的模。在图 4-33 中，F_1 的底层和中层构成一个闭合的正反馈回路，其中标记为 z_1 的神经元接收输入信号 x_i，而标记为 v_i 的神经元接收上层送来的信号 $bf(s_i)$。这个回路中还包括两次规格化运算和一次非线性变换，其中底层输入方程和规格化运算为

$$\begin{aligned}z_i&=x_i+au_i\\ q_i&=z_i/(e+\|\boldsymbol{Z}\|)\end{aligned} \tag{4-34}$$

式中，e 为很小的正实数，相对于 $\|\boldsymbol{Z}\|$ 可以忽略不计。

中层输入方程和规格化运算为

$$\begin{aligned}v_i&=f(q_i)+bf(s_i)\\ u_i&=v_i/(e+\|\boldsymbol{V}\|)\end{aligned} \tag{4-35}$$

式中，e 为很小的正实数，相对于 $\|\boldsymbol{V}\|$ 可以忽略不计。

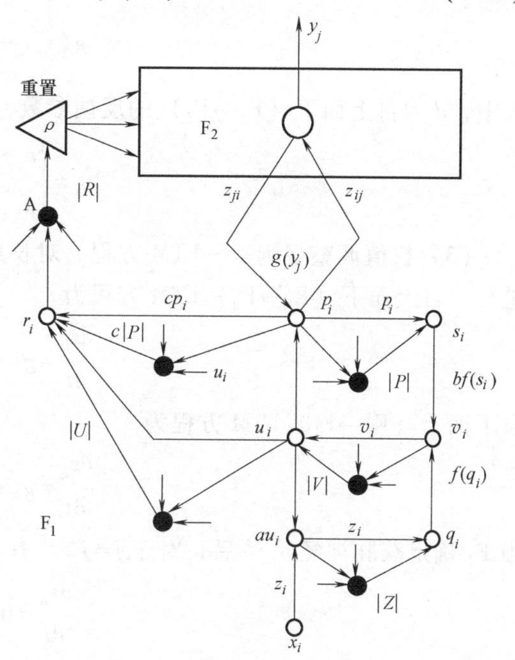

图 4-33　ARTⅡ型网络拓扑示意图

底层至中层和中层至上层之间的非线性变换函数 $f(x)$ 可以采用如下两种形式：

$$f(x)=\begin{cases}2\theta x^2/(x^2+\theta^2) & 0\leqslant x<\theta\\ x & x\geqslant\theta\end{cases} \tag{4-36}$$

$$f(x)=\begin{cases}0 & 0\leqslant x<\theta\\ x & x\geqslant\theta\end{cases} \tag{4-37}$$

式中，a，b 和 θ 由实验而定。

F_1的中层和上层也构成一个闭合正反馈回路，其中标记为 p_i的神经元接收来自中层的信号 u_i和来自 F_2场的信号，这个回路包括的运算是

$$s_i = p_i / (e + \| \boldsymbol{P} \|) \tag{4-38}$$

$$p_i = u_i + \sum_{j=M+1}^{N} g(y_j) z_{ji} \tag{4-39}$$

式（4-38）中 e 为很小的正实数，相对于 $\| \boldsymbol{P} \|$ 可以忽略不计。式（4-39）中第二项是 F_2场对神经元 p_i的输入，z_{ji}是自上而下的 LTM 系数。

（2）类别表示场 F_2的数学模型　类别表示场 F_2的作用是增强自下而上（$F_1 \to F_2$）的滤波输入模式的对比度，对比度的增强是通过 F_2的竞争实现的。设 F_2场中第 j 个神经元的输入为

$$T_j = \sum_{i=1}^{M} p_i z_{ij} \qquad j = M+1, \cdots, N \tag{4-40}$$

F_2按下式进行选择

$$T_{j^*} = \max\{T_j\} \qquad j = M+1, \cdots, N \tag{4-41}$$

当选择神经元 j^* 为最大激活时，其余神经元处于抑制状态。主元素为

$$g(y_j) = \begin{cases} d & j = j^* \\ 0 & j \neq j^* \end{cases} \tag{4-42}$$

式中，d 为自上而下（$F_1 \to F_2$）的反馈参数，$0<d<1$。由式（4-42），式（4-39）可简化为

$$p_i = \begin{cases} u_i + d z_{ji} & j = j^* \\ u_i & j \neq j^* \end{cases} \tag{4-43}$$

（3）权值调整规则——LTM 方程　对长期记忆 LTM 权值的调整，按以下两个 LTM 方程进行。自上而下（$F_1 \to F_2$）LTM 方程为

$$\frac{\mathrm{d}z_{ji}}{\mathrm{d}t} = g(y_j)(p_j - z_{ji}) \tag{4-44}$$

自下而上（$F_2 \to F_1$）LTM 方程为

$$\frac{\mathrm{d}z_{ij}}{\mathrm{d}t} = g(y_j)(p_j - z_{ij}) \tag{4-45}$$

当 F_2 确定获胜神经元 j^* 后，对于 $j \neq j^*$，有

$$\frac{\mathrm{d}z_{ji}}{\mathrm{d}t} = 0, \quad \frac{\mathrm{d}z_{ij}}{\mathrm{d}t} = 0$$

当 $j = j^*$ 时，则有

$$\frac{\mathrm{d}z_{j^*i}}{\mathrm{d}t} = d(p_i - z_{j^*i}) = d(1-d)\left(\frac{u_i}{1-d} - z_{j^*i}\right) \tag{4-46}$$

$$\frac{\mathrm{d}z_{ij^*}}{\mathrm{d}t} = d(p_i - z_{ij^*}) = d(1-d)\left(\frac{u_i}{1-d} - z_{ij^*}\right) \tag{4-47}$$

初始化时，可取 $z_{ji} = 0$，$z_{ij} = \dfrac{1}{1(1-d)\sqrt{M}}$，$i = 1, 2, \cdots, M$；$j = M+1, M+2, \cdots, M+N$，

$d=0.9$。

（4）取向子系统　图4-33中左侧为取向子系统，其功能是根据F_1的短期记忆模式与激活节点的长期记忆模式之间的匹配度决定F_2的重置。匹配度定义为

$$r_i=\frac{u_i+cp_i}{e+\|\boldsymbol{U}\|+\|c\boldsymbol{P}\|}\qquad i=1,2,\cdots,M \tag{4-48}$$

式中，e可忽略。实心圆A的输出为匹配度的模，用$\|\boldsymbol{R}\|$表示。设警戒门限为ρ，$0<\rho<1$，当$\|\boldsymbol{R}\|>\rho$时，选中该类，否则，取向子系统需对F_2重置。

3. ARTⅡ型网络的在系统辨识中的应用

控制系统中常将被控对象看作二阶系统，其性能可用从单位阶跃响应曲线中抽取的特征参数如上升时间、调整时间、超调量等来描述。一组特征参数构成的特征向量即代表一个二阶对象。ARTⅡ对二阶系统的辨识实际上是对其特征向量进行分类，系统辨识的实施方案如图4-34所示。其中系统模拟器用来对各种二阶系统的单位阶跃响应进行仿真，特征抽取器从仿真曲线中提取了6个特征参数，送入ARTⅡ网作为输入模式。ARTⅡ网对输入模式向量的分类是一种有导师学习方式，其中导师信号来自系统模拟器所仿真的二阶系统数学模型中的参数。二阶系统传递函数的标准形式可写为

$$G(s)=\frac{\omega_0^2}{s^2+2\xi\omega_0 s+\omega_0^2}$$

式中，无阻尼振荡频率ω_0和阻尼比ξ可唯一确定二阶系统的传递函数。两个系统参数的不同组合可确定多种二阶系统，每个二阶系统可对应于一组从阶跃响应曲线中抽取的特征参数。

设$\xi\in[0.3,\ 1.3]$，$\omega_0\in[1.5,\ 2.0]$，在该取值范围内列出17种传递函数模式供系统模拟器产生阶跃响应曲线。因此该ARTⅡ网系统辨识器的F_1场有6个神经元，F_2场有17个神经元。将训练集中的模式依次输入网络进行训练，网络根据输入的特征向量修改相应的LTM权值，并在F_2场指定一神经元作为该模式的代表。训练结束后F_2场的每个神经元即代表一种系统特征模式，当该系统辨识器实际使用时，来自实际系统的阶跃响应曲线经过特征抽取器后输入系统辨识器激活相应的神经元，复位子系统对该模式与存储模式类的相似性进行检查，如大于警戒门限则将其归类，否则指定一个新神经元代表该模式类。

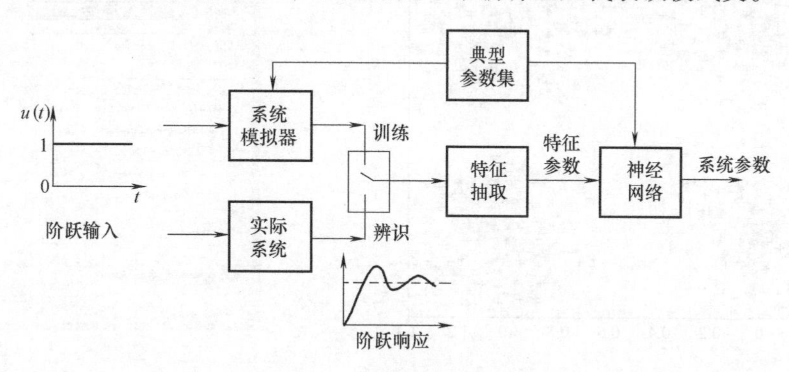

图4-34　ARTⅡ网系统辨识器

警戒门限的大小对分类的粗细具有调节作用，本例将其设为 0.99，以保证分类具有较高的分辨力。

4.6 基于 MATLAB 的 SOM 网络聚类实例

问题描述：在二维平面上有 1000 个点，采用 SOM 网络进行聚类。

（1）导入数据　本例采用 MATLAB 自带数据 simplecluster_ dataset，该数据实际包含两个变量，一是输入变量 simpleclusterInputs，为 2×1000，即 1000 组数据，每一组数据为二维向量，二是目标输出变量 simpleclusterTargets，为 4×1000，即 1000 组数据，每一组数据为四维向量，表示其类别。采用如下程序：

load simplecluster_ dataset;

[x，t] =simplecluster_ dataset;%将 simpleclusterInputs 和 simpleclusterTargets 分别赋值给 x 和 t

plot（x（1,:)，x（2,:),'+')%数据分布图，如图 4-35 所示。

（2）创建网络　采用函数 selforgmap 创建一个 SOM 网络，输出为 10×10 的网格。

dimension1 = 10;

dimension2 = 10;

net=selforgmap（[dimension1 dimension2]）;%net 为一个 SOM 网络

此时，net 仅设计了输出节点，为二维平面输出，若设计为一维线阵，只写一个参数即可，例如 selforgmap（[dimension1]）。

（3）训练网络

net=train（net，x）;%查看网络训练界面，如图 4-36 所示。

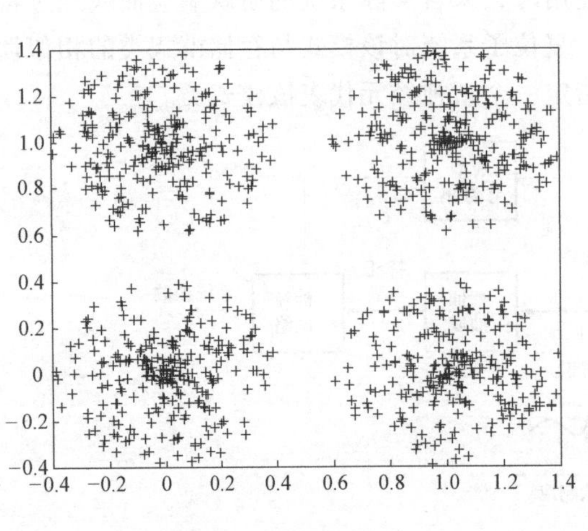

图 4-35　数据分布

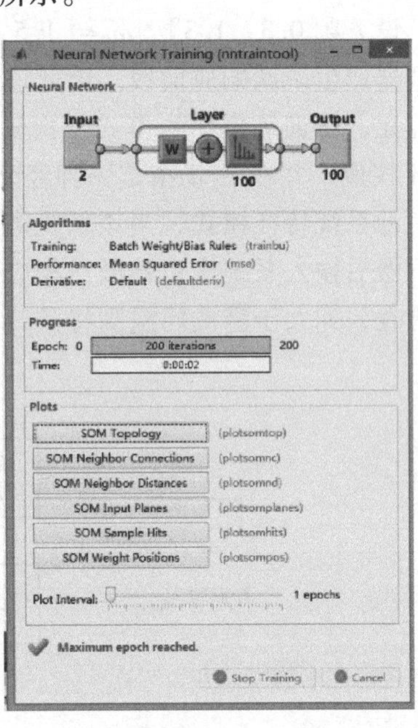

图 4-36　网络训练界面

%查看网络结构（见图 4-37）以及数据分类结果

```
view (net)
y=net (x);
classes=vec2ind (y);
```

可以看到网络是两个输入，100 维输出，w 为权值。

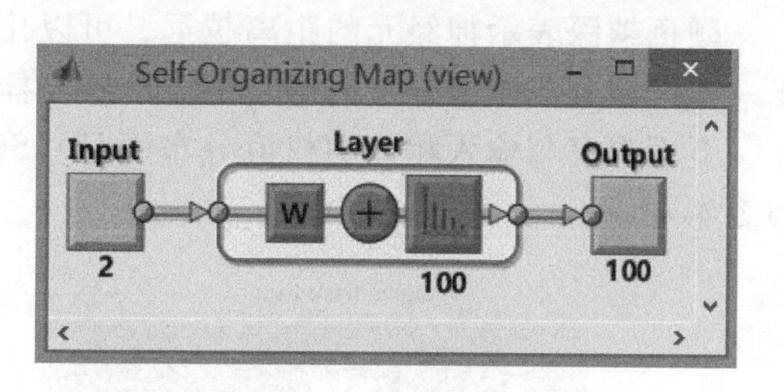

图 4-37　网络结构

在 SOM 的训练中，相邻神经元的权向量逐渐调整后成为输入向量的聚类中心。另外，在输出层拓扑结构中相邻的神经元在输入空间中也逐渐靠近，这样，在输入空间的高维向量就可以在网络的二维拓扑结构中得以展示。在【Neural Network Training】窗口，单击【Plots】下面的按钮，可以观察网络的拓扑结构（SOM Topology）、权值连接情况（SOM Neighbor Connections）、邻域间的距离（SOM Neighbor Distance）、与输入相连的权值分布情况（SOM Input Planes）、输入激活神经元的情况（SOM Sample Hits）、权值的位置（SOM Weight Positions）。

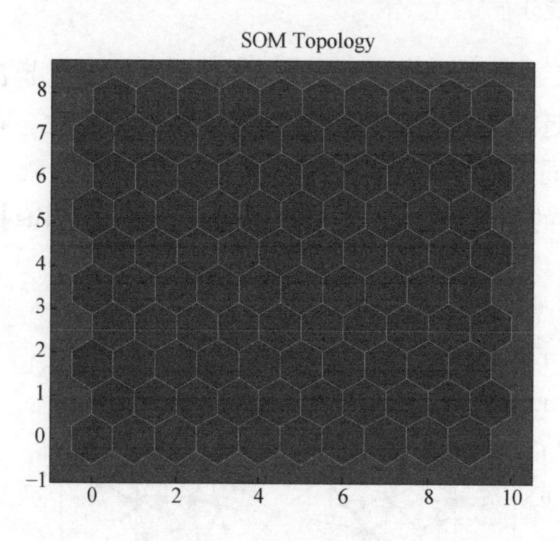

图 4-38　网络拓扑结构

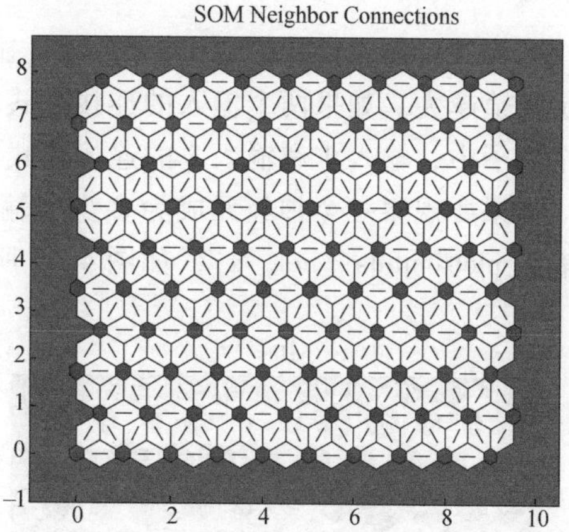

SOM Neighbor Connections

图 4-39　相邻神经元连接情况

单击【SOM Topology】按钮，或者输入指令可以看到 SOM 的拓扑结构，如图 4-38 所示。每一个蓝色的六边形是一个神经元，在二维平面上排布为 10×10 的方阵，每一个神经元与其他六个神经元相连（默认结构，还可以设置为其他结构，边缘神经元除外）。

进而单击【SOM Neighbor Connections】，或输入命令 plotsomnc (net)，就可以看到红色的线表示两个神经元之间存在连接，如图 4-39 所示。

究竟连接的强度，或者说神经元之间的距离如何，可以单击【SOM Neighbor Distance】或者输入指令 plotsomnd (net) 进行观察，如图 4-40 所示。

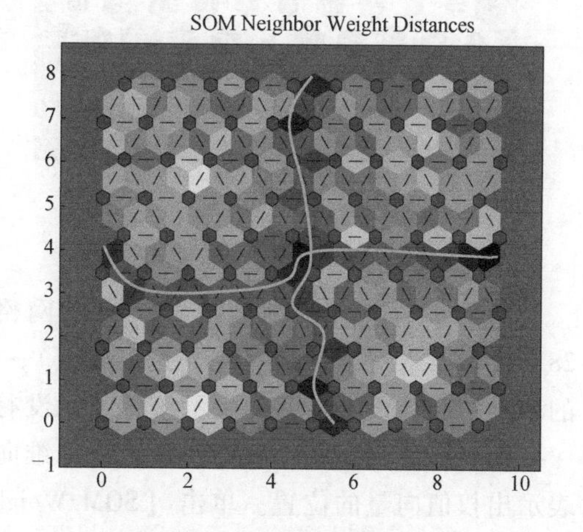

图 4-40　神经元连接强度

颜色越深表示神经元的距离越远，可以比较明显地看出，在图中形成了两条交叉的分界线，把区域分成四部分，而每一部分恰好与样本的分布区间吻合。

下面观察与输入相连的权值分布情况（SOM Input Planes），或输入 plotsomplanes（net），如图 4-41 所示。

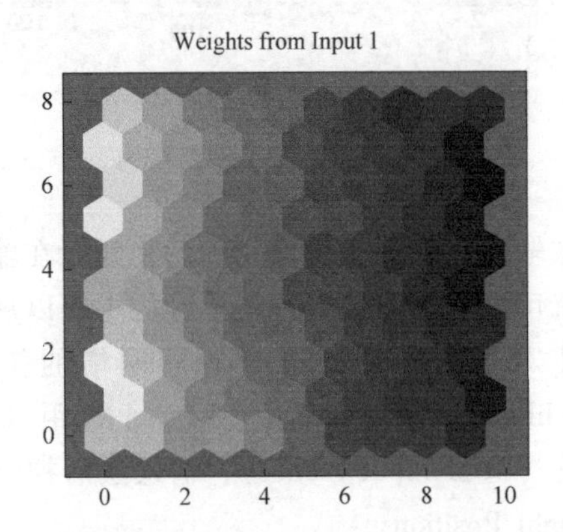

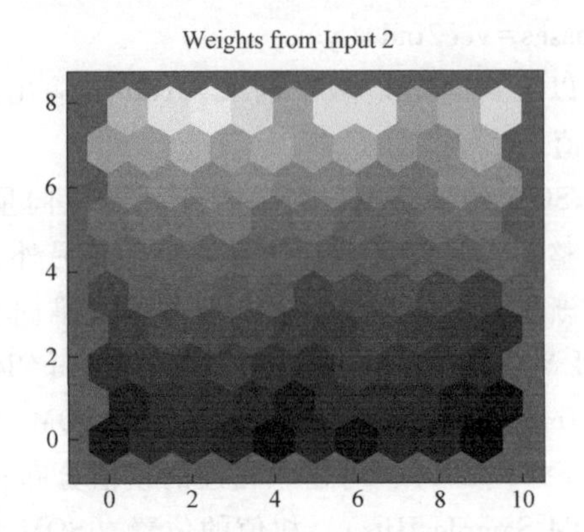

图 4-41　权值分布

同样，可以观察权值看板，图 4-41 显示了每一维输入对应输出节点的权值，颜色越深表示权值越大。如果两个输入的连接模式非常接近，可以认为两个输入有很高的相关性。在这个例子中，输入 1 和输入 2 的连接模式非常不同。

如果要观察一个神经元成为多少个输入向量的聚类中心，可单击【SOM Sample Hits】，或输入 plotsomhits（net，x），如图 4-42 所示。

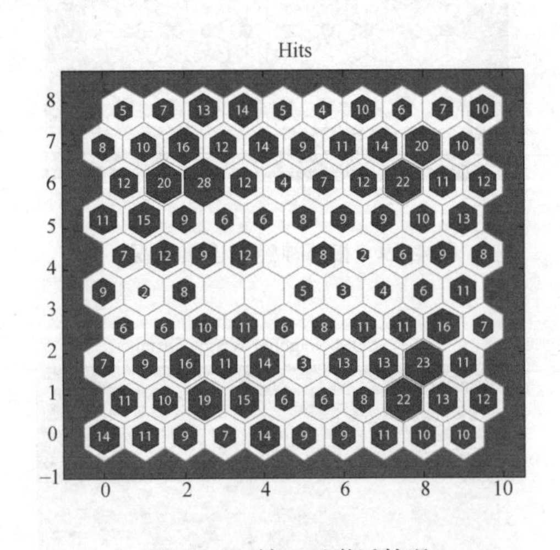

图 4-42　神经元激活情况

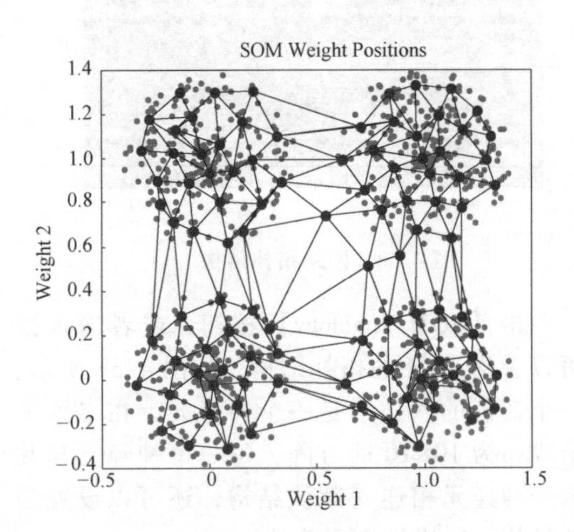

图 4-43　权值向量的位置

图 4-42 中，拓扑结构是 10×10 的网格，即输出有 100 个神经元。其中数字最大的是 28，位于第八行第三列（左下角为原点），表示该神经元（第 73 个）成为了 28 个输入样本的聚类中心。没有数字的表示该神经元没有被激活。

由于在该问题中，权值向量也为二维向量（和输入同维数），因此也可以在输入空间中表示出权值向量的位置。单击【SOM Weight Positions】按钮或者输入命令 plotsompos（net，x）即可，如图 4-43 所示。

每一个深色的点表示神经元对应权值的位置，红线表示拓扑连接，可以看出，尽管网络的拓扑结构发生了变形，但是仍然保持一定的规律，即相邻神经元的权值位置也比较接近。

（4）测试网络　以上是网络及训练结果，如果要确定输入向量究竟属于哪一个类别，可输入指令 y=net（x）；根据输入 x 得到网络的输出。

Y 为 100×1000 的矩阵，列号表示输入向量编号，行中的 1 表示该位置的神经元被激活，这是一个稀疏矩阵，不好观察，因此我们使用以下指令：

classes=vec2ind（y）；

这样就得到的 classes 为 1×1000 的向量，就是每个样本激活的神经元编号。例如前八个输入向量激活的神经元为 88　100　56　11　18　93　46　4，即第一个输入向量激活第 88 个神经元，即第九行，第八个神经元。对应网络权值为 net. IW {1}（88,:）=［0.0499　1.0611］，x（:，1）′=［0.0354　1.0331］，可以看到第一个输入向量和网络权值非常接近。

扩展资料

标题	网　址	内　容
SOM 比较全面的介绍	https://www.cs.hmc.edu/~kpang/nn/som.html	
SOM 网络	http://www.ai-junkie.con/ann/som/som1.html	颜色聚类
SOM 解决 TSP 问题	https://diego.codes/post/som-tsp/	

本章小结

本章介绍了3种采用无导师学习方式的自组织神经网络。自组织神经网络最重要特点是通过自动寻找样本中的内在规律和本质属性，自组织、自适应地改变网络参数与结构。这种学习方式大大拓宽了神经网络在模式识别与分类方面的应用。自组织网络结构上属于层次型网络，有多种类型，其共同特点是都具有竞争层。输入层负责接收外界信息并将输入模式向竞争层传递，起“观察”作用，竞争层负责对该模式进行“分析比较”，找出规律以正确归类。这种功能是通过竞争机制实现的。本章要点是：

（1）竞争学习策略　竞争学习是自组织网络中最常采用的一种学习策略，胜者为王是竞争学习的基本算法。该算法将输入模式向量同竞争层所有神经元对应的权向量进行比较，将欧式距离最小的判为竞争获胜神经元，并仅允许获胜神经元调整权值。按照胜者为王的竞争学习算法训练竞争层的结果必将使各神经元的权向量成为输入模式的聚类中心。

（2）SOFM神经网络　SOFM网络模型中的竞争机制具有生物学基础，该模型模拟了人类大脑皮层对于某一图形或某一频率等输入模式的特定兴奋过程。SOFM网的结构特点是输出层神经元可排列成线阵或平面阵。在网络训练阶段，对某个特定的输入模式，输出层会有某个神经元产生最大响应而获胜。获胜神经元周围的神经元因侧向相互兴奋作用也产生较大响应，于是获胜神经元及其优胜邻域内的所有神经元所连接的权向量均向输入向量的方向做程度不同的调整，调整力度依邻域内各神经元距获胜神经元的远近而逐渐衰减。网络通过自组织方式，用大量训练样本调整网络的权值，最后使输出层各神经元成为对特定模式类敏感的神经细胞，对应的内星权向量成为各输入模式类的中心向量。并且当两个模式类的特征接近时，代表这两类的神经元在位置上也接近。从而在输出层形成能够反映样本模式类分布情况的有序特征图。

（3）LVQ神经网络　LVQ网络将竞争学习思想和有监督学习算法相结合，在网络学习过程中，输入层和竞争层之间的连接权值被逐渐调整为聚类中心。通过教师信号对输入样本的分配类别进行规定，从而克服了自组织网络采用无监督学习算法带来的缺乏分类信息的弱点。LVQ网络是SOFM网络的一种有监督形式的扩展，两者有效的结合可更好地发挥竞争学习和有监督学习的优点。

（4）CPN神经网络　CPN神经网络是由Kohonen的自组织网和Grossberg的外星网组合而成的，其拓扑结构与三层BP网相同。CPN网的隐层为竞争层，按照胜者为王规则进行竞争。只有竞争获胜神经元可以调整其内外星权向量，内星权向量采用无导师的竞争学习算法进行调整，调整的目的是使权向量不断靠近当前输入模式类，从而将该模式类的典型向量编码到获胜神经元的内星权向量中；外星权向量采用有导师的Grossberg外星学习规则调整，调整的目的是使外星权向量不断靠近并等于期望输出，从而将该输出编码到外星权向量中。

（5）ART神经网络　ART网络有三种类型，本章介绍了Ⅰ型和Ⅱ型。ARTⅠ型网络的运行分为4个阶段：①匹配阶段接收来自环境的输入模式，并在输出层与所有存储模式类进行匹配竞争，产生获胜神经元；②比较阶段按参考门限检查该输入模式与获胜模式类的典型向量之间的相似程度，相似度达标进入学习阶段，不达标则进入搜索阶段；③搜索阶段对相似度不超过参考门限的输入模式重新进行模式类匹配，如果与所有存储模式类的匹配均不达标，就需要在网络中设立一个新的模式类，同时建立与该模式类相连的权值，用以代表和存储该模式以及后来输入的所有同类模式；④学习阶段对相似度超过参考门限的模式类，调整与该类别相关的权值，以使以后与该模式相似的输入再与该模式匹配时能得到更大的相似度。ARTⅡ型网络的运行原理与 ARTⅠ相似，主要区别在比较层。ART 网络及算法在适应新的输入模式方面具有较大的灵活性，同时能够避免对网络先前所学模式的修改。

习　题

4.1　在自组织神经网络中，“自组织”的含义是什么？

4.2　自组织特征映射网中竞争机制的生物学基础是什么？

4.3　试述 ARTⅠ型网络的运行原理。

4.4　试比较 ARTⅠ型网与 ARTⅡ型网的异同。

4.5　自组织网由输入层与竞争层组成，初始权向量已归一化为

$$\hat{\boldsymbol{W}}_1(0)=\begin{pmatrix}1\\0\end{pmatrix}\qquad \hat{\boldsymbol{W}}_2(0)=\begin{pmatrix}0\\-1\end{pmatrix}$$

设训练集中共有 4 个输入模式，均为单位向量

$$\{X_1, X_2, X_3, X_4\}=\{1\angle 45°, 1\angle -135°, 1\angle 90°, 1\angle -180°\}$$

试用胜者为王学习算法调整权值，写出迭代一次的调整结果。

4.6　设图 4-1 中的竞争层有 3 个神经元，试用胜者为王学习算法训练权向量，使其能对输入模式 C、I 和 T 正确分类，给出训练后的权向量 $\boldsymbol{W}^C$、$\boldsymbol{W}^I$和 $\boldsymbol{W}^T$。用含噪声样本测试该网络，给出分类结果。

提示：设含噪声样本与正确样本的海明距离为 1。两个向量的海明距离 dH（$\boldsymbol{X}^a$，$\boldsymbol{X}^b$）是指两个向量中不相同元素的个数。

4.7　给定 5 个 4 维输入模式如下：

$$\boldsymbol{X}^1=\begin{pmatrix}1\\0\\0\\0\end{pmatrix},\quad X^2=\begin{pmatrix}1\\1\\0\\0\end{pmatrix},\quad \boldsymbol{X}^3=\begin{pmatrix}1\\1\\1\\0\end{pmatrix},\quad \boldsymbol{X}^4=\begin{pmatrix}0\\1\\0\\0\end{pmatrix},\quad \boldsymbol{X}^5=\begin{pmatrix}1\\1\\1\\1\end{pmatrix}$$

试设计一个具有 5×5 神经元平面阵的 SOFM 网，建议学习率$\eta(t)$ 在前 1000 步训练中从 0.5 线性下降至 0.04，然后在训练到 10000 步时减小至 0。优胜邻域半径初值设为 2 个神经元（即优胜邻域覆盖整个输出平面），1000 个训练步时减至 0（即只含获胜神经元）。每训练 200 步保留一次权向量，观察其在训练过程中的变化。给出训练结束后 5 个输入模式在输出平面的映射图。

4.8　SOFM 网有 15 个输出神经元，二维输入样本点均匀分布在一个三角形区域。训练后的权值分布如图 4-44 所示，图中各点的连线仅表明权值的相邻关系。试根据自己的理解给出该 SOFM 网的结构，以及神经元的排列情况。

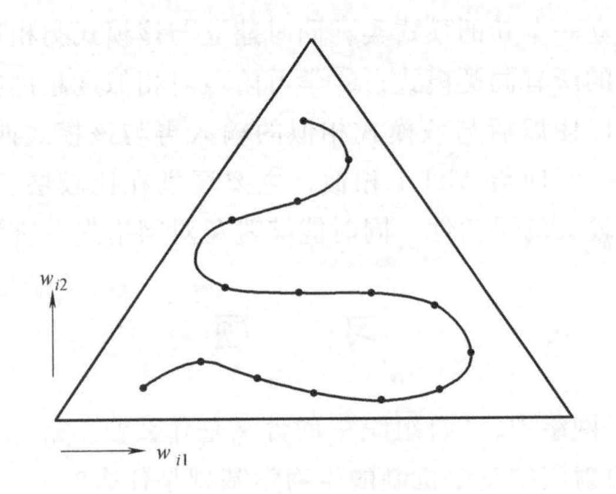

图 4-44　习题 4.8 图

4.9　人口分类是人口统计中的一个重要指标。通过分析历史资料，得到 1999 年 12 月国内 10 个地区的人口出生比例情况如下：

人口出生比例

男(%)	0.5512	0.5123	0.5087	0.5001	0.6012	0.5298	0.5000	0.4965	0.5103	0.5003
女(%)	0.4488	0.4877	0.4913	0.4999	0.3988	0.4702	0.5000	0.5035	0.4897	0.4997

用上表中的数据作为网络的输入样本 $\boldsymbol{X}=(x_1,\ x_2)$，$x_1$—男性出生比例，$x_2$—女性出生比例，设计一个 SOFM 网对输入数据进行分类。要求该网络的竞争层结构为 3×4 平面，试编写 MATLAB 程序实现该分类任务。

4.10　试设计一个 LVQ 网实现下述向量的分类：

$$类1:\left\{\begin{pmatrix}-1\\1\\-1\end{pmatrix},\begin{pmatrix}1\\-1\\-1\end{pmatrix}\right\}\qquad 类2:\left\{\begin{pmatrix}-1\\-1\\1\end{pmatrix},\begin{pmatrix}-1\\-1\\1\end{pmatrix},\begin{pmatrix}1\\1\\-1\end{pmatrix}\right\}\qquad 类3:\left\{\begin{pmatrix}-1\\-1\\-1\end{pmatrix},\begin{pmatrix}-1\\1\\1\end{pmatrix}\right\}$$

试确定学习向量量化网各层的神经元数，并确定隐层和输出层的权值，然后对所设计的网络进行测试。

4.11　设输入为 2 维向量，共有 10 个输入样本：

$$\{(-6,0),(-4,2),(-2,-2),(0,1),(0,2),(0,-2),(0,1),(2,2),(4,-2),(6,0)\}$$

样本类别依次为：[1 1 1 2 2 2 2 1 1 1]。试设计一个 LVQ 网络对样本进行分类。

4.12　试设计一个 CPN 网实现对模式对（A，C）、（I，I）和（O，T）的异联想功能。给出训练后的权矩阵 $\boldsymbol{W}$ 和 $\boldsymbol{V}$。

4.13　试设计一个 CPN 网实现将四维输入模式映射为三维输出模式。两个输入模式为 $\boldsymbol{X}^1=(1,\ -1,\ 1,\ 1)^{\mathrm{T}}$ 和 $\boldsymbol{X}^2=(1,\ 1,\ -1,\ -1)^{\mathrm{T}}$，输出模式自行设计。请给出训练后的权矩阵 $\boldsymbol{W}$ 和 $\boldsymbol{V}$。

4.14　已知某人本星期应该完成的工作量和他的思想情绪状态，对此人星期日下午的活动安排提出建议。训练样本模式如下：

训练样本模式

工作量		思想情绪		活动安排	
没　有	0.0	低	0.0	在家里看电视	10000
有一些	0.5	低	0.0	在家里看电视	10000
没　有	0.0	一般	0.5	去商场购物	01000
很　多	1.0	高	1.0	到公园散步	00100
有一些	0.5	高	1.0	与朋友吃饭	00010
很　多	1.0	一般	0.5	干工作	00001

试用 MATLAB 设计一个 CPN 网络对某人星期日下午的活动安排提出建议。

提示：可对表中的活动安排提出自己的方案。

4.15　ARTⅠ型网络输入层有 5 个神经元，输出层有 2 个神经元，试对下面 2 个输入模式进行分类。

$$X^1=(1,1,0,0,0)^{\mathrm{T}},X^2=(1,0,0,0,1)^{\mathrm{T}}$$

4.16　设计一个 ARTⅠ型网对下面给出的 3 个输入模式进行分类。设计一个合适的警戒门限，使得 ARTⅠ型网能将 3 个输入模式分为 3 类。写出训练的前 3 步结果，及训练结束后的 B 阵和 T 阵。3 个输入模式为

$$X^1=(1,0,0,0,1,0,0,0,1)^{\mathrm{T}}$$
$$X^2=(1,1,0,0,1,0,0,1,1)^{\mathrm{T}}$$
$$X^3=(1,0,1,0,1,0,1,0,1)^{\mathrm{T}}$$

4.17　设计一个 ARTⅠ型网对本章例 4-4 和例 4-5 中的数据进行训练，并将训练结果同表 4-5 进行对照。

第 5 章　径向基函数神经网络

从神经网络的函数逼近功能这个角度来看，神经网络可以分为全局逼近网络和局部逼近网络。若神经网络的一个或多个可调参数（权值和阈值）对任何一个输出都有影响，则称该神经网络为全局逼近网络，前面介绍的多层前馈网络是全局逼近网络的典型例子。对于每个输入输出数据对，网络的每一个连接权均需进行调整，从而导致全局逼近网络学习速度很慢，对于有实时性要求的应用来说常常是不可容忍的。如果对网络输入空间的某个局部区域只有少数几个连接权影响网络的输出，则称该网络为局部逼近网络。对于每个输入输出数据对，只有少量的连接权需要进行调整，从而使局部逼近网络具有学习速度快的优点，这一点对于有实时性要求的应用来说至关重要。目前常用的局部逼近神经网络有径向基函数（RBF）网络、小脑模型（CMAC）网络和 B 样条网络等，下面介绍 RBF 网络。

5.1　基于径向基函数技术的函数逼近与内插

理解 RBF 网络的工作原理可从 3 种不同的观点出发：①当用 RBF 网络解决非线性映射问题时，则用函数逼近与内插的观点来解释，对于其中存在的不适定（ill-posed）问题，可用正则化理论来解决；②当用 RBF 网络解决复杂的模式分类任务时，用模式可分性观点来理解比较方便，其潜在合理性基于 Cover 关于模式可分的定理；③建立在密度估计概念上的核回归（Kernel Regression）估计理论。下面阐述基于函数逼近与内插观点的工作原理。

1963 年 Davis 提出高维空间的多变量插值理论。径向基函数技术则是 20 世纪 80 年代后期，Powell 在解决“多变量有限点严格（精确）插值问题”时引入的，目前径向基函数已成为数值分析研究中的一个重要领域。

5.1.1　插值问题描述

考虑一个由 N 维输入空间到 1 维输出空间的映射。设 N 维空间有 P 个输入向量$\boldsymbol{X}^p$，$p=1, 2, \cdots, P$，它们在输出空间相应的目标值为 d^p，$p=1, 2, \cdots, P$，P 对输入-输出样本构成了训练样本集。插值的目的是寻找一个非线性映射函数 $\boldsymbol{F}(\boldsymbol{X})$，使其满足下述插值条件

$$\boldsymbol{F}(\boldsymbol{X}^p)=d^p, \qquad p=1, 2, \cdots, P \tag{5-1}$$

式中，函数 F 描述了一个插值曲面。所谓严格插值或精确插值，是一种完全内插，即该插值曲面必须通过所有训练数据点。

5.1.2　径向基函数技术解决插值问题

采用径向基函数技术解决插值问题的方法是，选择 P 个基函数，每一个基函数对应一个训练数据，各基函数的形式为

$$\varphi(\| X-X^p \|),\quad p=1,2,\cdots,P \tag{5-2}$$

式中，基函数 φ 为非线性函数，训练数据点 $\boldsymbol{X}^p$ 是 φ 的中心。基函数以输入空间的点 $\boldsymbol{X}$ 与中心 $\boldsymbol{X}^p$ 的距离作为函数的自变量。由于距离是径向同性的，故函数 φ 被称为径向基函数。基于径向基函数技术的插值函数定义为基函数的线性组合

$$\boldsymbol{F}(\boldsymbol{X}) = \sum_{p=1}^{P} w_p \varphi(\| \boldsymbol{X}-\boldsymbol{X}^p \|) \tag{5-3}$$

将式（5-1）的插值条件代入上式，得到 P 个关于未知系数 w^p，$p=1,2,\cdots,P$ 的线性方程组

$$\begin{aligned}
&\sum_{p=1}^{P} w^p \varphi(\| \boldsymbol{X}^1-\boldsymbol{X}^p \|) = d^1\\
&\sum_{p=1}^{P} w^p \varphi(\| \boldsymbol{X}^2-\boldsymbol{X}^p \|) = d^2\\
&\qquad\vdots\\
&\sum_{p=1}^{P} w^p \varphi(\| \boldsymbol{X}^P-\boldsymbol{X}^p \|) = d^P
\end{aligned} \tag{5-4}$$

令 $\varphi_{ip}=\varphi(\| X^i-X^p \|)$，$i=1,2,\cdots,P$，$p=1,2,\cdots,P$，则上述方程组可改写为

$$\begin{pmatrix} \varphi_{11} & \varphi_{12} & \cdots & \varphi_{1P} \\ \varphi_{21} & \varphi_{22} & \cdots & \varphi_{2P} \\ \vdots & \vdots & & \vdots \\ \varphi_{P1} & \varphi_{P2} & \cdots & \varphi_{PP} \end{pmatrix} \begin{pmatrix} w_1 \\ w_2 \\ \vdots \\ w_p \end{pmatrix} = \begin{pmatrix} d^1 \\ d^2 \\ \vdots \\ d^p \end{pmatrix} \tag{5-5}$$

令 $\boldsymbol{\Phi}$ 表示元素为 φ_{ip} 的 $P\times P$ 阶矩阵，$\boldsymbol{W}$ 和 $\boldsymbol{d}$ 分别表示系数向量和期望输出向量，式（5-5）还可写成下面的向量形式

$$\boldsymbol{\Phi W}=\boldsymbol{d} \tag{5-6}$$

式中，$\boldsymbol{\Phi}$ 称为插值矩阵。若 $\boldsymbol{\Phi}$ 为可逆矩阵，就可以从式（5-6）中解出系数向量 $\boldsymbol{W}$，即

$$\boldsymbol{W}=\boldsymbol{\Phi}^{-1}\mathbf{d} \tag{5-7}$$

如何保证插值矩阵的可逆性？Micchelli 定理给出了如下条件：

对于一大类函数，如果 $\boldsymbol{X}^1$，$\boldsymbol{X}^2$，…，$\boldsymbol{X}^P$ 各不相同，则 $P\times P$ 阶插值矩阵是可逆的。

大量径向基函数满足 Micchelli 定理，如式（5-8）~式（5-10）所示，其曲线形状分别如图 5-1 所示。

（1）Gauss（高斯）函数

$$\varphi(r)=\exp\left(-\frac{r^2}{2\sigma^2}\right) \tag{5-8}$$

（2）Reflected Sigmoidal（反演 S 型）函数

$$\varphi(r)=\frac{1}{1+\exp\left(\frac{r^2}{\sigma^2}\right)} \tag{5-9}$$

(3) Inverse Multiquadrics（逆多二次）函数

$$\varphi(r)=\frac{1}{(r^2+\sigma^2)^{\frac{1}{2}}} \tag{5-10}$$

式（5-8）~式（5-10）中的 σ 称为该基函数的扩展常数或宽度，从图 5-1 可以看出，径向基函数的宽度越小，就越具有选择性。

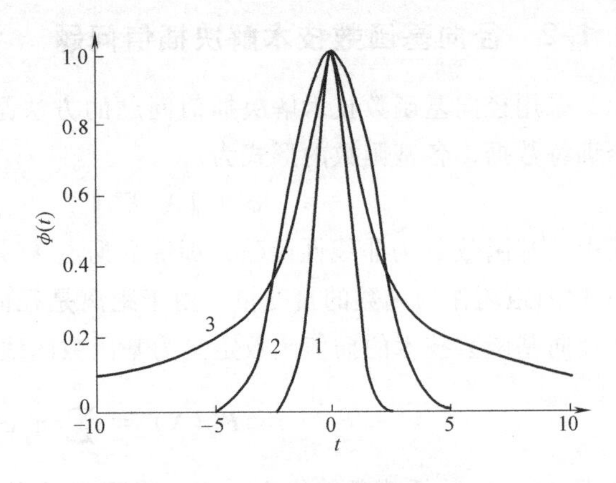

图 5-1　3 种常用的径向基函数

5.1.3　完全内插存在的问题

在一个物理过程的输入与输出之间，客观上存在着一个固定但未知的映射关系。神经网络的学习过程相当于输入-输出映射重建过程，训练的目的是使其能够拟合一个超曲面，根据该超曲面对输入模式给出相应的输出模式。上述径向基函数采用完全内插（亦称严格插值）来进行函数逼近，从而实现基于一组给定稀疏数据点的超曲面重建。事实上，这种方法并不恰当，式（5-7）的完全内插方案存在以下问题：

（1）由于插值曲面必须通过所有训练数据点，当训练数据中存在噪声时，神经网络将拟合出一个错误的插值曲面，从而使其泛化能力下降。

（2）由于径向基函数的数量与训练样本数量相等，当训练样本数远远大于物理过程中固有的自由度时，问题就称为超定的，插值矩阵求逆时可能导致不稳定。

存在上述问题的原因在于，由有限数据点恢复其内部蕴含的规律是一个**反问题**，而且往往是不适定的。下面对相关术语进行一些解释。

1. 正问题（Direct Problem）**与反问题**（Inverse Problem）

在掌握了事物的发展规律和事物之间相互作用规律的基础上，便有可能根据物理规律，由已知参数来推测及计算观测得到的资料和数据，这一过程称为正问题。例如，利用大气动力学的理论来推测各种气象参数在时间上的变化（天气预报），属于时间尺度上的正问题；根据万有引力定律由地下介质的密度分布计算重力场异常，是空间尺度上的正问题；根据弹性动力学规律由地震的震源参数计算各地震台应该记录到的地震动，是既有空间尺度又有时间尺度的正问题（正演）。因此，正问题是由原因推测结果。正问题和反问题的一个标准提法是，输入、系统和输出问题：

输入->系统->输出

一般把已知输入和系统求输出的问题定义为正问题。

反问题是相对正问题而言的，是由结果推测原因，这里的结果应该是可以观测到的，称为观测资料。反问题有两种形式，一种形式是根据全部或部分已知系统和输出求输入；另一种形式是在全部或部分已知输入和输出的情况下求系统。反问题在自然科学领域的应用十分广泛，如：从微积分方程解的某些泛函来确定微分方程的系数或其右端项，由天文台的观测资料来推测星系的结构及演变规律，物理学中通过观测粒子的衍射图像来推断原子核的结构，通过各个方向对人体照射 X 射线得到的观测资料来推断人体内部的三维图像等。神经网络用于解决非线性映射问题时涉及的反问题就是已知输入和输出，求未知系统。

2. 适定的（Well-posed）与不适定的（Ill-posed）

关于不适定的问题，Hardmard 曾经在 20 世纪初就提出了不适定的概念。为了理解这个术语，不妨假设在度量空间有一个定义域 $\boldsymbol{A}$ 和值域 $\boldsymbol{B}$，二者由一个未知的映射 f 联系着。如果 f 重建问题满足以下三个条件，则此问题是适定的。

（1）解的存在性　对于每一个输入向量 $\boldsymbol{X}\in\boldsymbol{A}$，都存在一个输出 $y=f(\boldsymbol{X})$，$y\in\boldsymbol{B}$。

（2）解的唯一性　对任意 2 个输入向量 $\boldsymbol{X}^1$，$\boldsymbol{X}^2$，当且仅当 $\boldsymbol{X}^1=\boldsymbol{X}^2$ 时，有 $f(\boldsymbol{X}^1)=f(\boldsymbol{X}^2)$。

（3）解的连续性　对任何 $\varepsilon>0$，存在 $\delta=\delta(\varepsilon)$，使得当 $d(\boldsymbol{X}^1,\ \boldsymbol{X}^2)<\delta$ 时，$d(f(\boldsymbol{X}^1),\ f(\boldsymbol{X}^2))<\varepsilon$ 成立。其中 $d(\cdot,\ \cdot)$ 表示两个变量在其所属空间中的距离。

如果上述 3 个条件中有一个条件不满足，则称此问题为不适定的。

区分不适定问题的标准不是看问题的正还是反，而是看有没有足够的强力约束条件获得稳定、唯一的答案。正问题也可能是不适定的，但是一般情况下正问题通常会有足够的强有力的约束条件，而反问题往往缺乏足够的强有力的约束条件，不适定问题往往大量出现在反问题中。虽然并非所有的反问题都是不适定的，然而按照正反问题的标准提法所规定的正问题大多是适定的，而这种提法所规定的反问题很多是不适定的。

Tikhonov（1997）及其他众多学者的研究表明，不适定问题不但是大量存在的，而且使用人们对解的先验知识作为约束，可以得到很多不适定问题的解答。下一节将讨论如何通过正则化方法将一个不适定问题转变为一个适定问题。

5.2　正则化理论与正则化 RBF 网络

5.2.1　正则化理论

正则化理论（Regularization Theory）是 Tikhonov 于 1963 年提出的一种用以解决不适定问题的方法。正则化的基本思想是通过加入一个含有解的先验知识的约束来控制映射函数的光滑性，若输入-输出映射函数是光滑的，则重建问题的解是连续的，意味着相似的输入对应着相似的输出。

逼近函数用 $F(\boldsymbol{X})$ 表示；为简单起见（不失一般性），假设函数的输出为一维的，用 y 表示；欲用函数逼近的一组数据为

输入数据：$\boldsymbol{X}^p$，$p=1,\ 2,\ \cdots,\ P$

期望输出：d^p，　$p=1,\ 2,\ \cdots,\ P$

传统的寻找逼近函数的方法是通过最小化目标函数（标准误差项）实现的，即

$$E_s(F)=\frac{1}{2}\sum_{p=1}^{P}(d^p-y^p)^2=\frac{1}{2}\sum_{p=1}^{P}[d^p-F(\boldsymbol{X}^p)]^2 \tag{5-11}$$

该函数体现了期望输出与实际输出之间的距离，由训练集样本数据决定。而所谓的正则化方法，是指在标准误差项基础上增加了一个控制逼近函数光滑程度的项，称为正则化项，该正则化项体现了逼近函数的“几何”特性，即

$$E_c(F)=\frac{1}{2}\|DF\|^2 \tag{5-12}$$

式中，D 为线性微分算子，它代表了对 $F(\boldsymbol{X})$ 的先验知识，从而使 D 的选取与所解问题相关。

正则化理论要求最小化的量为

$$E(F)=E_s(F)+\lambda E_c(F)=\frac{1}{2}\sum_{p=1}^{P1}\left[d^p-F(\boldsymbol{X}^p)\right]^2+\frac{1}{2}\lambda\ \|DF\|^2 \tag{5-13}$$

式中，第一项取决于所给样本数据，第二项取决于先验信息。λ 是正的实数，称为正则化参数，它的值控制着正则化项的相对重要性，从而也控制着函数 $F(\boldsymbol{X})$ 的光滑程度。

使式（5-13）最小的解函数用 $F_\lambda(\boldsymbol{X})$ 表示。当 $\lambda\to 0$ 时，表明该问题不受约束，问题解 $F_\lambda(\boldsymbol{X})$ 完全取决于所给样本；当 $\lambda\to\infty$ 时，意味着样本完全不可信，仅由算子 D 所定义的先验光滑条件就足以得到 $F_\lambda(\boldsymbol{X})$。当 λ 在上述两个极限之间取值时，使得样本数据和先验信息都对 $F_\lambda(\boldsymbol{X})$ 有所贡献。因此正则化项表示一个对模型复杂性的惩罚函数，曲率过大（光滑程度低）的 $F_\lambda(\boldsymbol{X})$ 通常有着较大的 $\|DF\|$ 值，因此将受到较大的惩罚。

正则化理论涉及泛函知识，考虑到一般读者的数学基础，下面直接给出上述正则化问题的解为

$$F(\boldsymbol{X})=\sum_{p=1}^{P}w_pG(\boldsymbol{X},\boldsymbol{X}^p) \tag{5-14}$$

式中，$G(\boldsymbol{X},\boldsymbol{X}^p)$ 为 Green 函数，$\boldsymbol{X}$ 为函数的自变量，$\boldsymbol{X}^p$ 为函数的参数，对应于训练样本数据；w_p 为权系数，相应的权向量为

$$\boldsymbol{W}=(\boldsymbol{G}+\lambda\boldsymbol{I})^{-1}\boldsymbol{d} \tag{5-15}$$

式中，$\boldsymbol{I}$ 为 $P\times P$ 阶的单位矩阵，矩阵 $\boldsymbol{G}$ 称为 Green 矩阵。

Green 函数 $G(\boldsymbol{X},\boldsymbol{X}^p)$ 的形式与算子 $\boldsymbol{D}$ 的形式有关，即与对问题的先验知识有关。如果 $\boldsymbol{D}$ 具有平移不变性和旋转不变性，则 Green 函数取决于 $\boldsymbol{X}$ 与 $\boldsymbol{X}^p$ 之间的距离

$$G(\boldsymbol{X},\boldsymbol{X}^p)=G(\|\boldsymbol{X}-\boldsymbol{X}^p\|)$$

显然，Green 函数是一个中心对称的径向基函数。此时，式（5-14）可表示为

$$F(\boldsymbol{X})=\sum_{p=1}^{P}w_pG(\|\boldsymbol{X}-\boldsymbol{X}^p\|) \tag{5-16}$$

这类 Green 函数的一个重要例子是多元 Gauss 函数，定义为

$$G(\boldsymbol{X},\boldsymbol{X}^p)=\exp\left(-\frac{1}{2\sigma_p^2}\|\boldsymbol{X}-\boldsymbol{X}^p\|^2\right) \tag{5-17}$$

式（5-16）描述的解是严格插值解，因为所有 P 个已知训练数据都被用于生成插值函数 $F(\boldsymbol{X})$。但是，式（5-16）与式（5-3）所表示的解有根本不同：式（5-3）所表示的解是基于完全内插，而式（5-16）所表示的解则是基于正则化。

5.2.2 正则化 RBF 网络

用 RBF 网络解决插值问题时，基于上述正则化理论的 RBF 网络称为正则化网络。其特点是隐节点数等于输入样本数，隐节点的激活函数为 Green 函数，常具有式（5-8）所示的 Gauss 形式，并将所有输入样本设为径向基函数的中心，各径向基函数取统一的扩展常数。

图 5-2 所示为 N-P-l 结构的 RBF 网，即网络具有 N 个输入节点，P 个隐节点，l 个输出节点。其中 P 为训练样本集的样本数量，即隐层节点数等于训练样本数。输入层的任一节点用 i 表示，隐层的任一节点用 j 表示，输出层的任一节点用 k 表示。对各层的数学描述如下：$\boldsymbol{X}=(x_1, x_2, \cdots, x_N)^{\mathrm{T}}$为网络输入向量；$\varphi_j(\boldsymbol{X})$，$(j=1, 2, \cdots, P)$，为任一隐节点的激活函数，称为“基函数”，一般选用 Green 函数；$\boldsymbol{W}$ 为输出权矩阵，其中 w_{jk}，$(j=1, 2, \cdots, P, k=1, 2, \cdots, l)$，为隐层第 j 个节点与输出层第 k 个节点间的突触权值；$\boldsymbol{Y}=(y_1, y_2, \cdots, y_l)^{\mathrm{T}}$为网络输出；输出层神经元采用线性激活函数。

当输入训练集中的某个样本 $\boldsymbol{X}^p$ 时，对应的期望输出 d^p 就是教师信号。为了确定网络隐层到输出层之间的 P 个权值向量，需要将训练集中的样本逐一输入一遍，从而可得到式（5-4）中的方程组。网络的权值确定后，对训练集的样本实现了完全内插，即对所有样本误差为 0，而对非训练集的输入模式，网络的输出值相当于函数的内插，因此径向基函数网络可用作函数逼近。

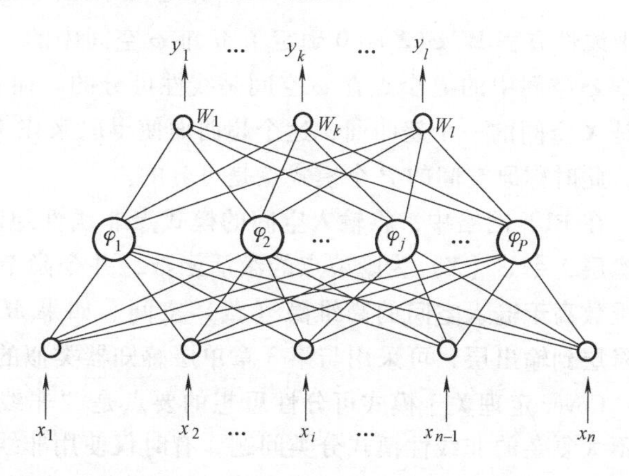

图 5-2　正则化 RBF 网络

图 5-2 所示的正则化网络假设 Green 函数 $G(\boldsymbol{X}, \boldsymbol{X}^p)$ 对所有的 i 都是正定的。若该假设成立，则正则化网络具有以下 3 个期望的性质：

（1）正则化网络是一种通用逼近器，只要有足够的隐节点，它可以以任意精度逼近训练集上的任意多元连续函数。

（2）具有最佳逼近特性，即任给一个未知的非线性函数 f，总可以找到一组权值使得正则化网络对于 f 的逼近优于所有其他可能的选择。

（3）正则化网络得到的解是最佳的，所谓“最佳”体现在同时满足对样本的逼近误差和逼近曲线平滑性。

5.3　模式可分性观点与广义 RBF 网络

5.3.1　模式的可分性

下面通过研究模式的可分性来深入了解 RBF 网络作为模式分类器是如何工作的。

从第 3 章关于单层感知器的讨论可知，若 N 维输入样本空间的样本模式是线性可分的，总存在一个用线性方程描述的超平面，使两类线性可分样本截然分开。若两类样本是非线性可分的，则不存在一个这样的分类超平面。但根据 Cover 定理，非线性可分问题可能通过非线性变换获得解决。

Cover 定理可以定性地表述为：将复杂的模式分类问题非线性地投射到高维空间将比投射到低维空间更可能是线性可分的。

设 $\boldsymbol{F}$ 为 P 个输入模式 $\boldsymbol{X}^1$，$\boldsymbol{X}^2$，…，$\boldsymbol{X}^P$的集合，其中每一个模式必属于两个类 $\boldsymbol{F}_1$ 和 $\boldsymbol{F}_2$

中的某一类。若存在一个输入空间的超曲面，使得分别属于 $\boldsymbol{F}_1$ 和 $\boldsymbol{F}_2$ 的点（模式）分成两部分，就称这些点的二元划分关于该曲面是可分的；若该曲面为线性方程 $\boldsymbol{W}^{\mathrm{T}}\boldsymbol{X}=0$ 确定的超平面，则称这些点的二元划分关于该平面是线性可分的。设有一组函数构成的向量 $\boldsymbol{\varphi}(\boldsymbol{X})=[\varphi_1(\boldsymbol{X}), \varphi_2(\boldsymbol{X}), \cdots, \varphi_M(\boldsymbol{X})]$，将原来 N 维空间的 P 个模式点映射到新的 M 空间（$M>N$）相应点上，如果在该 M 维 $\boldsymbol{\varphi}$ 空间存在 M 维向量 $\boldsymbol{W}$，使得

$$\begin{cases}\boldsymbol{W}^{\mathrm{T}}\boldsymbol{\varphi}(\boldsymbol{X})>0, & \boldsymbol{X}\in\boldsymbol{F}^1 \\ \boldsymbol{W}^{\mathrm{T}}\boldsymbol{\varphi}(\boldsymbol{X})<0, & \boldsymbol{X}\in\boldsymbol{F}^2\end{cases}$$

则由线性方程 $\boldsymbol{W}^{\mathrm{T}}\boldsymbol{\varphi}(\boldsymbol{X})=0$ 确定了 M 维 $\boldsymbol{\varphi}$ 空间中的一个分界超平面，这个超平面使得映射到 M 维 $\boldsymbol{\varphi}$ 空间中的 P 个点在 $\boldsymbol{\varphi}$ 空间是线性可分的。而在 N 维 $\boldsymbol{X}$ 空间，方程 $\boldsymbol{W}^{\mathrm{T}}\boldsymbol{\varphi}(\boldsymbol{X})=0$ 描述的是 $\boldsymbol{X}$ 空间的一个超曲面，这个超曲面使得原来在 $\boldsymbol{X}$ 空间非线性可分的 P 个模式点分为两类，此时称原空间的 P 个模式点是可分的。

在 RBF 网络中，将输入空间的模式点非线性地映射到一个高维空间的方法是，设置一个隐层，令 φ（$\boldsymbol{X}$）为隐节点的激活函数，并令隐节点数 M 大于输入节点数 N 从而形成一个维数高于输入空间的高维隐（藏）空间。如果 M 够大，则在隐空间输入是线性可分的，从隐层到输出层，可采用与第 3 章单层感知器类似的解决线性可分问题的算法。

Cover 定理关于模式可分性思想的要点是“非线性映射”和“高维空间”。事实上，对于不太复杂的非线性模式分类问题，有时仅使用非线性映射就可以使模式在变换后的同维空间变得线性可分。下面通过解决 XOR 问题进一步理解模式的 $\boldsymbol{\varphi}$ 可分性。

如图 5-3a 所示，XOR 问题中的 4 个模式在 2 维输入空间的分布是非线性可分的。设计一个单隐层神经网络，定义其 2 个隐节点的激活函数为 Gauss 函数

$$\varphi_1(X)=\mathrm{e}^{-\|X-C_1\|^2}, \quad C_1=[1, 1]^{\mathrm{T}}$$

$$\varphi_2(X)=\mathrm{e}^{-\|X-C_2\|^2}, \quad C_2=[0, 0]^{\mathrm{T}}$$

轮流以 XOR 问题的 4 个模式作为 2 个隐节点激活函数的输入，其对应的 4 个输出为 $(0, 0)\rightarrow(0.1353, 1)$、$(0, 1)\rightarrow(0.3678, 0.3678)$、$(1, 0)\rightarrow(0.3678, 0.3678)$、$(1, 1)\rightarrow(1, 0.1353)$。可以看出，隐节点的上述非线性映射将模式（0，1）和（1，0）映射为隐空间中的同一个点（0.3678，0.3678）。因此，在图 5-3a 的输入空间中非线性可分的点映射到图 5-3b 的隐空间后成为线性可分的点。

在本例中，隐空间的维数和输入空间的维数相同，可见仅采用 Gauss 函数进行非线性变换，就足以将 XOR 问题转化为一个线性可分问题。

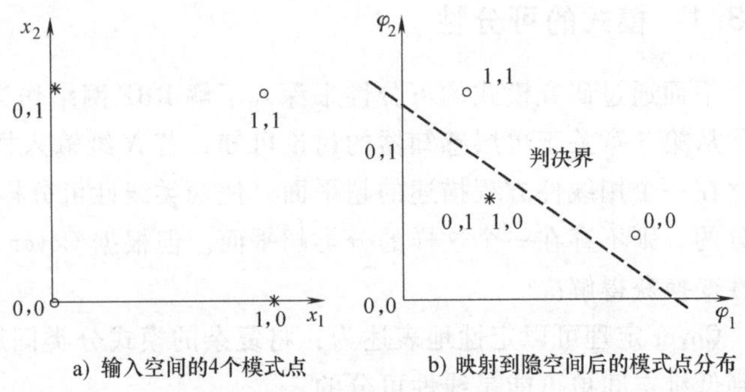

图 5-3 XOR 问题的 4 个模式在输入空间和隐空间的分布

5.3.2 广义 RBF 网络

由于正则化网络的训练样本与“基函数”是一一对应的。当样本数 P 很大时，实现网络的计算量将大得惊人，此外 P 很大则权值矩阵也很大，求解网络的权值时容易产生病态问

题（Ill Conditioning）。为解决这一问题，可减少隐节点的个数，即 $N<M<P$，N 为样本维数，P 为样本个数，从而得到广义 RBF 网络。

广义 RBF 网络的基本思想是：用径向基函数作为隐单元的“基”，构成隐含层空间。隐含层对输入向量进行变换，将低维空间的模式变换到高维空间内，使得在低维空间内的线性不可分问题在高维空间内线性可分。

图 5-4 所示为 N-M-l 结构的 RBF 网，即网络具有 N 个输入节点，M 个隐节点，l 个输出节点，且 $M<P$。$\boldsymbol{X}=[x_1, x_2, \cdots, x_N]^{\mathrm{T}}$ 为网络输入向量；$\varphi_j(\boldsymbol{X})$，$(j=1, 2, \cdots, M)$，为任一隐节点的激活函数，称为“基函数”，一般选用 Green 函数；$\boldsymbol{W}$ 为输出权矩阵，其中 $w_{jk}(j=1, 2, \cdots, M, k=1, 2, \cdots, l)$，为隐层第 j 个节点与输出层第 k 个节点间的突触权值；$\boldsymbol{T}=[T_1, T_2, \cdots, T_l]^{\mathrm{T}}$ 为输出层阈值向量；$\boldsymbol{Y}=(y_1, y_2, \cdots, y_l)^{\mathrm{T}}$ 为网络输出；输出层神经元采用线性激活函数。

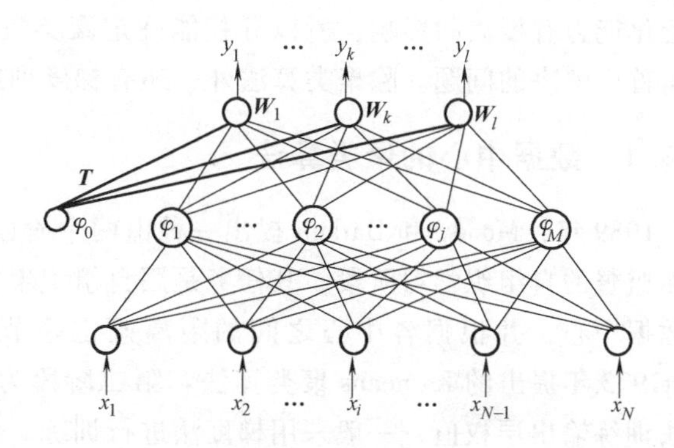

图 5-4 广义 RBF 网络

与正则化 RBF 网络相比，广义 RBF 网络有以下几点不同：

（1）径向基函数的个数 M 与样本的个数 P 不相等，且 M 常常远小于 P。

（2）径向基函数的中心不再限制在数据点上，而是由训练算法确定。

（3）各径向基函数的扩展常数不再统一，其值由训练算法确定。

（4）输出函数中包含阈值参数，用于补偿基函数在样本集上的平均值与目标值的平均值之间的差别。

5.4 RBF 网络常用学习算法

RBF 网络的设计包括结构设计和参数设计。结构设计主要解决如何确定网络隐节点数的问题，参数设计一般需考虑包括 3 种参数：各基函数的数据中心和扩展常数，以及输出节点的权值。当采用正则化 RBF 网络结构时，隐节点数即样本数，基函数的数据中心即为样本本身，参数设计只需考虑扩展常数和输出节点的权值。当采用广义 RBF 网络结构时，RBF 网络的学习算法应该解决的问题包括：如何确定网络隐节点数，如何确定各径向基函数的数据中心及扩展常数，以及如何修正输出权值。

根据数据中心的取值方法，RBF 网的设计方法可分为两类。

第一类方法：数据中心从样本输入中选取。一般来说，样本密集的地方中心点可以适当多些，样本稀疏的地方中心点可以少些；若数据本身是均匀分布的，中心点也可以均匀分布，总之，选出的数据中心应具有代表性。径向基函数的扩展常数是根据数据中心的散布而确定的，为了避免每个径向基函数太尖或太平，一种选择方法是将所有径向基函数的扩展常数设为

$$\delta=\frac{d_{\max}}{\sqrt{2M}} \tag{5-18}$$

式中，$d_{\max}$为所选数据中心之间的最大距离，M为数据中心的数目。

第二类方法：数据中心的自组织选择。常采用各种动态聚类算法对数据中心进行自组织选择，在学习过程中需对数据中心的位置进行动态调节，常用的方法是K-means聚类，其优点是能根据各聚类中心之间的距离确定各隐节点的扩展常数。由于RBF网的隐节点数对其泛化能力有极大的影响，所以寻找能确定聚类数目的合理方法，是聚类方法设计RBF网时需首先解决的问题。除聚类算法外，还有梯度训练方法、资源分配网络（RAN）等。

5.4.1 数据中心的聚类算法

1989年，Moody和Darken提出一种由两个阶段组成的混合学习过程的思路。第一阶段为无监督的自组织学习阶段，其任务是用自组织聚类方法为隐层节点的径向基函数确定合适的数据中心，并根据各中心之间的距离确定隐节点的扩展常数，第一阶常采用Duda和Hart1973年提出的K-means聚类算法。第二阶段为监督学习阶段，其任务是用有监督学习算法训练输出层权值，一般采用梯度法进行训练。

在聚类确定数据中心的位置之前，需要先估计中心的个数M（从而确定了隐节点数），一般需要通过试验来决定。由于聚类得到的数据中心不是样本数据$\boldsymbol{X}^p$本身，因此用$\boldsymbol{c}(k)$表示第k次迭代时的中心。应用K-means聚类算法确定数据中心的过程如下：

（1）初始化。选择M个互不相同的向量作为初始聚类中心：$\boldsymbol{c}_1(0)$，$\boldsymbol{c}_2(0)$，…，$\boldsymbol{c}_M(0)$，选择的方法可参考第4章SOM网络的初始化方法。

（2）计算输入空间各样本点与聚类中心点的欧式距离

$$\|\boldsymbol{X}^p-\boldsymbol{c}_j(k)\|,\ p=1,2,\cdots P;\ j=1,2,\cdots,M$$

（3）相似匹配。令j^*代表竞争获胜隐节点的下标，对每一个输入样本$\boldsymbol{X}^p$根据其与聚类中心的最小欧式距离确定其归类$j^*(\boldsymbol{X}^p)$，即当

$$j^*(\boldsymbol{X}^p)=\min_j\|\boldsymbol{X}^p-\boldsymbol{c}_j(k)\|,\ p=1,2,\cdots,P \tag{5-19}$$

时，$\boldsymbol{X}^p$被归为第j^*类，从而将全部样本划分为M个子集：$\boldsymbol{U}_1(k)$，$\boldsymbol{U}_2(k)$，…，$\boldsymbol{U}_M(k)$，每个子集构成一个以聚类中心为典型代表的聚类域。

（4）更新各类的聚类中心。可采用两种调整方法，一种方法是对各聚类域中的样本取均值，令$\boldsymbol{U}_j(k)$表示第j个聚类域，N_j为第j个聚类域中的样本数，则

$$\boldsymbol{c}_j(k+1)=\frac{1}{N_l}\sum_{X\in U_j(k)}\boldsymbol{X} \tag{5-20}$$

另一种方法是采用竞争学习规则进行调整，即

$$\boldsymbol{c}_j(k+1)=\begin{cases}\boldsymbol{c}_j(k)+\boldsymbol{\eta}[\boldsymbol{X}^p-\boldsymbol{c}_j(k)] & j=j^*\\ \boldsymbol{c}_j(k) & j\neq j^*\end{cases} \tag{5-21}$$

式中，$\boldsymbol{\eta}$为学习率，且$0<\boldsymbol{\eta}<1$。可以看出，当$\boldsymbol{\eta}=1$时，该竞争规则即为Winner-take-all规则。

（5）将k值加1，转到第（2）步。重复上述过程直到$\boldsymbol{c}_k$的改变量小于要求的值。

各聚类中心确定后，可根据各中心之间的距离确定对应径向基函数的扩展常数。令

$$d_j = \min_i \| c_j - c_i \|$$

则扩展常数取

$$\delta_j = \lambda d_j \tag{5-22}$$

式中，λ 为重叠系数。

利用 K-means 聚类算法得到各径向基函数的中心和扩展常数后，混合学习过程的第二步是用有监督学习算法得到输出层的权值，常采用第 2 章介绍过的最小方均算法（LMS），算法的输入向量即隐节点的输出向量。更简捷的方法是用伪逆法直接计算。设输入为 X^p 时，第 j 个隐节点的输出为 $\varphi_{pj}=\varphi(\| X^p-c_j \|)$，$p=1, 2, \cdots, P$，$j=1, 2, \cdots, M$，则隐层输出矩阵为

$$\hat{\boldsymbol{\Phi}} = [\varphi_{pj}]_{P\times M}$$

若 RBF 网络的待定输出权值为 $\boldsymbol{W}=[w_1, w_2, \cdots, w_M]$，则网络输出向量为

$$F(X) = \hat{\boldsymbol{\Phi}}\boldsymbol{W} \tag{5-23}$$

令网络输出向量等于教师信号 $\boldsymbol{d}$，则 $\boldsymbol{W}$ 可用 $\hat{\boldsymbol{\Phi}}$ 的伪逆 $\hat{\boldsymbol{\Phi}}^+$ 求出

$$\boldsymbol{W} = \hat{\boldsymbol{\Phi}}^+ \boldsymbol{d} \tag{5-24}$$

$$\hat{\boldsymbol{\Phi}}^+ = (\boldsymbol{\Phi}^{\mathrm{T}}\boldsymbol{\Phi})^{-1}\boldsymbol{\Phi}^{\mathrm{T}} \tag{5-25}$$

5.4.2　数据中心的监督学习算法

最一般的情况是，隐节点 RBF 函数的中心、扩展常数和输出层权值均采用监督学习算法进行训练，即所有参数都经历一个误差修正学习过程，其方法与第 3 章采用 BP 算法训练多层感知器的原理类似。下面以单输出 RBF 网络为例，介绍一种梯度下降算法。

定义目标函数为

$$E = \frac{1}{2}\sum_{i=1}^{P} e_i^2 \tag{5-26}$$

式中，P 为训练样本数，e_i 为输入第 i 个样本时的误差信号，定义为

$$e_i = d_i - F(\boldsymbol{X}_i) = d_i - \sum_{j-1}^{M} w_j G(\| \boldsymbol{X}_i - \boldsymbol{C}_j \|) \tag{5-27}$$

上式的输出函数中忽略了阈值。

为使目标函数最小化，各参数的修正量应与其负梯度成正比，即

$$\Delta \boldsymbol{c}_j = -\eta \frac{\partial E}{\partial \boldsymbol{c}_j}$$

$$\Delta \delta_j = -\eta \frac{\partial E}{\partial \delta_j}$$

$$\Delta w_j = -\eta \frac{\partial E}{\partial w_j}$$

具体计算式为

$$\Delta c_j = \eta \frac{w_j}{\delta_j^2}\sum_{i=1}^{P} e_i G(\|\boldsymbol{X}_i - \boldsymbol{c}_j\|)(\boldsymbol{X}_i - \boldsymbol{c}_j) \tag{5-28}$$

$$\Delta \delta_j = \eta \frac{w_j}{\delta_j^3}\sum_{i=1}^{P} e_i G(\| \boldsymbol{X}_i - \boldsymbol{c}_j \|) \|\boldsymbol{X}_i - \boldsymbol{c}_j\|^2 \tag{5-29}$$

$$\Delta w_j = \eta \sum_{i=1}^{P} e_i G(\| \boldsymbol{X}_i - \boldsymbol{c}_j \|) \tag{5-30}$$

上述目标函数是所有训练样本引起的误差的总和，导出的参数修正公式是一种批处理式调整，即所有样本输入一轮后调整一次。目标函数也可定义为瞬时值形式，即当前输入样本引起的误差

$$E = \frac{1}{2} e^2 \tag{5-31}$$

使上式中目标函数最小化的参数修正式为单样本训练模式，即

$$\Delta \boldsymbol{c}_j = \eta \frac{w_j}{\delta_j^2} e G(\| \boldsymbol{X} - \boldsymbol{c}_j \|)(\boldsymbol{X} - \boldsymbol{c}_j) \tag{5-32}$$

$$\Delta \delta_j = \eta \frac{w_j}{\delta_j^3} e G(\| \boldsymbol{X} - \boldsymbol{c}_j \|) \| \boldsymbol{X} - \boldsymbol{c}_j \|^2 \tag{5-33}$$

$$\Delta w_j = \eta e_i G(\| \boldsymbol{X} - \boldsymbol{c}_j \|) \tag{5-34}$$

5.5 RBF 网络与多层感知器的比较

RBF 网络与多层感知器都是非线性多层前向网络，它们都是通用逼近器。对于任一个多层感知器，总存在一个 RBF 网络可以代替它，反之亦然。但是，这两个网络也存在着很多不同点：

① RBF 网络只有一个隐层，而多层感知器的隐层可以是一层也可以是多层的。

② 多层感知器的隐层和输出层其神经元模型是一样的。而 RBF 网络的隐层神经元和输出层神经元不仅模型不同，而且在网络中起到的作用也不一样。

③ RBF 网络的隐层是非线性的，输出层是线性的。然而，当用多层感知器解决模式分类问题时，它的隐层和输出层通常选为非线性的。当用多层感知器解决非线性回归问题时，通常选择线性输出层。

④ RBF 网络的基函数计算的是输入向量和中心的欧氏距离，而多层感知器隐单元的激励函数计算的是输入单元和连接权值间的内积。

⑤ RBF 网络使用局部指数衰减的非线性函数（如高斯函数）对非线性输入输出映射进行局部逼近。多层感知器（包括 BP 网）的隐节点采用输入模式与权向量的内积作为激活函数的自变量，而激活函数则采用 Sigmoidal 函数或硬限幅函数，因此多层感知器是对非线性映射的全局逼近。RBF 网最显着的特点是隐节点采用输入模式与中心向量的距离（如欧氏距离）作为函数的自变量，并使用径向基函数（如 Gauss 函数）作为激活函数。径向基函数关于 N 维空间的一个中心点具有径向对称性，而且神经元的输入离该中心点越远，神经元的激活程度就越低。隐节点的这个特性常被称为“局部特性”。

由于 RBF 网络能够逼近任意的非线性函数，可以处理系统内在的难以解析的规律性，并且具有很快的学习收敛速度，因此 RBF 网络有较为广泛的应用。目前 RBF 网络已成功地用于非线性函数逼近、时间序列分析、数据分类、模式识别、信息处理、图像处理、系统建模、控制和故障诊断等。

5.6　RBF 网络的设计与应用实例

5.6.1　RBF 网络在液化气销售量预测中的应用

某液化气公司两年液化气销售量见表 5-1。为预测未来年月的液化气销售量，以表 5-1 中的 24 组数据作为训练样本，再加上季节性因素、月度指数、周期系数和突发系数等，共计有 5 个影响销售量的因素。设计一个 RBF 网络作为预测模型，通过反复试验，确定隐层设 12 个数据中心，因此对于该 RBF 网络有：$P=24$，$N=5$，$M=12$，满足 $N<M<P$。

表 5-1　某液化气公司两年液化气销售量　（单位：kg）

年月	销售量	年月	销售量	年月	销售量	年月	销售量
2000.1	5230	2000.7	6000	2001.1	5400	2001.7	6500
2000.2	5000	2000.8	6200	2001.2	5100	2001.8	7000
2000.3	5200	2000.9	6200	2001.3	5300	2001.9	6800
2000.4	5400	2000.10	6050	2001.4	5500	2001.10	6500
2000.5	5500	2000.11	5500	2001.5	5850	2001.11	6250
2000.6	5800	2000.12	5400	2001.6	6200	2001.12	6000

采用梯度下降算法对数据中心、扩展常数和权值等网络参数进行训练，参数调整采用式 (5-28)~式 (5-30)。

训练前需要对网络参数进行初始化，对不同的参数应采用不同的方法。例如，可根据经验从输入样本中选取 12 个作为数据中心的初始值，再利用式（5-18）得到扩展常数的初始值，权重的初始化则可采用较小的随机数。

5.6.2　RBF 网络在地表水质评价中的应用

《地表水环境质量标准》（GHZB—1999）与某市 1998 年 7 个地表水点的监测数据分别见表 5-2 和表 5-3。

表 5-2　地表水质评价标准　（单位：mg/L）

评价指标	Ⅰ级	Ⅱ级	Ⅲ级	Ⅳ级	Ⅴ级
DO^*	0.1111	0.1667	0.2000	0.3333	0.5000
CODmn	2	4	8	10	15
CODcr	15	16	20	30	40
BOD_5	2	3	4	6	10
NH_4-N	0.4	0.5	0.6	1.0	1.5
挥发酚	0.001	0.003	0.005	0.010	0.100
总砷	0.01	0.05	0.07	0.10	0.11
Cr+6	0.01	0.03	0.05	0.07	0.10

注：DO^* 代表 DO 的倒数（表 5-3 同）。

下面采用径向基网络方法进行该市地表水质评价。

1. 训练样本集、检测样本集及其期望目标的生成

（1）训练样本集　为了解决仅用评价标准作为训练样本，训练样本数过少和无法构建检

表 5-3　地表水质监测数据　（单位：mg/L）

评价指标	待评样本						
	1	2	3	4	5	6	7
DO*	0.1925	0.3130	0.1587	0.1908	0.2532	0.4651	0.1653
CODmn	9.175	10.375	0.925	6.120	17.910	19.940	0.810
CODcr	49.6	47.84	18.68	47.33	99.40	71.31	1.65
BOD_5	7.13	14.24	2.33	9.26	17.58	6.68	0.51
NH_4-N	21.21	8.43	0.29	13.78	7.51	12.33	0.32
挥发酚	0.005	0.007	0.000	0.004	0.016	0.015	0.001
总砷	0.041	0.188	0.006	0.018	0.057	0.088	0.004
Cr^{+6}	0.023	0.030	0.012	0.018	0.040	0.034	0.017
网络输出	4.252	4.252	1.5581	4.252	4.252	4.252	1.3369
水质等级	Ⅴ级	Ⅴ级	Ⅱ级	Ⅴ级	Ⅴ级	Ⅴ级	Ⅱ级

测样本的问题，在各级评价标准内按随机均匀分布方式线性内插生成训练样本，小于Ⅰ级标准的生成500个，Ⅰ、Ⅱ级标准之间的生成500个，其余以此类推，共形成2500个训练样本。

（2）测试样本集　用相同的方法生成检测样本，小于Ⅰ级标准生成100个，Ⅰ、Ⅱ级标准之间生成100个，其余以此类推，共形成500个检测样本。

（3）期望目标　小于Ⅰ级标准的训练样本和检测样本的期望目标为0~1之间的数值，Ⅰ、Ⅱ级标准之间的训练样本和检测样本的期望目标为1~2之间的数值，Ⅱ、Ⅲ级标准之间的训练样本和检测样本的期望目标为2~3之间的数值，其余以此类推。根据各生成样本的内插比例可计算出其期望目标值在各取值区间的对应值。据上述思路可以确定Ⅰ、Ⅱ、Ⅲ、Ⅳ、Ⅴ各级水的网络输出范围分别为：<1 、1~2 、2~3 、3~4 、>4。

2. 原始数据的预处理

试验两种预处理方案：一种是将原始数据归一化到-1~1之间；另一种是不对原始数据进行预处理。

3. 径向基网络的设计与应用效果

（1）利用MATLAB 6.15构建径向基网络　RBF网络输入层神经元数取决于水质评价的指标数，据题意确定为8，输出层神经元数设定为1，利用MATLAB6.15中的NEWRB函数训练网络，自动确定所需隐层单元数。隐层单元激励函数为RADBAS，加权函数为DIST，输入函数为NETPROD，输出层神经元的激励函数为纯线性函数PURELIN，加权函数为DOTPROD，输入函数为NETSUM。

（2）网络的应用效果　采用连续目标、归一化原始数据进行网络训练与测试，当训练次数等于9时，训练样本的均方误差为0.0003，对于2500个训练样本与500个检测样本的错判率等于零。将该训练好的网络应用于7个待评点的评价，所得网络输出与评价结果见表5-3。

5.6.3　RBF网络在汽油干点软测量中的应用

软测量技术是工业过程分析、控制和优化的有力工具，所谓软测量就是根据可以检测的过程变量（如温度、流量、压力等）推断出某些难以检测或根本无法检测的工艺参数。建立软测量模型可以从两个方面入手，一种是通过分析工业过程的机理得到机理模型；另一种是根据反映过程运行的数据直接建立模型。由于机理方程推导和运算的复杂性，通常采用第二种方法。在这类方法中，基于前向神经网络建立软测量模型是比较有效的一种，与其他前向网络相比，RBF 神经网络不仅具有良好的泛化能力，而且计算量少，学习速度也比其他算法快得多。

1. 混合模型设计

利用 SOFM 算法的自组织聚类特点以及 RBF 网络的非线性逼近能力，构造基于 SOFM 和 RBF 网络的混合网络模型。其中，SOFM 网络作为聚类网络，竞争层神经元以一维阵列形式排列；RBF 网络作为基础网络，采用单输出的网络结构。该模型通过 SOFM 网络对输入样本数进行粗分类，各分类中心对应的连接权值向量传递给 RBF 网络，作为 RBF 网络径向基函数中心；RBF 网络中隐层到输出层的连接权值采用有监督学习方法来确定。

混合网络的训练过程如下：首先对输入样本数据进行归一化处理，然后通过 SOFM 网络进行自组织分类，得到 M 种样本类别，样本类别个数 M 即为 RBF 神经网络径向基函数中心的个数。同时可以确定 RBF 网络隐层各个基函数的中心和宽度：第 j 个基函数的中心为 SOFM 网络的第 j 个聚类域中获胜神经元对应的权值向量，该基函数的宽度可按式（5-22）求得，也可令它们等于各自聚类中心与聚类域中训练样本间的平均距离，即

$$\delta_j = \frac{1}{N_j}\sum_{\boldsymbol{X} \in \boldsymbol{U}_j}(\boldsymbol{X} - c_j) \tag{5-35}$$

2. 仿真应用

汽油干点是反映炼油厂常压塔产品质量的一个重要参数。影响汽油干点的因素主要有：塔顶温度、塔顶压力和塔顶循环回流温差。建立以上述 3 个工况参数为输入、以汽油干点为输出的基于 SOM 和 RBF 的混合网络模型。选择 160 组具有代表性的实际工况数据和对应的汽油干点化验值组成样本集，其中 80 组用于训练网络，其余 80 组用于网络泛化性能测试，测试结果如图 5-5 所示。可以看出，软测量模型的估计值与实际化验值能较好地吻合。

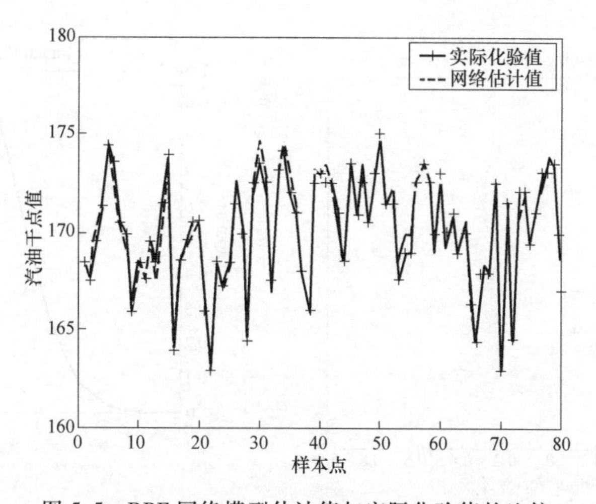

图 5-5　RBF 网络模型估计值与实际化验值的比较

5.7 基于 MATLAB 的 RBF 网络应用实例

问题描述：假设有21个输入-输出对，需要建立 RBF 网络对其进行拟合。

（1）数据点（X，T）如程序中所示，其分布如图5-6所示。

```
clear
X = -1:.1:1;
T = [-.9602 -.5770 -.0729  .3771  .6405  .6600  .4609…
     .1336 -.2013 -.4344 -.5000 -.3930 -.1647  .0988…
     .3072  .3960  .3449  .1816 -.0312 -.2189 -.3201];
figure(1)
plot(X,T,'+');
title('Training Vectors');
xlabel('Input Vector X');
ylabel('Target Vector T');
hold on;
```

（2）可以采用 MATLAB 神经网络工具箱 newrb 进行 RBF 网络的设计。在直接采用 newrb 之前，我们先观察 RBF 网络的工作过程，即径向基函数的作用以及加权求和后的效果。RBF 网络采用函数 radbas 计算输出。径向基函数对数据的处理程序如下，结果如图5-7所示。

```
x = -3:.1:3;
a1 =radbas(x);
plot(x,a1)
title('Radial Basis Transfer Function');
xlabel('Input x');
ylabel('Output a1');
```

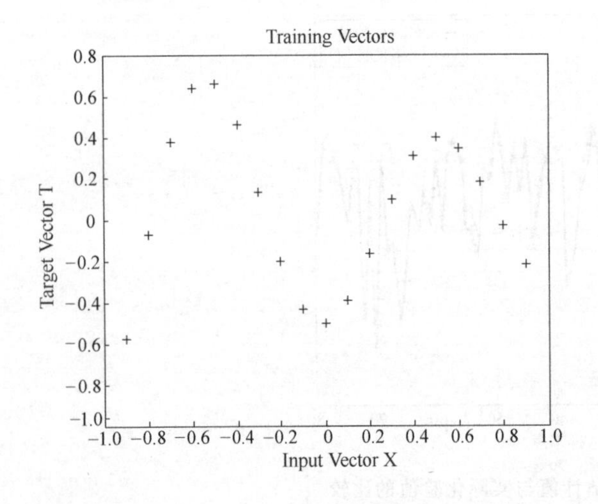

图5-6 训练数据分布

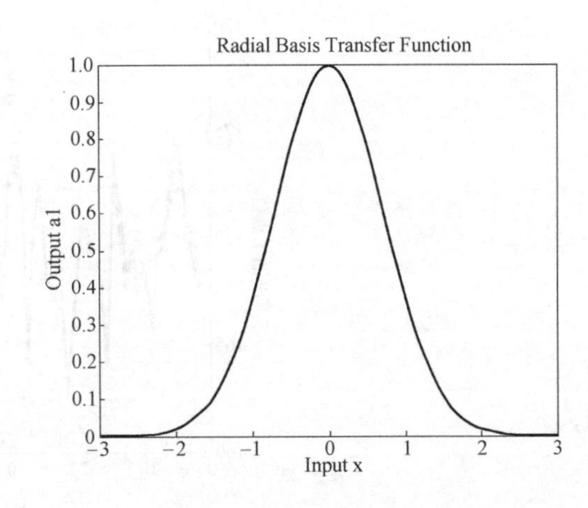

图5-7 径向基函数的作用

下面观察多个径向基函数 a1，a2，a3 加权求和成 a4 的效果，如图 5-8 所示。

```
a2 =radbas(x-1.5);
a3 =radbas(x+2);
a4 = a1 + a2 * 1 + a3 * 0.5;
plot(x,a1,'b-',x,a2,'b--',x,a3,'b--',x,a4,'m-')
title('Weighted Sum of Radial Basis Transfer Functions');
xlabel('Input x');
ylabel('Output a4');
legend('a1','a2','a3','a4')
```

可以看出，如果选择合适径向基函数宽度以及加权系数等，可以形成新的曲线以拟合样本数据。

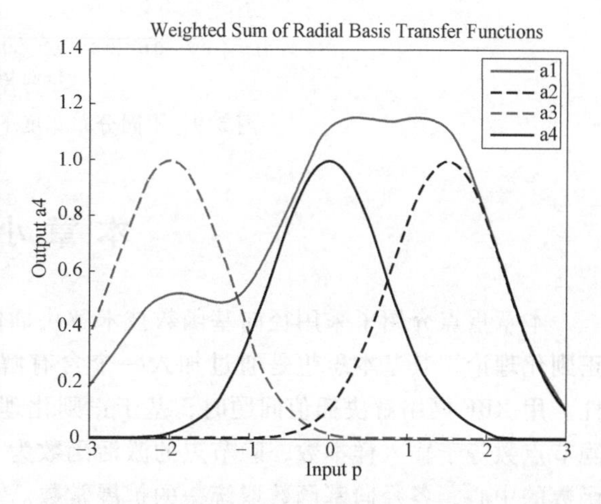

图 5-8　径向基函数加权后的效果

(3) 在 (2) 中演示了径向基函数的拟合情况，也可以基于输入输出数据，直接利用 newrb 函数进行设计，例如产生一个新的 RBF 网络如下，net = newrb (X, T, eg, sc)，其中 X，T 分别代表输入输出，eg 为误差二次方和目标值，sc 为径向基函数的分布宽度。sc 越小，径向基函数宽度越窄，每个径向基函数覆盖的范围越小，拟合所需要的径向基函数越多。下面对同一问题对比不同 sc 的影响。忽略 (2) 中的程序，直接放在第一部分程序之后。

```
eg = 0.02; % 误差二次方和目标值
sc1 = 0.01;% 过小的分布宽度
net =newrb(X,T,eg,sc1);
Y1 = net(X);
sc2 = 100;% 过大的分布宽度
net =newrb(X,T,eg,sc2);
Y2 = net(X);
sc3 = 1;% 适合的分布宽度
net =newrb(X,T,eg,sc3);
Y3 = net(X);
figure(1)
plot(X,Y1,'r-',X,Y2,'k--',X,Y3,'b-.');
%hold on;
legend('sample','sc=0.1','sc=100','sc=1')
hold off;
```

运行后的结果如图 5-9 所示。

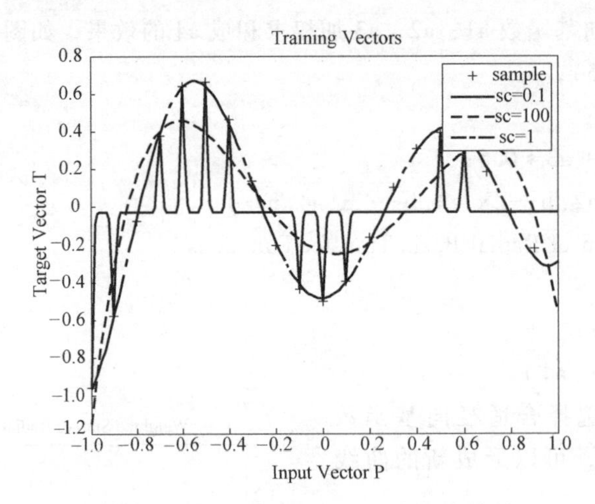

图 5-9　不同分布宽度下 RBF 的拟合效果

本章小结

本章重点介绍了采用径向基函数技术解决插值问题的方法，并引入了解决不适定问题的正则化理论，其基本思想是通过加入一个含有解的先验知识的约束来控制映射函数的光滑性。用 RBF 网络解决插值问题时，基于正则化理论的 RBF 网络称为正则化网络。其特点是隐节点数等于输入样本数，隐节点的激活函数为 Green 函数，并将所有输入样本设为径向基函数的中心，各径向基函数取统一的扩展常数。

阐述了模式可分性观点：将复杂的模式分类问题非线性地投射到高维空间将比投射到低维空间更可能是线性可分的。当 $N<M<P$ 时，得到广义 RBF 网络，其各径向基函数的扩展常数不再统一，且输出函数的线性中包含阈值参数。介绍了应用 K-means 聚类算法确定数据中心的方法以及基于监督学习规则的梯度下降算法。

习　　题

5.1　本章 5.3.1 小节中给出一个具有 2 个隐节点的 RBF 网络用于解决 XOR 问题。设计一个具有 4 个隐节点的 RBF 网络解决 XOR 问题，每个径向基函数的中心由一个输入模式决定。4 个输入模式为（0，0）、（0，1）、（1，0）和（1，1）。

（1）求上述 RBF 网络的插值矩阵 $\boldsymbol{\Phi}$ 及其逆 $\boldsymbol{\Phi}^{-1}$。

（2）计算该网络输出层的线性权值。

5.2　设计一个 RBF 神经网络逼近下式定义的映射

$$f(x_1,x_2)=\begin{cases}+1 & x_1^2+x_2^2\leqslant 1\\ -1 & x_1^2+x_2^2>1\end{cases}$$

式中，$-2<x_1<2$，$-2<x_2<2$。训练集共有 441 个数据，定义为

$$\boldsymbol{x}=(x_i,x_j)$$

由下面的方法产生

$$x_i = -2 + i \times 0.2 \quad i = 0, 1, \cdots, 20$$

$$x_j = -2 + j \times 0.2 \quad j = 0, 1, \cdots, 20$$

（1）设计一个 RBF 网络，将训练集中的所有样本设为径向基函数的中心。

（2）设计一个 RBF 网络，从训练集中随机选择 150 个样本作为径向基函数的中心，比较（1）和（2）中两个网络的性能。

（3）随机选取 150 个中心，采用梯度下降算法式（5-28）~式（5-30）进行 RBF 网络设计，并比较（1）、（2）和（3）中三个网络的性能。

5.3　考虑 Hermit 多项式的逼近问题

$$F(x) = 1.1(1 - x + 2x^2)\exp\left(-\frac{x^2}{2}\right)$$

训练样本按以下方法产生：样本数 $P=100$，其中输入样本 x_i服从区间［-4，4］内的均匀分布，样本输出为 $F(x_i)+e_i$，e_i为添加的噪声，服从均值为 0，标准差为 0.1 的正态分布。

（1）试用聚类方法求数据中心和扩展常数，输出权值和阈值用伪逆法求解。隐节点数 $M=10$，隐节点重叠系数 $\lambda=1$，初始聚类中心取前 10 个训练样本。

（2）试用梯度算法训练 RBF 网络，设 $\eta=0.001$，$M=10$，初始权值为［-0.1，0.1］内的随机数，初始数据中心为［-4.0，4.0］内的随机数，初始扩展常数取［0.1，0.3］内的随机数，目标误差为 0.9，最大训练次数为 5000。

第 6 章　反馈神经网络

根据神经网络运行过程中的信息流向，可分为前馈式和反馈式两种基本类型。前馈网络通过引入隐层以及非线性转移函数，网络具有复杂的非线性映射能力。但前馈网络的输出仅由当前输入和权矩阵决定，而与网络先前的输出状态无关。

美国加州理工学院物理学家 J. J. Hopfield 教授于 1982 年发表了对神经网络发展颇具影响的论文，提出一种单层反馈神经网络，后来人们将这种反馈网络称作 Hopfield 网。J. J. Hopfield 教授在反馈神经网络中引入了“能量函数”的概念，这一概念的提出对神经网络的研究具有重大意义，它使神经网络运行稳定性的判断有了可靠依据。1985 年 Hopfield 还与 D. W. Tank 一道用模拟电子线路实现了 Hopfield 网，并成功地求解了优化组合问题中具有代表意义的 TSP 问题，从而开辟了神经网络用于智能信息处理的新途径，为神经网络的复兴立下了不可磨灭的功劳。

在前馈网络中，不论是离散型还是连续型，一般均不考虑输出与输入之间在时间上的滞后性，而只是表达两者间的映射关系。但在 Hopfield 网中，考虑了输出与输入间的延迟因素。因此，需要用微分方程或差分方程来描述网络的动态数学模型。

神经网络的学习方式有 3 种类型，其中有导师学习和无导师学习方式在第 3 章和第 4 章均已涉及。第三类学习方式是“灌输式”，即网络的权值不是经过反复学习获得，而是按一定规则事前计算出来。Hopfield 网络便采用了这种学习方式，其权值一经确定就不再改变，而网络中各神经元的状态在运行过程中不断更新，网络演变到稳定时各神经元的状态便是问题之解。

Hopfield 网络分为离散型和连续型两种网络模型，分别记作 DHNN（Discrete Hopfield Neural Network）和 CHNN（Continues Hopfield Neural Network），本章重点讨论前一种类型。

1988 年 B. kosko 提出一种双向联想记忆网络模型，记为 BAM（Bidirectional Associative Memory）。该网络也分为离散型和连续型两种类型，在联想记忆方面的应用非常广泛，本章重点介绍离散型 BAM 网。

6.1　离散型 Hopfield 神经网络

6.1.1　网络的结构与工作方式

离散型反馈网络的拓扑结构如图 6-1 所示。这是一种单层全反馈网络，共有 n 个神经元。其特点是任一神经元的输出 x_i 均通过连接权 w_{ij} 反馈至所有神经元 x_j 作为输入。换句话说，每个神经元都通过连接权接收所有神经元输出反馈回来的信息，其目的是为了使任一神经元的输出都能受所有神经元输出的控制，从而使各神经元的输出能相互制约。每个神经元均设有一个阈值 T_j，以反映对输入噪声的控制。DHNN 网可简记为 $N=(\boldsymbol{W}, \boldsymbol{T})$。

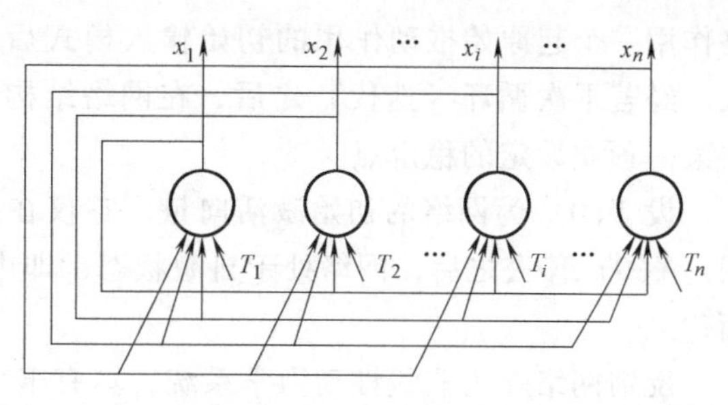

图 6-1　DHNN 网的拓扑结构

（1）网络的状态　DHNN 网中的每个神经元都有相同的功能，其输出称为状态，用 x_j 表示，所有神经元状态的集合就构成反馈网络的状态 $\boldsymbol{X}=[x_1,x_2,\cdots,x_n]^{\mathrm{T}}$。反馈网络的输入就是网络的状态初始值，表示为 $\boldsymbol{X}(0)=[x_1(0),x_2(0),\cdots,x_n(0)]^{\mathrm{T}}$。反馈网络在外界输入激发下，从初始状态进入动态演变过程，其间网络中每个神经元的状态在不断变化，变化规律由下式规定

$$x_j=f(net_j) \qquad j=1,2,\cdots,n$$

其中，$f(\cdot)$ 为转移函数，DHNN 网的转移函数常采用符号函数

$$x_j=\mathrm{sgn}(net_j)=\begin{cases}1 & net_j\geqslant 0\\ -1 & net_j<0\end{cases} \qquad j=1,2,\cdots,n \tag{6-1}$$

式中净输入为

$$net_j=\sum_{i=1}^{n}(w_{ij}x_i-T_j) \qquad j=1,2,\cdots,n \tag{6-2}$$

对于 DHNN 网，一般有 $w_{ii}=0$，$w_{ij}=w_{ji}$。

反馈网络稳定时每个神经元的状态都不再改变，此时的稳定状态就是网络的输出，表示为

$$\lim_{t\to\infty}X(t)$$

（2）网络的异步工作方式　网络的异步工作方式是一种串行方式。网络运行时每次只有一个神经元 i 按式（6-1）进行状态的调整计算，其他神经元的状态均保持不变，即

$$x_j(t+1)=\begin{cases}\mathrm{sgn}[net_j(t)] & j=i\\ x_j(t) & j\neq i\end{cases} \tag{6-3}$$

神经元状态的调整次序可以按某种规定的次序进行，也可以随机选定。每次神经元在调整状态时，根据其当前净输入值的正负决定下一时刻的状态，因此其状态可能会发生变化，也可能保持原状。下次调整其他神经元状态时，本次的调整结果即在下一个神经元的净输入中发挥作用。

（3）网络的同步工作方式　网络的同步工作方式是一种并行方式，所有神经元同时调整状态，即

$$x_j(t+1)=\mathrm{sgn}[net_j(t)] \qquad j=1,2,\cdots,n \tag{6-4}$$

6.1.2　网络的稳定性与吸引子

反馈网络是一种能存储若干个预先设置的稳定点（状态）的网络。运行时，当向该网

络作用一个起原始推动作用的初始输入模式后，网络便将其输出反馈回来作为下一次的输入。经若干次循环（迭代）之后，在网络结构满足一定条件的前提下，网络最终将会稳定在某一预先设定的稳定点。

设 $\boldsymbol{X}(0)$ 为网络的初始激活向量，它仅在初始瞬间 $t=0$ 时作用于网络，起原始推动作用。$\boldsymbol{X}(0)$ 移去之后，网络处于自激状态，即由反馈回来的向量 $\boldsymbol{X}(1)$ 作为下一次的输入取而代之。

反馈网络作为非线性动力学系统，具有丰富的动态特性，如稳定性、有限环状态和混沌（Chaos）状态等。

1. 网络的稳定性

由网络工作状态的分析可知，DHNN 网实质上是一个离散的非线性动力学系统。网络从初态 $\boldsymbol{X}(0)$ 开始，若能经有限次递归后，其状态不再发生变化，即 $\boldsymbol{X}(t+1)=\boldsymbol{X}(t)$，则称该网络是稳定的。如果网络是稳定的，它可以从任一初态收敛到一个稳态，如图 6-2a 所示；若网络是不稳定的，由于 DHNN 网每个节点的状态只有 1 和 -1 两种情况，网络不可能出现无限发散的情况，而只可能出现限幅的自持振荡，这种网络称为有限环网络，图 6-2b 给出了它的相图。如果网络状态的轨迹在某个确定的范围内变迁，但既不重复也不停止，状态变化为无穷多个，轨迹也不发散到无穷远，这种现象称为混沌，其相图如图 6-2c 所示。对于 DHNN 网，由于网络的状态是有限的，因此不可能出现混沌现象。

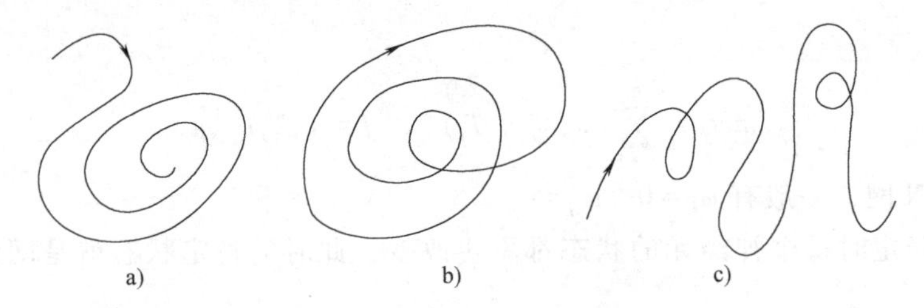

图 6-2　反馈网络的 3 种相图

利用 Hopfield 网的稳态，可实现联想记忆功能。Hopfield 网在拓扑结构及权矩阵均一定的情况下，能存储若干个预先设置的稳定状态；而网络运行后达到哪个稳定状态将与其初始状态有关。因此，若用网络的稳态代表一种记忆模式，初始状态朝着稳态收敛的过程便是网络寻找记忆模式的过程。初态可视为记忆模式的部分信息，网络演变的过程可视为从部分信息回忆起全部信息的过程，从而实现了联想记忆功能。

网络的稳定性与下面将要介绍的能量函数密切相关，利用网络的能量函数可实现优化求解功能。网络的能量函数在网络状态按一定规则变化时，能自动趋向能量的极小点。如果把一个待求解问题的目标函数以网络能量函数的形式表达出来，当能量函数趋于最小时，对应的网络状态就是问题的最优解。网络的初态可视为问题的初始解，而网络从初态向稳态的收敛过程便是优化计算过程，这种寻优搜索是在网络演变过程中自动完成的。

2. 吸引子与能量函数

网络达到稳定时的状态 $\boldsymbol{X}$，称为网络的吸引子。一个动力学系统的最终行为是由它的吸引子决定的，吸引子的存在为信息的分布存储记忆和神经优化计算提供了基础。如果把吸引子视为问题的解，那么从初态向吸引子演变的过程便是求解计算的过程。若把需要记忆的样本信息存储于网络不同的吸引子，当输入含有部分记忆信息的样本时，网络的演变过程便是从部分信息寻找全部信息，即联想回忆的过程。

下面给出 DHNN 网吸引子的定义和定理：

定义 6.1　若网络的状态 $\boldsymbol{X}$ 满足 $\boldsymbol{X}=\boldsymbol{f}(\boldsymbol{W}\boldsymbol{X}-\boldsymbol{T})$，则称 $\boldsymbol{X}$ 为网络的吸引子。

定理 6.1　对于 DHNN 网，若按异步方式调整网络状态，且连接权矩阵 $\boldsymbol{W}$ 为对称阵，则对于任意初态，网络都最终收敛到一个吸引子。

下面通过对能量函数的分析对定理 6.1 进行证明。

定义网络的能量函数为

$$E(t)=-\frac{1}{2}\boldsymbol{X}^{\mathrm{T}}(t)\boldsymbol{W}\boldsymbol{X}(t)+\boldsymbol{X}^{\mathrm{T}}(t)\boldsymbol{T} \tag{6-5}$$

令网络能量的改变量为 ΔE，网络状态的改变量为 $\Delta\boldsymbol{X}$，有

$$\Delta E(t)=E(t+1)-E(t) \tag{6-6}$$

$$\Delta\boldsymbol{X}(t)=X(t+1)-X(t) \tag{6-7}$$

将式（6-5）和式（6-7）代入式（6-6），则网络能量的改变量可进一步展开为

$$\begin{aligned}
\Delta E(t)&=E(t+1)-E(t)\\
&=-\frac{1}{2}[\boldsymbol{X}(t)+\Delta\boldsymbol{X}(t)]^{\mathrm{T}}\boldsymbol{W}[\boldsymbol{X}(t)+\Delta\boldsymbol{X}(t)]+[\boldsymbol{X}(t)+\Delta\boldsymbol{X}(t)]^{\mathrm{T}}\boldsymbol{T}-\left[-\frac{1}{2}\boldsymbol{X}^{\mathrm{T}}(t)\boldsymbol{W}\boldsymbol{X}(t)+\boldsymbol{X}^{\mathrm{T}}(t)T\right]\\
&=-\Delta\boldsymbol{X}^{\mathrm{T}}(t)\boldsymbol{W}\boldsymbol{X}(t)-\frac{1}{2}\Delta\boldsymbol{X}^{\mathrm{T}}(t)\boldsymbol{W}\Delta\boldsymbol{X}(t)+\Delta\boldsymbol{X}^{\mathrm{T}}(t)\boldsymbol{T}\\
&=-\Delta\boldsymbol{X}^{\mathrm{T}}(t)[\boldsymbol{W}\boldsymbol{X}(t)-T]-\frac{1}{2}\Delta\boldsymbol{X}^{\mathrm{T}}(t)W\Delta\boldsymbol{X}(t)
\end{aligned} \tag{6-8}$$

由于定理 6.1 规定按异步方式工作，第 t 个时刻只有 1 个神经元调整状态，设该神经元为 j，将 $\Delta\boldsymbol{X}(t)=[0,\cdots,0,\Delta x_j(t),0,\cdots,0]^{\mathrm{T}}$ 代入上式，并考虑到 $\boldsymbol{W}$ 为对称矩阵，有

$$\Delta E(t)=-\Delta x_j(t)\left[\sum_{i=1}^{n}(w_{ij}x_i-T_j)\right]-\frac{1}{2}\Delta x_j^2(t)w_{jj}$$

设各神经元不存在自反馈，有 $w_{jj}=0$，并引入式（6-2），上式可简化为

$$\Delta E(t)=-\Delta x_j(t)net_j(t) \tag{6-9}$$

下面考虑上式中可能出现的所有情况。

情况 a：$x_j(t)=-1$，$x_j(t+1)=1$，由式（6-7）得 $\Delta x_j(t)=2$，由式（6-1）知，$net_j(t)\geqslant 0$，代入式（6-9），得 $\Delta E(t)\leqslant 0$。

情况 b：$x_j(t)=1$，$x_j\ (t+1)=-1$，所以 $\Delta x_j(t)=-2$，由式（6-1）知，$net_j(t)<0$，代入式（6-9），得 $\Delta E(t)<0$。

情况 c：$x_j(t)=x_j(t+1)$，所以 $\Delta x_j(t)=0$，代入式（6-9），从而有 $\Delta E(t)=0$。

以上三种情况包括了式（6-9）可能出现的所有情况，由此可知在任何情况下均有 $\Delta E(t)\leqslant 0$，也就是说，在网络动态演变过程中。能量总是在不断下降或保持不变。由于网络中各节点的状态只能取 1 或-1，能量函数 $E(t)$ 作为网络状态的函数是有下界的，因此网络能量函数最终将收敛于一个常数，此时 $\Delta E(t)=0$。

下面分析当 $E(t)$ 收敛于常数时，是否对应于网络的稳态。当 $E(t)$ 收敛于常数时，有 $\Delta E(t)=0$，此时对应于以下两种情况：

情况 a：$x_j(t)=x_j(t+1)=1$ 或 $x_j(t)=x_j(t+1)=-1$，这种情况下神经元 j 的状态不再改变，表明网络已进入稳态，对应的网络状态就是网络的吸引子。

情况 b：$x_j(t)=-1$，$x_j(t+1)=1$，$net_j(t)=0$，这种情况下网络继续演变时，$x_j=1$ 将不会再变化。因为如果 x_j 由 1 变回到-1，则有 $\Delta E(t)<1$，与 $E(t)$ 收敛于常数的情况相矛盾。

综上所述，当网络工作方式和权矩阵均满足定理 6.1 的条件时，网络最终将收敛到一个吸引子。

事实上，对 $w_{ii}=0$ 的规定是为了数学推导的简便，如不做此规定，上述结论仍然成立。此外当神经元状态取 1 和 0 时，上述结论也将成立。

定理 6.2 对于 DHNN 网，若按同步方式调整状态，且连接权矩阵 $\boldsymbol{W}$ 为非负定对称阵，则对于任意初态，网络都最终收敛到一个吸引子。

证明：由式（6-8）得

$$
\begin{aligned}
\Delta E(t) &= E(t+1) - E(t) \\
&= -\Delta \boldsymbol{X}^{\mathrm{T}}(t)[\boldsymbol{W}\boldsymbol{X}(t) - T] - \frac{1}{2}\Delta \boldsymbol{X}^{\mathrm{T}}(t)\boldsymbol{W}\Delta\boldsymbol{X}(t) \\
&= -\Delta \boldsymbol{X}^{\mathrm{T}}(t)\boldsymbol{net}(t) - \frac{1}{2}\Delta \boldsymbol{X}^{\mathrm{T}}(t)\boldsymbol{W}\Delta\boldsymbol{X}(t) \\
&= -\sum_{j=1}^{n}\Delta x_j(t)\,net_j(t) - \frac{1}{2}\Delta \boldsymbol{X}^{\mathrm{T}}(t)\boldsymbol{W}\Delta\boldsymbol{X}(t)
\end{aligned}
$$

前已证明，对于任何神经元 j，有 $-\Delta x_j(t)\,net_j(t)\leqslant 0$，因此上式第一项不大于 0，只要 $\boldsymbol{W}$ 为非负定阵，第二项也不大于 0，于是有 $\Delta E(t)\leqslant 0$，也就是说 $E(t)$ 最终将收敛到一个常数值，对应的稳定状态是网络的一个吸引子。

比较定理 6.1 和定理 6.2 可以看出，网络采用同步方式工作时，对权值矩阵 $\boldsymbol{W}$ 的要求更高，如果 $\boldsymbol{W}$ 不能满足非负定对称阵的要求，网络会出现自持振荡。异步方式比同步方式有更好的稳定性，应用中较多采用，但其缺点是失去了神经网络并行处理的优势。

以上分析表明，在网络从初态向稳态演变的过程中，网络的能量始终向减小的方向演变，当能量最终稳定于一个常数时，该常数对应于网络能量的极小状态，称该极小状态为网络的能量井，能量井对应于网络的吸引子。

3. 吸引子的性质

下面介绍吸引子的几个性质。

性质 1：若 $\boldsymbol{X}$ 是网络的一个吸引子，且阈值 $T=0$，在 sgn(0) 处，$x_j(t+1)=x_j(t)$，则 $-\boldsymbol{X}$ 也一定是该网络的吸引子。

证明：因为 $\boldsymbol{X}$ 是吸引子，即 $\boldsymbol{X}=f(\boldsymbol{W}\boldsymbol{X})$，从而有

$$
f[\boldsymbol{W}(-\boldsymbol{X})]=f[-\boldsymbol{W}\boldsymbol{X}]=-f[\boldsymbol{W}\boldsymbol{X}]=-\boldsymbol{X}
$$

所以 $-\boldsymbol{X}$ 也是该网络的吸引子。

性质 2：若 $\boldsymbol{X}^a$ 是网络的一个吸引子，则与 $\boldsymbol{X}^a$ 的海明距离 $\mathrm{d}H(\boldsymbol{X}^a, \boldsymbol{X}^b)=1$ 的 $\boldsymbol{X}^b$ 一定不是吸引子。

证明：首先说明，两个向量的海明距离 $\mathrm{d}H(\boldsymbol{X}^a, \boldsymbol{X}^b)$ 是指两个向量中不相同元素的个数。不妨设 $x_1^a\neq x_1^b$，$x_j^a=x_j^b$，$j=2, 3, \cdots, n$。

因为 $w_{11}=0$，由吸引子定义，有

$$x_1^a = f(\sum_{i=2}^{n} w_{i1} x_i^a - T_1) = f(\sum_{i=2}^{n} w_{i1} x_i^b - T_1)$$

由假设条件知，$x_1^a \neq x_1^b$，故

$$x_1^b \neq f(\sum_{i=2}^{n} w_{i1} x_i^b - T_1)$$

所以 $\boldsymbol{X}^b$ 不是该网络的吸引子。

性质 3：若有一组向量 $\boldsymbol{X}^p$（$p=1, 2, \cdots, P$）均是网络的吸引子，且在 sgn(0) 处，$x_j(t+1)=x_j(t)$，则由该组向量线性组合而成的向量 $\sum_{p=1}^{P} a_p \boldsymbol{X}^p$ 也是该网络的吸引子。

该性质请读者自己证明。

4. 吸引子的吸引域

能使网络稳定在同一吸引子的所有初态的集合，称该吸引子的吸引域。下面给出关于吸引域的两个定义。

定义 6.2　若 $\boldsymbol{X}^a$ 是吸引子，对于异步方式，若存在一个调整次序，使网络可以从状态 $\boldsymbol{X}$ 演变到 $\boldsymbol{X}^a$，则称 $\boldsymbol{X}$ 弱吸引到 $\boldsymbol{X}^a$；若对于任意调整次序，网络都可以从状态 $\boldsymbol{X}$ 演变到 $\boldsymbol{X}^a$，则称 $\boldsymbol{X}$ 弱吸引到 $\boldsymbol{X}^a$。

定义 6.3　若对某些 $\boldsymbol{X}$，有 $\boldsymbol{X}$ 弱吸引到吸引子 $\boldsymbol{X}^a$，则称这些 $\boldsymbol{X}$ 的集合为 $\boldsymbol{X}^a$ 的弱吸引域；若对某些 $\boldsymbol{X}$，有 $\boldsymbol{X}$ 强吸引到吸引子 $\boldsymbol{X}^a$，则称这些 $\boldsymbol{X}$ 的集合为 $\boldsymbol{X}^a$ 的强吸引域。

欲使反馈网络具有联想能力，每个吸引子都应该具有一定的吸引域。只有这样，对于带有一定噪声或缺损的初始样本，网络才能经过动态演变而稳定到某一吸引子状态，从而实现正确联想。反馈网络设计的目的就是要使网络能落到期望的稳定点（问题的解）上，并且还要具有尽可能大的吸引域，以增强联想功能。

例 6-1　设有 3 节点 DHNN 网，用图 6-3a 所示的无向图表示，权值与阈值均已标在图中，试计算网络演变过程的状态。

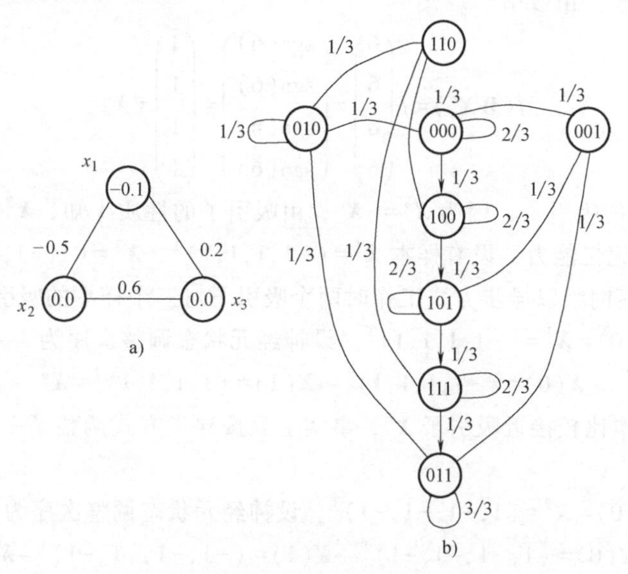

图 6-3　DHNN 网络状态演变示意图

解：设各节点状态取值为1或0，3节点DHNN网络应有$2^3=8$种状态。不妨将$X=(x_1,x_2,x_3)^T=(0,0,0)^T$作为网络初态，按1→2→3的次序更新状态。

第1步：更新x_1，$x_1=\text{sgn}[(-0.5)\times0+0.2\times0-(-0.1)]=\text{sgn}(0.1)=1$，其他节点状态不变，网络状态由$(0,0,0)^T$变成$(1,0,0)^T$。如果先更新$x_2$或$x_3$，网络状态将仍为$(0,0,0)^T$，因此初态保持不变的概率为2/3，而变为$(1,0,0)^T$的概率为1/3。

第2步：此时网络状态为$(1,0,0)^T$，更新x_2后，得$x_2=\text{sgn}[(-0.5)\times1+0.6\times0-0]=\text{sgn}(-0.5)=0$，其他节点状态不变，网络状态仍为$(1,0,0)^T$。如果本步先更新$x_1$或$x_3$，网络相应状态将为$(1,0,0)^T$和$(1,0,1)^T$，因此本状态保持不变的概率为2/3，而变为$(1,0,0)^T$的概率为1/3。

第3步：此时网络状态为$(1,0,0)^T$，更新x_3得，$x_3=\text{sgn}[0.2\times1+0.6\times0-0]=\text{sgn}(0.2)=1$。

同理可算出其他状态之间的演变历程和状态转移概率，图6-3b给出了8种状态的演变关系。图中，圆圈内的二进制串代表网络的状态$x_1x_2x_3$，有向线表示状态转移方向，线上标出了相应的状态转移概率。从图中可以看出，$X=(011)^T$是网络的一个吸引子，网络从任意状态出发，经过几次状态更新后都将达到此稳定状态。

例6-2 有一DHNN网，$n=4$，$T_j=0$，$j=1,2,3,4$，向量X^a、X^b和权值矩阵W分别为。

$$X^a=\begin{pmatrix}1\\1\\1\\1\end{pmatrix},\quad X^b=\begin{pmatrix}-1\\-1\\-1\\-1\end{pmatrix},\quad W=\begin{pmatrix}0&2&2&2\\2&0&2&2\\2&2&0&2\\2&2&2&0\end{pmatrix}$$

检验X^a和X^b是否为网络的吸引子，并考察其是否具有联想记忆能力。

解：本例要求验证吸引子和检查吸引域，下面分两步进行。

(1) 检验吸引子　由吸引子定义

$$f(WX^a)=f\begin{pmatrix}6\\6\\6\\6\end{pmatrix}=\begin{pmatrix}\text{sgn}(6)\\\text{sgn}(6)\\\text{sgn}(6)\\\text{sgn}(6)\end{pmatrix}=\begin{pmatrix}1\\1\\1\\1\end{pmatrix}=X^a$$

所以X^a是网络的吸引子，因为$X^b=-X^a$，由吸引子的性质1知，X^b也是网络的吸引子。

(2) 考察联想记忆能力　设有样本$X^1=(-1,1,1,1)^T$、$X^2=(1,-1,-1,-1)^T$、$X^3=(1,1,-1,-1)^T$，试考察网络以异步方式工作时两个吸引子对三个样本的吸引能力。

令网络初态$X(0)=X^1=(-1,1,1,1)^T$。设神经元状态调整次序为1→2→3→4，有

$$X(0)=(-1,1,1,1)^T\to X(1)=(1,1,1,1)^T=X^a$$

可以看出该样本比较接近吸引子X^a，事实上只按异步方式调整了一步，样本X^1即收敛于X^a。

令网络初态$X(0)=X^2=(1,-1,-1,-1)^T$。设神经元状态调整次序为1→2→3→4，有

$$X(0)=(1,-1,-1,-1)^T\to X(1)=(-1,-1,-1,-1)^T=X^b$$

可以看出样本X^2比较接近吸引子X^b，按异步方式调整一步后，样本X^2收敛于X^b。

令网络初态 $\boldsymbol{X}(0)=\boldsymbol{X}^3=(1,1,-1,-1)^{\mathrm{T}}$，它与两个吸引子的海明距离相等。若设神经元状态调整次序为 1→2→3→4，有

$$\boldsymbol{X}(0)=(1,1,-1,-1)^{\mathrm{T}}\to\boldsymbol{X}(1)=(-1,1,-1,-1)^{\mathrm{T}}\to\boldsymbol{X}(2)=(-1,-1,-1,-1)^{\mathrm{T}}=\boldsymbol{X}^b$$

若将神经元状态调整次序改为 3→4→1→2，则有

$$\boldsymbol{X}(0)=(1,1,-1,-1)^{\mathrm{T}}\to\boldsymbol{X}(1)=(1,1,1,-1)^{\mathrm{T}}\to\boldsymbol{X}(2)=(1,1,1,1)^{\mathrm{T}}=\boldsymbol{X}^a$$

从本例可以看出，当网络的异步调整次序一定时，最终稳定于哪个吸引子与其初态有关；而对于确定的初态，网络最终稳定于哪个吸引子与其异步调整次序有关。

6.1.3 网络的权值设计

吸引子的分布是由网络的权值（包括阈值）决定的，设计吸引子的核心就是如何设计一组合适的权值。为了使所设计的权值满足要求，权值矩阵应符合以下要求：

1）为保证异步方式工作时网络收敛，$\boldsymbol{W}$ 应为对称阵。

2）为保证同步方式工作时网络收敛，$\boldsymbol{W}$ 应为非负定对称阵。

3）保证给定的样本是网络的吸引子，并且要有一定的吸引域。

根据应用所要求的吸引子数量，可以采用以下不同的方法。

1. 联立方程法

下面将以图 6-3a 中的 3 节点 DHNN 网为例，说明权值设计的联立方程法。设要求设计的吸引子为 $\boldsymbol{X}^a=(010)^{\mathrm{T}}$ 和 $\boldsymbol{X}^b=(111)^{\mathrm{T}}$，权值和阈值在［-1，1］区间取值，试求权值和阈值。

考虑到 $w_{ij}=w_{ji}$，对于状态 $\boldsymbol{X}^a=(010)^{\mathrm{T}}$，各节点净输入应满足：

$$net_1=w_{12}\times1+w_{13}\times0-T_1=w_{12}-T_1<0 \tag{6-10}$$

$$net_2=w_{12}\times0+w_{23}\times0-T_2=-T_2>0 \tag{6-11}$$

$$net_3=w_{13}\times0+w_{23}\times1-T_3=w_{23}-T_3<0 \tag{6-12}$$

对于 $\boldsymbol{X}^b=(111)^{\mathrm{T}}$状态，各节点净输入应满足：

$$net_1=w_{12}\times1+w_{13}\times1-T_1>0 \tag{6-13}$$

$$net_2=w_{12}\times1+w_{23}\times1-T_2>0 \tag{6-14}$$

$$net_3=w_{13}\times1+w_{23}\times1-T_3>0 \tag{6-15}$$

联立以上 6 项不等式，可求出 6 个未知量的允许取值范围。如取 $w_{12}=0.5$，则由式（6-10），有 $0.5<T_1\leqslant1$，取 $T_1=0.7$；

由式（6-13），有 $0.2<w_{13}\leqslant1$，取 $w_{13}=0.4$；

由式（6-11），有 $-1\leqslant T_2<0$，取 $T_2=-0.2$；

由式（6-14），有 $-0.7<w_{23}\leqslant1$，取 $w_{23}=0.1$；

由式（6-15），有 $-1\leqslant T_3<0.5$，取 $T_3=0.4$。

可以验证，利用这组参数构成的 DHNN 网对于任何初态最终都将演变到一个吸引子，读者不妨一试。

当所需要的吸引子较多时，可采用下面的方法。

2. 外积和法

更为通用的权值设计方法是采用 Hebb 规则的外积和法。设给定 P 个模式样本 $\boldsymbol{X}^p$，$p=1,2,\cdots,P$，$x\in\{-1,1\}^n$，并设样本两两正交，且 $n>P$，则权值矩阵为记忆样本的外

积和

$$W=\sum_{p=1}^{P}X^{p}\ (X^{p})^{\mathrm{T}} \tag{6-16}$$

若取 $w_{jj}=0$，上式应写为

$$W=\sum_{p=1}^{P}[X^{p}\ (X^{p})^{\mathrm{T}}-I] \tag{6-17}$$

式中 I 为单位矩阵。上式写成分量元素形式，有

$$w_{ij}=\begin{cases}\sum_{p=1}^{P}x_i^p x_j^p & i\neq j\\ 0 & i=j\end{cases} \tag{6-18}$$

按以上外积和规则设计的 **W** 阵必然满足对称性要求。下面检验所给样本能否成为吸引子。

因为 P 个样本 X^p，$p=1, 2, \cdots, P$，$x\in\{-1, 1\}^n$ 是两两正交的，有

$$(X^{p})^{\mathrm{T}}X^{k}=\begin{cases}0 & p\neq k\\ n & p=k\end{cases}$$

所以

$$\begin{aligned}WX^{k}&=\sum_{p=1}^{P}[X^{p}\ (X^{p})^{\mathrm{T}}-I]\ X^{k}\\&=\sum_{p=1}^{P}[X^{p}\ (X^{p})^{\mathrm{T}}X^{k}-X^{k}]\\&=X^{k}\ (X^{k})^{\mathrm{T}}X^{k}-P\,X^{k}\\&=n\,X^{k}-P\,X^{k}=(n-P)\,X^{k}\end{aligned}$$

因为 $n>P$，所以有

$$f(WX^{P})=f[(n-P)X^{P}]=\mathrm{sgn}[(n-P)X^{P}]=X^{P}$$

可见给定样本 X^p，$p=1, 2, \cdots, P$ 是吸引子。需要指出的是，有些非给定样本也是网络的吸引子，它们并不是网络设计所要求的解，这种吸引子称为伪吸引子。

6.1.4 网络的信息存储容量

当网络规模一定时，所能记忆的模式是有限的。对于所容许的联想出错率，网络所能存储的最大模式数 $P_{\max}$ 称为网络容量。网络容量与网络的规模、算法以及记忆模式向量的分布都有关系。下面给出 DHNN 网络存储容量的有关定理：

定理 6.3 若 DHNN 网络的规模为 n，且权矩阵主对角线元素为 0，则该网络的信息容量上界为 n。

定理 6.4 若 P 个记忆模式 X^p，$p=1, 2, \cdots, P$，$x\in\{-1, 1\}^n$ 两两正交，$n>P$，且权值矩阵 W 按式（6-17）得到，则所有 P 个记忆模式都是 DHNN 网（W，$\mathbf{0}$）的吸引子。

定理 6.5 若 P 个记忆模式 X^p，$p=1, 2, \cdots, P$，$x\in\{-1, 1\}^n$ 两两正交，$n\geqslant P$，且权值矩阵 W 按式（6-16）得到，则所有 P 个记忆模式都是 DHNN 网（W，$\mathbf{0}$）的吸引子。

由以上定理可知，当用外积和设计 DHNN 网时，如果记忆模式都满足两两正交的条件，

则规模为 n 维的网路最多可记忆 n 个模式。一般情况下，模式样本不可能都满足两两正交的条件，对于非正交模式，网络的信息存储容量会大大降低。下面进行简要分析。

DHNN 网的所有记忆模式都存储在权矩阵 $\boldsymbol{W}$ 中。由于多个存储模式互相重叠，当需要记忆的模式数增加时，可能会出现所谓“权值移动”和“交叉干扰”。如将式（6-17）写为

$$\begin{cases}\boldsymbol{W}^0=0\\ \boldsymbol{W}^p=\boldsymbol{W}^{p-1}+\boldsymbol{X}^p\ (\boldsymbol{X}^p)^{\mathrm{T}}-\boldsymbol{I}\quad p=1,2,\cdots,P\end{cases}$$

可以看出，$\boldsymbol{W}$ 阵对要记忆的模式 $\boldsymbol{X}^p$，$p=1$，2，…，P，是累加实现的。每记忆一个新模式 $\boldsymbol{X}^p$，就要向原权值矩阵 $\boldsymbol{W}^{p-1}$ 加入一项该模式的外积 $\boldsymbol{X}^p(\boldsymbol{X}^p)^{\mathrm{T}}$，从而使新的权值矩阵 $\boldsymbol{W}^p$ 从原来的基础上发生移动。如果在加入新模式 $\boldsymbol{X}^p$ 之前存储的模式都是吸引子，应有 $\boldsymbol{X}^k=f(\boldsymbol{W}^{p-1}\boldsymbol{X}^k)$，$k=1$，2，…，$p-1$，那么在加入模式 $\boldsymbol{X}^p$ 之后由于权值移动为 $\boldsymbol{W}^p$，式 $\boldsymbol{X}^k=f(\boldsymbol{W}^p\boldsymbol{X}^k)$ 就不一定对所有 k（$k=1$，2，…，$p-1$）均同时成立，也就是说网络在记忆新样本的同时可能会遗忘已记忆的样本。随着记忆模式数的增加，权值不断移动，各记忆模式相互交叉，当模式数超过网络容量 $P_{\max}$ 时，网络不但逐渐遗忘了以前记忆的模式，而且也无法记住新模式。

事实上，当网络规模 n 一定时，要记忆的模式数越多，联想时出错的可能性越大；反之，要求的出错概率越低，网络的信息存储容量上限越小。研究表明存储模式数 P 超过 $0.15n$ 时，联想时就有可能出错。错误结果对应的是能量的某个局部极小点，或称为伪吸引子。

提高网络存储容量有两个基本途径：一是改进网络的拓扑结构，二是改进网路的权值设计方法。常用的改进方法有：反复学习法、纠错学习法、移动兴奋门限法、伪逆技术、忘记规则和非线性学习规则等。读者可参考有关文献。

6.2　连续型 Hopfield 神经网络

1984 年 Hopfield 把 DHNN 进一步发展成连续型 Hopfield 网络，缩写为 CHNN 网。CHNN 的基本结构与 DHNN 相似，但 CHNN 中所有神经元都同步工作，各输入输出量均是随时间连续变化的模拟量，这就使得 CHNN 比 DHNN 在信息处理的并行性、实时性等方面更接近于实际生物神经网络的工作机理。

CHNN 可以用常系数微分方程来描述，但用模拟电子线路来描述，则更为形象直观，易于理解也便于实现。

6.2.1　网络的拓扑结构

在连续型 Hopfield 网中，所有神经元都随时间 t 并行更新，网络状态随时间连续变化。图 6-4 给出了基于模拟电子线路的 CHNN 的拓扑结构，可以看出 CHNN 模型可与电子线路直接对应，每一个神经元可以用一个运算放大器来模拟，神经元的输入与输出分别用运算放大器的输入电压 u_j 和输出电压 v_j 表示，$j=1$，2，…，n，而连接权 w_{ij} 用输入端的电导表示，其作用是把第 i 个神经元的输出反馈到第 j 个神经元作为输入之一。每个运算放大器均有一个正相输出和一个反相输出。与正相输出相连的电导表示兴奋性突触，而与反相输出相连的电导表示抑制性突触。另外，每个神经元还有一个用于设置激活电平的外界输入偏置电流

I_j，其作用相当于阈值。

C_j和 $1/g_j$分别为运放的等效输入电容和电阻，用来模拟生物神经元的输出时间常数。根据基尔霍夫定律可写出以下方程

$$c_j \frac{\mathrm{d}u_j}{\mathrm{d}t} + g_j u_j = \sum_{i=1}^{n} (w_{ij}v_i - u_j) + I_j$$

对上式移项合并，并令 $\sum_{i=1}^{n} w_{ij} + g_j = \frac{1}{R_j}$，则有

$$c_j \frac{\mathrm{d}u_j}{\mathrm{d}t} = \sum_{i=1}^{n} w_{ij}v_i - \frac{u_j}{R_j} + I_j \tag{6-19}$$

CHNN 中的转移函数为 S 型函数

$$v_j = f(u_j) \tag{6-20}$$

利用其饱和特性可限制神经元状态 v_j的增长范围，从而使网络状态能在一定范围内连续变化。联立以上两式可描述 CHNN 网的动态过程。

CHNN 模型对生物神经元的功能做了大量简化，只模仿了生物系统的几个基本特性：S 型转移函数，信息传递过程中的时间常数，神经元间的兴奋及抑制性连接以及神经元间的相互作用和时空作用。

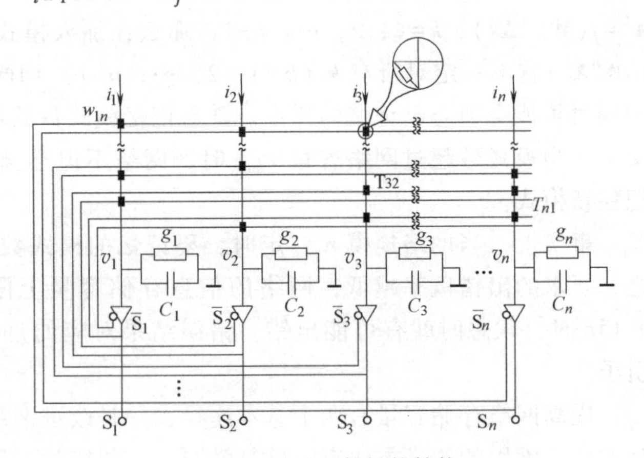

图 6-4　CHNN 的拓扑结构

6.2.2　能量函数与稳定性分析

定义 CHNN 的能量函数为

$$E = -\frac{1}{2}\sum_{j=1}^{n}\sum_{i=1}^{n} w_{ij}v_i v_j - \sum_{j=1}^{n} v_j I_j + \sum_{j=1}^{n} \frac{1}{R_j}\int_0^{v_j} f^{-1}(v)\,\mathrm{d}v \tag{6-21}$$

写成向量式为

$$E = -\frac{1}{2}\boldsymbol{V}^{\mathrm{T}}\boldsymbol{W}\boldsymbol{V} - \boldsymbol{I}^{\mathrm{T}}\boldsymbol{V} + \sum_{j=1}^{n}\frac{1}{R_j}\int_0^{v_j} f^{-1}(v)\,\mathrm{d}v \tag{6-22}$$

式中，f^{-1}为神经元转移函数的反函数。对于式（6-21）所定义的能量函数，存在以下定理。

定理 6.6　若神经元的转移函数 f 存在反函数 f^{-1}，且 f^{-1}是单调连续递增的，同时网络权值对称，即 $w_{ij}=w_{ji}$，则由任意初态开始，CHNN 网络的能量函数总是单调递减的，即 $\frac{\mathrm{d}E}{\mathrm{d}t} \leqslant 0$，当且仅当 $\frac{\mathrm{d}v_j}{\mathrm{d}t}=0$ 时，有 $\frac{\mathrm{d}E}{\mathrm{d}t}=0$，因而网络最终能够达到稳态。

证明：将能量函数对时间求导，得

$$\frac{\mathrm{d}E}{\mathrm{d}t} = \sum_{j=1}^{n}\frac{\partial E}{\partial v_j}\frac{\mathrm{d}v_j}{\mathrm{d}t} \tag{6-23}$$

由式（6-21）和 $u_j=f^{-1}(v_j)$ 及网路的对称性，对某神经元 j 有

$$\frac{\partial E}{\partial v_j} = -\frac{1}{2}\sum_{i=1}^{n} w_{ij}v_i - I + \frac{u_j}{R_j} \tag{6-24}$$

将上式代入式（6-22）和式（6-23），并考虑到式（6-19），可整理得出下式

$$\frac{\mathrm{d}E}{\mathrm{d}t} = \sum_{j=1}^{n} \frac{\mathrm{d}v_j}{\mathrm{d}t}c_j\frac{\mathrm{d}v_j}{\mathrm{d}t} = -\sum_{j=1}^{n} c_j\frac{\mathrm{d}u_j}{\mathrm{d}v_j}\left(\frac{\mathrm{d}v_j}{\mathrm{d}t}\right)^2$$

$$= -\sum_{j=1}^{n} c_j f^{-1}(v_j)\left(\frac{\mathrm{d}v_j}{\mathrm{d}t}\right)^2$$

可以看出，上式中 $c_j>0$，单调递增函数 $f^{-1}(v_j)>0$，故有

$$\frac{\mathrm{d}E}{\mathrm{d}t} \leqslant 0 \tag{6-25}$$

只有对于所有 j 均满足 $\frac{\mathrm{d}v_l}{\mathrm{d}t}=0$ 时，才有 $\frac{\mathrm{d}E}{\mathrm{d}t}=0$。

如果图 6-4 中的运算放大器接近理想运放，式（6-21）中的积分项可以忽略不计，网络的能量函数可写为

$$E = -\frac{1}{2}\sum_{j=1}^{n}\sum_{i=1}^{n} w_{ij}v_iv_j - \sum_{j=1}^{n} v_jI_j \tag{6-26}$$

由定理 6.6 可知，随着状态的演变，网络的能量总是降低的。只有当网络中所有节点的状态不再改变时，能量才不再变化，此时到达能量的某一局部极小点或全局最小点，该能量点对应着网络的某一个稳定状态。

Hopfield 网用于联想记忆时，正是利用了这些局部极小点来记忆样本，网络的存储容量越大，说明网络的局部极小点越多。然而在优化问题中，局部极小点越多，网络就越不容易达到最优解而只能达到较优解。

为保证网络的稳定性，要求网络的结构必须对称，否则运行中可能出现极限环或混沌状态。

6.3 Hopfield 网络应用与设计实例

Hopfield 网络在图像、语音和信号处理、模式分类与识别、知识处理、自动控制、容错计算和数据查询等领域已经有许多成功的应用。Hopfield 网络的应用主要有联想记忆和优化计算两类，其中 DHNN 网主要用于联想记忆，CHNN 网主要用于优化计算。

6.3.1 应用 DHNN 网解决联想问题

神经网络的联想记忆只需存储输入-输出模式间的转换机制，而不必像传统计算机那样存储各输入、输出模式本身。神经网络的权矩阵就是把各种输入模式映射成相应输出模式的转换机制。这种映射是对模式的整体而言的，在组成输入-输出模式的各元素之间，并不存在一对一的映射关系，并且输入-输出模式的维数也不要求相同。

传统数字计算机的地址寻址方式要求给出地址的全部信息。而对按内容寻址记忆方式工作的神经网络来说，只给出输入模式的部分信息，网络便能正确地联想出完整的输出模式。这是因为在分布式存储方式中，不论是输入模式还是权矩阵中，少量且分散的局部信息出

错，对整个转换结果的全局而言是无关紧要的。神经网络的这种容错性使它具有识别含噪声、畸变或残缺的模式的能力。

6.3.2 应用CHNN网解决优化计算问题

用CHNN网解决优化问题一般需要以下几个步骤：

1）对于特定的问题，要选择一种合适的表示方法，使得神经网络的输出与问题的解相对应。

2）构造网络能量函数，使其最小值对应于问题的最佳解。

3）将能量函数与式（6-26）中的标准形式进行比较，可推出神经网络的权值与偏置电流的表达式，从而确定了网络的结构。

4）由网络结构建立网络的电子线路并运行，其稳态就是在一定条件下的问题优化解。也可以编程模拟网络的运行方式，在计算机上实现。

本节介绍应用CHNN解决TSP问题的网络设计。在第4章中已指出，TSP问题是一个经典的人工智能难题。对n个城市而言，可能的路径总数为$n!/2n$。随着n的增加，路径数将按指数速率急剧增长，即所谓“指数爆炸”。当n值较大时，用传统的数字计算机也无法在有限时间内寻得答案。例如，$n=50$时，即使采用每秒一亿次运算速度的巨型计算机按穷举搜索法，也需要5×10^{48}年。即使是$n=20$个城市，也需求解350年。

1985年Hopfield和Tank两人用CHNN网络为解决TSP难题开辟了一条崭新的途径，获得了巨大的成功。其基本思想是把TSP问题映射到CHNN网络中去，并设法用网络能量代表路径总长。这样，当网络的能量随着模拟电子线路状态的变迁，最终收敛于极小值（或最小值）时，问题的较佳解（或最佳解）便随之求得。此外，由于模拟电子线路中的全部元件都是并行工作的，所以求解时间与城市数的多少无关，仅是运算放大器工作所需的微秒级时间，显著地提高了求解速度，充分展示了神经网络的巨大优越性。

1. TSP问题描述

为使CHNN网络完成优化计算，必须找到一种合适的表示旅行路线的方法。鉴于TSP的解是n个城市的有序排列，因此可用一个由$n\times n$个神经元构成的矩阵（称为换位阵）来描述旅行路线。图6-5给出8城市TSP问题中的一条可能的有效路线的换位阵。

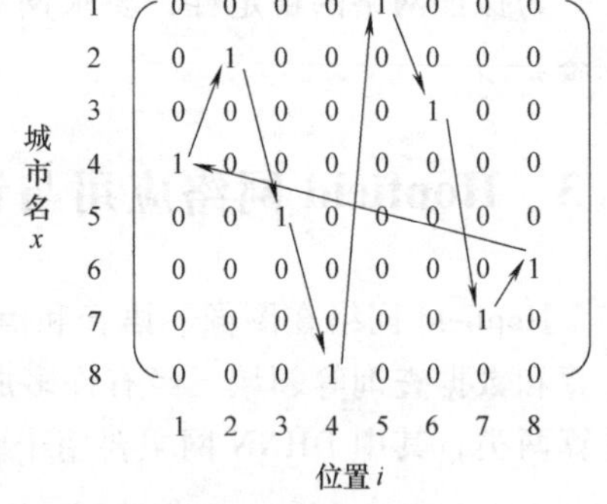

图6-5 8城市TSP问题中的有效路线换位阵

由于每个城市仅能访问一次，因此换位阵中每城市行只允许且必须有一个1，其余元素均为0。为了用神经元的状态表示某城市在某一有效路线中的位置，采用双下标v_{xi}，第一个下标x表示城市名，$x=l$，2，…，n；第二个下标i表示该城市在访问路线中的位置，$i=1$，2，…，n。例如，$v_{46}=1$表示旅途中第6站应访问城市4；若$v_{46}=0$则表示第6站访问的不是城市4，而是其他某个城市。图6-5中的换位阵所表示的旅行路线为：4→2→5→8→1→3→7→6→4，旅行路线总长为$d_{42}+d_{25}+d_{58}+d_{81}+d_{13}+d_{37}+d_{76}+d_{64}$。

2. 能量函数设计

用CHNN求解TSP问题的关键是构造一个合适的能量函数。TSP问题的能量函数由4部分组成。

(1) 能量 E_1——城市行约束　当每个城市行中的1不多于一个时，应有第 x 行的全部元素 v_{xi} 按顺序两两相乘之和为0，即

$$\sum_{i=1}^{n-1}\sum_{j=i+1}^{n} v_{xi}v_{xj} = 0$$

从而全部 n 行的所有元素按顺序两两相乘之和也应为零，即

$$\sum_{x=1}^{n}\sum_{i=1}^{n-1}\sum_{j=i+1}^{n} v_{xi}v_{xj} = 0$$

按此约束可定义能量 E_1 为

$$E_1 = \frac{1}{2}A\sum_{x=1}^{n}\sum_{i=1}^{n-1}\sum_{j=i+1}^{n} v_{xi}v_{xj} \tag{6-27}$$

式中，A 为正常数。显然，当 $E_1=0$ 时可保证对每个城市访问的次数不超过一次。

(2) 能量 E_2——位置列约束　同理，当每个位置列中的1不多于一个时，应有第 i 列的全部元素 v_{xi} 按顺序两两相乘之和为0，即

$$\sum_{x=1}^{n-1}\sum_{y=x+1}^{n} v_{xi}v_{yi} = 0$$

因此，全部 n 列的所有元素按顺序两两相乘之和也应为零，即

$$\sum_{i=1}^{n}\sum_{x=1}^{n-1}\sum_{y=x+1}^{n} v_{xi}v_{yi} = 0$$

按此约束可定义能量 E_2 为

$$E_2 = \frac{1}{2}B\sum_{i=1}^{n}\sum_{x=1}^{n-1}\sum_{y=x+1}^{n} v_{xi}v_{yi} \tag{6-28}$$

式中，B 为正常数。显然，当 $E_2=0$ 时就能确保每次访问的城市数不超过一个。

(3) 能量 E_3——换位阵全局约束　$E_1=0$ 和 $E_2=0$ 只是换位阵有效的必要条件，但不是充分条件。容易看出，当换位阵中各元素均为“0”时，也能满足 $E_1=0$ 和 $E_2=0$，但这显然是无效的。因此，还需引入第三个约束条件——全局约束条件，以确保换位阵中1的数目等于城市数 n，即

$$\sum_{x=1}^{n}\sum_{i=1}^{n} v_{xi} = n$$

因此定义能量 E_3 为

$$E_3 = \frac{1}{2}C\left(\sum_{x=1}^{n}\sum_{i=1}^{n} v_{xi} - n\right)^2 \tag{6-29}$$

式中，C 为正常数。则 $E_3=0$ 可保证换位阵中1的数目正好等于 n。

(4) 能量 E_4——旅行路线长度　同时满足以上三个约束条件只能说明路线是有效的，但不一定是最优的。依题意，在路线有效的前提下，其总长度应最短。为此在能量函数中还需引入一个能反映路线总长度的分量 E_4，其定义式要能保证 E_4 随路线总长度的缩短而减小。为设计 E_4，设任意两城市 x 与 y 间的距离为 d_{xy}。访问这两个城市有两种途径，从 x 到 y，相应的表达式为 $d_{xy}(v_{xi},\ v_{y,i+1})$；从 y 到 x，则相应的表达式为 $d_{yx}(v_{xi},\ v_{y,i-1})$。如果城市 x 和 y 在旅行顺序中相邻，则当 $v_{xi},\ v_{y,i+1}=1$ 时，必有 $v_{xi},\ v_{y,i-1}=0$；反之亦然。因此，有 d_{xy}

$(v_{xi}, v_{y,i+1}+v_{xi}, v_{y,i-1}) = d_{xy}$。若定义 n 个城市各种可能的旅行路线长度为

$$E_4 = \frac{1}{2}D\sum_{x=1}^{n}\sum_{y=1}^{n}\sum_{i=1}^{n} d_{xy}[(v_{xi}, v_{y,i+1}) + (v_{xi}, v_{y,i-1})] \tag{6-30}$$

式中，D 为正常数，当 E_4 最小时旅行路线最短。

综合以上4项能量，可得 TSP 问题的能量函数如下：

$$\begin{aligned} E &= E_1 + E_2 + E_3 + E_4 \\ &= \frac{1}{2}A\sum_{x=1}^{n}\sum_{i=1}^{n-1}\sum_{j=i+1}^{n} v_{xi}v_{xj} + \frac{1}{2}B\sum_{i=1}^{n}\sum_{x=1}^{n-1}\sum_{y=x+1}^{n} v_{xi}v_{yi} + \frac{1}{2}C\left(\sum_{x=1}^{n}\sum_{i=1}^{n} v_{xi} - n\right)^2 + \\ &\quad \frac{1}{2}D\sum_{x=1}^{n}\sum_{y=1}^{n}\sum_{i=1}^{n} d_{xy}(v_{xi}v_{y,i+1} + v_{xi}v_{y,i-1}) \end{aligned} \tag{6-31}$$

为从式（6-31）得到式（6-26）中的能量函数形式，应使神经元 x_i 和 y_j 之间的权值和外部输入的偏置电流按下式给出

$$\begin{cases} w_{x_i,y_j} = -2A\delta_{xy}(1-\delta_{ij}) - 2B\delta_{ij}(1-\delta_{xy}) - 2C - 2Dd_{xy}(\delta_{j,i+1}+\delta_{j,i-1}) \\ I_{xi} = 2cn \end{cases} \tag{6-32}$$

式中，

$$\delta_{xy} = \begin{cases} 1 & x=y \\ 0 & x\neq y \end{cases},\quad \delta_{ij} = \begin{cases} 1 & i=j \\ 0 & i\neq j \end{cases}。$$

网络构成后，给定一个随机的初始输入，便有一个稳定状态对应于一个旅行路线，不同的初始输入所得到的旅行路线并不相同，这些路线都是较佳的或最佳的。

用计算机模拟 CHNN 时，将网络结构式（6-32）代入网络的运行方程（6-19），可得

$$\begin{cases} c_{ij}\dfrac{\mathrm{d}u_{xi}}{\mathrm{d}t} = -2A\sum\limits_{j\neq i}^{n} v_{xj} - 2B\sum\limits_{y\neq x}^{n} v_{yi} - 2C\left(\sum\limits_{x=1}^{n}\sum\limits_{j=1}^{n} v_{xj} - n\right) - 2D\sum\limits_{y\neq x}^{n} d_{xy}(v_{y,i+1} + v_{y,i-1}) - \dfrac{u_{xi}}{R_{xi}C_{xi}} \\ v_{xi} = f(u_{xi}) = \dfrac{1}{2}\left[1 + \tanh\left(\dfrac{u_{xi}}{u_0}\right)\right] \end{cases}$$

式中，u_0 为初始值，对上式编程可用软件实现求解 TSP 问题的 CHNN 算法。

图 6-6 给出用 CHNN 网解决 10 城市 TSP 问题的结果。图 6-6a 为最优解，图 6-6b 为较佳解。

按照穷举法，我国 31 个（不含港澳台）直辖市、省会和自治区首府的巡回路径应有约 1.326×10^{32} 种。我国学者对中国旅行商（Chinese TSP，CTSP）问题进行了大量的研究，最新成果已达到 15449km。他们的做法是将两个最远城市间的距离定义为 1，用递归算法得到城市间的直达距离相对值 $d_{xy}(0\leqslant d_{xy}\leqslant 1)$。近年的主要研究成果是：采用 Greedy 组合算法，从某一城市开始，依次找出与之最靠近的城市，然后连成一条闭合路径 15449km，所得最短巡回路径为 17102km。采用 Hopfield 经典算法，所得到的 400 个解中最短路径为 21777km。在 Hopfield 经典算法基础上增加约束条件，最短路径为 16262km。在 Hopfield 经典算法基础上将所有城市分成三部分后，求得最短路径为 15904km。

在实际应用中，TSP 类型的问题通常并不苛求非要得到最优解不可，只要是接近最优即可满足要求。CHNN 用于优化问题时恰恰能做到这一点，类似人脑分析这类问题时的特点。

J. J. Hopfield 的别具匠心的主要贡献在于，他把能量函数的概念引入了神经网络，从而

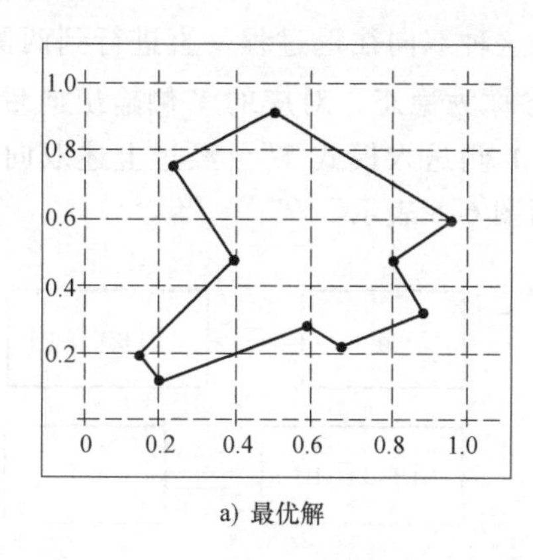

a) 最优解

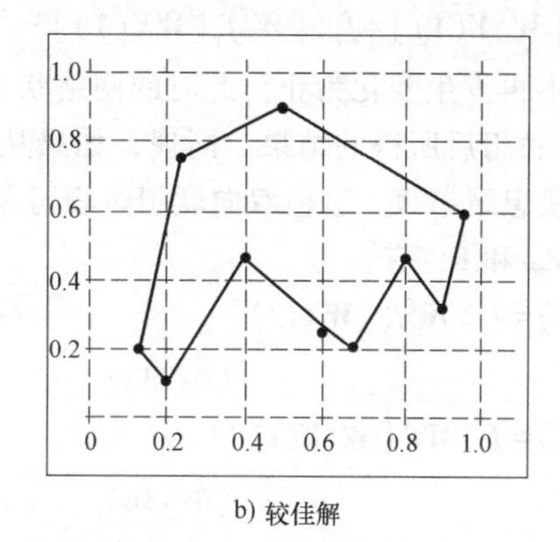

b) 较佳解

图 6-6 10 城市 TSP 问题的解

把网络的拓扑结构与所要解决的问题联系起来，把待优化的目标函数与网络的能量函数联系起来，通过网络运行时能量函数自动最小化而得到问题的最优解，从而开辟了求解优化问题的新途径。此外，他还将神经网络与具体的模拟电子线路对应起来，不仅易于理解，更重要的是做到了理论与实践的有机结合。

6.4 双向联想记忆神经网络

联想记忆网络的研究是神经网络的重要分支，在各种联想记忆网络模型中，由 B. kosko 于 1988 年提出的双向联想记忆（Bidirectional Associative Memory，BAM）网络的应用最为广泛。前面介绍的 Hopfield 网可实现自联想，CNP 网可实现异联想，而 BAM 网可实现双向异联想。BAM 网有离散型、连续型和自适应型等多种形式，本节重点介绍常用的离散型 BAM 网络。

6.4.1 BAM 网结构与原理

BAM 网的拓扑结构如图 6-7 所示。该网是一种双层双向网络，当向其中一层加入输入信号时，另一层可得到输出。由于初始模式可以作用于网络的任一层，信息可以双向传播，所以没有明确的输入层或输出层，可将其中的一层称为 X 层，有 n 个神经元节点，另一层称为 Y 层，有 m 个神经元节点。两层的状态向量可取单极性二进制 0 或 1，也可以取双极性离散值 1 或 -1。如果令由 X 到 Y 的权矩阵为 $\boldsymbol{W}$，则由 Y 到 X 的权矩阵便是其转置矩阵 $\boldsymbol{W}^{\mathrm{T}}$。

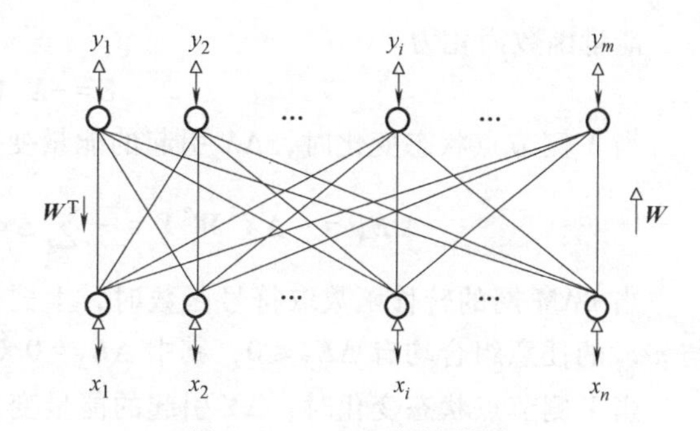

图 6-7 BAM 网拓扑结构

BAM 网实现双向异联想的过程是网络运行从动态到稳态的过程。对已建立权值矩阵的 BAM 网，当将输入样本 $\boldsymbol{X}^P$ 作用于 X 侧时，该侧输出 $\boldsymbol{X}(1)=\boldsymbol{X}^P$ 通过 $\boldsymbol{W}$ 阵加权传到 Y 侧，通过该侧节点的转移函数 f_y 进行非线性变换后得到输出 $\boldsymbol{Y}(1)=f_y[\boldsymbol{WX}(1)]$；再将该输出通过 $\boldsymbol{W}^{\mathrm{T}}$ 阵加权从 Y 侧传回 X 侧作为输入，通过 X 侧节点的转移函数 f_x 进行非线性变换后得到输

出 $X(2)=f_x[W^T Y(1)]=f_x\{[W^T f_y[WX(1)]\}$。这种双向往返过程一直进行到两侧所有神经元的状态均不再发生变化为止。此时的网络状态称为稳态，对应的 Y 侧输出向量 Y^P 便是模式 X^P 经双向联想后所得的结果。同理，如果从 Y 侧送入模式 Y^P，经过上述双向联想过程，X 侧将输出联想结果 X。这种双向联想过程可用图 6-8 表示。

由图 6-8a 和 b，有

$$X(t+1)=f_x\{W^T f_y[WX(t)]\} \tag{6-33a}$$

$$Y(t+1)=f_y\{Wf_x[W^T Y(t)]\} \tag{6-33b}$$

对于经过充分训练的权值矩阵，当向 BAM 网络一侧输入有残缺的已存储模式时，网络经过有限次运行不仅能在另一侧实现正确的异联想，而且可以在输入侧重建完整的输入模式。

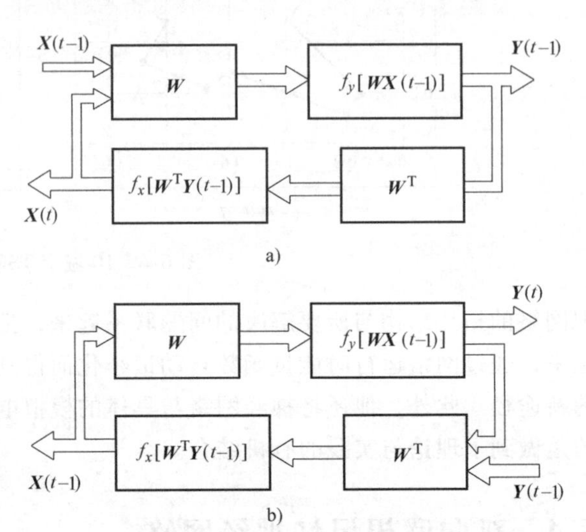

图 6-8 BAM 网的双向联想过程

6.4.2 能量函数与稳定性

若 BAM 网络的阈值为 0，能量函数定义为

$$E=-\frac{1}{2}X^T W^T Y-\frac{1}{2}Y^T WX$$

BAM 网双向联想的动态过程就是能量函数量沿其状态空间中的离散轨迹逐渐减少的过程。当达到双向稳态时，网络必落入某一局部或全局能量最小点。

证明：上式中两项的计算结果均为标量，且有

$$Y^T WX=(Y^T WX)^T=(WX)^T Y=X^T W^T Y \tag{6-34}$$

能量函数简化为

$$E=-X^T W^T Y \tag{6-35}$$

当 X 侧节点状态变化时，ΔX 引起的能量变化 ΔE_X 为

$$\Delta E_X=-\Delta X^T W^T Y=-\sum_{i=1}^{n}\Delta x_i\sum_{j=1}^{m}w_{ji}y_j=-\sum_{i=1}^{n}\Delta x_i net_{X_i}$$

当 BAM 网的转移函数取符号函数时，上式的分析可仿照 DHNN 网进行。可知对于 Δx_i 与 net_{X_i} 的任意组合均有 $\Delta E_X\leqslant 0$，其中 $\Delta E_X=0$ 对应于 $\Delta x_i=0$，$i=1, 2, \cdots, n$。

当 Y 侧节点状态变化时，ΔY 引起的能量变化 ΔE_Y 为

$$\Delta E_Y=-\Delta Y^T WX=-\sum_{j=1}^{m}\Delta y_j\sum_{i=1}^{n}w_{ij}x_i=-\sum_{j=1}^{m}\Delta y_j net_{Y_j}$$

同理，对于 Δy_j 与 net_{Y_j} 的任意组合均有 $\Delta E_Y\leqslant 0$，而 $\Delta E_Y=0$ 对应于 $\Delta y_j=0$，$j=1, 2, \cdots, m$。

归纳以上分析，有

$$\begin{cases}\Delta E<0 & \Delta X\neq 0,\Delta Y\neq 0\\ \Delta E=0 & \Delta X=0,\Delta Y=0\end{cases}$$

上式表明 BAM 网的能量在动态运行过程中不断下降，当网络达到能量极小点时即进入稳定状态，此时网络两侧的状态都不再变化。

以上证明过程对 BAM 网权矩阵的学习规则并未做任何限制，而且得到的稳定性结论与状态更新方式为同步或异步无关。考虑到同步更新比异步更新时能量变化大，收敛速度比串行异步方式快，故常采用同步更新方式。

6.4.3 BAM 网的权值设计

对于离散 BAM 网络，一般选转移函数 $f(\cdot)=\text{sgn}(\cdot)$。当网络只需存储一对模式 $(\boldsymbol{X}^1,\ \boldsymbol{Y}^1)$ 时，若使其成为网络的稳定状态，应满足条件

$$\text{sgn}(\boldsymbol{W}\boldsymbol{X}^1)=\boldsymbol{Y}^1 \tag{6-36a}$$

$$\text{sgn}(\boldsymbol{W}^{\mathrm{T}}\boldsymbol{Y}^1)=\boldsymbol{X}^1 \tag{6-36b}$$

容易证明，若 $\boldsymbol{W}$ 是向量 $\boldsymbol{Y}^1$ 和 $\boldsymbol{X}^1$ 的外积，即

$$\boldsymbol{W}=\boldsymbol{Y}^1\boldsymbol{X}^{1\mathrm{T}}$$

$$\boldsymbol{W}^{\mathrm{T}}=\boldsymbol{X}^1\boldsymbol{Y}^{1\mathrm{T}}$$

则式（6-36）的条件必然成立。

当需要存储 P 对模式时，将以上结论扩展为 P 对模式的外积和，从而得到 Kosko 提出的权值学习公式

$$\boldsymbol{W}=\sum_{p=1}^{P}\boldsymbol{Y}^p\ (\boldsymbol{X}^p)^{\mathrm{T}} \tag{6-37a}$$

$$\boldsymbol{W}^{\mathrm{T}}=\sum_{p=1}^{P}\boldsymbol{X}^p\ (\boldsymbol{Y}^p)^{\mathrm{T}} \tag{6-37b}$$

用外积和法设计的权矩阵，不能保证任意 P 对模式的全部正确联想，但下面的定理表明，如对记忆模式对加以限制，用外积和法设计 BAM 网具有较好的联想能力。

定理 6.7　若 P 个记忆模式 $\boldsymbol{X}^p,p=1,2,\cdots,P,x\in\{-1,1\}^n$ 两两正交，且权值矩阵 $\boldsymbol{W}$ 按式（6-37）得到，则向 BAM 网输入 P 个记忆模式中的任何一个 $\boldsymbol{X}^p$ 时，只需一次便能正确联想起对应的模式 $\boldsymbol{Y}^p$。

证明：若网络权值矩阵按外积和规则设计，当向其 X 侧输入某模式 $\boldsymbol{X}^k$ 时，在 Y 侧应得到如下输出

$$\boldsymbol{Y}(1)=f_y(\boldsymbol{W}\boldsymbol{X}^k)=f_y\Big(\sum_{p=1}^{P}\boldsymbol{Y}^p\ (\boldsymbol{X}^p)^{\mathrm{T}}\boldsymbol{X}^k\Big)$$

$$=f_y\Big[\boldsymbol{Y}^k(\boldsymbol{X}^k)^{\mathrm{T}}\boldsymbol{X}^k+\sum_{p\neq k}^{P}\boldsymbol{Y}^p\ (\boldsymbol{X}^p)^{\mathrm{T}}\ \boldsymbol{X}^k\Big]$$

当 P 个模式向量两两正交时，上式中的第二项应为零，Y 侧输出为

$$\boldsymbol{Y}(1)=f_y[\boldsymbol{Y}^k(\boldsymbol{X}^k)^{\mathrm{T}}\boldsymbol{X}^k]=f_y[\boldsymbol{Y}^k\|\boldsymbol{X}^k\|^2]=sgn[\boldsymbol{Y}^k\|\boldsymbol{X}^k\|^2]=\boldsymbol{Y}^k$$

定理得证。

当输入含有噪声的模式时，BAM 网需要经历一定的演变过程才能达到稳态，并分别在 X 侧和 Y 侧恢复模式对的本来面目。

例 6-3　某 BAM 网 X 层有 14×10 个节点，Y 层有 12×9 个节点。设网络已存储了三对联想字符，其中一对字符是（S、E）。当向网络的 X 侧输入有 40%噪声的字符 S 时，网络开始

动态演变过程。从图 6-9 可以看出，初始输入模式很难辨认，随着网络的运行，字符对（S、E）在网络 X 和 Y 两侧的往返过程中逐渐清晰，最终稳定于正确模式。

Kosko 已证明：BAM 网的存储容量为

$$P_{\max} \leqslant \min(n, m)$$

为提高 BAM 网的存储容量和容错能力，人们对 BAM 网提出多种改进算法和改进的网络结构。如多重训练法、快速增强法，自适应 BAM 网络、竞争 BAM 网等。

图 6-9 含噪声字符的联想过程

6.4.4 BAM 网的应用

BAM 网络的设计比较简单，只需由几组典型输入、输出向量构成权矩阵。运行时，由实测到的数据向量与权矩阵做内积运算便可得到相应的信息输出。这是一种大规模并行处理大量数据的有效方法，具有实时性和容错性。更具魅力的是，这种联想记忆法无需对输入向量进行预处理便可直接进入搜索，省去了编码与解码工作。下面给出两个应用实例。

1. BAM 网在功率谱密度函数分类中的应用

工业生产过程中，经常要求对检测到的曲线进行分类，以便据此做出某种判断。1989 年 Mathai. G 等人应用 BAM 网成功地解决了纤维制造过程中的功率谱密度函数 PSD 分类问题。由于 PSD 具有较大的变异性，因此即使是同一类谱，用传统方法进行分类也很困难。Mathai 对纤维制造中所得到的各种 PSD 曲线进行分析后，发现只有两个典型类别。

第 1 类以 26Hz 及 14Hz 附近出现两个谱峰为特征；第 2 类以 32Hz 及 39Hz 处有两个谱峰为其特性。因此，分类的判据便是 PSD 曲线中谱峰出现的频率值。如果将两类典型 PSD 曲线作为 BAM 网的记忆模式样本，通过同维模式的自联想即可完成对其他 PSD 模式的分类工作。

为提高分类准确率，需先对 PSD 进行预处理，以增强谱峰，突出特征。处理方法是用非线性函数对离散的 PSD 进行归一化。

$$\hat{y}(v_i) = \frac{\ln(1+y(v_i))}{\ln(1+y_{\max})}$$

式中，$y(v_i)$ 为各频率点 v_i 处的 PSD 值；$y_{\max}$ 为 PSD 曲线的最大值。

对归一化后的 PSD 曲线进行编码，方法是将 y-v 平面上的离散 PSD 曲线图像置于 $r \times s$ 网格中，若 $\hat{y}$ 点落入某个小方格，则该方格值为 1，否则为 −1。将 $r \times s$ 网格对应的双极化矩阵各行首尾连接后即可作为 BAM 网的输入模式。

2. BAM 网在汽车牌照识别中的应用

公安部门在缉查失窃车辆时需要对过往车辆的监视图像进行牌照自动识别。由于图像采集质量受天气阴晴、拍摄角度与距离及车速等诸多因素的影响，分割出来的牌照往往带有很大的噪声，用传统方法进行识别效果较差。采用 BAM 网络将汽车牌照涉及的汉字、英文字母及数字作为记忆模式存入 24×24 的权值矩阵 $\boldsymbol{W}$，对有严重噪声的汽车牌照进行识别，取得了较好的效果。

该识别系统的权值设计采用了改进的快速增强算法，该算法能保证任意给定模式对的正确联想。识别时首先从汽车图像中提取牌照子图像，进行滤波、缩放及二值化等预处理，然后对 24×24 的牌照图像编码。编码方法与上例相同，但二值图像中灰度为 0 的像素应将灰度值变为-1。

阴雨天及大于 45°角拍摄的汽车图片清晰度很差，提取出来的牌照人眼也难以正确辨认，采用基于 BAM 网络的识别系统可取得令人满意的效果。

6.5 随机神经网络

如果将 BP 算法中的误差函数看作一种能量函数，则 BP 算法通过不断调整网络参数使其能量函数按梯度单调下降，而反馈网络使通过动态演变过程使网络的能量函数沿着梯度单调下降，在这一点上两类网络的指导思想是一致的。正因如此，常常导致网络落入局部极小点而达不到全局最小点。对于 BP 网，局部极小点意味着训练可能不收敛；对于 Hopfield 网，则得不到期望的最优解。导致这两类网络陷入局部极小点的原因是，网络的误差函数或能量函数是具有多个极小点的非线性空间，而所用的算法却一味追求网络误差或能量函数的单调下降。也就是说，算法赋予网络的是只会“下山”而不会“爬山”的能力。如果为具有多个局部极小点的系统打一个形象的比喻。设想托盘上有一个凹凸不平的多维能量曲面，若在该曲面上放置一个小球，它在重力作用下，将滚入最邻近的一个低谷（局部最小点）而不能自拔。但该低谷不一定就是曲面上最低的那个低谷（全局最小点）。因此，局部极小问题只能通过改进算法来解决。

本章要介绍的随机网络可赋予网络既能“下山”也能“爬山”的本领，因而能有效地克服上述缺陷。随机网络与其他神经网络相比有两个主要区别：①在学习阶段，随机网络不像其他网络那样基于某种确定性算法调整权值，而是按某种概率分布进行修改；②在运行阶段，随机网络不是按某种确定性的网络方程进行状态演变，而是按某种概率分布决定其状态的转移。神经元的净输入不能决定其状态取 1 还是取 0，但能决定其状态取 1 还是取 0 的概率。这就是随机神经网络算法的基本概念。图 6-10 给出了随机网络算法与梯度下降算法区别的示意图。

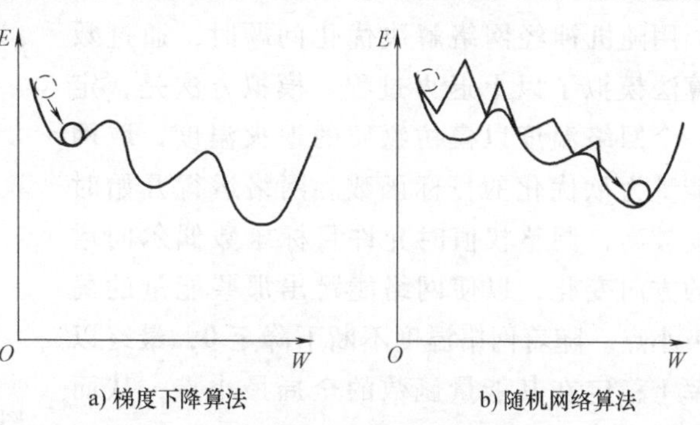

图 6-10　随机网络算法与梯度下降算法的区别

6.5.1 模拟退火原理

模拟退火算法是随机网络中解决能量局部极小问题的一个有效方法，其基本思想是模拟金属退火过程。金属退火过程大致是，先将物体加热至高温，使其原子处于高速运动状态，此时物体具有较高的内能；然后，缓慢降温，随着温度的下降，原子运动速度减慢，内能下降；最后，整个物体达到内能最低的状态。模拟退火过程相当于沿水平方向晃动托盘，温度高则意味着晃动的幅度大，小球肯定会从任何低谷中跳出，而落入另一个低谷。这个低谷的高度（网络能量）可能比小球原来所在低谷的高度低（网络能量下降），但也可能反而比原来高（能量上升）。后一种情况的出现，从局部和当前来看，这个运动方向似乎是错误的；但从全局和发展的角度看，正是由于给小球赋予了“爬山”的本事，才使它有可能跳出局部低谷而最终落入全局低谷。当然，晃动托盘的力度要合适，并且还要由强至弱（温度逐渐下降），小球才不至于因为有了“爬山”的本领而越爬越高。

在随机网络学习过程中，先令网络权值做随机变化，然后计算变化后的网络能量函数。网络权值的修改应遵循以下准则：若权值变化后能量变小，则接受这种变化；否则也不应完全拒绝这种变化，而是按预先选定的概率分布接受权值的这种变化。其目的在于赋予网络一定的“爬山”能力。实现这一思想的一个有效方法就是 Metropolis 等人提出的模拟退火算法。

设 $\boldsymbol{X}$ 代表某一物质体系的微观状态（一组状态变量，如粒子的速度和位置等），$E(\boldsymbol{X})$ 表示该物质在某微观状态下的内能，对于给定温度 T，如果体系处于热平衡状态，则在降温退火过程中，其处于某能量状态的概率与温度的关系遵循 Boltzmann 分布规律。分布函数为

$$P(E) \propto \exp[-E(\boldsymbol{X})/KT] \tag{6-38}$$

式中，K 为玻耳兹曼常数。在下面讨论中把常数 K 合并到温度 T 中。

由式（6-38）可以看出，当温度一定时，物质体系的能量越高，其处于该状态的概率就越低，因此物质体系的内能趋向于向能量降低的方向演变。如给定不同的温度，上式表示的曲线变化如图 6-11 所示：当物体温度 T 较高时，$P(E)$ 对能量 E 的大小不敏感，因此物体处于高能或低能状态的概率相差不大；随着温度 T 的下降，物质处于高能状态的概率随之减小而处于低能状态的概率增加；当温度接近 0 时，物体处于低能状态的概率接近 1。由此可见，温度参数 T 越高，状态越容易变化。为了使物质体系最终收敛到低温下的平衡态，应在退火开始时设置较高的温度，然后逐渐降温，最后物质体系将以相当高的概率收敛到最低能量状态。

用随机神经网络解决优化问题时，通过数学算法模拟了以上退火过程。模拟方法是，定义一个网络温度以模仿物质的退火温度，取网络能量为欲优化的目标函数。网络运行开始时温度较高，调整权值时允许目标函数偶尔向增大的方向变化，以使网络能跳出那些能量的局部极小点。随着网络温度不断下降至 0，最终以概率 1 稳定在其能量函数的全局最小点，从而获得最优解。

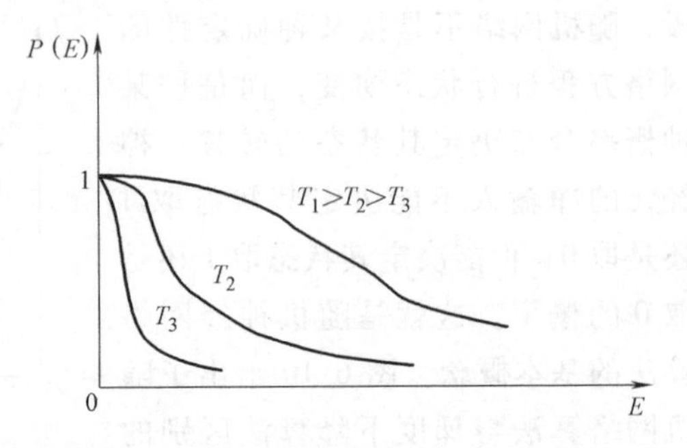

图 6-11　能量状态的概率曲线与温度的关系

6.5.2　玻尔兹曼机

G. E. Hinton 等人于 1983—1986 年提出一种称为玻尔兹曼机的随机神经网络。在这种网络中神经元只有两种输出状态，即单极性二进制的 0 或 1。状态的取值根据概率统计法则决定，由于这种概率统计法则的表达形式与著名统计力学家 L. Boltzmann 提出的玻尔兹曼分布类似，故将这种网络取名玻尔兹曼机（BM 机）。

1. BM 机的拓扑结构与运行原理

（1）BM 机的拓扑结构　BM 机的拓扑结构比较特殊，介于 DHNN 网的全互连结构与 BP 网的层次结构之间。从形式上看，BM 机与单层反馈网络 DHNN 网相似，具有对称权值，即 $w_{ij}=w_{ji}$，且 $w_{ii}=0$。但从神经元的功能上看，BM 机与三层 BP 网相似，具有输入节点、隐节点和输出节点。一般将输入和输出节点称为可见节点，而将隐节点称为不可见节点。训练时输入和输出节点接收训练集样本，而隐节点主要起辅助作用，用来实现输入与输出之间的联系，使训练集能在可见单元再现。BM 机的三类节点之间没有明显的层次，连接形式可用图 6-12 中的有向图表示。

（2）神经元的转移概率函数　设 BM 机中单个神经元的净输入为

$$net_j = \sum_i (w_{ij}x_i - T_j)$$

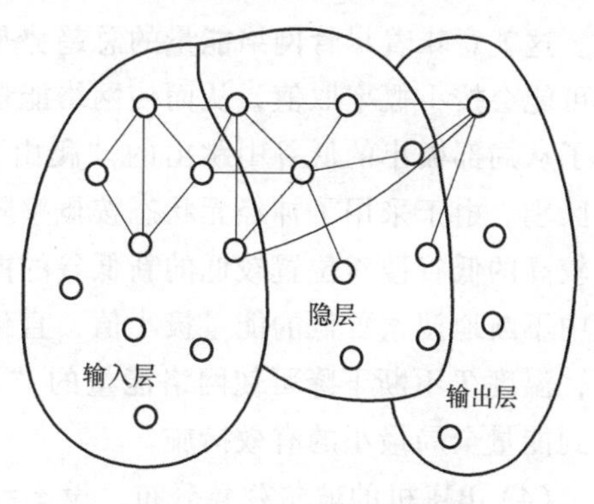

图 6-12　BM 机的拓扑结构

与 DHNN 网不同的是，以上净输入并不能通过符号转移函数直接获得确定的输出状态，实际的输出状态将按某种概率发生，神经元的净输入可通过 S 型函数获得输出某种状态的转移概率

$$P_j(1)=\frac{1}{1+e^{-net_j/T}} \tag{6-39}$$

上式中 $P_j(1)$ 表示神经元 j 输出状态为 1 的概率，状态为 0 的概率应为

$$P_j(0)=1-P_j(1)$$

可以看出如果净输入为 0，则 $P_j(1)=P_j(0)=0.5$。净输入越大，神经元状态取 1 的概率越大；净输入越小，神经元状态取 0 的概率越大。而温度 T 的变化可改变概率曲线的形状。从图 6-13 可以看出，对于同一净输入，温度 T 较高时概率曲线变化平缓，对于同一净输入 $P_j(1)$ 与 $P_j(0)$ 的差别小；而 T 温度低时概率曲线变得陡峭，对于同一净输入 $P_j(1)$ 与 $P_j(0)$ 的差别大。当 $T=0$ 时，式(6-39)中的概率函数退化为符号函数，神经元输出状态将无随机性可言。

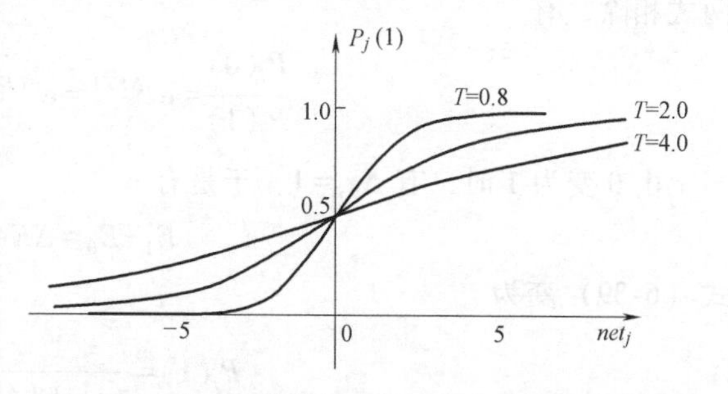

图 6-13　神经元状态概率与净输入和温度的关系

（3）网络能量函数与运行的搜索机制　BM 机采用了与 DHNN 网相同的能量函数描述网络状态

$$E(t)=-\frac{1}{2}\boldsymbol{X}^{\mathrm{T}}(t)\boldsymbol{W}\boldsymbol{X}(t)+\boldsymbol{X}^{\mathrm{T}}(t)\boldsymbol{T}$$

$$=-\frac{1}{2}\sum_{j=1}^{n}\sum_{i=1}^{n}w_{ij}x_ix_j+\sum_{i=1}^{n}T_ix_i \tag{6-40}$$

设 BM 机按异步方式工作，每次第 j 个神经元改变状态，根据式(6-9)有

$$\Delta E(t)=-\Delta x_j(t)\,net_j(t) \tag{6-41}$$

下面对式（6-41）的各种情况进行讨论。

① 当 $net_j>0$ 时，由式（6-39）有 $P_j(1)>0.5$，即神经元 j 有较大的概率取 $x_j=1$。若原来 $x_j=1$，则 $\Delta x_j=0$，从而 $\Delta E=0$；若原来 $x_j=0$，则 $\Delta x_j=1$，从而 $\Delta E<0$。

② 当 $net_j<0$ 时，由式（6-39）有 $P_j(1)<0.5$，即神经元 j 有较大的概率取 $x_j=0$。若原来 $x_j=0$，则 $\Delta x_j=0$，从而 $\Delta E=0$；若原来 $x_j=1$，则 $\Delta x_j=-1$，从而 $\Delta E<0$。

以上对各种可能情况讨论的结果与吸引子与能量函数中的讨论结果一致。但需要注意的是，对于 BM 机，随着网络状态的演变，**从概率的意义上网络的能量总是朝着减小的方向变化**。这就意味着尽管网络能量的总趋势是向着减小的方向演变，但不排除在有些步神经元状态可能会按小概率取值，从而使网络能量暂时增加。正是因为有了这种可能性，BM 机才具有了从局部极小的低谷中跳出的“爬山”能力，这一点是 BM 机与 DHNN 网能量变化的根本区别。由于采用了神经元状态按概率随机取值的工作方式，BM 机的能量具有不断跳出位置较高的低谷搜索位置较低的新低谷的能力。这种运行方式称为搜索机制，即网络在运行过程中不断地搜索更低的能量极小值，直到达到能量的全局最小。从模拟退火法的原理可以看出，温度 T 不断下降可使网络能量的“爬山”能力由强减弱，这正是保证 BM 机能成功搜索到能量全局最小的有效措施。

（4）BM 机的玻尔兹曼分布　设 $x_j=1$ 时对应的网络能量为 E_1，$x_j=0$ 时网络能量为 E_0。根据前面的分析结果，当 x_j 由 1 变为 0 时，有 $\Delta x_j=-1$，于是有

$$E_0-E_1=\Delta E=-(-1)\,net_j=net_j$$

式（6-39）变为

$$P_j(1)=\frac{1}{1+\mathrm{e}^{-net_j/T}}=\frac{1}{1+\mathrm{e}^{-\Delta E/T}} \tag{6-42}$$

$$P_j(0)=1-P_j(1)=\frac{\mathrm{e}^{-\Delta E/T}}{1+\mathrm{e}^{-\Delta E/T}}$$

两式相除，有

$$\frac{P_j(0)}{P_j(1)}=\mathrm{e}^{-\Delta E/T}=\mathrm{e}^{-(E_0-E_1)/T}=\frac{\mathrm{e}^{-E_0/T}}{\mathrm{e}^{-E_1/T}} \tag{6-43}$$

当 x_j 由 0 变为 1 时，有 $\Delta x_j=1$，于是有

$$E_1-E_0=\Delta E=-net_j$$

式（6-39）变为

$$P_j(1)=\frac{1}{1+\mathrm{e}^{-net_j/T}}=\frac{1}{1+\mathrm{e}^{\Delta E/T}} \tag{6-44}$$

$$P_j(0)=1-P_j(1)=\frac{\mathrm{e}^{\Delta E/T}}{1+\mathrm{e}^{\Delta E/T}}$$

两式相除，仍可得到式（6-43）

$$\frac{P_j(0)}{P_j(1)}=\mathrm{e}^{\Delta E/T}=\mathrm{e}^{(E_1-E_0)/T}=\frac{\mathrm{e}^{-E_0/T}}{\mathrm{e}^{-E_1/T}}$$

将式（6-43）推广到网络中任意两个状态出现的概率与对应能量之间的关系，有

$$\frac{P(\alpha)}{P(\beta)}=\frac{\mathrm{e}^{-E_\alpha/T}}{\mathrm{e}^{-E_\beta/T}} \tag{6-45}$$

式（6-45）就是著名的玻尔兹曼分布。从式中可以得出两点结论：①BM 机处于某一状态的概率主要取决于此状态下的能量 E，能量越低，概率越大；②BM 机处于某一状态的概率还取决于温度参数 T，温度越高，不同状态出现的概率越接近，网络能量较容易跳出局部极小而搜索全局最小；温度低则情况相反。这正是采用模拟退火方法搜索全局最小的原因所在。

用 BM 机进行优化计算时，可构造一个类似于式（6-40）的目标函数作为网络的能量函数。为防止目标函数陷入局部极小，采用上述模拟退火算法进行最优解的搜索。即搜索开始时将温度设置得很高，此时神经元为 1 状态或 0 状态的机会几乎相等，因此网络能量可以达到任意可能的状态，包括局部极小或全局最小。当温度下降时，不同状态的概率发生变化，能量低的状态出现的概率大，而能量高的状态出现的概率小。当温度逐渐降至 0 时，每个神经元要么只能取 1 要么只能取 0，此时网络的状态就“凝固”在目标函数的全局最小附近。对应的网络状态就是优化问题的最优解。

用 BM 机进行联想时，可以通过学习用网络稳定状态的概率来模拟训练集样本的出现概率。根据学习类型，BM 机可分为自联想和异联想两种情况，如图 6-14 所示。自联想型 BM 机中的可见节点 V 与 DHNN 网中的节点相似，既是输入节点又是输出节点，隐节点 H 的数目依学习的需要而定，最少可以为 0。异联想 BM 机中的可见节点 $\boldsymbol{V}$ 需按功能分为输入节点组 $\boldsymbol{I}$ 和输出节点组 $\boldsymbol{O}$。

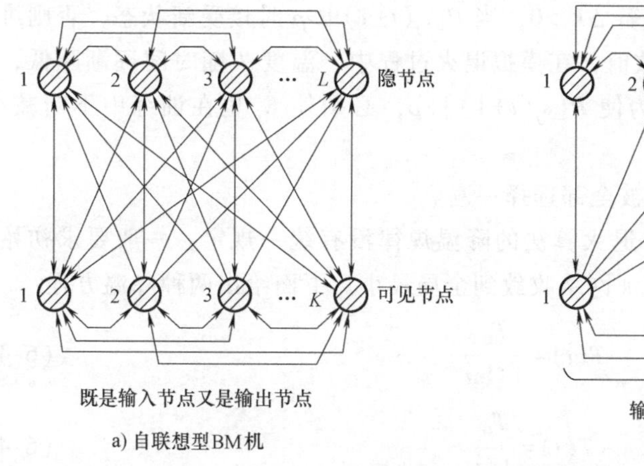

a) 自联想型BM机

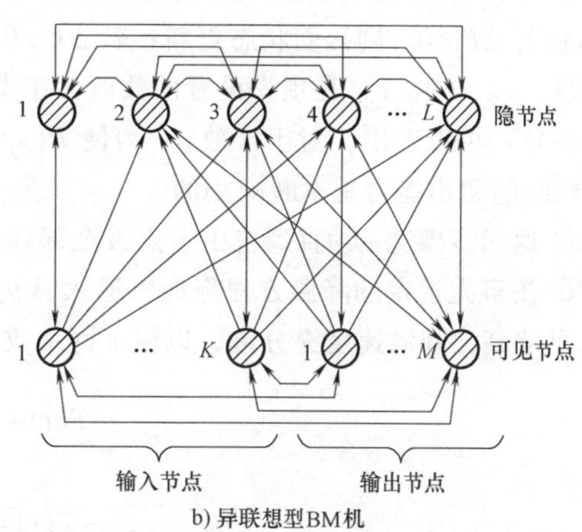

b) 异联想型BM机

图 6-14　BM 机学习网络结构

2. BM 机的学习算法

（1）学习过程　通过有导师学习，BM 机可以对训练集中各模式的概率分布进行模拟，

从而实现联想记忆。学习的目的是通过调整网络权值使训练集中的模式在网络状态中以相同的概率再现。学习过程可分为两个阶段：第一阶段称为正向学习阶段或输入期，即向网络输入一对输入输出模式，将网络输入输出节点的状态“钳制”到期望的状态，而让隐节点自由活动，以捕捉模式对之间的对应规律。第二阶段称为反向学习阶段或自由运行期，对于异联想学习，用输入模式“钳住”输入节点而让隐节点和输出节点自由活动，对于自联想学习，让可见节点和隐节点都自由活动，以体现网络对输入输出对应规律的模拟情况。输入输出的对应规律表现为网络达到热平衡时，相连节点状态同时为 1 的平均概率。期望对应规律与模拟对应规律之间的差别就表现为两个学习阶段所对应的平均概率的差值，此差值便作为权值调整的依据。设 BM 机隐节点数为 m，可见节点数为 n，则可见节点可表达的状态 $\boldsymbol{X}$（对于异联想，$\boldsymbol{X}$ 中部分分量代表输入模式，另一部分代表输出模式）共有 2^n 种。设训练集提供了 P 对模式，一般有 $P<n$。训练集用一组概率分布表示各模式对出现的概率：

$$P(\boldsymbol{X}^1),P(\boldsymbol{X}^2),\cdots,P(\boldsymbol{X}^P)$$

以上也是在正向学习时期望的网络状态概率分布。当网络自由运行时，相应模式出现的概率为

$$P'(\boldsymbol{X}^1),P'(\boldsymbol{X}^2),\cdots,P'(\boldsymbol{X}^P)$$

训练的目的是使以上两组概率分布相同。

（2）网络热平衡状态　为统计以上概率，需要反复使 BM 机按模拟退火算法运行并达到热平衡状态。具体步骤如下：

① 在正向学习阶段，用一对训练模式 $\boldsymbol{X}^p$ 钳住网络的可见节点；在反向学习阶段，用训练模式中的输入部分钳住可见节点中的输入节点。

② 随机选择自由活动节点 j，使其更新状态

$$s_j(t+1)=\begin{cases}1 & s_j(t)=0\\0 & s_j(t)=1\end{cases}$$

③ 计算节点 j 状态更新而引起的网络能量变化 $\Delta E_j=-\Delta s_j(t)\,net_j(t)$。

④ 若 $\Delta E_j<0$，则接受状态更新；若 $\Delta E_j>0$，当 $P[s_j(t+1)]>\rho$ 时接受新状态，否则维持原状态。$\rho\in(0,1)$ 是预先设置的数值，在模拟退火过程中，温度 T 随时间逐渐降低，从式（6-45）可以看出，对于常数 ρ，为使 $P[s_j(t+1)]>\rho$，必须使 E_j 也在训练中不断减小，因此网络的爬山能力是不断减小的。

⑤ 返回步骤②~④直到自由节点被全部选择一遍。

⑥ 按事先选定的降温方程降温，退火算法的降温规律没有统一规定，一般要求初始温度 T_0 足够高，降温速度充分慢，以保证网络收敛到全局最小。下面给出两种降温方程：

$$T(t)=\frac{T_0}{1+\ln t} \tag{6-46}$$

$$T(t)=\frac{T_0}{1+t} \tag{6-47}$$

⑦ 返回步骤②~⑥直到对所有自由节点均有 $\Delta E_j=0$，此时认为网络已达到热平衡状态。此状态可供学习算法中统计任意两个节点同时为 1 的概率时使用。

（3）权值调整算法与步骤　BM 机的学习算法步骤如下：

① 随机设定网络的初始权值 $w_{ij}(0)$。

② 正向学习阶段按已知概率 $P(X^p)$ 向网络输入学习模式 X^p，$p=1, 2, \cdots, P$。在 X^p 的约束下按上述模拟退火算法运行网络到热平衡状态，统计该状态下网络中任意两节点 i 与 j 同时为 1 的概率 p_{ij}。

③ 反向学习阶段在无约束条件下或在仅输入节点有约束条件下运行网络到热平衡状态，统计该状态下网络中任意两节点 i 与 j 同时为 1 的概率 p'_{ij}。

④ 权值调整算法为

$$\Delta w_{ij}=\eta(p_{ij}-p'_{ij}) \qquad \eta>0 \tag{6-48}$$

⑤ 重复以上步骤直到 p_{ij} 与 p'_{ij} 充分接近。

扩展资料

标题	网址	内容
Hopfield 网络	http://neuronaldynamics-exercises.readthedocs.io/en/latest/exercises/hopfield-network.html	Hopfield 网络存储字符功能
	http://web.cs.ucla.edu/~rosen/161/notes/hopfield.html	训练 Hopfield 网络的步骤详解
	http://neuroinformatics.usc.edu/resources/hopfield-simulation/	Hopfield 字符识别仿真

本章小结

本章介绍了四种反馈神经网络：离散型 Hopfield 网络、连续型 Hopfield 网络、离散型双向联想记忆神经网络和随机神经网络。前三种网络学习方式的共同特点是，网络的权值不是经过反复学习获得，而是按一定规则进行设计，网络权值一经确定就不再改变。四种网络运行方式的共同特点是，网络中各神经元的状态在运行过程中不断更新演变，网络运行达到稳态时各神经元的状态便是问题之解。本章需重点理解的问题是：

(1) 网络的稳定性　反馈网络实质上是一个非线性动力学系统。网络从初态 $\boldsymbol{X}(0)$ 开始，若能经有限次递归后，其状态不再发生变化，则称该网络是稳定的。如果网络是稳定的，它可以从任一初态收敛到一个稳态；若网络是不稳定的，网络可能出现限幅的自持振荡或混沌现象。利用网络的稳态可实现联想记忆和优化计算。

(2) 网络的能量函数　反馈网络用“能量函数”描述其状态，在反馈网络结构满足一定条件的前提下，若按一定规则不断更新网络的状态，则具有特定形式的能量函数将单调减小，最后达到能量的某一极小点，网络所有神经元的状态将不再改变，那便是反馈网络的稳定状态。

(3) 网络的记忆容量　当网络规模一定时，所能记忆的模式是有限的。对于所容许的联想出错率，网络所能存储的最大模式数 $P_{\max}$ 称为网络容量。网络容量与网络的规模、算法以及记忆模式向量的分布都有关系。

(4) 网络的权值设计　对于前三种反馈网络，没有权值调整的训练过程，因此没有“学习”意义上的调整，只有一次性的“记住”。要求网络记住的权值可按某种设计规则进行计算，如 DHNN 网和 BAM 网的权值设计均采用外积和规则进行计算。CHNN 网用于解决优化计算，其权值设计是在根据实际问题构造网络的能量函数时解决的。

(5) 随机网络的运行原理　BM 机是一种典型的随机神经网络，采用神经元状态按概率随机取值的工作方式。随着网络状态的演变，从概率的意义上网络能量的总趋势总是朝着减小的方向变化，但不排除在有些步神经元状态可能会按小概率取值，从而使网络具有了从能量局部极小点逃出的能力，这一点是 BM 机与 DHNN 网能量变化的根本区别。模拟退火算法的温度参数 T 不断下降可使网络能量的“爬山”能力由强减弱，这是保证 BM 机能成功搜索到能量全局最小的有效措施。

习　题

6.1　如何利用 DHNN 网的吸引子进行联想记忆？

6.2　如何利用 CHNN 网的稳态进行优化计算？

6.3　如何利用 BAM 网实现双向联想？

6.4　为什么 BM 机可避免陷入能量局部极小？

6.5　DHNN 网权值矩阵 $\boldsymbol{W}$ 给定为

$$
\boldsymbol{W}=\begin{pmatrix} 0 & 1 & -1 & -1 & -3 \\ 1 & 0 & 1 & 1 & -1 \\ -1 & 1 & 0 & 3 & 1 \\ -1 & 0 & 3 & 0 & 1 \\ -3 & -1 & 1 & 1 & 0 \end{pmatrix}
$$

已知各神经元阈值为 0，试计算网络状态为 $\boldsymbol{X}=(-1,1,1,1,1)^{\mathrm{T}}$ 和 $\boldsymbol{X}=(-1,-1,1,-1,-1)^{\mathrm{T}}$ 时的能量值。

6.6　DHNN 网络如图 6-15 所示，部分权值已标在图中。试求：

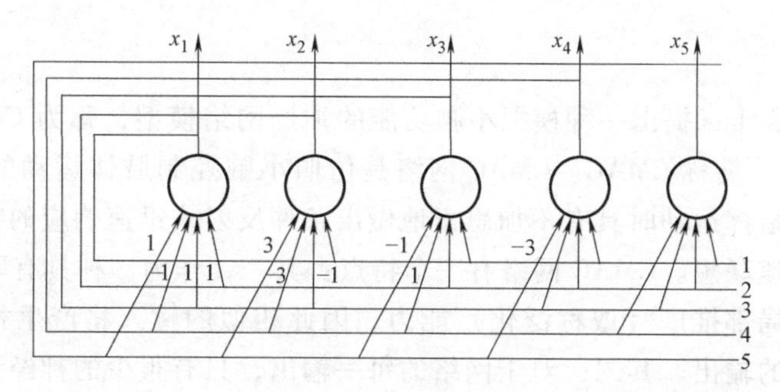

图 6-15　习题 6.6 图

（1）该网络的权值矩阵 $\boldsymbol{W}$。

（2）从初始状态开始按 1，2，…顺序进行异步更新，给定初始状态为

$$
X^1(0)=\begin{pmatrix}-1\\-1\\1\\1\\1\end{pmatrix},\ X^2(0)=\begin{pmatrix}-1\\-1\\1\\1\\-1\end{pmatrix},\ X^3(0)=\begin{pmatrix}-1\\-1\\-1\\1\\-1\end{pmatrix},\ X^4(0)=\begin{pmatrix}-1\\1\\-1\\1\\-1\end{pmatrix},\ X^5(0)=\begin{pmatrix}1\\-1\\1\\1\\-1\end{pmatrix}
$$

（3）以上哪个状态是网络的吸引子？

（4）计算对应于吸引子的能量值。

第 7 章　小脑模型神经网络

1975 年，J. S. A1bus 提出一种模拟小脑功能的神经网络模型，称为 Cerebellar Model Articulation Contro11er，简称 CMAC。CMAC 网络是仿照小脑控制肢体运动的原理而建立的神经网络模型。小脑指挥运动时具有不加思索地做出条件反射式迅速响应的特点，这种条件反射式响应是一种迅速联想。CMAC 网络有三个特点：其一，作为一种具有联想功能的神经网络，它的联想具有局部推广（或称泛化）能力，因此相似的输入将产生相似的输出，远离的输入将产生独立的输出。其二，对于网络的每一输出，只有很少的神经元所对应的权值对其有影响，哪些神经元对输出有影响则由输入决定。其三，CMAC 的每个神经元的输入输出是一种线性关系，但其总体上可看作一种表达非线性映射的表格系统。由于 CMAC 网络的学习只在线性映射部分，因此可采用简单的 δ 学习算法，其收敛速度比 BP 算法快得多，且不存在局部极小问题。CMAC 最初主要用来求解机械手的关节运动，其后进一步用于机器人控制、模式识别、信号处理以及自适应控制等领域。

7.1　CMAC 网络的结构

简单的 CMAC 结构如图 7-1 所示，图中 $\boldsymbol{X}$ 表示 n 维输入状态空间，A 为具有 m 个单元的存储区（亦称为相联空间或概念记忆空间）。设 CMAC 网络的输入向量用 n 维输入状态空间 $\boldsymbol{X}$ 中的点 $\boldsymbol{X}^p=(x_1^p,x_2^p,\cdots,x_n^p)^{\mathrm{T}}$表示，对应的输出向量用 $y^p=F(x_1^p,x_2^p,\cdots,x_n^p)$ 表示，图中 $p=1$，2，3。输入空间的一个点 $\boldsymbol{X}^p$将同时激活 A 中的 C 个元素（图 7-1 中 $C=4$），使其同时为 1，而其他大多数元素为 0，网络的输出 y^p即为 A 中 4 个被激活单元对应的权值累加和。C 值与泛化能力有关，称为泛化参数。也可以将其看作信号检测单元的感受野大小。

一般来说，实际应用时输入向量的各分量来自不同的传感器，其值多为模拟量，而 A 中每个元素只取 0 或 1 两种值。为使 $\boldsymbol{X}$ 空间的点映射为 A 空间的离散点，必须先将模拟量 $\boldsymbol{X}^p$量化，使其成为输入状态空间的离散点。设输入向量 $\boldsymbol{X}$ 的每一分量可量化为 q 个等级，则 n 个分量可组合为输入状态空间 q^n种可能的状态 $\boldsymbol{X}^p$，$p=1$，2，…，q^n。其中每一个状态 $\boldsymbol{X}^p$都要映射为 A 空间存储区的一个集合 $\boldsymbol{A}^p$，$\boldsymbol{A}^p$的 C 个元素均为 1。从图 7-1 可以看出，在 $\boldsymbol{X}$ 空间接近的样本 $\boldsymbol{X}^2$和 $\boldsymbol{X}^3$在 $\boldsymbol{A}$ 中的映射 $\boldsymbol{A}^2$和 $\boldsymbol{A}^3$出现了交集 $\boldsymbol{A}^2\cap\boldsymbol{A}^3$，即它们对应的 4 个权值中有两个是相同的，因此由权值累加和计算的两个输出也较接近，从函数映射的角度看，这一特点可起到泛化的作用。显然，对相距很远的样本 $\boldsymbol{X}^1$和 $\boldsymbol{X}^3$，映射到 $\boldsymbol{A}$ 中的 $\boldsymbol{A}^1\cap\boldsymbol{A}^3$为空集，这种泛化不起作用，因此是一种局部泛化。输入样本在输入空间距离越近，映射到 A

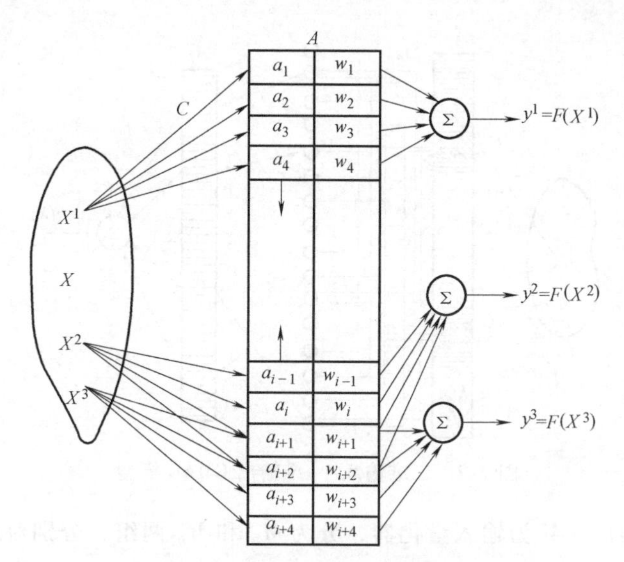

图 7-1　简单 CMAC 模型结构

存储区后对应交集中的元素数就越接近 C，其对应的输出也越接近。从分类角度看，不同输入样本在 A 中产生的交集起到了将相近样本聚类的作用。

为使对于 $\boldsymbol{X}$ 空间的每一个状态，在 A 空间均存在唯一的映射。应使 A 存储区中单元的个数至少等于 $\boldsymbol{X}$ 空间的状态个数，即

$$m \geqslant q^n$$

设将 3 维输入的每个分量量化为 10 个等级，则 $m \geqslant 1000$。对于许多实际系统，q^n 往往要比这个数字大得多，但由于大多数学习问题不会包含所有可能的输入值，实际上不需要 q^n 个存储单元来存放学习的权值。A 相当于一种虚拟的内存地址，每个虚拟地址与输入状态空间的一个样本点相对应。通过散列编码（Hash-coding）可将具有 q^n 个存储单元的地址空间 A 映射到一个小得多的物理地址空间 A_p 中。

对于每个输入，A 中只有 C 个单元为 1，而其余 q^n 个均为 0，因此 A 是一个稀疏矩阵。散列编码是压缩稀疏矩阵的常用技术，具体方法是通过一个产生随机数的程序来实现的。以 A 的地址作为随机数产生程序的变量，产生的随机数作为 A_p 的地址。由于产生的随机数限制在一个较小的整数范围内，因此 A_p 远比 A 小得多。显然，从 A 到 A_p 的压缩是一种多对少的随机映射。在 A_p 中，对每一输入样本有 C 个随机地址与之对应，C 个地址存放的权值需通过学习得到，其累加和即作为 CMAC 的输出。

7.2　CMAC 网络的工作原理

为详细分析 CMAC 网络的工作原理，以二维输入/一维输出模型为例进行讨论，并将图 7-1 中的 CMAC 模型细化为图 7-2 所示。网络的工作过程可分解为四步映射。

7.2.1　从 X 到 M 的映射

二维 $\boldsymbol{X}$ 空间的两个分量为模拟信号 θ_1 和 θ_2，来自两个传感器，例如 θ_1 和 θ_2 可以代表机

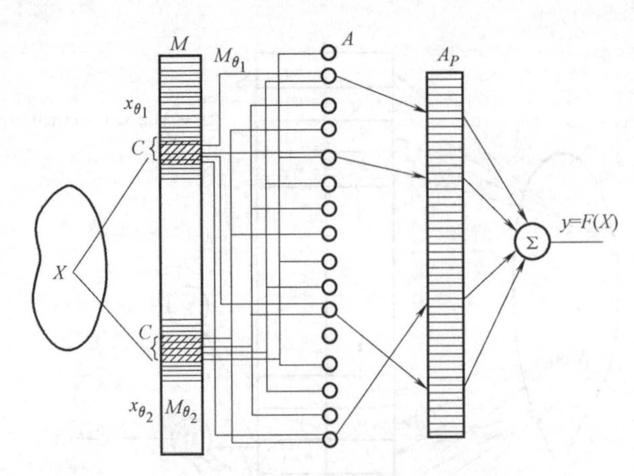

图 7-2 二维输入/一维输出 CMAC 模型

器人的两个关节的角度。M 为输入量化器，分为 $M_{\theta1}$ 和 $M_{\theta2}$ 两组，分别对应着两个输入信号。图 7-2 中 M 的每一个小格代表一个感知器，感知器的个数就是对输入信号的量化级数。$M_{\theta1}$ 和 $M_{\theta2}$ 的量化级数不一定相同，它们分别表示对输入信号的分辨率。$x_{\theta1}$ 和 $x_{\theta2}$ 分别为表示输入信号的量化值，对任意输入信号 θ_1 和 θ_2，在 $M_{\theta1}$ 和 $M_{\theta2}$ 中必然各有一个与其量化值对应的感知器被激活。但为了泛化的需要，在与输入量化值对应的感知器周围可有 C 个感知器同时激活。C 代表了泛化范围，其值是设计时由设计者选定的，一般可以选得很大，如 10~100。当 C 选定后，M_θ 中的感知器个数应在量化级数基础上增加 $C-1$ 个。设某个输入分量的量化级数为 9，每个量化值同时激活的感知器数量为 $C=4$，则对于各量化值的激励情况见表 7-1。

表 7-1 感知器激活情况

x_θ	μ_a	μ_b	μ_c	μ_d	μ_e	μ_f	μ_g	μ_h	μ_i	μ_j	μ_k	μ_l
1	1	1	1	1	0	0	0	0	0	0	0	0
2	0	1	1	1	1	0	0	0	0	0	0	0
3	0	0	1	1	1	1	0	0	0	0	0	0
4	0	0	0	1	1	1	1	0	0	0	0	0
5	0	0	0	0	1	1	1	1	0	0	0	0
6	0	0	0	0	0	1	1	1	1	0	0	0
7	0	0	0	0	0	0	1	1	1	1	0	0
8	0	0	0	0	0	0	0	1	1	1	1	0
9	0	0	0	0	0	0	0	0	1	1	1	1

表中列出 M_θ 中的 12 个感知器，分别用 μ_a、μ_b、…、μ_l 表示。从各行情况可以看出，对于输入信号 θ 的任意一个量化值 x_θ，总有 4 个感知器被激活为 1；从各列情况可以看出，对于每个感知器，其对应输入信号量化值的范围最宽可达到 $C=4$。如感知器 μ_d…μ_i 对应的 x_θ 取值范围均为 4。

为了分析在 X 空间靠近的样本，在 M 中是否也靠近，下面考虑 X 为一维的情况。将被激活为 1 的感知器用其下标字母表示，将被某一输入信号量化值同时激活为 1 的感知器集合

用 m^* 表示，其中包含的兴奋元素的个数用 $|m^*|$ 表示，表 7-1 可转化为表 7-2。可以看出，在 X 空间接近的样本，在对应的感知器集合也接近（重叠元素多）。如用 H_{ij} 表示输入空间中两个样本向量量化值的差，则有

$$H_{ij}=|x_i-x_j|=|m_i^*|-|m_i^*\cap m_j^*|$$

例如，对于一维输入空间两个接近的量 $x_\theta=5$ 和 $x_\theta=4$，其接近程度为 $H_{ij}=|x_i-x_j|=1$，则在输出 m^* 中有 $|m_i^*|=4$，$m_i^*\cap m_j^*=\{e, f, g\}$，$|m_i^*\cap m_j^*|=3$，其接近程度也为 $H_{ij}=|m_i^*|-|m_i^*\cap m_j^*|=4-3=1$。可见，在输入空间接近的量输出时也接近。

表 7-2　与输入信号量化值对应的感知器

x_θ	m^*			
1	a	b	c	d
2	e	b	c	d
3	e	f	c	d
4	e	f	g	d
5	e	f	g	h
6	i	f	g	h
7	i	j	g	h
8	i	j	k	h
9	i	j	k	l

一般情况下，输入是多维的，需要用组合滚动的方式对感知器编号。以二维输入为例，设 $x_{\theta1}$ 量化为 5 级，$x_{\theta2}$ 量化为 7 级，对应的激活感知器编号分别用大写和小写字母表示，结果见表 7-3 和表 7-4。

n 维情况下，$X=(x_{i1}, x_{i2}, \cdots, x_{in})^{\mathrm{T}}$，则从 X 到 M 的映射为

$$\boldsymbol{X}\to\boldsymbol{M}=\begin{cases}x_{i1}\to m_{i1}^*\\ x_{i2}\to m_{i1}^*\\ \vdots\\ x_{in}\to m_{in}^*\end{cases}$$

表 7-3　与 $x_{\theta1}$ 对应的感知器

$x_{\theta1}$	$m_{\theta1}$			
1	A	B	C	D
2	E	B	C	D
3	E	F	C	D
4	E	F	G	D
5	E	F	G	H

表 7-4　与 $x_{\theta2}$ 对应的感知器

$x_{\theta2}$	$m_{\theta2}$			
1	a	b	c	d
2	e	b	c	d
3	e	f	c	d
4	e	f	g	d
5	e	f	g	h
6	i	f	g	h
7	i	j	g	h

7.2.2 从 M 到 A 的映射

从 M 到 A 的映射是通过滚动组合得到，其原则仍然是在输入空间相近的向量在输出空间也接近。如果感知器的泛化范围为 C，则在 A 中映射的地址也应为 C 个，而与输入维数无

关。仍以二维输入情况为例，从 $\boldsymbol{X}$ 到 M 的映射见表 7-3 和表 7-4。将两表中的感知器用“与”的关系进行组合，得到 A 的地址见表 7-5。

表 7-5　由 $m_{\theta1}$ 和 $m_{\theta2}$ 组合的 A 地址

$x_{\theta2}$	A^*				
7ijgh	AiBjCgDh	EiBjCgDh	EiFjCgDh	EiFjGgDh	EiFjGgHh
6ifgh	AiBfCfgDh	EiBfCgDh	EiFfCgDh	EiFfGgDh	EiFfGgHh
5efgh	AeBfCgDh	EeBfCgDh	EeFfCgDh	EeFfGgDh	EeFfGgHh
4efgd	AeBfCgDd	EeBfCgDd	EeFfCgDd	EeFfGgDd	EeFfGgHd
3efcd	AeBfCcDd	EeBfCcDd	EeFfCcDd	EeFfGcDd	EeFfGcHd
2ebcd	AeBbCcDd	EeBbCcDd	EeFbCcDd	EeFbGcDd	EeFbGcHd
1abcd	AaBbCcDd	EaBbCcDd	EaFbCcDd	EaFbGcDd	EaFbGcHd
$x_{\theta1}$	1 ABCD	2 EBCD	3 EFCD	4 EFGD	5 EFGH

从表 7-5 可以看出，每个 A^* 都是由 $x_{\theta1}$ 和 $x_{\theta2}$ 对应的 $m_{\theta1}$ 和 $m_{\theta2}$ 组合成的。A^* 中含有 C 个单元，即 A 中有 C 个存储单元被激活。以 $\boldsymbol{X}=(1,\ 7)^{\mathrm{T}}$ 为例，$x_{\theta1}=1$ 对应的激活感知器为 $m_{\theta1}=ABCE$，而 $x_{\theta2}=7$ 对应的激活感知器为 $m_{\theta2}=ijgh$，组合后的单元用 $A^*=(Ai\ Bj\ Cg\ Eh)$ 表示，A^* 是由大写字母和小写字母为标记的 C 个存储单元的集合。A 中有足够的存储单元组合 A^*，可代表 $\boldsymbol{X}$ 所有可能的值。在输入空间中比较相近的向量经过从 $\boldsymbol{X}$ 到 M，再从 M 到 A 的映射，得到的 A^* 集合也较相近。A 中集合间的接近程度可从其交集的大小，即交集所含的元素数得到反映，因此将 A_i^* 和 A_j^* 的交称为 A_i^* 的邻域。A 中集合间的分离程度可用其距离反映。A 中两个集合之间的距离可表示为

$$d_{ij}=|A^*|-|A_i^*\cap A_j^*|$$

由表 7-5 可以看出，对于同一列中的任意相邻行或同一行中的任意相邻列，$\boldsymbol{X}_i$ 和 $\boldsymbol{X}_j$ 的距离 H_{ij} 均为 1，对应的 A_i^* 和 A_j^* 的距离 d_{ij} 也等于 1。而隔行且隔列的 A_i^* 和 A_j^* 对应的输入样本相距较远，其距离 d_{ij} 也相应较大，读者不妨从表 7-5 中进一步分析这种规律。

任何两个输入样本 $\boldsymbol{X}_i$ 和 $\boldsymbol{X}_j$ 映射到 A 中的 A_i^* 和 A_j^* 上，两集合交集的大小 $|A_i^*\cap A_j^*|$ 与输入样本 $\boldsymbol{X}_i$ 和 $\boldsymbol{X}_j$ 的邻近程度成正比，而与输入向量的维数无关。A^* 邻域的大小除了与相交集合对应的输入样本的邻近程度有关外，还和 C 的选择以及输入向量的分辨率有关。

7.2.3　从 A 到 A_p 的映射

表 7-5 中，大写字母 A、B、C、D、…、H 和小写字母 a、b、c、d、…、j 分别表示 A 存储器中前 P_f 个地址的编号和后 P_r 个地址的编号，而 Ai、Bj、Cg、Dh 等表示虚拟的存储地址，在存储器 A 中的 C 个虚拟地址组合成 A^*，它代表了 $\boldsymbol{X}$ 空间中的输入向量。设 $\boldsymbol{X}$ 空间为 n 维，每一维有 g 个量化级，则 A 中至少有 g^n 个相应的 A^*，它对应于 $\boldsymbol{X}$ 空间的每一个样本点。A^* 占据的存储空间很大，但是对于特定的问题，系统并不会遍历整个输入空间，这样在 A 中被激励的单元是稀疏的，采用杂散技术，可以将 A 压缩到一个比较小的实际空间 A_p 中去。

杂散技术是将分布稀疏、占用较大存储空间的数据作为一个伪随机发生器的变量，产生

一个占用空间小的随机地址，用于存放 A 中的数据。实现这一压缩的最简单方法是用 A 中的 A^* 地址除以一个大的质数，所得余数就作为一个伪随机码，表示为 A_p 中的地址。例如 Dg 可用两位 BCD 码表示，第一位表示 D 的编号，第二位表示 g 的编号。一位 BCD 码需 4bit，在 A 中需 $2^8=256$ 个地址，若 A_p 中有 16 个地址，可取质数 17 去除 A 的地址，余数为 A_p 的地址，照此可得到从 2^8 个地址到 16 个地址中的映射。读者容易想到，A 中不同的地址在 A_p 中会映射到同一地址。事实上用杂散技术确实会不可避免地带来地址冲撞的问题，但如果映射的随机性很强，将大大减少冲撞的概率。在 CMAC 中忽略这种冲撞，是因为冲撞不强烈时，可将其看作一种随机扰动，通过学习算法的迭代过程，可逐步将影响减小，而不影响输出结果。

7.2.4　从 A_p 到 F 的映射

经过以上映射，在 A_p 中有 $|A^*|$ 个随机分布的地址，每个地址中都存放了一个权值，CMAC 网络的输出就是这些权值的迭加，即

$$\boldsymbol{Y}=\boldsymbol{F}(\boldsymbol{X})=\sum_{i\in A^*}w_i$$

对于某一输入样本 X，通过下面将要介绍的学习算法调整权值，可使 CMAC 产生期望的输出。

7.3　CMAC 网络的学习算法

CMAC 网络采用 δ 学习算法调整权值，图 7-3 给出其示意图。用 $\boldsymbol{F}_0$ 表示对应于输入 $\boldsymbol{X}$ 的期望的输出向量，$\boldsymbol{F}_0=(F_{01},F_{02},\cdots,F_{0r})$，权值调整公式为

$$\delta_j=F_{0j}-F(\boldsymbol{X}),\tag{7-1}$$

$$w_{ij}(t+1)=w_{ij}(t)+\eta\frac{\delta_j}{|A^*|}\quad \begin{array}{l}i=1,2,\cdots,n\\ j=1,2,\cdots,r\end{array}\tag{7-2}$$

网络的 r 个输出为

$$y_j=F_j(X)=\sum_{i\in A^*}w_{ij}\quad j=1,2,\cdots,r\tag{7-3}$$

CMAC 的权值调整有两种情况：一种为批学习方式，即将训练样本输入一轮后用累积的 δ 值代入式（7-2）调整权值；另一种为轮训方式，即每个样本输入后都调整权值。前一种方式可采用线性代数方程的雅可比迭代法，后一种则可采用高斯-赛德尔迭代法。

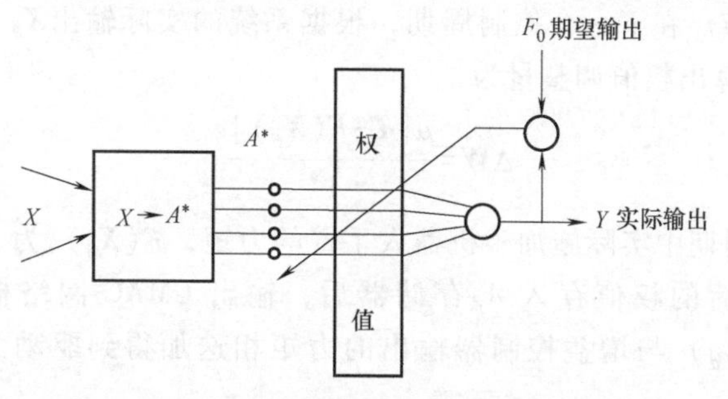

图 7-3　CMAC 网络的权值调整

7.4 CMAC 网络的应用

综上所述可知，CMAC 是一种通过多种映射实现联想记忆的神经网络。这种映射实际上是一种智能查表技术，它模拟了小脑皮层神经系统感受信息和存储信息，并通过联想利用信息的功能。CMAC 网络不仅学习速度快，而且精度高，在智能控制领域具有重要应用价值，特别是在机器人的手臂协调控制中有着广阔的应用前景。

图 7-4 中给出一个 CMAC 与机器人关节臂相连的系统。设 θ、θ' 和 θ'' 分别表示机器人手臂关节的角度向量、角速度向量和角加速度向量，$\boldsymbol{T}$ 表示机器人手臂关节的驱动力矩向量，机器人关节的动力学方程为

$$\theta''=g(\theta,\theta',\boldsymbol{T})$$

为使机器人关节获得角加速度，需在关节上施加一定的力矩 $\boldsymbol{T}$，其表达式应为

$$\boldsymbol{T}=g^{-1}(\theta,\theta',\theta'')$$

上式中 g^{-1} 为 g 函数的逆函数，描述了机器人关节的动力学特性。若 g 已知且 g^{-1} 存在，可用上式计算 $\boldsymbol{T}$。当 g^{-1} 未知时，可用 CMAC 网络学习函数 g^{-1}，从而使 CMAC 的输出 $\boldsymbol{Y}$ 与 $\boldsymbol{T}$ 一致。

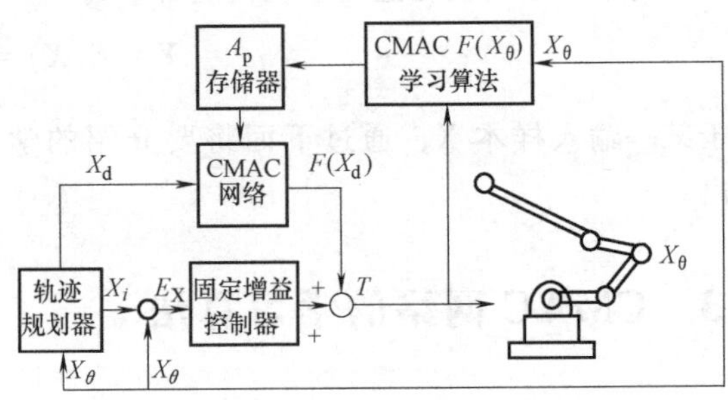

图 7-4 CMAC 网络用于机器人关节控制

当用该系统控制机器人的一个手臂关节时，变量 θ、θ' 和 θ'' 均为标量，其量化值 x_θ，$x_{\theta'}$，$x_{\theta''}$ 共同构成了 CMAC 网络的 3 维输入空间 $\boldsymbol{X}_\theta$。系统工作过程如下：将对应于机器人手臂关节实际状态的输入 $\boldsymbol{X}_\theta$ 加到一个 CMAC 学习算法上，该算法输出 $F(\boldsymbol{X}_\theta)$，学习过程中的权值存放在 A_p 的存储单元中。图中另一个 CMAC 网络是专供输出使用的，两个 CMAC 网共用 A_p 存储器。学习 CMAC 网负责将调整后的权值存入 A_p 存储器，而输出 CMAC 网负责根据 A_p 中存放的权值和期望状态 $\boldsymbol{X}_d$ 产生输出 $F(\boldsymbol{X}_d)$。

在系统的每个控制周期，由轨迹规划器产生一个理想状态 $\boldsymbol{X}_i$，而机器人的实际输出状态为 $\boldsymbol{X}_\theta$，两者之差为 E_X。该误差经过固定增益控制器产生误差驱动力矩 $\boldsymbol{T}$。此外，轨迹规划器还根据系统的实际状态 $\boldsymbol{X}_\theta$ 和下一控制周期的理想状态 $\boldsymbol{X}_i$ 规划出系统的期望状态 $\boldsymbol{X}_d$，以其作为输出 CMAC 网络的输入。系统开始运行时，A_p 存储器中权值为零，所以第一次运行时 CMAC 网络的输出为 $F(\boldsymbol{X}_d)=0$。固定增益控制器将误差放大后直接作为初始驱动力矩去控制机器人的手臂关节。在下一个控制周期，根据系统的实际输出 X_θ 状态，学习 CMAC 网络通过 CMAC 算法计算出权值调整量为

$$\Delta\boldsymbol{W}=\frac{\mu[\boldsymbol{T}-F(\boldsymbol{X}_\theta)]}{|A^*|}$$

式中，$\boldsymbol{T}$ 为上一控制周期中实际施加于机器人手臂的力矩，$F(\boldsymbol{X}_\theta)$ 为 CMAC 网络在 X_θ 输入后得到的输出。调整后的权值存入 A_p 存储器后，输出 CMAC 网络根据期望状态产生的 $F(\boldsymbol{X}_d)$ 不再为零。$F(\boldsymbol{X}_d)$ 与增益控制器输出的力矩相迭加得到驱动力矩 $\boldsymbol{T}$ 去控制机器人手臂。

经过几次训练后，机器人的手臂运动很快就与要求的轨迹相一致。训练结束后，X_θ 与 X_i 相同，$E_X=0$，因此驱动力矩 $T=F(X_d)$，即 $F(X_d)$ 体现了 $g^{-1}(\theta,\ \theta',\ \theta'')$ 的特性。系统工作时如受到外界干扰，会在机器人手臂运动中迭加一个错误扰动 $X_{\theta'}$，由该扰动产生的 $F(X_{\theta'})$ 使 CMAC 学习网络工作，对权值进行调整，系统很快会适应外界变化。

CMAC 网络是一种自适应控制网络，因学习收敛速度快，精度较高，在实时工作时非常有用。

扩展资料

标题	网　址	内　容
CMAC 扩展阅读	https://www.chrismacnab.com/cmac/	CMAC 工作原理及相关程序下载

第8章 深度神经网络

在以往应用的神经网络中，大多都是浅层模型，即一般只包括一个或两个非线性特征转换层，而近年来提出的深度学习（Deep Learning）在解决抽象认知难题方面取得了突破性的进展，它所采用的模型为深度神经网络（Deep Neural Networks，DNN）模型。深度神经网络是包含多个隐藏层（Hidden Layer，也称隐含层）的神经网络，每一层都可以采用监督学习或非监督学习进行非线性变换，实现对上一层的特征抽象。这样，通过逐层的特征组合方式，深度神经网络将原始输入转化为浅层特征、中层特征、高层特征直至最终的任务目标。

深度神经网络之所以近几年来才获得发展的主要原因是一直以来其训练算法得不到很好解决，例如采用误差反传算法（BP算法）训练，误差随着层次的增加会逐渐弥散直至消失，就无法有效地调节权值。直到2006年，机器学习泰斗、多伦多大学计算机系教授Geoffery Hinton在Science发表文章，提出了基于深度置信网络（Deep Belief Networks，DBN），并可使用非监督的逐层贪心训练算法进行训练，为训练深度神经网络带来了希望。

目前，深度学习在图像、语音和自然语言处理等几个领域都获得了突破性的进展。在图像识别领域，2012年，Hinton带领学生在目前最大的图像数据库ImageNet上，通过构造深度卷积神经网络（CNN），将Top5错误率由26%大幅降低至15%，又通过加大加深网络结构，进一步降低到11%；2012年，由人工智能顶级学者Andrew Ng和分布式系统顶级专家Jeff Dean带领打造Google Brain项目，用包含16000个CPU核的并行计算平台训练超过10亿个神经元的深度神经网络，采用无监督的方式训练，对YouTube上选取的视频进行分析，将图像自动聚类，可在无外界干涉的条件下输入“cat”后即识别出猫脸。在语音识别领域，深度学习用深层模型替换声学模型中的混合高斯模型（Gaussian Mixture Model，GMM），获得了相对30%左右的错误率降低；微软首席研究官Rick Rashid在21世纪的计算大会上演示的自动同声传译系统，其关键技术之一就是深度学习，这套系统可以将他的英文演讲实时转换成与他音色相近、字正腔圆的中文演讲；在自然语言处理领域，深度学习基本与其他方法水平相当，但可以免去繁琐的特征提取步骤。可以说到目前为止，深度学习是最接近人类大脑的智能学习方法。深度神经网络包含多个隐层，构成这些隐层的基本组件有自编码器（Auto-Encoder）、稀疏自动编码器（Sparse Auto-Encoder）、受限玻尔兹曼机（Restricted Boltzmann Machine，RBM）、卷积神经网络（Convolutional Neural Networks，CNN）。其学习算法也分为无监督学习、有监督学习和混合学习。下面章节中将重点介绍目前比较常用的受限波尔兹曼机（Restricted Boltzmann Machine，RBM）及以此为组件的深度置信网（Deep Belief Networks，DBN）、卷积神经网络（Convolutional Neural Network，CNN）、堆栈式自动编码器

(Stacked Auto-encoders)。相关内容还可以参考 Andrew Ng 在网络上开设的深度学习教程-UFLDL 教程，网址（http://ufldl.stanford.edu/tutorial/）可扫描图 8-1 中的二维码。

图 8-1　UFLDL 教程二维码

8.1　深度神经网络框架

深度神经网络是包含多个隐层的神经网络，这种深度是相对浅层模型而言。为什么要构造包含这么多隐层的深层网络结构呢？其原因如下：一是人类神经系统和大脑的工作其实是不断将低级抽象传导为高级抽象的过程，高层特征是低层特征的组合，越到高层特征就越抽象；二是所处理的复杂问题中，特征就具备层次化结构，不仅如此，高层次特征可表示为低层次特征的组合。

8.1.1　选择深层模型的原因

1. 仿生学依据

人工神经网络本身就是对人类神经系统的模拟，这种模拟具有仿生学的依据。其中一个具有代表性的就是人脑视觉机理。

1981 年的诺贝尔医学奖获得者 David Hubel 和 Torsten Wiesel 发现了视觉系统的信息处理机制，发现可视皮层是分层的，如图 8-2 所示。人类的视觉系统包含了不同的视觉神经

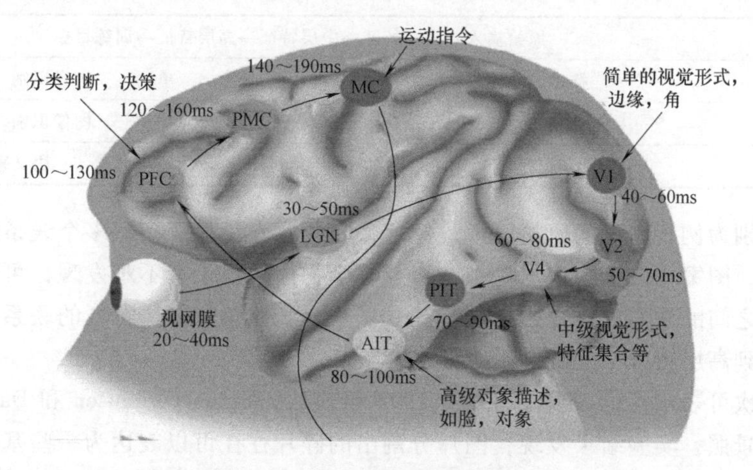

图 8-2　大脑皮层视觉系统分工

元，其中有一种被称为“方向选择性细胞的神经元细胞”，当瞳孔发现了眼前的物体的边缘，而且这个边缘指向某个方向时，这种神经元细胞就会活跃（被激活）。

人类的视觉系统包含了不同的视觉神经元，这些神经元与瞳孔所受的刺激（系统输入）之间存在着某种对应关系（神经元之间的连接参数），即受到某种刺激后（对于给定的输入），某些神经元就会活跃（被激活）。从低层的抽象出边缘、角之后，再进行组合，形成高层特征抽象。人类神经系统和大脑的工作其实是不断将低级抽象传导为高级抽象的过程，高层特征是低层特征的组合，越到高层特征就越抽象。如图 8-3 所示的视觉系统分级信息处理原理。

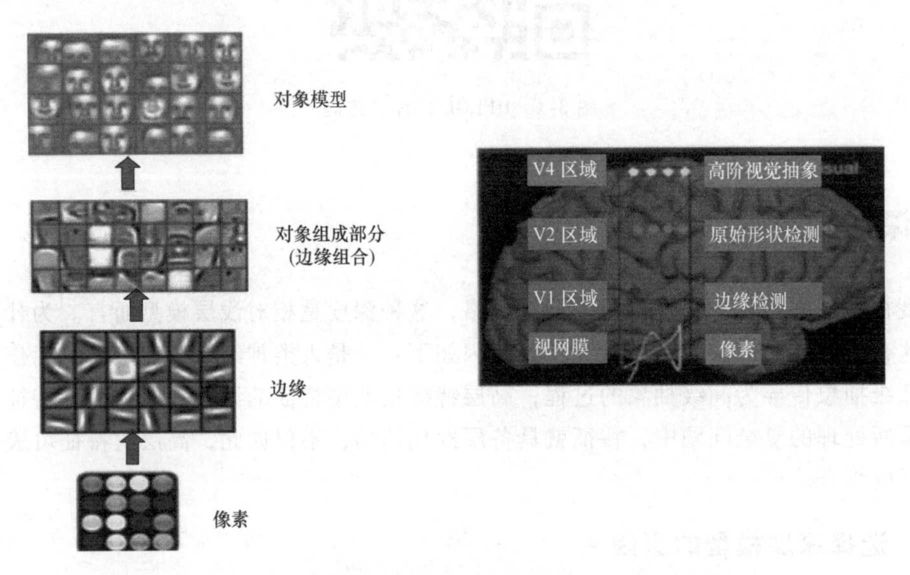

图 8-3　视觉系统分级信息处理原理（Andrew Ng）

2. 任务的天然层次化特征及层次表征

对于很多训练任务来说，如语音识别、图像识别和语义理解中的语音、图像、文本本身就具有天然的层次结构，如表 8-1 所示。

表 8-1　几种任务领域的特征层次结构

任务领域	原始输入→浅层特征→中层特征→高层特征→训练目标
语音	样本　频段　声音　音调　音素　单词　语音识别
图像	像素　线条　纹理　图案　局部　物体　图像识别
文本	字母　单词　词组　短语　句子　段落　文章　语义理解

以图像识别为例，图像的原始输入是像素，相邻像素组成线条，多个线条组成纹理，进一步形成图案，图案构成了物体的局部，直至整个物体的样子。不难发现，可以找到原始输入和浅层特征之间的联系，再通过中层特征，一步一步获得和高层特征的联系。想要从原始输入直接跨越到高层特征，无疑是困难的。

特征的层次可表示性也得到了证实。1995 年前后，Bruno Olshausen 和 David Field 收集了很多黑白风景照，实验结果发现，图片分割出的碎片往往可以表达为一些基本碎片的组合（例如加权求和），而这些基本碎片组合都是不同物体不同方向的边缘线，如图 8-4 所示。

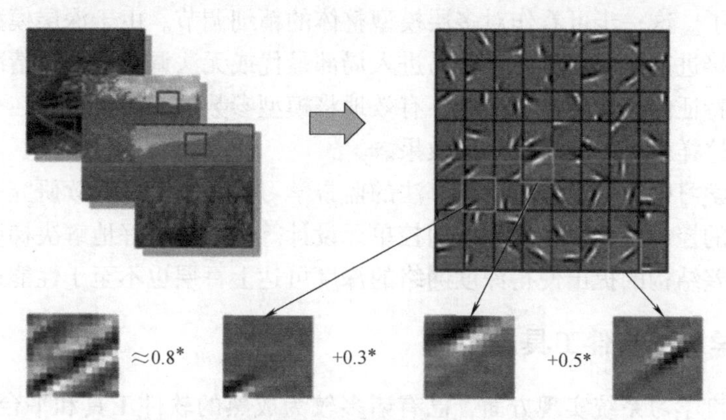

图 8-4　初级图像特征的提取和表示（Andrew Ng）

这说明可以通过有效的特征提取，将像素抽象成更高级的特征。类似的结果也适用于语音特征。

8.1.2　深度网络的训练算法

目前深度网络的学习算法不尽相同，包括有监督学习和无监督学习，以及混合两者的学习算法。但由于深度网络包含多个隐层，直接采用误差反传算法往往导致传播梯度的时候，随着传播深度的增加，梯度的幅度会急剧减小，导致权值更新非常缓慢，不能有效学习。因此在深度学习中如何解决梯度消失是个关键问题，Hinton 教授最早提出了一种解决方案：采用无监督学习来抽取特征，对权值进行预训练，逐层训练网络，而不是同时训练所有权值，然后采用有监督学习对权值进行微调。下面对这种预训练加微调的方法进行介绍。

该方法中最核心的部分是引入了逐层初始化的思想，如图 8-5 所示。

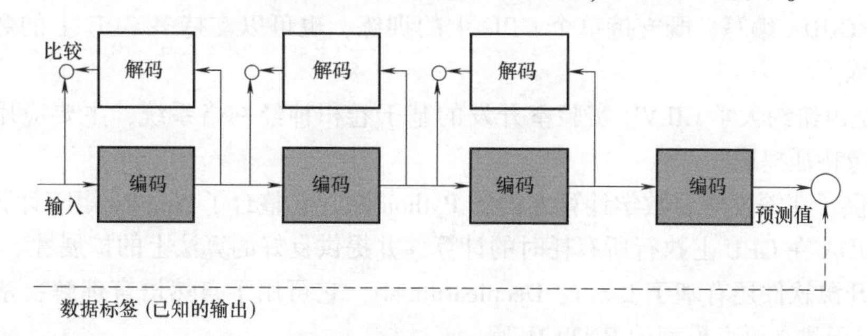

图 8-5　逐层初始化算法

深度网络由若干层组成，从输入开始，经过若干隐层（图中的编码器，Coder）后，进行输出。这些编码器的作用是对输入特征的逐层抽取，从低层到高层。为使得抽取的特征确实是输入的抽象表示，且没有丢失太多信息。在编码后再引入一个解码器（Decoder），重新生成输入，据此与原输入比较来调整编码器和解码器的权值。这个过程是一个认知（编码）-生成（解码）过程。

以此类推，第一次编码器的输出再送到下一层的编码器中，执行类似的操作，直至训练出最高层模型。整个编码过程相当于对输入特征逐层进行抽象或者说特征变换。

逐层初始化完成后，就可以用有标签的数据，采用反向传播算法对模型进行自上而下的整体有监督训练了。这一步可看作对多层模型整体的精细调节。由于深层模型具有多个局部最优解，如果直接进行误差反传，很容易进入局部最优或无法调节权值的情况。逐层初始化方法通过对输入特征的有效表征和抽象，有效地将模型参数的初始位置放在一个比较接近全局最优的位置，这样就可以获得较好的效果。

目前在深度学习中，基于误差反传算法的监督学习仍是主流。后续研究中通过对激活函数的选择、梯度的控制、归一化处理、门控单元设计等，能够较好地解决梯度消失或爆炸的问题。另外，残差结构的提出使得深度网络的深度可达上百层也不至于性能退化。

8.1.3 深度学习的软件工具及平台

目前，在深度学习系统实现方面，已有诸多较为成熟的软件工具和平台。在开源社区，主要有以下较为成熟的软件工具。

Caffe（Convolutional Architecture for Fast Feature Embedding）是一个计算卷积神经网络相关算法的框架，由 Yangqing Jia 老师编写和维护。Caffe 用 C++和 Python 实现，并提供了 C++、Python、MATLAB 的接口，目前有 Linux 和 Windows 版。使用 NVIDIA K40 或 Titan GPU 可以 1 天完成多于 40，000，000 张图片的训练。

Torch7 是一个为机器学习算法提供广泛支持的科学计算框架，它是基于 Lua 语言的，Facebook 人工智能研究实验室和位于伦敦的谷歌 DeepMind 大量使用该工具。Torch 可实现复杂的神经网络拓扑结构，Facebook 开源了他们基于 Torch 的深度学习库包，包括 GPU 优化的大卷积网（ConvNets）模块以及稀疏网络。

Kaldi 是一个基于 C++和 CUDA 的语音识别工具集，既实现了用单个 GPU 加速的深度神经网络 SGD 训练，也实现了 CPU 多线程加速的深度神经网络 SGD 训练。

Cuda-convnet 是 Alex Krizhevsky 公开的一套深度卷积神经网络代码，运行于 Linux 系统上，基于 C++/CUDA 编写，既支持单个 GPU 上的训练，也可以支持多 GPU 上的数据并行和模型并行训练。

OverFeat 是由纽约大学 CILVR 实验室开发的基于卷积神经网络系统，主要应用场景为图像识别和图像特征提取。

Theano 提供了在深度学习数学计算方面的 Python 库，它整合了 NumPy 矩阵计算库，内置支持使用 CUDA 在 GPU 上执行所有耗时的计算，并提供良好的算法上的扩展性。

其他一些开源软件还有基于 Java 的 Deeplearning4j，它可用于自然语言理解；基于 C++ 的 OpenNN，用于建立语言模型的 RNNLM 等。

8.2 受限玻尔兹曼机和深度置信网

受限玻尔兹曼机（Restricted Boltzmann Machine，RBM）是一种概率图模型，也可以看作是一种随机神经网络，这种随机性体现在网络的神经元状态是根据概率统计法则来确定，其输出只有两种状态（未激活、激活），一般用二进制的 0 和 1 来表示。它是 Smolensky 于 1986 年在玻尔兹曼机的基础上提出的，它的受限体现在模型必须为二分图，从神经网络角度看就是一个层次型的二层网络，连接的边只存在于输入层和输出层之间，输出层本身无连接。这种较简单的结构可以使得它能够采用更高效的训练算法，特别是基于梯度的对比分歧

(Contrastive Divergence) 算法。在 2006 年，Hinton 提出的深度置信网络 (Deep Belief Network，DBN) 正是将 RBM 作为基本组件。

8.2.1　受限玻尔兹曼机的基本结构

RBM 是一个两层的神经网络，一是可见层，即输入层，二是隐层。如图 8-6 所示，神经元在层与层之间是全连接，而层内没有连接。可见层一般是连接输入，如图像的像素，具有可观测到的性质，而隐层的意义一般不太明确，可以看作是输入特征的提取。由于只存在层间连接，因此当给定输入值时，隐层神经元的激活条件是相互独立的，而当给定隐层神经元的状态时，可见层的神经元的激活状态也是相互独立的。

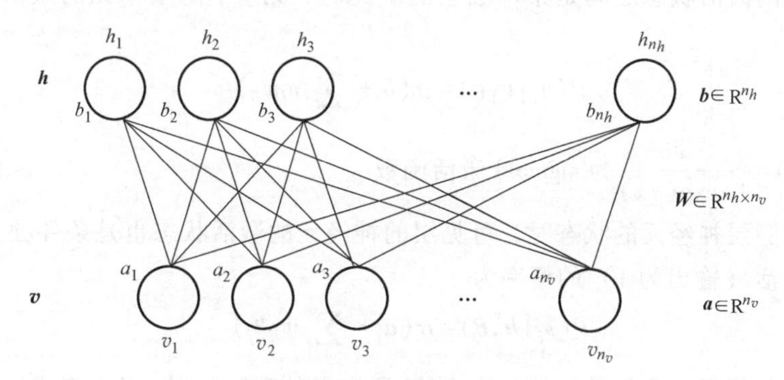

图 8-6　RBM 的结构示意图

图中，n_v、n_h：分别表示可见层和隐层神经元的个数。

$\boldsymbol{v}=(v_1, v_2, \cdots v_i, \cdots, v_{n_v})^{\mathrm{T}}$：可见层（输入层）神经元的状态变量。

$\boldsymbol{h}=(h_1, h_2, \cdots, h_j, \cdots, h_{n_h})^{\mathrm{T}}$：隐层神经元的状态变量。

$\boldsymbol{a}=(a_1, a_2, \cdots, a_i, \cdots, a_{n_v})^{\mathrm{T}}\in \mathrm{R}^{n_v}$：可见层的偏置向量。

$\boldsymbol{b}=(b_1, b_2, \cdots, b_j, \cdots, b_{n_h})^{\mathrm{T}}\in \mathrm{R}^{n_h}$：隐层的偏置向量。

$\boldsymbol{W}=(w_{i,j})\in \mathrm{R}^{n_v\times n_h}$：可见层和隐层之间的权值矩阵，表示可见层第 i 个神经元与隐层第 j 个神经元之间的连接权值。

$\boldsymbol{\theta}=(\boldsymbol{W}, \boldsymbol{a}, \boldsymbol{b})$：RBM 的未知参数。

为讨论方便，假定 RBM 中所有神经元均为二值的，即对于 $\forall i, j$，有 $v_i, h_j\in\{0, 1\}$，这样的 RBM 被称为二值 RBM。

8.2.2　受限玻尔兹曼机的能量模型和似然函数

基于能量的模型（Energy Based Model，EBM）是一种通用的框架模型，包括传统的判别模型和生成模型、图变换网络（Graph-transformer Networks）、条件随机场、最大化边界马尔可夫网络以及一些流形学习的方法等。EBM 通过对变量施加一个能量限制来获取变量之间的关系。

RBM 也服从于能量模型框架，能量函数定义为

$$E(\boldsymbol{v}, \boldsymbol{h} \mid \boldsymbol{\theta}) = -\sum_{i=1}^{n_v} a_i v_i - \sum_{j=1}^{n_h} b_j h_j - \sum_{i=1}^{n_v}\sum_{j=1}^{n_h} v_i w_{ij} h_j \tag{8-1}$$

根据统计物理学原理，由于玻尔兹曼机中的变量符合玻尔兹曼分布，其能量函数和变量状态概率分布存在一定联系，即根据能量函数，可以得到（$\boldsymbol{v}$，$\boldsymbol{h}$）的联合概率分布，通过对概率函数求极值就可以求出参数 $\boldsymbol{\theta}=(\boldsymbol{W}, \boldsymbol{a}, \boldsymbol{b})$。

$$P(\boldsymbol{v},\boldsymbol{h}|\boldsymbol{\theta})=\frac{e^{-E(\boldsymbol{v},\boldsymbol{h}|\boldsymbol{\theta})}}{Z(\boldsymbol{\theta})}, \tag{8-2}$$

其中 $Z(\boldsymbol{\theta})=\sum_{\boldsymbol{v},\boldsymbol{h}} e^{-E(\boldsymbol{v},\boldsymbol{h}|\theta)}$ 为归一化因子，也称为配分函数。为了确定该分布，需要计算归一化因子 $Z(\boldsymbol{\theta})$，这需要 $2^{n_v+n_h}$ 次计算。

由于 RBM 的结构比较特殊，即层内无连接，只有层间连接，当给定可见神经元的状态时，各隐层单元的激活状态之间是条件独立的。此时，第 j 个隐层单元的激活（输出为 1）的概率为

$$P(h_j|\boldsymbol{v},\boldsymbol{\theta})=\sigma(b_j+\sum_i v_i w_{ij}) \tag{8-3}$$

其中，$\sigma(x)=\frac{1}{1+\exp(-x)}$ 为 sigmoid 激活函数

同样，给定隐层神经元的状态时，可见层的神经元的激活状态也是条件独立的，第 i 个可见层单元的激活（输出为 1）的概率为

$$P(v_i|\boldsymbol{h},\boldsymbol{\theta})=\sigma(a_i+\sum_j w_{ij}h_j) \tag{8-4}$$

对于一个实际问题，我们关心的是由 RBM 所定义的观测数据 v 的分布 $P(\boldsymbol{v}|\boldsymbol{\theta})$，即联合概率分布 P（$\boldsymbol{v}$，$\boldsymbol{h}|\boldsymbol{\theta}$）的边际分布，也称为似然函数（Likelihood Function）。

$$P(\boldsymbol{v}|\boldsymbol{\theta})=\frac{1}{Z(\theta)}\sum_{\boldsymbol{h}} e^{-E(\boldsymbol{v},\boldsymbol{h}|\boldsymbol{\theta})} \tag{8-5}$$

类似可以得到

$$P(\boldsymbol{h}|\boldsymbol{\theta})=\frac{1}{Z(\theta)}\sum_{\boldsymbol{v}} e^{-E(\boldsymbol{v},\boldsymbol{h}|\boldsymbol{\theta})} \tag{8-6}$$

$$P(\boldsymbol{h}|\boldsymbol{v},\boldsymbol{\theta})=\frac{P(\boldsymbol{v},\boldsymbol{h}|\boldsymbol{\theta})}{P(\boldsymbol{v}|\boldsymbol{\theta})} \tag{8-7}$$

8.2.3 最优参数的梯度计算

RBM 的学习任务是求出参数 $\boldsymbol{\theta}$ 的值以拟合给定的训练数据。假设训练数据集为 $S=\{\boldsymbol{v}^1, \boldsymbol{v}^2, \cdots, \boldsymbol{v}^m, \cdots, \boldsymbol{v}^M\}$ 参数 $\boldsymbol{\theta}$ 可以通过最大化 RBM 在训练集（假设有 M 个样本）的对数似然函数学习得到，即

$$\boldsymbol{\theta}^*=\underset{\boldsymbol{\theta}}{\operatorname{argmax}} L_S(\boldsymbol{\theta})=\underset{\boldsymbol{\theta}}{\operatorname{argmax}}\sum_{m=1}^{M} ln\mathrm{P}(\boldsymbol{v}^m|\boldsymbol{\theta}) \tag{8-8}$$

为获得最优的 $\boldsymbol{\theta}^*$，通过对损失函数 $L_S(\boldsymbol{\theta})$（简记为 $L(\boldsymbol{\theta})$ 或 L）进行梯度上升法（由于是求取最大值）来求取，即

$$\boldsymbol{\theta}_{\text{new}}=\boldsymbol{\theta}_{\text{old}}+\eta\frac{\partial L(\boldsymbol{\theta}_{\text{old}})}{\partial\boldsymbol{\theta}_{\text{old}}}$$

即

$$\Delta\boldsymbol{\theta}=\eta\frac{\partial L(\boldsymbol{\theta}_{old})}{\partial\boldsymbol{\theta}_{\text{old}}} \tag{8-9}$$

这里的关键点是计算 L 对 $\boldsymbol{\theta}$ 的偏导数。首先对 L 进行展开：

$$
\begin{aligned}
L(\boldsymbol{\theta}) &= \sum_{m=1}^{M} \ln P(\boldsymbol{v}^m \mid \boldsymbol{\theta}) = \sum_{m=1}^{M} ln \sum_{\boldsymbol{h}} \mathrm{P}(\boldsymbol{v}^m, \boldsymbol{h} \mid \boldsymbol{\theta}) \\
&= \sum_{m=1}^{M} \ln \frac{\sum_{\boldsymbol{h}} \exp[-E(\boldsymbol{v}^m, \boldsymbol{h} \mid \boldsymbol{\theta})]}{\sum_{\boldsymbol{v}} \sum_{\boldsymbol{h}} \exp[-E(\boldsymbol{v}, \boldsymbol{h} \mid \boldsymbol{\theta})]} \\
&= \sum_{m=1}^{M} \left[\ln \sum_{\boldsymbol{h}} exp[-E(\boldsymbol{v}^m, \boldsymbol{h} \mid \boldsymbol{\theta})] - \ln \sum_{\boldsymbol{v}} \sum_{\boldsymbol{h}} \exp[-E(\boldsymbol{v}, \boldsymbol{h} \mid \boldsymbol{\theta})] \right]
\end{aligned}
\tag{8-10}
$$

令 θ 是 $\boldsymbol{\theta}$ 中的某一个参数，则对数似然函数关于 θ 的偏导数为

$$
\begin{aligned}
\frac{\partial L}{\partial \theta} &= \sum_{m=1}^{M} \frac{\partial}{\partial \theta} \left[\ln \sum_{\boldsymbol{h}} \exp[-E(\boldsymbol{v}^m, \boldsymbol{h} \mid \boldsymbol{\theta})] - \ln \sum_{\boldsymbol{v}} \sum_{\boldsymbol{h}} \exp[-E(\boldsymbol{v}, \boldsymbol{h} \mid \boldsymbol{\theta})] \right] \\
&= \sum_{m=1}^{M} \left(\begin{array}{l} \sum_{\boldsymbol{h}} \frac{\exp[-E(\boldsymbol{v}^m, \boldsymbol{h} \mid \boldsymbol{\theta})]}{\sum_{\boldsymbol{h}} \exp[-E(\boldsymbol{v}^m, \boldsymbol{h} \mid \boldsymbol{\theta})]} \times \frac{\partial(-E(\boldsymbol{v}^m, \boldsymbol{h} \mid \boldsymbol{\theta}))}{\partial \theta} \\ - \sum_{\boldsymbol{v}} \sum_{\boldsymbol{h}} \frac{\exp[-E(\boldsymbol{v}, \boldsymbol{h} \mid \boldsymbol{\theta})]}{\sum_{\boldsymbol{v}} \sum_{\boldsymbol{h}} \exp[-E(\boldsymbol{v}, \boldsymbol{h} \mid \boldsymbol{\theta})]} \times \frac{\partial(-E(\boldsymbol{v}, \boldsymbol{h} \mid \boldsymbol{\theta}))}{\partial \theta} \end{array} \right) \\
&= \sum_{m=1}^{M} \left(\begin{array}{l} \sum_{\boldsymbol{h}} P(\boldsymbol{h} \mid \boldsymbol{v}^m, \boldsymbol{\theta}) \times \frac{\partial(-E(\boldsymbol{v}^m, \boldsymbol{h} \mid \boldsymbol{\theta}))}{\partial \theta} \\ - \sum_{\boldsymbol{v}} \sum_{\boldsymbol{h}} P(\boldsymbol{v}, \boldsymbol{h} \mid \boldsymbol{\theta}) \times \frac{\partial(-E(\boldsymbol{v}, \boldsymbol{h} \mid \boldsymbol{\theta}))}{\partial \theta} \end{array} \right) \\
&= \sum_{m=1}^{M} \left(\left\langle \frac{\partial(-E(\boldsymbol{v}^m, \boldsymbol{h} \mid \boldsymbol{\theta}))}{\partial \theta} \right\rangle_{P(\boldsymbol{h} \mid \boldsymbol{v}^m, \boldsymbol{\theta})} - \left\langle \frac{\partial(-E(\boldsymbol{v}, \boldsymbol{h} \mid \boldsymbol{\theta}))}{\partial \theta} \right\rangle_{P(\boldsymbol{v}, \boldsymbol{h} \mid \boldsymbol{\theta})} \right)
\end{aligned}
\tag{8-11}
$$

在倒数第二步推导中，第一项使用了

$$
\begin{aligned}
\frac{\exp[-E(\boldsymbol{v}^m, \boldsymbol{h} \mid \boldsymbol{\theta})]}{\sum_{\boldsymbol{h}} \exp[-E(\boldsymbol{v}^m, \boldsymbol{h} \mid \boldsymbol{\theta})]} &= \frac{\exp[-E(\boldsymbol{v}^m, \boldsymbol{h} \mid \boldsymbol{\theta})]}{Z(\boldsymbol{\theta})} \times \frac{Z(\boldsymbol{\theta})}{\sum_{\boldsymbol{h}} \exp[-E(\boldsymbol{v}^m, \boldsymbol{h} \mid \boldsymbol{\theta})]} \\
&= \frac{P(\boldsymbol{v}^m, \boldsymbol{h} \mid \boldsymbol{\theta})}{\mathrm{P}(\boldsymbol{v}^m \mid \boldsymbol{\theta})} = P(\boldsymbol{h} \mid \boldsymbol{v}^m, \boldsymbol{\theta})
\end{aligned}
\tag{8-12}
$$

给出 θ 分别为 w_{ij}、a_i 和 b_j 时的导数公式

$$
\begin{aligned}
\frac{\partial L}{\partial w_{ij}} &= \sum_{m=1}^{M} \left[\sum_{h_j} P(h_j \mid \boldsymbol{v}^m) \boldsymbol{v}_i^m h_j - \sum_{v} P(\boldsymbol{v}) \sum_{h_j} P(h_j \mid \boldsymbol{v}) v_i h_j \right] \\
&= \sum_{m=1}^{M} \left[P(h_j = 1 \mid \boldsymbol{v}^m) \boldsymbol{v}_i^m - \sum_{v} P(\boldsymbol{v}) \sum_{h_j} P(h_j = 1 \mid \boldsymbol{v}) v_i \right] (h_j = 0 \text{ 或 } 1)
\end{aligned}
\tag{8-13}
$$

$$
\begin{aligned}
\frac{\partial L}{\partial a_i} &= \sum_{m=1}^{M} (v_i^m - \sum_{v} P(\boldsymbol{v}) v_i) \\
\frac{\partial L}{\partial b_j} &= \sum_{m=1}^{M} (P(h_j = 1 \mid \boldsymbol{v}^m) - \sum_{v} P(\boldsymbol{v}) P(h_j = 1 \mid \boldsymbol{v}))
\end{aligned}
\tag{8-14}
$$

在上述三个公式中，$\sum_{v}$ 的计算复杂度是 $O(2^{n_v \times n_h})$，直接计算非常困难，通常采用一些采样方法得到近似结果。根据马尔可夫链蒙特卡罗方法（Markov Chain Monte Carlo，MCMC）的基本思想和理论：如果想在某个分布下采样，只需要模拟以其为平稳分布的马尔可夫过程，经过足够多次转移之后，获得的样本分布就会充分接近该平稳分布，也就意味着这样可以采集到目标分布下的样本。通常采用 Gibbs 采样方法，但仍然需要进行足够次数的状态转移，这在理论上可行，但在效率上不可取。因此，Hinton 提出了一种快速算法-对比散度（Contrastive Divergence，CD）算法，算法中的 Gibbs 采样的状态初值选训练样本为起点，这样明显提高了收敛速度。该方法也成为训练 RBM 的标准算法。

8.2.4 基于对比散度的快速算法

对比散度算法的核心在于利用第 k 步的 Gibbs 采样得到的 $v(k)$ 来近似估计梯度公式中的 $\sum_{v}$ 对应的期望值，即

$$\frac{\partial L}{\partial w_{ij}} \approx \sum_{m=1}^{M} \left(P(h_j = 1 \mid \boldsymbol{v}^m(0)) v_i^m(0) - \sum_{h_j} P(h_j = 1 \mid \boldsymbol{v}(k)) v_i(k) \right) \tag{8-15}$$

$$\frac{\partial L}{\partial a_i} \approx \sum_{m=1}^{M} \left(v_i^m(0) - v_i(k) \right) \tag{8-16}$$

$$\frac{\partial L}{\partial b_j} \approx \sum_{m=1}^{M} \left(P(h_j = 1 \mid \boldsymbol{v}^m(0)) - P(h_j = 1 \mid \boldsymbol{v}(k)) \right) \tag{8-17}$$

将上述梯度公式统一记为 $CD_k(\theta, \boldsymbol{v})$，用它来近似 $\frac{\partial L(\theta)}{\partial \theta}$。

下面给出基于 CD-k 算法的完整 RBM 训练算法。

输入：k，S，RBM($\boldsymbol{W}$，$\boldsymbol{a}$，$\boldsymbol{b}$)，η（学习率）

输出：$\Delta\boldsymbol{W}$，$\Delta\boldsymbol{a}$，$\Delta\boldsymbol{b}$

第一步：初始化 η，初始化（$\boldsymbol{W}$，$\boldsymbol{a}$，$\boldsymbol{b}$）为较小的随机数，并令 $\Delta\boldsymbol{W}=0$，$\Delta\boldsymbol{a}=0$，$\Delta\boldsymbol{b}=0$

第二步：输入样本，更新 $\Delta\boldsymbol{W}$，$\Delta\boldsymbol{a}$，$\Delta\boldsymbol{b}$

```
For m=1 to M 对每一个训练样本
{
  v^m (0) = v^m 初始状态更新由训练样本开始 t=0
  For t=0 to k-1 进行 k 步 Gibbs 采样
  {
    ①根据条件概率，更新 t 时刻的隐层单元状态
      For j=1 to n_h
      {
        产生 [0, 1] 上的随机数 r_j
```

$$h_j = \begin{cases} 1, & \text{if } r_j < P(h_j \mid \boldsymbol{v}, \boldsymbol{\theta}) \\ 0, & \text{otherwise} \end{cases}$$

}

②根据条件概率，更新 $t+1$ 时刻的可见层单元状态

For $i=1$ to n_v

{

产生［0，1］上的随机数 r_i

$$v_i=\begin{cases}1, & \text{if } r_i<P(v_i\mid \boldsymbol{h},\boldsymbol{\theta})\\ 0, & \text{otherwise}\end{cases}$$

}

}

更新 $\Delta\boldsymbol{W}$，$\Delta\boldsymbol{a}$，$\Delta\boldsymbol{b}$

For $i=1$ to n_v；$j=1$ to n_h

{

$$\Delta w_{ij}=\Delta w_{ij}+[P(h_j=1\mid \boldsymbol{v}^m(0))v_i^m(0)-P(h_j=1\mid \boldsymbol{v}(k))v_i(k)]$$

$$\Delta\boldsymbol{a}_i=\Delta\boldsymbol{a}_i+[v_i^m(0)-v_i(k)]$$

$$\Delta\boldsymbol{b}_j=\Delta\boldsymbol{b}_j+[P(h_j=1\mid \boldsymbol{v}^m(0))-P(h_j=1\mid \boldsymbol{v}(k))]$$

}

}

第三步：更新（$\boldsymbol{W}$，$\boldsymbol{a}$，$\boldsymbol{b}$），此处将

$$\boldsymbol{W}=\boldsymbol{W}+\frac{\eta}{M}\Delta\boldsymbol{W}\quad \boldsymbol{a}=\boldsymbol{a}+\frac{\eta}{M}\Delta\boldsymbol{a}\quad \boldsymbol{b}=\boldsymbol{b}+\frac{\eta}{M}\Delta\boldsymbol{b}$$

重复第二步和第三步进行 RBM 网络训练，直到到达设定的训练次数或者学习率降到设定值等情况。

下面讨论有关样本和参数选择的问题。

（1）CD-k 中 k 的选取　CD-k 中 k 通常取得较小，甚至 Hinton 发现，$k=1$ 就可以取得较好的效果。

（2）小批量数据　在上述算法中，通过对各样本偏导数的累加一次性获得 $\Delta\boldsymbol{W}$，$\Delta\boldsymbol{a}$，$\Delta\boldsymbol{b}$，在实际应用中，为方便矩阵运算，可以将样本集 S 分解为若干不相交的数据集，即小批量数据（Mini-Batches），然后按照小批量数据循环调整参数。

（3）权值和偏置　权重和偏置的初始值一般取较小的随机数，权值可初始化为符合正态分布的小随机数，如 $W_{ij}\sim N(0,\ 0.01)$，隐层偏置 b_j 初始化为 0，可见层偏置 a_i 可按如下公式选取

$$a_i=\log\frac{p_i}{1-p_i} \tag{8-18}$$

p_i 表示训练样本中第 i 个特征处于激活状态 1 的样本所占的比率。

（4）学习率和动量项　与其他神经网络类似，学习率 η 越大，收敛速度快，但可能不稳定，若 η 太小则收敛速度太慢。可以自适应调节 η 的值，由大到小，或者增加动量项。

8.2.5　深度置信网络

深度置信网络（Deep Belief Network ，DBN）是由 Hinton 在 2006 年提出的一种概率生

成模型，在接近可视层的部分采用贝叶斯置信网络（即有向图模型，依然受限层中节点之间没有连接），在顶层采用受限玻尔兹曼机；之后他的学生又提出了全部由多个受限玻尔兹曼机堆栈而成的深度玻尔兹曼机（Deep Boltzmann Machine，DBM）。如图 8-7 所示。

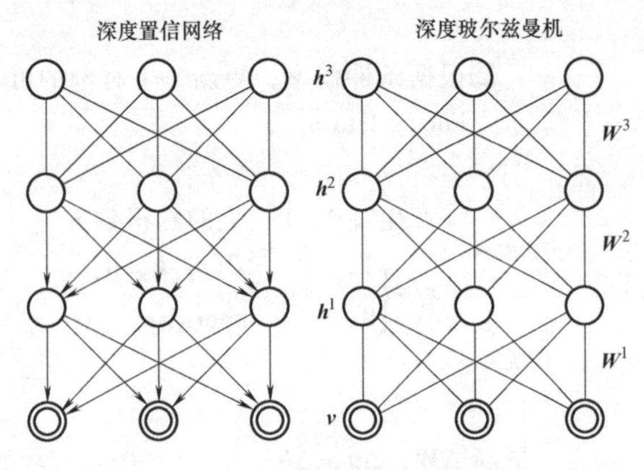

图 8-7　DBN 与 DBM

两者在结构上有所区别，但训练算法都采用 CD 算法，有向图模型可以按照 RBM 进行训练，如图 8-8 所示。

在训练时，Hinton 采用了逐层无监督的方法来学习参数。首先把数据向量 $\boldsymbol{X}$ 和第一层隐藏层作为一个 RBM，训练出这个 RBM 的参数（连接 $\boldsymbol{X}$ 和 $\boldsymbol{h}^1$ 的权重和偏置），然后固定这个 RBM 的参数，把 $\boldsymbol{h}^1$ 视作可见向量，把 $\boldsymbol{h}^2$ 视作隐藏向量，训练第二个 RBM，得到其参数，然后固定这些参数，训练 $\boldsymbol{h}^2$ 和 $\boldsymbol{h}^3$ 构成的 RBM。

训练得到的生成模型是：

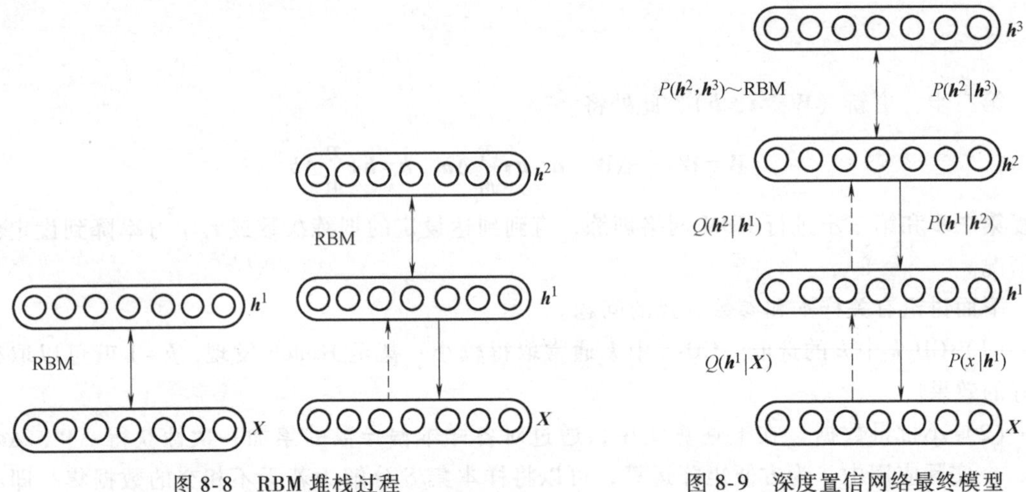

图 8-8　RBM 堆栈过程　　　　图 8-9　深度置信网络最终模型

最后还可利用 DBN 进行有监督学习。在 RBM 中，算法中由可见层单元状态生成隐层单元状态，又通过隐层单元状态反向生成可见层单元状态，如此往复迭代优化参数 $\boldsymbol{\theta}$。这样，通过隐层能基本复原可见层，隐层单元的状态可以看作是可见层单元状态的特征抽取，通过逐层特征抽取，我们就可以获得输入向量的高层特征表征。最后，可以在 DBN 的最顶层再加一层，来表示期望得到的输出，通过计算模型得到的输出和期望输出之间的误差，利用误差反传算法方法来进一步优化之前设置的初始权重。由于我们已经使用逐层无监督方法来初始化了权值，使其比较接近最优值，解决了多层神经网络权值难以训练的问题，能够得到很好的效果。

8.3　卷积神经网络

卷积神经网络（Convolutional Neural Network，CNN）最初是受视觉神经机制的启发而设计的，用于识别二维形状的一种多层感知器。在学习算法上，也采用有监督学习方式。在结构上与 BP 网络虽然都是层次型网络，但 CNN 的每一层是二维平面，而更主要的区别，一是层与层之间的连接并非全连接，而是局部连接，称为稀疏连接，进行局部感知；二是同一层的某些神经元到下一层的权值被设置为相同，这称为权值共享，这样实际训练的权值数目会大幅降低。这种非全连接和权值共享的网络结构使之更类似于生物神经网络，降低了网络模型的复杂度，减少了权值的数量。

卷积神经网络的生物学基础是感受野（Receptive Field），这是 1962 年 Hubel 和 Wiesel 通过对猫视觉皮层细胞的研究发现的。一个神经元所反应（支配）的刺激区域称作神经元的感受野，不同的神经元，如末梢感觉神经元、中继核神经元以及大脑皮层感觉区的神经元都有各自的感受野，其性质、大小也不一致。在此基础上，1984 年日本学者 Fukushima 提出的神经认知机（Neocognitron）模型，可以看作是卷积神经网络的第一个实现网络，也是感受野概念在人工神经网络领域的首次应用。神经认知机将一个视觉模式分解成许多子模式（特征），然后进入分层递阶式相连的特征平面进行处理，Fukushima 将其主要用于手写数字的识别。随后，国内外的研究人员提出多种卷积神经网络形式，在邮政编码识别（Y. LeCun 等）、车牌识别和人脸识别等方面得到了广泛的应用。

8.3.1 卷积神经网络基本概念及原理

卷积网络是为识别二维形状而特殊设计的一个多层感知器，每层由多个二维平面组成，而每个平面由多个独立神经元组成。这种网络结构对平移、比例缩放、倾斜或者共他形式的变形具有高度不变性。网络的结构主要有稀疏连接和权值共享两个特点。

（1）稀疏连接（Sparse Connectivity） 卷积网络的两个相邻层之间的连接是局部连接模式，即第 m 层的隐层单元只与第 $m-1$ 层的输入单元的局部区域有连接，每个神经元只感受 $m-1$ 层的局部特征，也称为局部感知野。

一般认为，人对外界的认知是从局部到全局，而图像本身的空间分布也是局部相邻的像素联系紧密，而距离较远的像素相关性则较弱。因此，每个神经元只需要对局部进行感知，没必要对全局图像进行感知，若要获得全局的信息可在更高层将局部的信息综合起来即可。

图 8-10 演示了全连接和局部连接：图 8-10a 为全连接，图 8-10b 为局部连接。

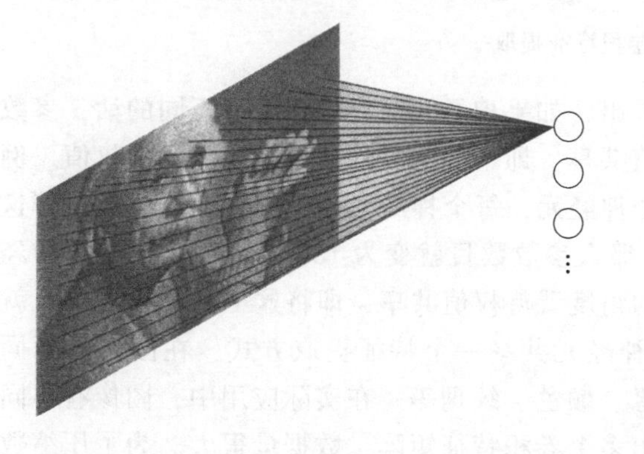

a) 全连接网络

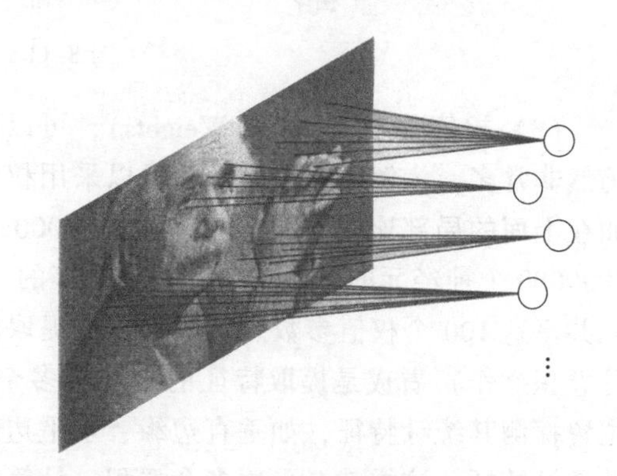

b) 局部连接网络

图 8-10 全连接和局部连接

设待识别的图像为 1000×1000 像素，每个像素点作为一个输入，设隐层神经元个数为 1000000。在左图的全连接中，若每个神经元都与每个像素点相连，则神经元对应的权值总数就是 $1000\times1000\times1000000=10^{12}$ 个。在右图的局部连接中，若每个神经元只和 10×10 个像素值相连，则权值的个数为 $10\times10\times1000000=10^{8}$，减少为原来的万分之一。而那 10×10 个像素值对应的 10×10 个权值参数，其实就相当于卷积操作。

（2）卷积特征提取　卷积是两个变量在某范围内相乘后求和的结果。像素值和权值参数相乘后得到新的结果相当于进行卷积操作，这时权值参数相当于对原来的像素值进行了某种变换，也就是一种特征提取。在自然图像中，图像某一部分的统计特性极可能与其他部分是一样的，这也意味着这一部分学习的特征也能用在另一部分上，所以对于这个图像上的所有位置，可以使用同样的学习特征。

举个例子，当从一个大尺寸图像中随机选取一小块，比如说 3×3 作为样本，并且从这个小块样本中学习到了一些特征，这时就可以把从这个 3×3 样本中学习到的特征作为探测器，应用到这个图像的其他地方中去。通过这个特征值与原本的大尺寸图像作卷积，从而在这个大尺寸图像上的任一位置就可以获得一个不同特征的激活值。

如图 8-11 所示，展示了一个 3×3 的卷积核在 5×5 的图像上做卷积的过程。这个卷积核为 $\begin{matrix}1 & 0 & 1\\ 0 & 1 & 0\\ 1 & 0 & 1\end{matrix}$，这个卷积是一种特征提取方式，就像一个筛选器，将图像中符合条件（激活值越大越符合条件）的部分提取出来。比如左上角的 4 就是每个元素相乘加权求和，可以看出图像上的哪片区域越和卷积核接近，其值就越大。

卷积特征矩阵的大小为 $(n-m+1)\times(n-m+1)$，$n\times n$ 为图像大小，$m\times m$ 为卷积核大小。

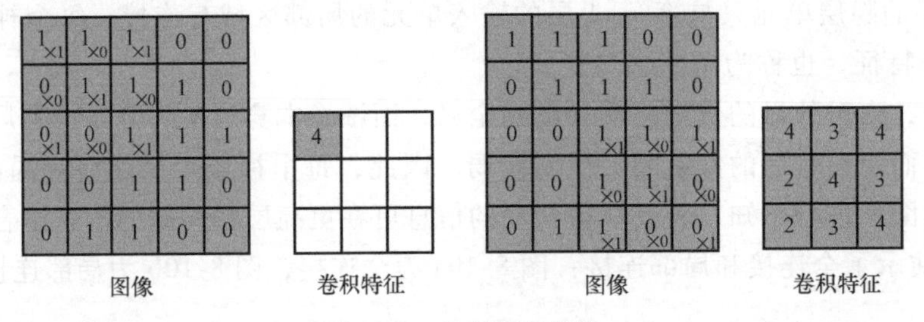

图 8-11　卷积特征提取

（3）权值共享（Shared Weights）　可以看出，如果神经元对应的权值都不同的话，参数仍然非常多，为解决这个问题，可以采用权值共享，即不同的神经元可采用相同的权值。例如在上面的局部连接中，隐层一共 1000000 个神经元，每个神经元都对应 100 个参数，若这 1000000 个神经元的 100 个参数都是相等的，那么参数数目就变为 100 了。也就是所有神经元共享这 100 个权值参数。可以从特征提取的角度看待权值共享，即将这 100 个参数（也就是卷积操作）看成是提取特征的方式，多个神经元共享一个特征提取方式，在图像的不同位置探测其统计特征，如垂直边缘、水平边缘、颜色、纹理等。在实际应用中，图像有不同的统计特征，这样就会采用多个卷积，计算出多个卷积特征矩阵，数据量很大。为了压缩数据和参数的量，减小过拟合，一般会采用池化（Pooling）技术或称子采样或下采样（Sub sampling），可以保证特征不变性的前提下压缩图像。

（4）池化（Pooling）　理论上讲，可以用所有提取得到的特征去训练分类器，例如 softmax 分类器，但这样计算量可能非常大。例如：对于一个 96×96 像素的图像，卷积核大小为 8×8，则卷积特征为（96-8+1）×（96-8+1）= 7921 维，若有 400 个卷积核，则每个图像样例都会得到 7921×400 = 3168400 维的卷积特征向量。训练这样一个超过了百万高维输入特征的分类器比较困难，并且容易出现过拟合（Over-Fitting）。

为解决这个问题，可以回到采用卷积核的初衷：图像具有一种“静态性”的属性，在一个图像区域有用的特征极有可能在另一个区域同样适用。基于此，考虑将图像不同位置的特征进行聚合统计，如计算平均值（或最大值），可以明显降低维度。这种聚合的操作就叫作池化，有时也称为平均池化或者最大池化（取决于计算池化的方法）。如果选择图像中的连续范围作为池化区域，并且只是池化相同（重复）的隐层单元产生的特征，那么，这些池化单元就具有平移不变性（Translation Invariant）。

具体操作上，在获取卷积特征后，确定池化区域的大小（假定为 $a \times b$），将卷积特征划分到数个大小为 $a \times b$ 的不相交区域上，然后用这些区域的平均（或最大）特征来获取池化后的卷积特征。这些池化后的特征便可以用来做分类。

8.3.2　卷积神经网络完整模型

在以上介绍卷积神经网络的特点之后，给出它的完整模型。它是一个多层的神经网络，每层由多个二维平面组成，而每个平面由多个独立神经元组成。图 8-12 给出一个简化的示意图（一般有多个 C 层和 S 层）。

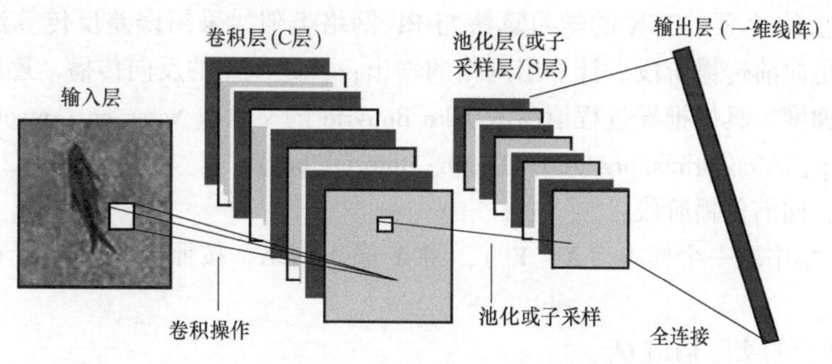

图 8-12　CNN 模型示意图

网络包含如下图层：输入层、卷积层、池化层（子采样层）和输出层。输入层只有一层，直接接受二维视觉；卷积层和池化层一般设置多层；输出层一般为一维线阵，用于分类，在最后的一个输出层之前可以再加几层一维线阵。

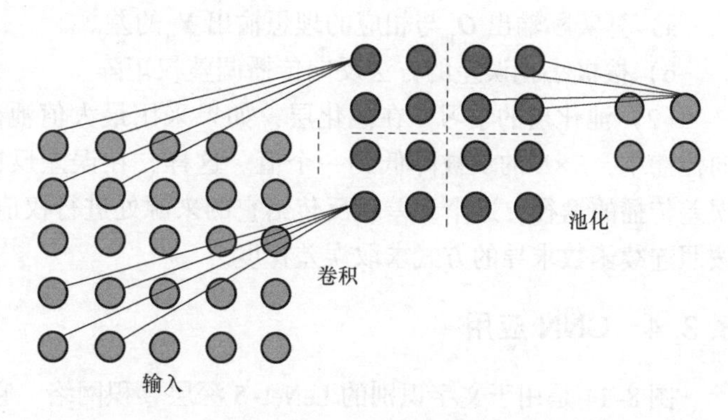

图 8-13　卷积和池化过程

如图 8-12 所示，卷积层由多个二维平面组成，每个二维平面由多个神经元组成，用来进行卷积特征映射；池化层同样也是由多个二维平面组成，每个二维平面由多个神经元组成，用来进行池化操作。

为更直观的理解，以一个简单的例子进行说明，假设图像为5×5，则输入层采用5×5个神经元进行感知，假设感受野为2×2，即第一隐层某一个映射平面的每个神经元只与输入层一个2×2的区域进行连接，卷积核为2×2，所需权值为4个，这样隐层的神经元就需要(5-2+1)×(5-2+1)=4×4个，如图8-13所示，所谓权值共享是指这一个映射平面的每个神经元节点对应的一组权向量相同，因此这一层需要训练的权值就是4个。一般来说，映射平面的输出通常是在做卷积运算后下面进行池化，如果池化区间选为2×2，则将映射平面划分为4个不相交的区域，每个区域进行取最大值或者平均值即可得到输出，因此池化层需要4个神经元。

为避免梯度消失或爆炸，卷积运算后最常用的激活函数是ReLU函数（Rectified Linear Unit，修正线性单元），则卷积层的输出=ReLU(Sum(卷积)+偏移量)

$$x_j^l=f\left(\sum_{i\in M_j} x_i^{l-1}\times w_{ij}^l+b_j^l\right) \tag{8-19}$$

式中，x_j^l为第l层的输入，即$l-1$层的输出；M_j为选择的输入映射层的集合（一般有多个卷积核，因此每一层有多个映射平面，除了第一个卷积层选1个以外，其他卷积层一般选多个如两个或三个）；$\boldsymbol{W}$和$\boldsymbol{b}$为权值（卷积核）和偏置。

池化或下采样过程既可以采用加权求和方式也可以只采用取最大值的方式。

8.3.3 CNN的学习

（1）卷积层的学习　CNN的学习算法与BP网络类似，采用误差反传算法，分为两个阶段进行，一是向前传播阶段，计算出网络的输出；二是误差的反向传播，逐层递推至各层计算权值误差梯度。具体推导过程请参考Jake Bouvrie的文章《Notes on Convolutional Neural Networks》（http：//cogprints. org/5869/1/cnn_ tutorial. pdf）。

第一阶段，向前传播阶段：

a）从样本集中取一个样本（$\boldsymbol{X}$，$\boldsymbol{Y}_{\mathrm{p}}$），将$\boldsymbol{X}$输入网络，按照上一节进行卷积计算和池化计算。

b）计算相应的实际输出$\boldsymbol{O}_{\mathrm{p}}$。

第二阶段，向后传播阶段：

a）算实际输出$\boldsymbol{O}_{\mathrm{p}}$与相应的理想输出$\boldsymbol{Y}_{\mathrm{p}}$的差。

b）按极小化误差的方法反向传播调整权矩阵。

（2）池化层的学习　在池化层，如果采用最大值池化方法，该层可以不用训练。在正向传播中，$K\times K$的块被降低到一个值。这样，在误差反向传播中，该值对应的神经元成为误差传播的途径，这个误差就反传给它的来源处进行权值调节。如果仍采用加权方式，则仍按照连续函数求导的方式求取误差梯度。

8.3.4 CNN应用

图8-14是用于文字识别的LeNet-5深层卷积网络。它的工作过程如下：

① 输入图像是32×32大小，局部滑窗设置为5×5，此处不考虑对图像的边界进行拓展，

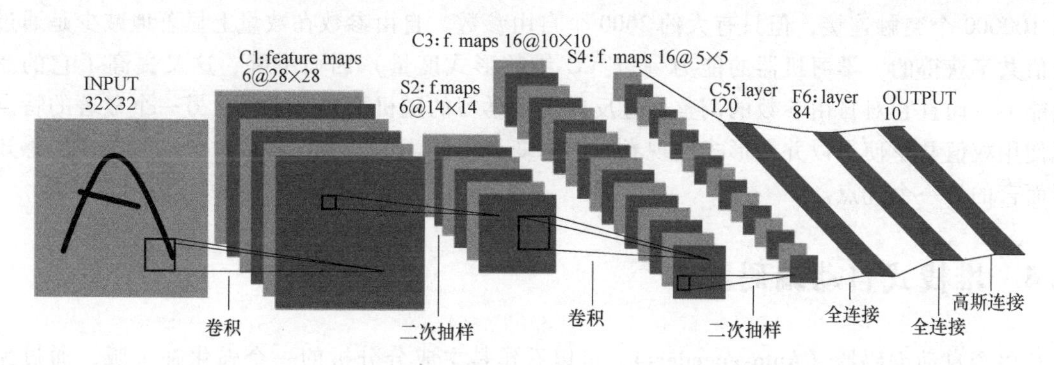

图 8-14 LeNet-5 深层卷积网络工作过程（Y. Lecun 等）

则滑窗将有 28×28 个不同的位置，也就是 C1 层的大小是 28×28。这里设定 6 个不同的 C1 层，每一个 C1 层内的权值是相同的。

② S2 层是一个下采样层，这里由 2×2 的点下采样为 1 个点，因此 S2 层的大小变为 14×14。在 LeNet-5 系统，下采样层比较复杂，采用加权平均，且这个系数也需要学习得到。

③ 与 C1 层类似，也采用 5×5 的局部滑窗，可以得到 C3 层的大小为 10×10。C3 层采用了 16 个网络。若 C1 和 S2 只有一个平面，则后面再进行抽取就只能在某一个特征抽取方式下进行深层抽取，因此 C1 和 S2 层采用多个平面，C3 层会组合其中的若干层。在 LeNet-5 系统中，具体的组合规则见表 8-2。

表 8-2 组合规律

S2\C3	0	1	2	3	4	5	6	7	8	9	10	11	12	13	14	15
0	√				√	√	√			√	√	√	√		√	√
1	√	√				√	√	√			√	√	√	√		√
2	√	√	√				√	√	√			√		√	√	√
3		√	√	√			√	√	√	√			√		√	√
4			√	√	√			√	√	√	√		√	√		√
5				√	√	√			√	√	√	√		√	√	√

例如，对于 C3 层第 0 张特征图，其每一个节点与 S2 层的第 0 张、第 1 张和第 2 张特征图，总共 3 个 5×5 个节点相连接。后面以此类推，C3 层每一张特征映射图的权值是相同的。

④ S4 层是在 C3 层基础上下采样，前面已述。在后面的层由于每一层节点个数比较少，都是全连接层，得到输出向量。

整个计算在卷积和抽样之间的连续交替，得到一个“双尖塔”的效果，也就是在每个卷积或抽样层，随着空间分辨率下降，与相应的前一层相比特征映射的数量增加。相关演示如下：

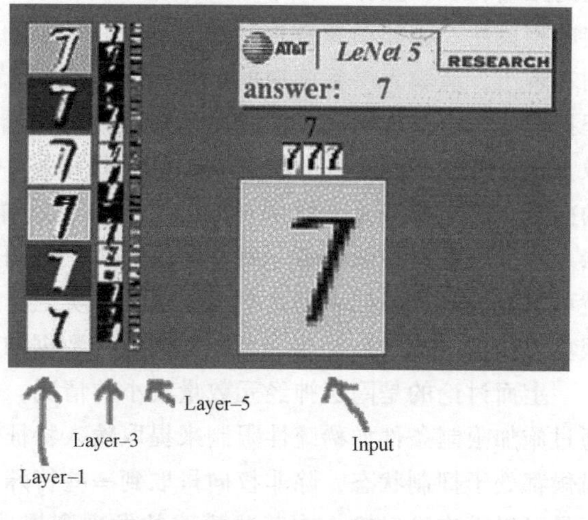

图 8-15 LeNet-5 用于文字识别
（摘自 http：//yann. lecun. com/exdb/lenet/）

图 8-15 中所示的多层感知器包含近

似 100000 个突触连接，但只有大约 2600 个自由参数。自由参数在数量上显著地减少是通过权值共享获得的，学习机器的能力（以 VC 维的形式度量）因而下降，这又提高了它的泛化能力。而且它对自由参数的调整通过反向传播学习的随机形式来实现。另一个显著的特点是使用权值共享使得以并行形式实现卷积网络变得可能。这是卷积网络对全连接的多层感知器而言的另一个优点。

8.4 堆栈式自动编码器

单个自动编码器（Auto-encoders），可以看作是主成分分析的一个强化补丁版，通过无监督学习算法，自动提取样本中的特征。仅用一次没有明显优势。于是 Bengio 等人在 2007 年的 Greedy Layer-Wise Training of Deep Networks 中，仿照 stacked RBM 构成的 DBN，提出了堆栈式自动编码器（Stacked AutoEncoder），为非监督学习在深度网络的应用增加新的成员。该部分内容主要参考 UFLDL 教程中的相关内容。

8.4.1 自编码算法与稀疏性

假设有一个没有带类别标签的训练样本集合 $\{\boldsymbol{X}^{(1)}, \boldsymbol{X}^{(2)}, \cdots, \boldsymbol{X}^{(n)}\}$，其中 $\boldsymbol{X}^{(i)} \in \mathrm{R}^n$。自动编码器是一种无监督学习算法，它使用反向传播算法，并让目标值 $\boldsymbol{Y}^{(i)}$ 等于输入值 $\boldsymbol{X}^{(i)}$，即 $\boldsymbol{Y}^{(i)}=\boldsymbol{X}^{(i)}$。图 8-16 是自动编码器的示例。

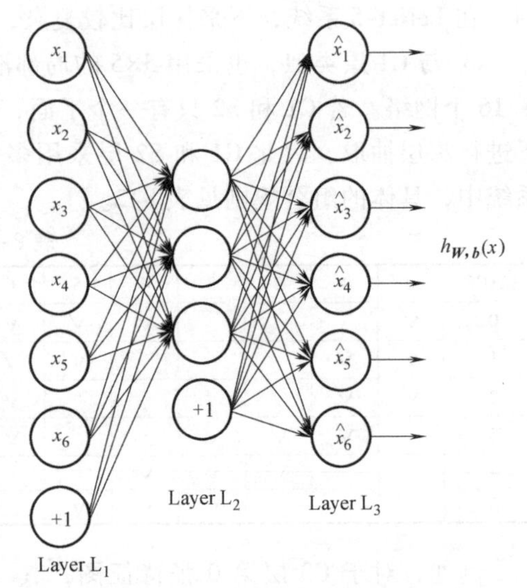

图 8-16 自动编码器

自动编码器尝试学习一个 $h_{\boldsymbol{w},\boldsymbol{b}}(\boldsymbol{X})$ 的函数。实际上，它尝试逼近一个恒等函数，从而使得输出 $\hat{\boldsymbol{X}}$ 接近于输入 $\boldsymbol{X}$。恒等函数虽然看上去不太有学习的意义，但是当为自动编码器加入某些限制，如限定隐藏神经元的数量，可以实现输入数据的压缩和解压操作。如果输入数据本身具有一定的相关性，例如图像数据，通过这样的数据压缩和解压，从输入层到隐层的权值就可以起到特征提取的作用。举例来说，假设某个自动编码器的输入 $\boldsymbol{X}$ 是一张图像（共 100 个像素）的像素灰度值，于是输入的维数 $n=100$，隐藏层中有 $s_2=50$ 个隐藏神经元，输出也是 100 维的向量。隐层神经元个数少于输入的维数，这样迫使自动编码器去学习输入数据的压缩表示。当输入数据中隐含着一些特定的结构，比如某些输入特征是彼此相关的，那么这一算法就可以发现输入数据中的这些相关性。事实上，这一简单的自动编码器通常可以学习出一个跟主元分析（PCA）结果非常相似的输入数据的低维表示。

上面讨论的是隐层神经元数量较小的情况，如果数量较大（可能大于输入维数），可以通过施加限制条件如稀疏性限制来提取输入特征。这种稀疏性限制实际上是让神经元大部分时候都处于抑制状态，除非权向量取到一些特殊值时隐层输出才产生较大的响应，此时的权向量可以看作是对输入中某些模式的发现和提取。假设神经元的激活函数是 sigmoid 函数，则神经元的输出接近于 1 的时候认为是被激活，而输出接近于 0 或 -1（取决于激活函数）

时认为被抑制，稀疏性限制就是使得神经元大部分的时间的输出都接近 0 或-1。为实现这一结果，可以将输出的状态放入惩罚函数中加在误差函数里面。

设第 j 个隐层神经元的平均激活度（在训练集上取平均）为

$$\hat{\rho}_j=\frac{1}{m}\sum_{i=1}^{m}\left[a_j^{(2)}(\boldsymbol{X}^{(i)})\right] \tag{8-20}$$

式中，$a_j^{(2)}$ 为第一个隐层神经元 j 的输出值（激活度）。

设稀疏性参数为 ρ，通常是一个接近于 0 的较小值（比如 $\rho=0.05$）。若加入限制 $\hat{\rho}_j=\rho$，则意味着让隐层神经元的平均活跃度接近 0.05。为了满足这一条件，隐藏神经元的活跃度必须接近于 0。

设惩罚函数为基于相对熵（KL Divergence）的形式

$$\sum_{j=1}^{s_2}\mathrm{KL}(\rho\|\hat{\rho}_j)=\sum_{j=1}^{s_2}\rho\log\frac{\rho}{\hat{\rho}_j}+(1-\rho)\log\frac{1-\rho}{1-\hat{\rho}_j} \tag{8-21}$$

可以看出，相对熵在 $\hat{\rho}_j=\rho$ 达到它的最小值 0，而当 $\hat{\rho}_j$ 靠近 0 或者 1 时，相对熵就非常大。因此，最小化这一惩罚因子具有使得 $\hat{\rho}_j$ 靠近 ρ 的效果。这样，总的误差函数表示为

$$E_{\text{sparse}}(\boldsymbol{W},\boldsymbol{b})=E(\boldsymbol{W},\boldsymbol{b})+\beta\sum_{j=1}^{s_2}\mathrm{KL}(\rho\|\hat{\rho}_j) \tag{8-22}$$

式中，$E(\boldsymbol{W},\boldsymbol{b})$ 如之前所定义，而 β 控制稀疏性惩罚因子的权重。$\hat{\rho}_j$ 项也（间接地）取决于 $\boldsymbol{W}$，$\boldsymbol{b}$。

自动编码器各层的计算与 BP 网络的前向计算一致，设 $\boldsymbol{W}(l)$ 和 $\boldsymbol{b}(l)$ 为第 l 层的权值和偏置，设 $\boldsymbol{a}(l)$ 为第 l 层的输出，f 为激活函数，则

$$\begin{aligned}
\boldsymbol{z}^{(2)}&=\boldsymbol{W}^{(1)}\boldsymbol{X}+\boldsymbol{b}^{(1)}\\
\boldsymbol{a}^{(2)}&=f(\boldsymbol{z}^{(2)})\\
\boldsymbol{z}^{(3)}&=\boldsymbol{W}^{(2)}\boldsymbol{X}+\boldsymbol{b}^{(2)}\\
\hat{\boldsymbol{X}}&=h_{\boldsymbol{W},\boldsymbol{b}}(\boldsymbol{X})=\boldsymbol{a}^{(3)}=f(\boldsymbol{z}^{(3)})
\end{aligned} \tag{8-23}$$

在 BP 算法中，权值调整公式可以表示为

$$\begin{aligned}
\frac{\partial E}{\partial W_{ij}^{(l)}}&=a_j^{(l)}\delta_i^{(l+1)}\\
\frac{\partial E}{\partial b_i^{(l)}}&=\delta_i^{(l+1)}\\
\delta_i^{(l)}&=\left(\sum_{j=1}^{s_{l+1}}W_{ji}^{(l)}\delta_j^{(l+1)}\right)f'(a_i^{(l)})
\end{aligned} \tag{8-24}$$

在自动编码器中，权值调整也采用误差反传算法，因此推导过程与 BP 网络类似，只是由于误差函数多了一项交叉熵，则将

$$\delta_i^{(2)}=\left(\sum_{j=1}^{s_2}W_{ji}^{(2)}\delta_j^{(3)}\right)f'(z_i^{(2)}) \tag{8-25}$$

替换为

$$\delta_i^{(2)} = \left(\sum_{j=1}^{s_2} W_{ji}^{(2)} \delta_j^{(3)} + \beta\left(-\frac{\rho}{\hat{\rho}_j} + \frac{1-\rho}{1-\hat{\rho}_j}\right)\right) f'(z_i^{(2)}) \tag{8-26}$$

即可。

在计算这一项更新时需要知道$\hat{\rho}_j$，所以在计算任何神经元的后向传播之前，需要对所有的训练样本计算一遍前向传播，从而获取平均激活度。

8.4.2 栈式自动编码器

（1）概述 栈式自动编码器是一个由多层稀疏自编码器组成的神经网络，前一层自编码器的输出（对应单个自编码器的隐层输出）作为后一层自编码器的输入。对于一个 n 层栈式自动编码器，假定用 $\boldsymbol{W}^{(k,1)}$，$\boldsymbol{W}^{(k,2)}$，$\boldsymbol{b}^{(k,1)}$，$\boldsymbol{b}^{(k,2)}$ 表示第 k 个自编码器对应的编码权值 $\boldsymbol{W}^{(k,1)}$，$\boldsymbol{b}^{(k,1)}$ 和解码权值 $\boldsymbol{W}^{(k,2)}$，$\boldsymbol{b}^{(k,2)}$。则该栈式自动编码器的编码过程，即从前向后的顺序执行每一层自编码器的编码步骤。

$$\begin{aligned} \boldsymbol{a}^{(l)} &= f(z^{(l)}) \\ z^{(l+1)} &= \boldsymbol{W}^{(l,1)} \boldsymbol{a}^{(l)} + \boldsymbol{b}^{(l,1)} \end{aligned} \tag{8-27}$$

同理，栈式自动编码器的解码过程就是，按照从后向前的顺序执行每一层自编码器的解码步骤。

$$\begin{aligned} \boldsymbol{a}^{(n+l)} &= f(z^{(n+l)}) \\ z^{(n+l+1)} &= \boldsymbol{W}^{(n-l,2)} \boldsymbol{a}^{(n+l)} + \boldsymbol{b}^{(n-l,2)} \end{aligned} \tag{8-28}$$

其中，$\boldsymbol{a}^{(n)}$ 是最深层隐藏单元的激活值，通过对输入值多次的特征提取，成为输入值的更高阶表示，在通过将 $\boldsymbol{a}^{(n)}$ 作为 softmax 分类器的输入特征，可以将栈式自动编码器中学到的特征用于分类问题。

（2）训练 可以采用逐层贪婪训练法进行训练。即先利用原始输入来训练网络的第一层，得到其参数 $\boldsymbol{W}^{(1,1)}$，$\boldsymbol{W}^{(1,2)}$，$\boldsymbol{b}^{(1,1)}$，$\boldsymbol{b}^{(1,2)}$；然后将第一个隐层的输出组成的向量作为新的输入，按照单个自动编码器训练得到 $\boldsymbol{W}^{(2,1)}$，$\boldsymbol{W}^{(2,2)}$，$\boldsymbol{b}^{(2,1)}$，$\boldsymbol{b}^{(2,2)}$，以此类推，就可以预训练整个深度神经网络。

为了获得更好的结果，可以在上述预训练过程完成之后，再通过反向传播算法同时调整所有层的参数以改善结果，这个过程一般被称作“微调（Fine-tuning）”。实际上，使用逐层贪婪训练方法将参数训练到快要收敛时，就可以使用微调。

如果关心以分类为目的的微调，则可以丢掉栈式自编码网络的“解码”层，直接把最后一个隐层的 $\boldsymbol{a}^{(n)}$ 作为特征输入到 softmax 分类器进行分类，这样，分类器分类错误的梯度值就可以直接反向传播给编码层。

8.4.3 栈式自编码网络在手写数字分类中的应用

以图 8-17 所示 MNIST 手写体数字识别为例：

图 8-17 MNIST 数据库中的手写体数字

将每个数字进行矢量化后作为输入。假设栈式自编码网络包含两个隐层。首先，用原始输入 $X^{(k)}$ 训练第一个自编码器，它能够学习得到原始输入的一阶特征表示 $h^{(1)(k)}$（如图8-18所示）。

下一步，用这些一阶特征作为另一个稀疏自编码器的输入，使用它们来学习二阶特征 $h^{(2)(k)}$，如图 8-19 所示。

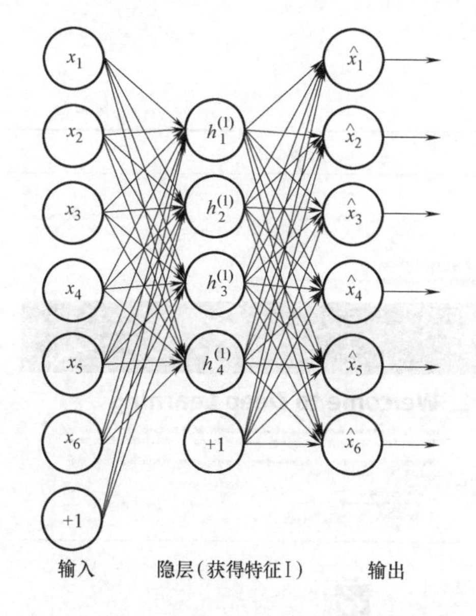

图 8-18　栈式自动编码器输入一阶特征学习

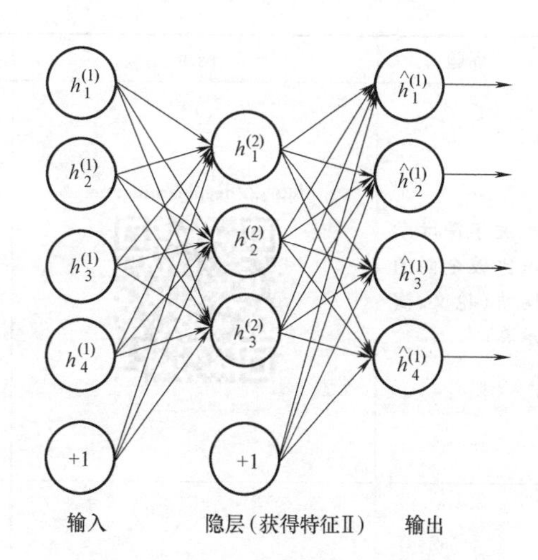

图 8-19　栈式自动编码器输入二阶特征学习

同样，将这些二阶特征作为 softmax 分类器的输入，训练得到一个能将二阶特征映射到数字标签的模型。

最终，可以将这三层组合构成栈式自编码网络，它包括两个隐层和一个 softmax 分类器层，这个网络就可以对 MNIST 数字进行分类。

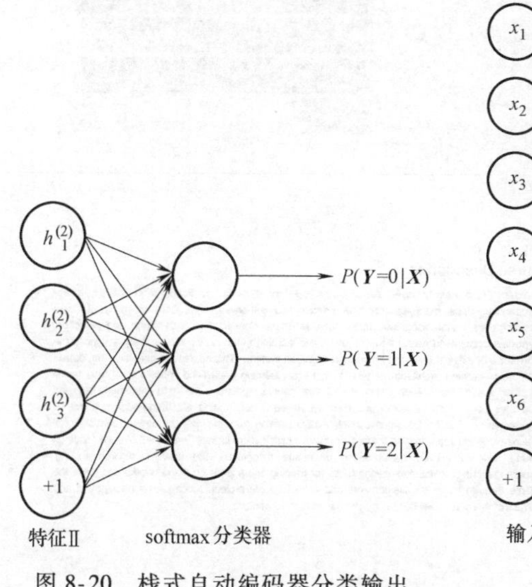

图 8-20　栈式自动编码器分类输出

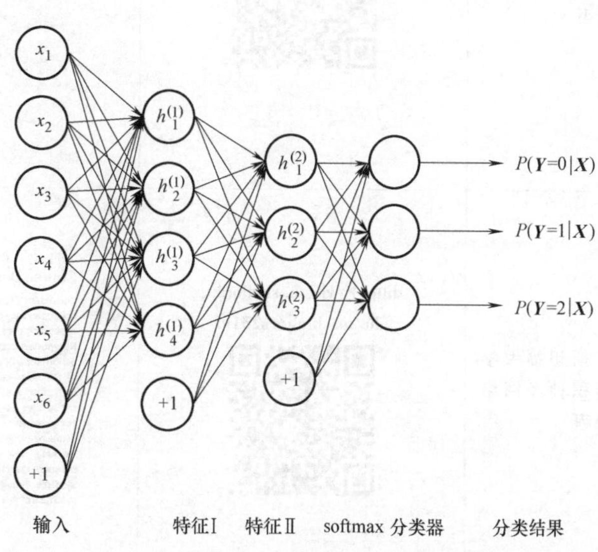

图 8-21　栈式自动编码器完整分类模型

栈式自动编码器对输入具有很强的重新表达能力，通过多层的自动编码，可以将输入向量的特性进行局部分解或层次型分组。例如，若输入数据是图像，网络的第一层会学习识别边，第二层一般会学习如何组合边，从而构成轮廓、角等。更高层会学习如何去组合更形象且有意义的特征。这样，从第一层学习一阶特征到逐渐学习高阶特征后，就适于进行有效的分类。

扩展资料

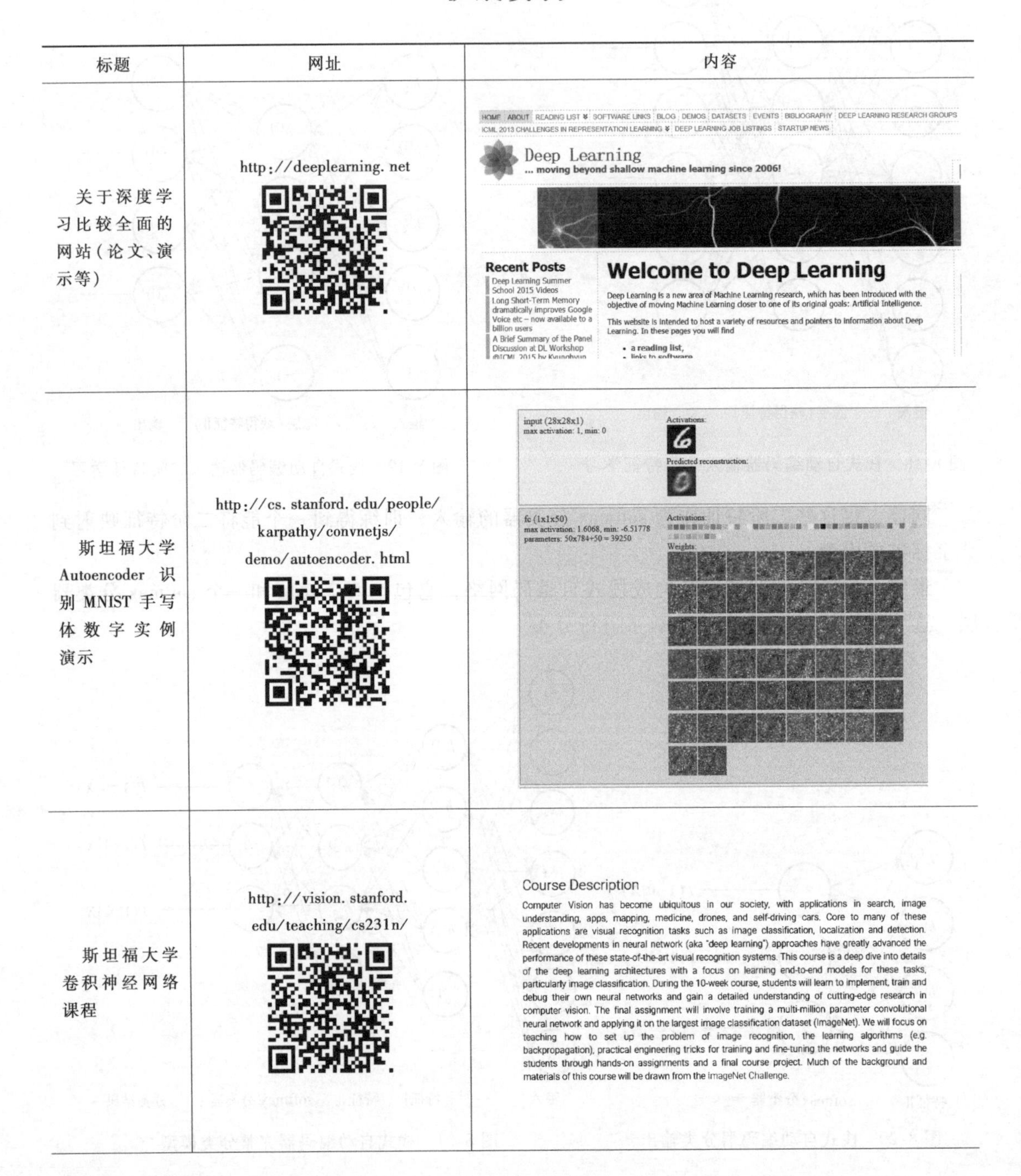

标题	网址	内容
关于深度学习比较全面的网站(论文、演示等)	http://deeplearning.net	Deep Learning ... moving beyond shallow machine learning since 2006! Welcome to Deep Learning. Deep Learning is a new area of Machine Learning research, which has been introduced with the objective of moving Machine Learning closer to one of its original goals: Artificial Intelligence. This website is intended to host a variety of resources and pointers to information about Deep Learning. In these pages you will find • a reading list,
斯坦福大学 Autoencoder 识别 MNIST 手写体数字实例演示	http://cs.stanford.edu/people/karpathy/convnetjs/demo/autoencoder.html	input (28x28x1) max activation: 1, min: 0 Activations: Predicted reconstruction: fc (1x1x50) max activation: 1.6068, min: -6.51778 parameters: 50x784+50 = 39250 Activations: Weights:
斯坦福大学卷积神经网络课程	http://vision.stanford.edu/teaching/cs231n/	Course Description: Computer Vision has become ubiquitous in our society, with applications in search, image understanding, apps, mapping, medicine, drones, and self-driving cars. Core to many of these applications are visual recognition tasks such as image classification, localization and detection. Recent developments in neural network (aka "deep learning") approaches have greatly advanced the performance of these state-of-the-art visual recognition systems. This course is a deep dive into details of the deep learning architectures with a focus on learning end-to-end models for these tasks, particularly image classification. During the 10-week course, students will learn to implement, train and debug their own neural networks and gain a detailed understanding of cutting-edge research in computer vision. The final assignment will involve training a multi-million parameter convolutional neural network and applying it on the largest image classification dataset (ImageNet). We will focus on teaching how to set up the problem of image recognition, the learning algorithms (e.g. backpropagation), practical engineering tricks for training and fine-tuning the networks and guide the students through hands-on assignments and a final course project. Much of the background and materials of this course will be drawn from the ImageNet Challenge.

（续）

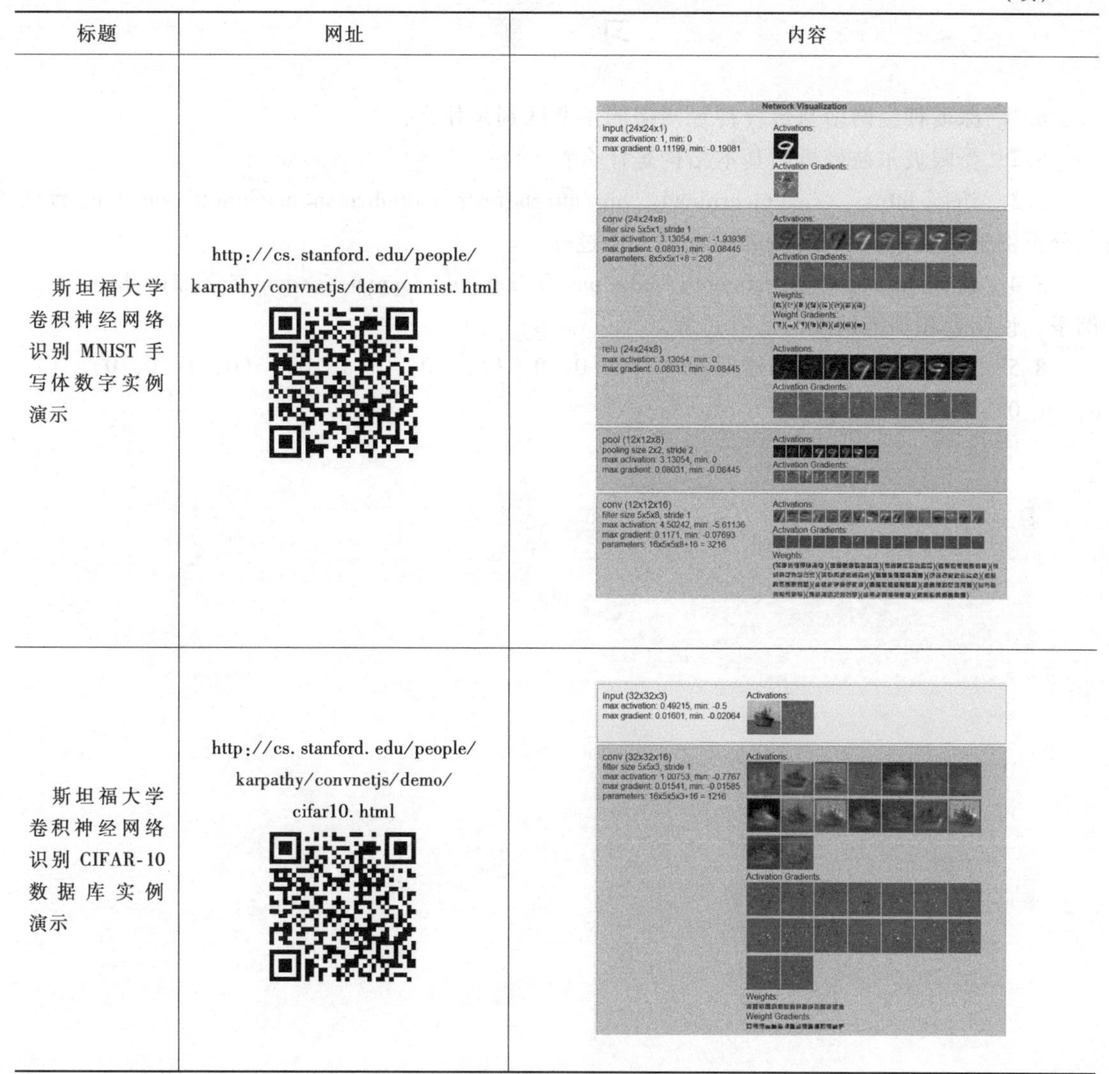

标题	网址	内容
斯坦福大学卷积神经网络识别 MNIST 手写体数字实例演示	http://cs. stanford. edu/people/karpathy/convnetjs/demo/mnist. html	
斯坦福大学卷积神经网络识别 CIFAR-10 数据库实例演示	http://cs. stanford. edu/people/karpathy/convnetjs/demo/cifar10. html	

本章小结

深度神经网络是一种深层模型，它包含多个隐藏层，每一层都可以采用监督学习或非监督学习进行非线性变换，实现对上一层的特征抽象。这样，通过逐层的特征组合方式，深度神经网络将原始输入转化为浅层特征、中层特征、高层特征直至最终的任务目标。它在解决抽象认知难题方面如图像、语音和自然语言处理等取得了突破性的进展。

本章介绍了深度神经网络的基本组件如受限玻尔兹曼机、卷积神经网络以及自动编码机以及所构成的深度网络，它们虽然在实现形式上有所不同，但实现的基本目标都是完成对输入向量的逐层特征抽取。通过逐层初始化的基本思想解决了深层模型难以训练参数的困难，并可通过误差反传算法进行参数微调。

习　题

8.1　深度神经网络与传统神经网络的主要区别是什么？

8.2　受限玻尔兹曼机的基本结构是什么？

8.3　访问 https：//deeplearning4j. org/cn/zh-restrictedboltzmannmachine#code 中的鸢尾花分类例子，说明 RBM 网络的训练和工作过程。

8.4　访问 https：//cs. stanford. edu/people/karpathy/convnetjs/demo/cifar10. html 中的例子，说明卷积神经网络的运行过程。

8.5　编程实现自动编码器对样本（0，0，0，1），（0，0，1，0），（0，1，0，0），（1，0，0，0）编码。

第 9 章　支持向量机

基于误差反向传播算法的多层感知器和径向基函数网络都擅长解决模式分类与非线性映射问题。由 Vapnik 首先提出的支持向量机（Support vector machine，SVM）也是一种通用的前馈神经网络，同样可用于解决模式分类与非线性映射问题。

从线性可分模式分类的角度看，支持向量机的主要思想是建立一个最优决策超平面，使得该平面两侧距平面最近的两类样本之间的距离最大化，从而对分类问题提供良好的泛化能力。对于非线性可分模式分类问题，根据第 5 章介绍的 Cover 定理：将复杂的模式分类问题非线性地投射到高维特征空间可能是线性可分的，因此只要变换是非线性的且特征空间的维数足够高，则原始模式空间能变换为一个新的高维特征空间，使得在特征空间中模式以较高的概率成为线性可分的。此时，应用支持向量机算法在特征空间建立分类超平面，即可解决非线性可分的模式识别问题。

与前面各章讨论的神经网络均基于某种生物学原理的情况不同，支持向量机基于统计学习理论的原理性方法，因此需要较深的数学基础。考虑到本书的读者定位，下面的阐述将尽量避免过多抽象的数学概念，推导过程尽量详细。

9.1　支持向量机的基本思想

第 3 章的单层感知器对于线性可分数据的二值分类机理可理解为，系统随机产生一个超平面并移动它，直到训练集中属于不同类别的样本点正好位于该超平面的两侧。显然，这种机理能够解决线性分类问题，但不能够保证产生的超平面是最优的。支持向量机建立的分类超平面能够在保证分类精度的同时，使超平面两侧的空白区域最大化，从而实现对线性可分问题的最优分类。下面讨论线性可分情况下支持向量机的分类原理。

9.1.1　最优超平面的概念

考虑 P 个线性可分样本$\{(\boldsymbol{X}^1,\ d^1),\ (\boldsymbol{X}^2,\ d^2),\ \cdots,\ (\boldsymbol{X}^p,\ d^p),\ \cdots\ (\boldsymbol{X}^P,\ d^P)\}$，对于任一输入样本$X^p$，其期望输出为 $d^p=\pm1$，分别代表两类的类别标识。用于分类的超平面方程为

$$\boldsymbol{W}^{\mathrm{T}}\boldsymbol{X}+b=0 \tag{9-1}$$

式中，$\boldsymbol{X}$ 为输入向量；$\boldsymbol{W}$ 为权值向量；b 为偏置，相当于前几章中的负阈值（$b=-T$），则有

$$W^{T}X^{p}+b>0，\text{当 } d^{p}=+1$$
$$W^{T}X^{p}+b<0，\text{当 } d^{p}=-1$$

由式（9-1）定义的超平面与最近的样本点之间的间隔称为分离边缘，用ρ表示。支持向量机的目标是找到一个分离边缘最大的超平面，即最优超平面。图9-1给出了二维平面中最优超平面的示意图。可以看出，最优超平面能提供两类之间最大可能的分离，因此确定最优超平面的权值W_0和偏置b_0应是唯一的。在式（9-1）定义的一簇超平面中，最优超平面的方程应为

$$W_0^{T}X+b_0=0 \tag{9-2}$$

由解析几何知识可得样本空间任一点到最优超平面的距离为

$$r=\frac{W_0^{T}X+b_0}{\|W_0\|} \tag{9-3}$$

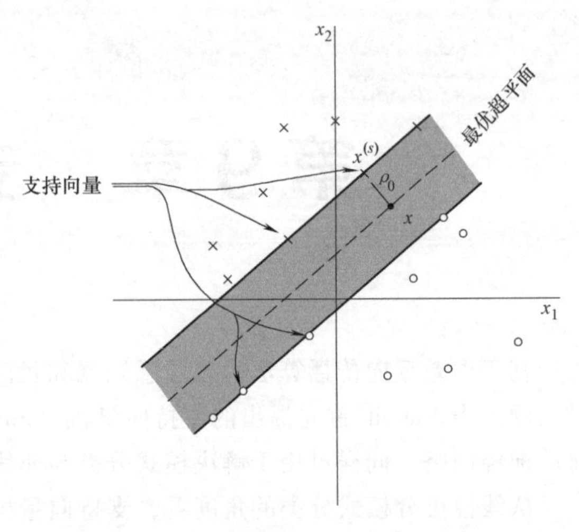

图9-1 二维平面中的最优超平面

从而有判别函数

$$g(X)=r\|W_0\|=W_0^{T}X+b_0 \tag{9-4}$$

给出从X到最优超平面的距离的一种代数度量。

将判别函数进行归一化，使所有样本都满足

$$\begin{aligned}W_0^{T}X^{p}+b_0\geqslant 1,\text{当 } d^{p}=+1\\ W_0^{T}X^{p}+b_0\leqslant -1,\text{当 } d^{p}=-1\end{aligned}\quad p=1,2,\cdots,P \tag{9-5}$$

则对于离最优超平面最近的特殊样本X^{s}满足$|g(X^{s})|=1$，称为支持向量。由于支持向量最靠近分类决策面，是最难分类的数据点，因此这些向量在支持向量机的运行中起着主导作用。

式（9-5）中的两行也可以组合起来用下式表示

$$d^{p}(W^{T}X^{p}+b)\geqslant 1\qquad p=1,2,\cdots,P \tag{9-6}$$

其中，W_0用W代替。

由式（9-3）可导出从支持向量到最优超平面的代数距离为

$$r=\frac{g(X^{s})}{\|W_0\|}=\begin{cases}\dfrac{1}{\|W_0\|} & d^{s}=+1,X^{s}\text{ 在最优超平面的正面}\\ -\dfrac{1}{\|W_0\|} & d^{s}=-1,X^{s}\text{ 在最优超平面的负面}\end{cases} \tag{9-7}$$

因此，两类之间的间隔可用分离边缘表示为

$$\rho=2r=\frac{2}{\|W_0\|} \tag{9-8}$$

上式表明，分离边缘最大化等价于使权值向量的范数$\|W\|$最小化。因此，满足式（9-6）的条件且使$\|W\|$最小的分类超平面就是最优超平面。

9.1.2 线性可分数据最优超平面的构建

根据上面的讨论，建立最优分类面问题可以表示成如下的约束优化问题，即对于给定的训练样本$\{(\boldsymbol{X}^1, d^1), (\boldsymbol{X}^2, d^2), \cdots, (\boldsymbol{X}^p, d^p), \cdots, (\boldsymbol{X}^P, d^P)\}$，找到权值向量$\boldsymbol{W}$和阈值$\boldsymbol{T}$的最优值，使其在式（9-6）的约束下，最小化代价函数

$$\Phi(\boldsymbol{W})=\frac{1}{2}\|\boldsymbol{W}\|^2=\frac{1}{2}\boldsymbol{W}^{\mathrm{T}}\boldsymbol{W} \tag{9-9}$$

这个约束优化问题的代价函数是$\boldsymbol{W}$的凸函数，且关于$\boldsymbol{W}$的约束条件是线性的，因此可以用拉格朗日系数方法解决约束最优问题。引入拉格朗日函数如下

$$L(\boldsymbol{W},b,\alpha)=\frac{1}{2}\boldsymbol{W}^{\mathrm{T}}\boldsymbol{W}-\sum_{p=1}^{P}\alpha_p[d^p(\boldsymbol{W}^{\mathrm{T}}\boldsymbol{X}^p+b)-1] \tag{9-10}$$

式中，$\alpha_p \geqslant 0$，$p=1, 2, \cdots, P$称为拉格朗日系数。式（9-10）中的第一项为代价函数$\boldsymbol{\Phi}(\boldsymbol{W})$，第二项非负，因此最小化$\boldsymbol{\Phi}(\boldsymbol{W})$就转化为求拉格朗日函数的最小值。观察拉格朗日函数可以看出，欲使该函数值最小化，应使第一项$\boldsymbol{\Phi}(\boldsymbol{W})$↓，使第二项↑。为使第一项最小化，将式（9-10）对$\boldsymbol{W}$和b求偏导，并使结果为零

$$\begin{aligned}\frac{\partial L(\boldsymbol{W},b,\alpha)}{\partial \boldsymbol{W}}=\mathbf{0}\\ \frac{\partial L(\boldsymbol{W},b,\alpha)}{\partial b}=\mathbf{0}\end{aligned} \tag{9-11}$$

用式（9-10）和式（9-11），经过整理可导出最优化条件1

$$\boldsymbol{W}=\sum_{p=1}^{P}\alpha_p d^p \boldsymbol{X}^p \tag{9-12}$$

利用式（9-10）和式（9-11）可导出最优化条件2

$$\sum_{p=1}^{P}\alpha_p d^p=0 \tag{9-13}$$

为使第二项最大化，将式（9-10）展开如下

$$L(\boldsymbol{W},b,\alpha)=\frac{1}{2}\boldsymbol{W}^{\mathrm{T}}\boldsymbol{W}-\sum_{p=1}^{P}\alpha_p d^p\boldsymbol{W}^{\mathrm{T}}\boldsymbol{X}^p-b\sum_{p=1}^{P}\alpha_p d^p+\sum_{p=1}^{P}\alpha_p$$

根据式（9-13），上式中的第三项为零。根据式（9-12），可将上式表示为

$$\begin{aligned}L(\boldsymbol{W},b,\alpha)&=\frac{1}{2}\boldsymbol{W}^{\mathrm{T}}\boldsymbol{W}-\boldsymbol{W}^{\mathrm{T}}\sum_{p=1}^{P}\alpha_p d^p\boldsymbol{X}^p+\sum_{p=1}^{P}\alpha_p\\&=\frac{1}{2}\boldsymbol{W}^{\mathrm{T}}\boldsymbol{W}-\boldsymbol{W}^{\mathrm{T}}\boldsymbol{W}+\sum_{p=1}^{P}\alpha_p\\&=-\frac{1}{2}\boldsymbol{W}^{\mathrm{T}}\boldsymbol{W}+\sum_{p=1}^{P}\alpha_p\end{aligned}$$

根据式（9-12）可得到

$$\boldsymbol{W}^{\mathrm{T}}\boldsymbol{W}=\boldsymbol{W}^{\mathrm{T}}\sum_{p=1}^{P}\alpha_p d^p\boldsymbol{X}^p=\sum_{p=1}^{P}\sum_{j=1}^{P}\alpha_p\alpha_j d^p d^j\,(\boldsymbol{X}^p)^{\mathrm{T}}\boldsymbol{X}^p$$

设关于α的目标函数为$Q(\alpha)=L(\boldsymbol{W}, b, \alpha)$，则有

$$Q(\alpha)=\sum_{p=1}^{P}\alpha_p-\frac{1}{2}\sum_{p=1}^{P}\sum_{j=1}^{P}\alpha_p\alpha_j d^p d^j(\boldsymbol{X}^p)^{\mathrm{T}}\boldsymbol{X}^p \tag{9-14}$$

至此，原来的最小化 $L(\boldsymbol{W},b,\alpha)$ 函数问题转化为一个最大化函数 $Q(\alpha)$ 的“对偶”问题，即给定训练样本$\{(\boldsymbol{X}^1,d^1),(\boldsymbol{X}^2,d^2),\cdots,(\boldsymbol{X}^p,d^p),\cdots,(\boldsymbol{X}^P,d^P)\}$，求解使式（9-14）为最大值的拉格朗日系数$\{\alpha_1,\alpha_2,\cdots,\alpha_p,\cdots,\alpha_P\}$，并满足约束条件 $\sum_{p=1}^{P}\alpha_p d^p=0$；$\alpha_p\geqslant 0$，$p=1,2,\cdots,P$。

以上为不等式约束的二次函数极值问题（Quadratic Programming，QP）。由 Kuhn-Tucker 定理知，式（9-14）的最优解必须满足以下最优化条件（KKT 条件）

$$\alpha_p[(\boldsymbol{W}^{\mathrm{T}}\boldsymbol{X}^p+b)d^p-1]=0, p=1,2,\cdots,P \tag{9-15}$$

可以看出，在两种情况下上式中的等号成立：一种情况是 α_p 为零；另一种情况是 α_p 不为零而 $(\boldsymbol{W}^{\mathrm{T}}\boldsymbol{X}^p+b)d^p=1$。显然，第二种情况仅对应于样本为支持向量的情况。

设 $Q(\alpha)$ 的最优解为$\{\alpha_{01},\alpha_{02},\cdots,\alpha_{0p},\cdots,\alpha_{0P}\}$，可通过式（9-12）计算最优权值向量，其中多数样本的拉格朗日系数为零，因此

$$\boldsymbol{W}_0=\sum_{p=1}^{P}\alpha_{0p}d^p\boldsymbol{X}^p=\sum_{\text{所有支持向量}}\alpha_{0p}d^s\boldsymbol{X}^s \tag{9-16}$$

即最优超平面的权向量是训练样本向量的线性组合，且只有支持向量影响最终的划分结果，这就意味着如果去掉其他训练样本再重新训练，得到的分类超平面是相同的。但如果一个支持向量未能包含在训练集内时，最优超平面会被改变。

利用计算出的最优权值向量和一个正的支持向量，可通过式（9-5）进一步计算出最优偏置

$$d_0=1-\boldsymbol{W}_0^{\mathrm{T}}\boldsymbol{X}^s \tag{9-17}$$

求解线性可分问题得到的最优分类判别函数为

$$f(\boldsymbol{X})=\mathrm{sgn}\left[\sum_{p=1}^{P}\alpha_{0p}d^p(\boldsymbol{X}^p)^{\mathrm{T}}\boldsymbol{X}+b_0\right] \tag{9-18}$$

在上式中的 P 个输入向量中，只有若干个支持向量的拉格朗日系数不为零，因此计算复杂度取决于支持向量的个数。

对于线性可分数据，该判别函数对训练样本的分类误差为零，而对非训练样本具有最佳泛化性能。

9.1.3 非线性可分数据最优超平面的构建

若将上述思想用于非线性可分模式的分类时，会有一些样本不能满足式（9-6）的约束，而出现分类误差。因此需要适当放宽该式的约束，将其变为

$$d^p(\boldsymbol{W}^{\mathrm{T}}\boldsymbol{X}^p+b)\geqslant 1-\xi_p, p=1,2,\cdots,P \tag{9-19}$$

式中引入了松弛变量 $\xi_p\geqslant 0$，$p=1,2,\cdots,P$，它们用于度量一个数据点对线性可分理想条件的偏离程度。当 $0\leqslant\xi_p\leqslant 1$ 时，数据点落入分离区域的内部，且在分类超平面的正确一侧；当 $\xi_p>1$ 时，数据点进入分类超平面的错误一侧；当 $\xi_p=0$ 时，相应的数据点即为精确满足式（9-6）的支持向量 $\boldsymbol{X}^s$。

建立非线性可分数据的最优超平面可以采用与线性可分情况类似的方法，即对于给定的训练样本$\{(\boldsymbol{X}^1, d^1), (\boldsymbol{X}^2, d^2), \cdots, (\boldsymbol{X}^p, d^p), \cdots, (\boldsymbol{X}^P, d^P)\}$，寻找权值$\boldsymbol{W}$和阈值$\boldsymbol{T}$的最优值，使其在式（9-19）的约束下，最小化关于权值$\boldsymbol{W}$和松弛变量ξ_p的代价函数

$$\boldsymbol{\Phi}(\boldsymbol{W},\boldsymbol{\xi}) = \frac{1}{2}\boldsymbol{W}^{\mathrm{T}}\boldsymbol{W} + C\sum_{p=1}^{P}\xi_p \tag{9-20}$$

式中，C为使用者选定的正参数。

与在9.1.2中的方法相似，采用拉格朗日系数方法解决约束最优问题。需要注意的是，在引入拉格朗日函数时，式（9-10）中的1被$1-\xi_p$代替，从而使拉格朗日函数变为

$$L(\boldsymbol{W},b,\alpha) = \frac{1}{2}\boldsymbol{W}^{\mathrm{T}}\boldsymbol{W} - \sum_{p=1}^{P}\alpha_p[d^p(\boldsymbol{W}^{\mathrm{T}}\boldsymbol{X}^p + b) - 1 + \xi_p] \tag{9-21}$$

对式（9-21）采用与9.1.2中类似的推导，得到非线性可分数据的对偶问题的表示为：给定训练样本$\{(\boldsymbol{X}^1, d^1), (\boldsymbol{X}^2, d^2), \cdots, (\boldsymbol{X}^p, d^p), \cdots, (\boldsymbol{X}^P, d^P)\}$，求解使以下目标函数

$$Q(\alpha) = \sum_{p=1}^{P}\alpha_p - \frac{1}{2}\sum_{p=1}^{P}\sum_{j=1}^{P}\alpha_p\alpha_j d^p d^j (\boldsymbol{X}^p)^{\mathrm{T}}\boldsymbol{X}^p$$

为最大值的拉格朗日系数$\{\alpha_1, \alpha_2, \cdots, \alpha_p, \cdots, \alpha_P\}$，并满足以下约束条件：

$$\sum_{p=1}^{P}\alpha_p d^p = 0$$

$$0 \leqslant \alpha_p \leqslant C,\ p = 1,2,\cdots,P \tag{9-22}$$

可以看出在上述目标函数中，松弛变量ξ_p，$p=1, 2, \cdots, P$和它们的拉格朗日系数都未出现，因此线性可分的目标函数与非线性可分的目标函数表达式完全相同。不同的只是线性可分情况下的约束条件$\alpha_p \geqslant 0$在非线性可分情况下被替换为约束更强的$0 \leqslant \alpha_p \leqslant C$，因此线性可分情况下的约束条件$\alpha_p \geqslant 0$可以看作非线性可分情况下的一种特例。

此外，$\boldsymbol{W}$和b的最优解必须满足的Kuhn-Tucker最优化条件改变为

$$\alpha_p[(\boldsymbol{W}^{\mathrm{T}}\boldsymbol{X}^p + b)d^p - 1 + \xi_p] = 0,\ p = 1,2,\cdots,P \tag{9-23}$$

最终推导得到的$\boldsymbol{W}$和b的最优解计算式以及最优分类判别函数与式（9-16）、式（9-17）和式（9-18）完全相同。

9.2　非线性支持向量机

在解决模式识别问题时，经常遇到非线性可分模式的情况。支持向量机的方法是，将输入向量映射到一个高维特征向量空间，如果选用的映射函数适当且特征空间的维数足够高，则大多数非线性可分模式在特征空间中可以转化为线性可分模式，因此可以在该特征空间构造最优超平面进行模式分类，这个构造与内积核相关。

9.2.1　基于内积核的最优超平面

设$\boldsymbol{X}$为N维输入空间的向量，令$\boldsymbol{\Phi}(\boldsymbol{X}) = [\phi_1(\boldsymbol{X}), \phi_2(\boldsymbol{X}), \cdots, \phi_M(\boldsymbol{X})]^{\mathrm{T}}$表示从输入空间到$M$维特征空间的非线性变换，称为输入向量$\boldsymbol{X}$在特征空间诱导出的“像”。参照前述思路，可以在该特征空间定义构建一个分类超平面

$$\sum_{j=1}^{M} w_j\phi_j(\boldsymbol{X})+b=0 \tag{9-24}$$

式中的 w_j，$j=1, 2, \cdots, M$ 为将特征空间连接到输出空间的权值，b 为偏置或负阈值。令 $\phi_0(\boldsymbol{X})=1$，$w_0=b$，上式可简化为

$$\sum_{j=0}^{M} w_j\phi_j(\boldsymbol{X})=0 \tag{9-25}$$

或写成

$$\boldsymbol{W}^{\mathrm{T}}\boldsymbol{\Phi}(\boldsymbol{X})=0 \tag{9-26}$$

将适合线性可分模式输入空间的式（9-12）用于特征空间中线性可分的“像”，只需用 $\phi(\boldsymbol{X})$ 替换 $\boldsymbol{X}$，得到

$$\boldsymbol{W}=\sum_{p=1}^{P}\alpha_p d^p\boldsymbol{\Phi}(\boldsymbol{X}^p) \tag{9-27}$$

将上式代入式（9-26）可得特征空间的分类超平面为

$$\sum_{p=1}^{P}\alpha_p d^p\boldsymbol{\Phi}^{\mathrm{T}}(\boldsymbol{X}^p)\boldsymbol{\Phi}(\boldsymbol{X})=0 \tag{9-28}$$

式中，$\boldsymbol{\Phi}^{\mathrm{T}}(\boldsymbol{X}^p)\boldsymbol{\Phi}(\boldsymbol{X})$ 为第 p 个输入模式 $\boldsymbol{X}^p$ 在特征空间的像 $\boldsymbol{\Phi}(\boldsymbol{X}^p)$ 与输入向量 $\boldsymbol{X}$ 在特征空间的像 $\boldsymbol{\Phi}(\boldsymbol{X})$ 的内积，因此在特征空间构造最优超平面时，仅使用特征空间中的内积。若能找到一个函数 $K()$，使得

$$K(\boldsymbol{X},\boldsymbol{X}^p)=\boldsymbol{\Phi}^{\mathrm{T}}(\boldsymbol{X})\boldsymbol{\Phi}(\boldsymbol{X})=\sum_{j=1}^{M}\phi_j(\boldsymbol{X})\phi_j(\boldsymbol{X}^p),\ p=1,2,\cdots,P \tag{9-29}$$

则在特征空间建立超平面时无需考虑变换 ϕ 的形式。$K(\boldsymbol{X}, \boldsymbol{X}^p)$ 称为内积核函数。

泛函分析中的 Mercer 定理给出作为核函数的条件：$K(\boldsymbol{X}, \boldsymbol{X}')$ 表示一个连续的对称核，其中 $\boldsymbol{X}$ 定义在闭区间 $\boldsymbol{a}\leqslant\boldsymbol{X}\leqslant\boldsymbol{b}$，$\boldsymbol{X}'$类似。核函数 $K(\boldsymbol{X}, \boldsymbol{X}')$ 可以展开为级数

$$K(\boldsymbol{X},\boldsymbol{X}')=\sum_{i=1}^{\infty}\lambda_i\phi_i(\boldsymbol{X})\phi_i(\boldsymbol{X}') \tag{9-30}$$

式中所有 $\lambda_i>0$。保证式（9-30）一致收敛的充要条件是

$$\int_b^a\int_b^a K(\boldsymbol{X}, \boldsymbol{X}')\ \boldsymbol{\Phi}(\boldsymbol{X})\ \boldsymbol{\Phi}(\boldsymbol{X}')\ \mathrm{d}\boldsymbol{X}\mathrm{d}\boldsymbol{X}'\geqslant 0 \tag{9-31}$$

对于所有满足 $\int_b^a\boldsymbol{\Phi}^2(\boldsymbol{X})\mathrm{d}\boldsymbol{X}<\infty$ 的 $\boldsymbol{\Phi}(\cdot)$ 成立。

可以看出式（9-29）对于内积核函数 $K(\boldsymbol{X}, \boldsymbol{X}^p)$ 的展开是 Mercer 定理的一种特殊情况。Mercer 定理指出如何确定一个候选核是不是某个空间的内积核，但没有指出如何构造函数 $\phi_i(\boldsymbol{X})$。

对核函数 $K(\boldsymbol{X}, \boldsymbol{X}^p)$ 的要求是满足 Mercer 定理，因此其选择有一定的自由度。下面给出 3 种常用的核函数：

（1）多项式核函数

$$K(\boldsymbol{X},\boldsymbol{X}^p)=[(\boldsymbol{X}\cdot\boldsymbol{X}^p)+1]^q \tag{9-32}$$

采用该函数的支持向量机是一个 q 阶多项式分类器，其中 q 为由用户决定的参数。

（2）Gauss 核函数

$$K(\boldsymbol{X},\boldsymbol{X}^p)=\exp\left(-\frac{|\boldsymbol{X}-\boldsymbol{X}^p|^2}{2\sigma^2}\right) \tag{9-33}$$

采用该函数的支持向量机是一种径向集函数分类器。

（3）Sigmoid 核函数

$$K(\boldsymbol{X},\boldsymbol{X}^p)=\tanh[k(\boldsymbol{X}\cdot\boldsymbol{X}^p)+c] \tag{9-34}$$

采用该函数的支持向量机实现的是一个单隐层感知器神经网络。

使用内积核在特征空间建立的最优超平面定义为

$$\sum_{p=1}^{P}\alpha_p d^p K(\boldsymbol{X},\boldsymbol{X}^p)=0 \tag{9-35}$$

9.2.2　非线性支持向量机神经网络

支持向量机的思想是，对于非线性可分数据，在进行非线性变换后的高维特征空间实现线性分类，此时最优分类判别函数为

$$f(\boldsymbol{X})=\mathrm{sgn}\left[\sum_{p=1}^{P}\alpha_{0p}d^pK(\boldsymbol{X}^p,\boldsymbol{X})+b_0\right] \tag{9-36}$$

令支持向量的数量为 N_s，去除系数为零的项，上式可改写为

$$f(\boldsymbol{X})=\mathrm{sgn}\left[\sum_{s=1}^{N_s}\alpha_{0s}d^sK(\boldsymbol{X}^s,\boldsymbol{X})+b_0\right] \tag{9-37}$$

从支持向量机分类判别函数的形式上看，它类似于一个 3 层前馈神经网络。其中隐层节点对应于输入样本与一个支持向量的内积核函数，而输出节点对应于隐层输出的线性组合。图 9-2 给出了支持向量机神经网络的示意图。

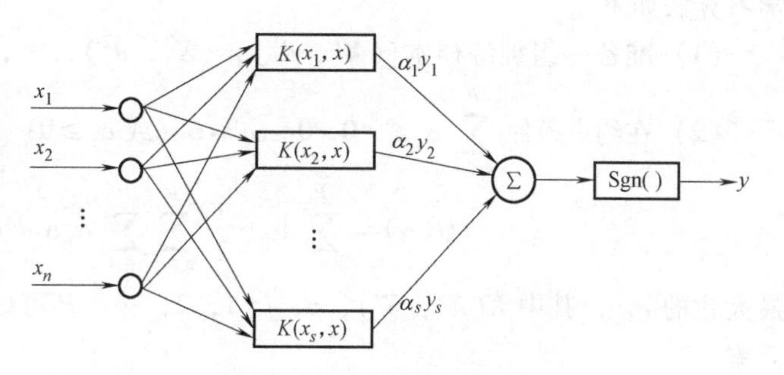

图 9-2　支持向量机神经网络

设计一个支持向量机时，只需选择满足 Mercer 条件的核函数而不必了解将输入样本变换到高维特征空间的 $\boldsymbol{\Phi}(\cdot)$ 的形式，但下面给出的简单的核函数实际上能够构建非线性映射 $\boldsymbol{\Phi}(\cdot)$。

设输入数据为 2 维平面的向量 $\boldsymbol{X}=[x_1,\ x_2]^{\mathrm{T}}$，共有 3 个支持向量，因此应将 2 维输入向量非线性映射为 3 维空间的向量 $\boldsymbol{\Phi}(\boldsymbol{X})=[\phi_1(\boldsymbol{X}),\phi_2(\boldsymbol{X}),\phi_3(\boldsymbol{X})]^{\mathrm{T}}$。选择 $K[\boldsymbol{X}(i),\ \boldsymbol{X}^j]=[(\boldsymbol{X}^i)^{\mathrm{T}}\cdot\boldsymbol{X}^j]^2$，使映射 $\boldsymbol{\Phi}(\cdot)$ 从 $\boldsymbol{R}^2\rightarrow\boldsymbol{R}^3$ 满足

$$[(\boldsymbol{X}^i)^{\mathrm{T}}\cdot\boldsymbol{X}^j]^2=\boldsymbol{\Phi}^{\mathrm{T}}(\boldsymbol{X})\boldsymbol{\Phi}(\boldsymbol{X})$$

对于给定的核函数，映射 $\boldsymbol{\Phi}(\cdot)$ 和特征空间的维数都不是唯一的，例如，对于本例的情况可选 $\boldsymbol{\Phi}(\boldsymbol{X})=[x_1^2,\phi_2(\boldsymbol{X}),\phi_3(\boldsymbol{X})]^{\mathrm{T}}$，或 $\boldsymbol{\Phi}(\boldsymbol{X})=[\phi_1(\boldsymbol{X}),\phi_2(\boldsymbol{X}),\phi_3(\boldsymbol{X})]^{\mathrm{T}}$。

9.3　支持向量机的学习算法

在能够选择变换 $\boldsymbol{\Phi}$（取决于设计者在这方面的知识）的情况下，用支持向量机进行求

解的学习算法如下：

（1）通过非线性变换 $\boldsymbol{\Phi}$ 将输入向量映射到高维特征空间。

（2）在约束条件 $\sum_{p=1}^{P} \alpha_p d^p = 0$，$0 \leqslant \alpha_p \leqslant C$（或 $\alpha_p \geqslant 0$），$p=1, 2, \cdots, P$ 下求解使目标函数

$$Q(\alpha) = \sum_{p=1}^{P} \alpha_p - \frac{1}{2} \sum_{p=1}^{P} \sum_{j=1}^{P} \alpha_p \alpha_j d^p d^j \boldsymbol{\Phi}^{\mathrm{T}}(\boldsymbol{X}^p) \boldsymbol{\Phi}(\boldsymbol{X}^j) \tag{9-38}$$

最大化的 α_{0p}。

（3）计算最优权值

$$\boldsymbol{W}_0 = \sum_{p=1}^{P} \alpha_{0p} d^p \boldsymbol{\Phi}(\boldsymbol{X}^p) \tag{9-39}$$

（4）对于待分类模式 $\boldsymbol{X}$，计算分类判别函数

$$f(\boldsymbol{X}) = \mathrm{sgn}\left[\sum_{p=1}^{P} \alpha_{0p} d^p \boldsymbol{\Phi}^{\mathrm{T}}(\boldsymbol{X}^p) \boldsymbol{\Phi}(\boldsymbol{X}) + b_0\right] \tag{9-40}$$

根据 $f(\boldsymbol{X})$ 为 1 或-1，决定 $\boldsymbol{X}$ 的类别归属。

若能选择一个内积核函数 $K(\boldsymbol{X}^p, \boldsymbol{X})$，可避免进行变换，此时用支持向量机进行求解的学习算法如下：

（1）准备一组训练样本 $\{(\boldsymbol{X}^1, d^1), (\boldsymbol{X}^2, d^2), \cdots, (\boldsymbol{X}^p, d^p), \cdots, (\boldsymbol{X}^P, d^P)\}$。

（2）在约束条件 $\sum_{p=1}^{P} \alpha_p d^p = 0$，$0 \leqslant \alpha_p \leqslant C$（或 $\alpha_p \geqslant 0$），$p=1, 2, \cdots, P$ 下求解使目标函数

$$Q(\alpha) = \sum_{p=1}^{P} \alpha_p - \frac{1}{2} \sum_{p=1}^{P} \sum_{j=1}^{P} \alpha_p \alpha_j d^p d^j K(\boldsymbol{X}^p, \boldsymbol{X}^j) \tag{9-41}$$

最大化的 α_{0p}，其中 $K(\boldsymbol{X}^p, \boldsymbol{X}^j)$，$p, j=1, 2, \cdots, P$ 可以看作是 $P \times P$ 对称矩阵 $\boldsymbol{K}$ 的第 pj 项元素。

（3）计算最优权值

$$\boldsymbol{W}_0 = \sum_{p=1}^{P} \alpha_{0p} d^p \boldsymbol{Y}^p \tag{9-42}$$

$\boldsymbol{Y}$ 为隐层输出向量。

（4）对于待分类模式 $\boldsymbol{X}$，计算分类判别函数

$$f(\boldsymbol{X}) = \mathrm{sgn}\left[\sum_{p=1}^{P} \alpha_{0p} d^p K(\boldsymbol{X}^p, \boldsymbol{X}) + b_0\right]$$

根据 $f(\boldsymbol{X})$ 为 1 或-1，决定 $\boldsymbol{X}$ 的类别归属。

上面讨论的支持向量机只能解决 2 分类问题，目前没有一个统一的方法将其推广到多分类的情况，但已有不少设计者针对具体问题提出了值得借鉴的方法，读者可参考相关论文。

支持向量机常被用于径向基函数网络和多层感知器的设计中。在径向基函数类型的支持向量机中，径向基函数的数量和它们的中心分别由支持向量的个数和支持向量的值

决定，而传统的 RBF 网络对这些参数的确定则依赖于经验知识。在单隐层感知器类型的支持向量机中，隐节点的个数和它们的权值向量分别由支持向量的个数和支持向量的值决定。

与径向基函数和多层感知器相比，支持向量机的算法不依赖于设计者的经验知识，且最终求得的是全局最优值而不是局部极值，因而具有良好的泛化能力而不会出现过学习现象。支持向量机由于算法复杂导致训练速度较慢，其中的主要原因是在算法第（2）步的寻优过程中涉及大量矩阵运算。目前提出的一些改进训练算法是基于循环迭代的思想，下面介绍 3 类改进算法的主要思路。

（1）Vapnik 等提出的块算法　对于给定的训练集，通过某种迭代方式逐步排除非支持向量。首先选择一部分样本构成工作样本集进行训练，剔除其中的非支持向量，并用训练结果对剩余样本进行检验，将不符合训练结果的样本或其中一部分与本次结果的支持向量合并成为一个新的工作样本集，重新进行训练。反复进行直到获得最优结果。块算法适合于支持向量的数目远远小于训练样本数的情况。当支持向量的数量较多时，随着算法迭代次数的增多，工作样本集会越来越大。

（2）Qsuna 等提出的分解算法　算法的主要思想是将训练样本分为工作集和非工作集，工作集中的样本数量远小于总样本数。每次只对工作集中的样本进行训练，而固定非工作集样本。该算法的关键在于确定一种最优的工作样本集选择方法。该算法需要注意的问题是：①应用 KKT 优化条件推出问题的终止条件；②工作集训练样本的选择方法应保证分解算法快速收敛，且计算量少。

（3）Platt 提出的 SMO 算法　上述两种算法都需要对分解后的子系统求解 QP 问题的内循环。尽管求解的 QP 问题比原问题规模小，但仍需用数值法求解，从而带来一些计算精度和计算复杂性方面的问题。SMO（Sequential Minimal Optimization）算法的工作空间只包含 2 个样本，在每一步迭代时只对 2 个拉格朗日系数进行优化，因此该算法中只需一段简洁的程序代码就能解决 QP 优化问题。尽管在 SMO 算法中 QP 子问题增多，但总的计算速度大为提高，使该算法成为在实际问题中应用最广的方法。

9.4　支持向量机设计应用实例

9.4.1　XOR 问题

为了说明支持向量机的设计过程，讨论如何用 SVM 处理 XOR 问题。4 个输入样本和对应的期望输出如图 9-3a 所示。

方法一：选择映射函数 $\boldsymbol{\Phi}(\boldsymbol{X})=[\phi_1(\boldsymbol{X}),\phi_2(\boldsymbol{X}),\cdots,\phi_M(\boldsymbol{X})]^{\mathrm{T}}$，将输入样本映射到更高维的空间，使其在该空间是线性可分的。有许多这样的映射函数，例如，$\boldsymbol{\Phi}(\boldsymbol{X})=[1,\ \sqrt{2}x_1,\ \sqrt{2}x_2,\ \sqrt{2}x_1x_2,\ x_1^2,\ x_2^2]^{\mathrm{T}}$ 可将 2 维训练样本映射到一个 6 维特征空间。这个 6 维空间在平面上的投影如图 9-3b 所示。可以看出分离边缘为 $\rho=\sqrt{2}$，通过支持向量的超平面在正负两侧平行于最优超平面，其方程为 $\sqrt{2}x_1x_2=\pm1$，对应于原始空间的双曲线 $x_1x_2=\pm1$。

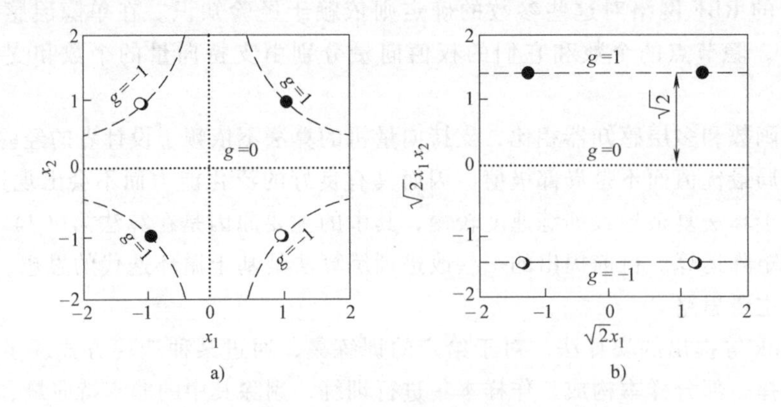

图 9-3 XOR 问题的样本分布

a) 原始输入空间 b) 特征空间在平面上的投影

寻求使

$$Q(\alpha)=\sum_{p=1}^{P}\alpha_p-\frac{1}{2}\sum_{p=1}^{P}\sum_{j=1}^{P}\alpha_p\alpha_j d^p d^j \boldsymbol{\Phi}^{\mathrm{T}}(\boldsymbol{X}^p)\boldsymbol{\Phi}(\boldsymbol{X}j)$$

$$=\alpha_1+\alpha_2+\alpha_3+\alpha_4-\frac{1}{2}(9\alpha_1^2-2\alpha_1\alpha_2-2\alpha_1\alpha_3+2\alpha_1\alpha_4+9\alpha_2^2+2\alpha_2\alpha_3-2\alpha_2\alpha_4+9\alpha_3^2-2\alpha_3\alpha_4+9\alpha_4^2)$$

最大化的拉格朗日系数，约束条件为

$$\alpha_1-\alpha_2+\alpha_3-\alpha_4=0$$

$$\alpha_p\geqslant 0 \quad p=1,2,3,4$$

从该问题的对称性，可取 $\alpha_1=\alpha_3$，$\alpha_2=\alpha_4$。$Q(\alpha)$ 对 α_p，$p=1,2,3,4$ 求导并令导数为零，得到下列联立方程组

$$9\alpha_1-\alpha_2-\alpha_3+\alpha_4=1$$

$$-\alpha_1-9\alpha_2+\alpha_3-\alpha_4=1$$

$$-\alpha_1+\alpha_2+9\alpha_3-\alpha_4=1$$

$$\alpha_1-\alpha_2-\alpha_3+9\alpha_4=1$$

解得拉格朗日系数的最优值为 $\alpha_{0p}=1/8$，$p=1,2,3,4$，可见 4 个样本都是支持向量，$Q(\alpha)$的最优值为1/4。根据式（9-39）可写出

$$\boldsymbol{W}_0=\sum_{p=1}^{4}\alpha_{0p}d^p\boldsymbol{\Phi}(\boldsymbol{X}^p)=\frac{1}{8}[-\phi(\boldsymbol{X}^1)+\phi(\boldsymbol{X}^2)+\phi(\boldsymbol{X}^3)-\phi(\boldsymbol{X}^4)]$$

$$=\frac{1}{8}\left(-\begin{pmatrix}1\\1\\\sqrt{2}\\1\\-\sqrt{2}\\-\sqrt{2}\end{pmatrix}+\begin{pmatrix}1\\1\\-\sqrt{2}\\1\\-\sqrt{2}\\\sqrt{2}\end{pmatrix}+\begin{pmatrix}1\\1\\-\sqrt{2}\\1\\\sqrt{2}\\-\sqrt{2}\end{pmatrix}-\begin{pmatrix}1\\1\\\sqrt{2}\\1\\\sqrt{2}\\\sqrt{2}\end{pmatrix}\right)=\begin{pmatrix}0\\0\\-1/\sqrt{2}\\0\\0\\0\end{pmatrix}$$

在6维特征空间中找到的最优超平面为

$$\boldsymbol{W}_0^{\mathrm{T}}\boldsymbol{\Phi}(\boldsymbol{X})=\begin{pmatrix}0 & 0 & \dfrac{-1}{\sqrt{2}} & 0 & 0 & 0\end{pmatrix}\begin{pmatrix}1\\ x_1^2\\ \sqrt{2}x_1x_2\\ x_2^2\\ \sqrt{2}x_1\\ \sqrt{2}x_2\end{pmatrix}=-x_1x_2=0$$

图9-3中将最优超平面 $x_1x_2=0$ 投影到2维空间后成为与 $\sqrt{2}x_1$ 轴平行的直线。

方法二：选择核函数为

$$K(\boldsymbol{X},\boldsymbol{X}^p)=(1+\boldsymbol{X}^{\mathrm{T}}\boldsymbol{X}^p)^2$$

将 $\boldsymbol{X}=[x_1,\ x_2]^{\mathrm{T}}$ 和 $\boldsymbol{X}^p=[x_1^p,\ x_2^p]^{\mathrm{T}}$ 代入上式，核函数可应用不同次数的单项式表示

$$K(\boldsymbol{X},\boldsymbol{X}^p)=1+x_1^2(x_1^p)^2+2x_1x_2x_1^px_2^p+x_2^2(x_2^p)^2+2x_1x_1^p+2x_2x_2^p$$

将各输入样本代入上式，可计算出4×4对称 K 矩阵中各元素的值为

$$\boldsymbol{K}=\begin{pmatrix}K(\boldsymbol{X}^1,\boldsymbol{X}^1) & K(\boldsymbol{X}^1,\boldsymbol{X}^2) & K(\boldsymbol{X}^1,\boldsymbol{X}^3) & K(\boldsymbol{X}^1,\boldsymbol{X}^4)\\ K(\boldsymbol{X}^2,\boldsymbol{X}^1) & K(\boldsymbol{X}^2,\boldsymbol{X}^2) & K(\boldsymbol{X}^2,\boldsymbol{X}^3) & K(\boldsymbol{X}^2,\boldsymbol{X}^4)\\ K(\boldsymbol{X}^3,\boldsymbol{X}^1) & K(\boldsymbol{X}^3,\boldsymbol{X}^2) & K(\boldsymbol{X}^3,\boldsymbol{X}^3) & K(\boldsymbol{X}^3,\boldsymbol{X}^4)\\ K(\boldsymbol{X}^4,\boldsymbol{X}^1) & K(\boldsymbol{X}^4,\boldsymbol{X}^2) & K(\boldsymbol{X}^4,\boldsymbol{X}^3) & K(\boldsymbol{X}^4,\boldsymbol{X}^4)\end{pmatrix}=\begin{pmatrix}9 & 1 & 1 & 1\\ 1 & 9 & 1 & 1\\ 1 & 1 & 9 & 1\\ 1 & 1 & 1 & 9\end{pmatrix}$$

代入式（9-41），接下来的计算过程及得到的拉格朗日系数的最优值与方法一相同。由于4个样本都是支持向量，隐层为4个节点，各隐节点输出为 $y_j=K(\boldsymbol{X},\ \boldsymbol{X}^j)$，$j=1,\ 2,\ 3,\ 4$。代入式（9-42）

$$\boldsymbol{W}_0=\sum_{p=1}^{P}\alpha_{0p}d^p\boldsymbol{Y}^p=\frac{1}{8}\left(-\begin{pmatrix}K(\boldsymbol{X}^1,\boldsymbol{X}^1)\\ K(\boldsymbol{X}^1,\boldsymbol{X}^2)\\ K(\boldsymbol{X}^1,\boldsymbol{X}^3)\\ K(\boldsymbol{X}^1,\boldsymbol{X}^4)\end{pmatrix}+\begin{pmatrix}K(\boldsymbol{X}^2,\boldsymbol{X}^1)\\ K(\boldsymbol{X}^2,\boldsymbol{X}^2)\\ K(\boldsymbol{X}^2,\boldsymbol{X}^3)\\ K(\boldsymbol{X}^2,\boldsymbol{X}^4)\end{pmatrix}+\begin{pmatrix}K(\boldsymbol{X}^3,\boldsymbol{X}^1)\\ K(\boldsymbol{X}^3,\boldsymbol{X}^2)\\ K(\boldsymbol{X}^3,\boldsymbol{X}^3)\\ K(\boldsymbol{X}^3,\boldsymbol{X}^4)\end{pmatrix}-\begin{pmatrix}K(\boldsymbol{X}^4,\boldsymbol{X}^1)\\ K(\boldsymbol{X}^4,\boldsymbol{X}^2)\\ K(\boldsymbol{X}^4,\boldsymbol{X}^3)\\ K(\boldsymbol{X}^4,\boldsymbol{X}^4)\end{pmatrix}\right)$$

$$=\frac{1}{8}\left(-\begin{pmatrix}9\\1\\1\\1\end{pmatrix}+\begin{pmatrix}1\\9\\1\\1\end{pmatrix}+\begin{pmatrix}1\\1\\9\\1\end{pmatrix}-\begin{pmatrix}1\\1\\1\\9\end{pmatrix}\right)=\begin{pmatrix}-1\\1\\1\\-1\end{pmatrix}$$

根据式（9-35），最优超平面为

$$\sum_{p=1}^{P}\alpha_{\mathrm{p}}\mathrm{d}^{\mathrm{p}}\mathrm{K}(\boldsymbol{X},\boldsymbol{X}^p)=\frac{1}{8}[-K(\boldsymbol{X},\boldsymbol{X}^1)+K(\boldsymbol{X},\boldsymbol{X}^2)+K(\boldsymbol{X},\boldsymbol{X}^3)-K(\boldsymbol{X},\boldsymbol{X}^4)]=0$$

将 $\mathrm{K}(\boldsymbol{X},\ \boldsymbol{X}^p)=1+x_1^2(x_1^p)^2+2x_1x_2x_1^px_2^p+x_2^2(x_2^p)^2+2x_1x_1^p+2x_2x_2^p$，$p=1,\ 2,\ 3,\ 4$ 代入上式，得到最优超平面为 $\sum\limits_{p=1}^{P}\alpha_pd^pK(\boldsymbol{X},\ \boldsymbol{X}^p)=-x_1x_2=0$。

第二种方法使用内积核函数在4维特征空间建立最优超平面，无需用显式的形式考虑特征空间自身。

9.4.2 人工数据分类

用支持向量机对图 9-4a 所示的人工数据进行分类。图中的“□”代表 1 类，共有 50 个样本；“○”代表 2 类，共有 100 个样本。

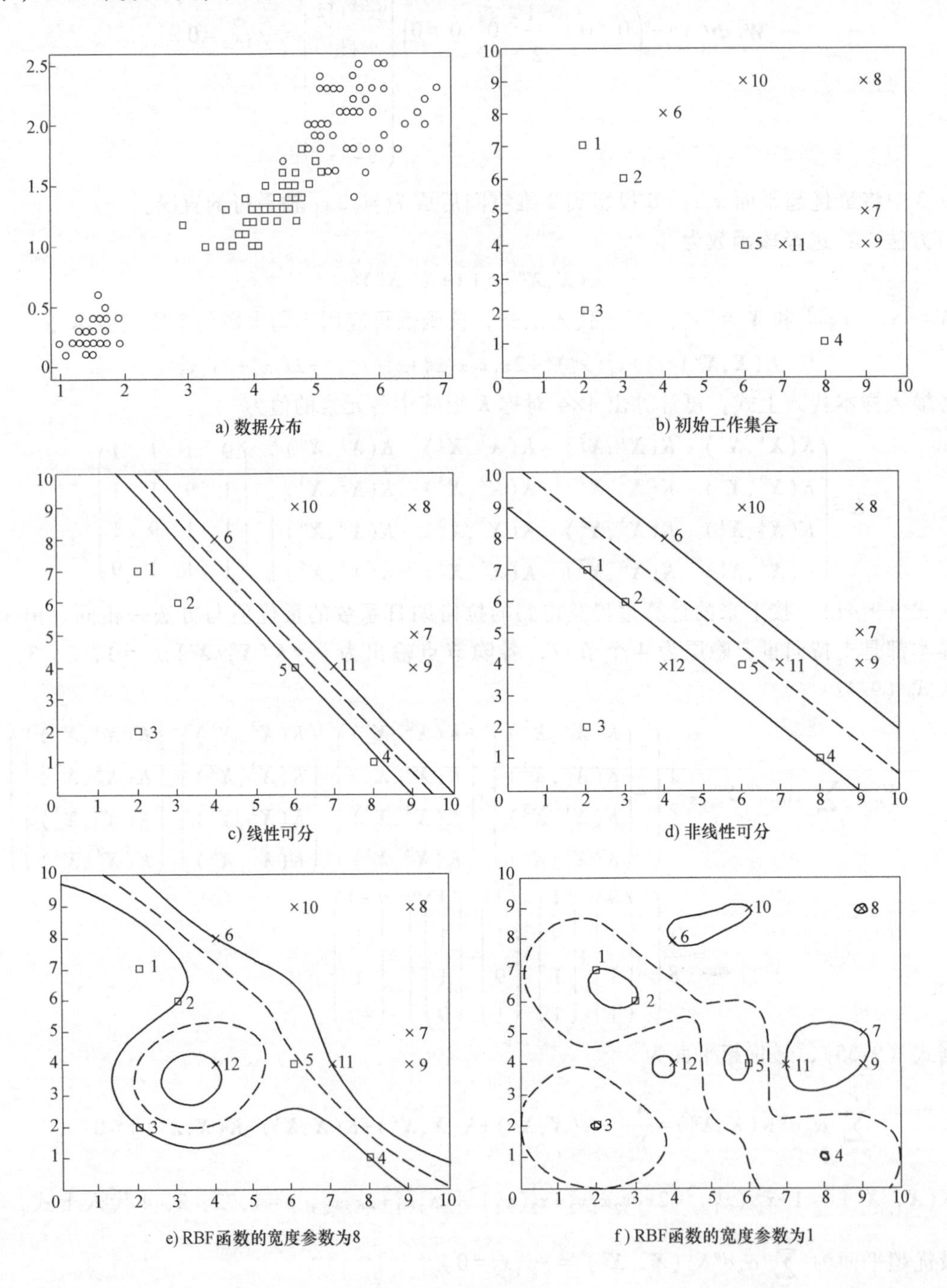

图 9-4 人工数据的分类

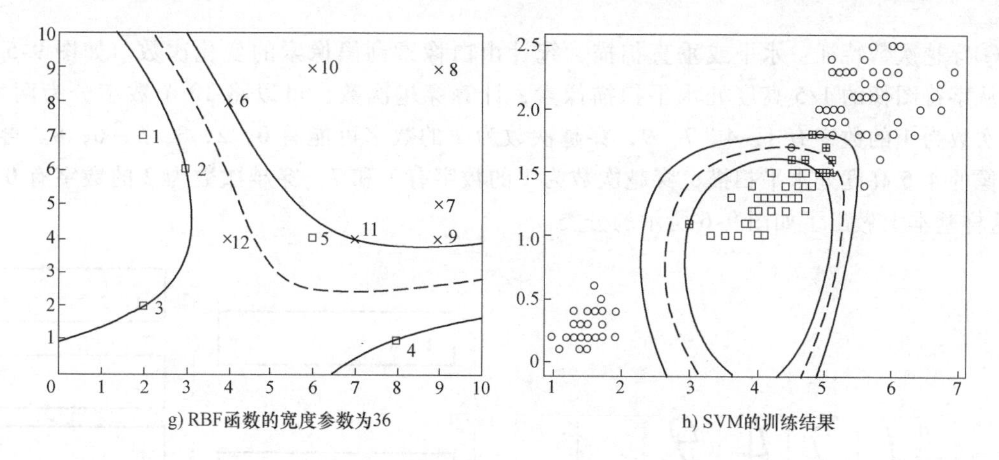

图 9-4　人工数据的分类（续）

采用改进的 SVM 算法对人工数据进行分类，过程如下：

（1）给出 11 个待分类数据的工作集合如图 9-4b 所示，此时 11 个数据点为线性可分的，使用最简单的线性支持向量机训练该集合结果如图 9-4c 所示。图中虚线为分类判别界，实线为两类样本的最大间隔边界。

（2）在该数据集合中添加一个编号为 12 的样本，从图 9-4d 可以看出，此时新的数据集为非线性可分的，若仍采用线性支持向量机进行训练，会带来分类误差。

（3）对 12 个样本的工作集合采用非线性支持向量机进行分类，选择 RBF 函数作为支持向量机的内积核函数，RBF 函数的宽度参数由设计者确定。不同的宽度参数对分类的影响情况如图 9-4e～g 所示。

（4）在工作集合中不断增加新样本，并用原判别函数进行分类，若出现错误分类则表明该新样本为前面训练时遗漏的支持向量，应将其并入工作集合重新训练。图 9-4h 给出了最终的训练结果：在 150 个样本中共有 15 个支持向量，错分样本数为 6 个，分类正确率为 96.0%。

9.4.3　手写体阿拉伯数字识别

手写体阿拉伯数字识别是图像处理和模式识别领域中的研究课题之一。字符识别系统的识别方式可分为联机手写体字符识别、脱机印刷体字符识别和脱机手写体字符识别等，其中脱机手写体字符由于书写者的因素，使其字符图像的随意性很大，影响到字符的正确识别。下面给出一个采用支持向量机进行的手写体阿拉伯数字 0～9 的识别例子，识别过程分为 3 个阶段。

（1）第一阶段：预处理。

首先裁剪出图像中的文字信息作为处理对象，然后按比例将字符图像归一化为 64×40 像素。利用 MATLAB 中的 im2bw 函数将待识别图像转化为二进制图像，再利用 bwperim 函数得到待识别数字的骨架。

（2）第二阶段：特征提取。

特征提取的方法有多种，本例提取的特征为：穿越次数特征、粗网格特征以及密度特征。

①穿越次数特征：水平或垂直扫描，统计由白像素到黑像素的变化次数。如图 9-5 所示，从字符图像的 1/5 高度处水平扫描像素，计算穿越次数，可以将 10 个数字分为两类，穿越次数为 1 的数字有 1，4，7，9，穿越次数为 2 的数字可能有 0，2，3，5，6，8。再次从图像的 4/5 高度处水平扫描，穿越次数为 1 的数字有 1 和 7，穿越次数为 2 的数字有 0 和 8。这样基本上做出了如图 9-6 所示的分类。

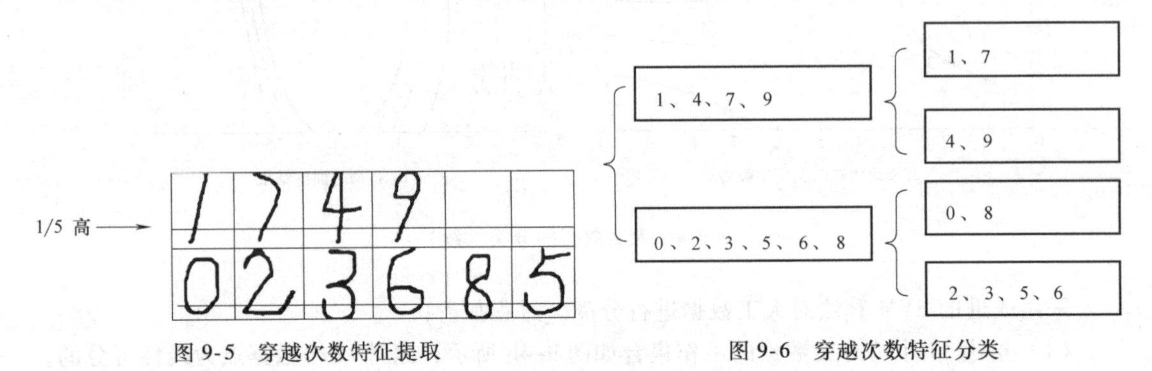

图 9-5 穿越次数特征提取　　图 9-6 穿越次数特征分类

② 粗网格特征：将 64×40 大小的字符图像分为 8×5 的网格，每个网格包含的块为 8×8 个像素，每个网格内黑像素的有无以 1 和 0 表示，统计每个网格内的黑像素有无即得到一个以数值表示的 40 维网格特征。

③ 密度特征：对 8×5 网格计算水平块和垂直块的黑像素密度特征（40 维）。

（3）第三阶段：手写体数字识别。

对于经过预处理的待识别手写体数字图像，先提取穿越次数特征，进行基本分类；再提取粗网格特征以及密度特征，形成一个 80 维的向量，然后用 SVM 进行数字的分类识别。由于 SVM 分类器是二分类器，识别 0~9 的数字需要多个 SVM 分类器组合起来使用。本例在 MATLAB 的基础上结合 LIBSVM 软件中的训练程序 svmtrain 和识别程序 svmpredict（它们既支持二分类也支持多分类），采用的内积核函数为径向基函数。

训练集中每种数字采集了 100 个不同的手写体样本，共计 1000 个样本。由于在特征提取时应用穿越特征进行了基本的分类，因此识别率有所提高。

在相同条件下，用 SVM 和 BP 神经网络分别进行手写体数字识别，SVM 识别方案在识别率上优于 BP 网络识别方案。由于 SVM 算法将问题转化为凸二次优化问题，得到的解是全局最优解；而 BP 网络得到的解可能存在局部最优解。

9.5 基于 MATLAB 的支持向量机分类

在 MATLAB 软件包中提供了 SVM 用于分类问题的样例，在本例中，产生 200 个数据点，其中 100 个在半径为 1 的圆内，另外 100 个在半径为 1 和 2 之间的圆中，利用 SVM 对这两类数据进行分类。

```
%第一部分：数据的产生，data1 和 data2 分别为 100 组数据
r=sqrt(rand(100,1));%生成 1 以内的 100 个随机数，开方后作为半径值 r
```

t=2 *pi *rand(100,1);%生成 0~2π 之间的 100 个随机角度 t

data1=[r. *cos(t),r. *sin(t)];%用 r 和 t 生成 100 个点的 x，y 坐标，这些点位于半径为 1 的圆内

r2=sqrt(3 *rand(100,1)+1);%生成 1~2 之间的 100 个随机数，开方后作为半径值 r2

t2=2 *pi *rand(100,1);%生成 0~2 之间的 100 个随机角度 t2

data2=[r2. *cos(t2),r2. *sin(t2)];%用 r2 和 t2 生成 100 个点的 x，y 坐标，位于半径为 1 和 2 之间的圆中间

%用红色的点和蓝色的点分别画出上述 data1 和 data2 的点，并和半径为 1 和 2 的圆进行对比。

plot(data1(:,1),data1(:,2),'r.')%画出 data1 中的所有点，第一列为 x 坐标，第二列为 y 坐标，'r.'表示产生红色的点

hold on

plot(data2(:,1),data2(:,2),'b.')%同上，'b.'表示产生蓝色的点

ezpolar(@(x)1);ezpolar(@(x)2);%以极坐标画出半径为 1，2 的圆

axis equal

hold off

程序运行后产生的样本分布如图 9-7 所示。

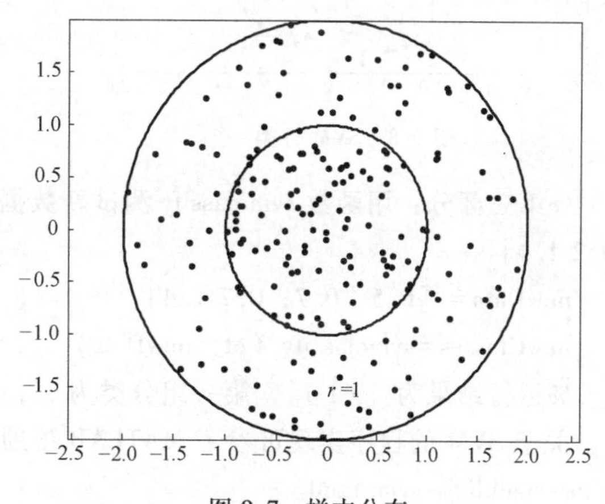

图 9-7　样本分布

%将两组数据合并在一个矩阵 data3 中，作为训练数据，并指定其分类类别 theclass 为−1 和 1，里面的点的类别为−1，外面的为 1

data3=[data1; data2];

theclass=ones (200, 1);

theclass (1: 100) =−1;

%第二部分：训练 SVM

%应用 SVM 分类器进行分类，核函数设置为高斯径向基函数 rbf，boxconstraint 设为 Inf，尽可能要求不错误分类

%在 svmtrain 中，每一个行向量为一个样本，这与其他神经网络中多数采用列向量作为样本不同

cl=svmtrain (data3, theclass,'Kernel_ Function','rbf', ...

'boxconstraint', Inf,'showplot', true);

hold on

axis equal

ezpolar(@ (x) 1)

hold off

%函数 svmtrain 产生一个近似于半径为 1 的圆的分类器。如图 9-8 中不规则的圆为 SVM 分类边界，○为支持向量。

```
%若采用默认参数训练会得到一个更加规则的圆形分类边界，但是会有一些样本被分类错误
cl =svmtrain (data3, theclass,'Kernel_ Function','rbf', ...
     'showplot', true);
hold on
axis equal
ezpolar (@ (x) 1)
hold off
```

程序运行后产生的分类结果如图 9-9 所示。

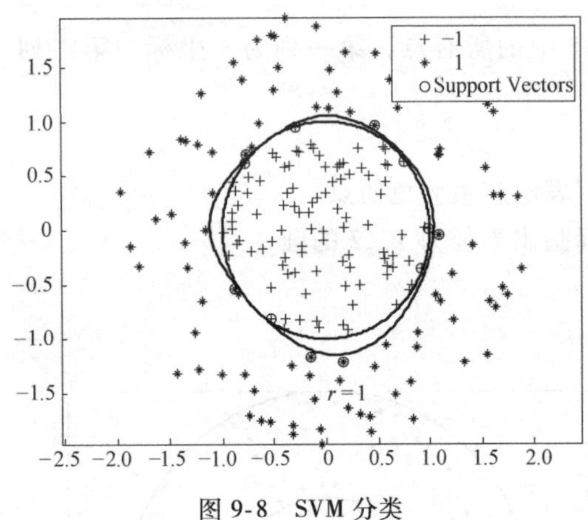

图 9-8 SVM 分类

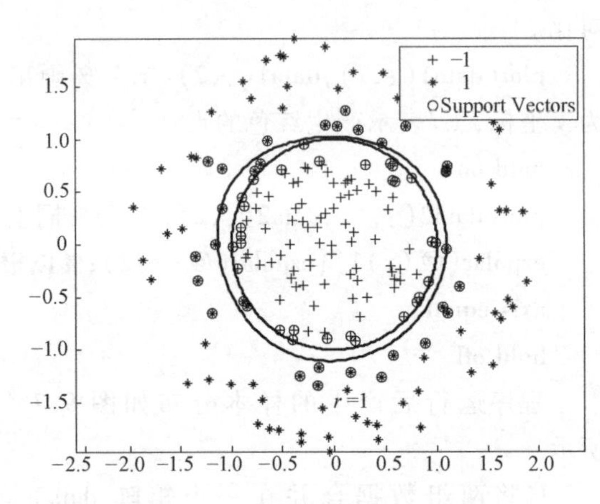

图 9-9 默认参数下的 SVM 分类结果

```
%第三部分：用函数 svmclassify 测试新数据的分类情况，一组为 [0.5 0.7]，另一组为 [0.2 1.4]
newData= [0.5  0.7; 0.2 1.4]
newClasses=svmclassify (cl, newData)
%运行结果为 [-1 1]，第一组分类为-1，在单位圆内；第二组分类为 1，在单位圆外
```

关于 SVM 的程序实现可参考 MATLAB 帮助文件，在安装路径文件夹/help/stats/support-vector-machines-svm. html。

扩 展 资 料

标题	网址	内容
台湾大学林智仁(Lin Chih-Jen)教授等开发设计的 LIBSVM	https://www.csie.ntu.edu.tw/~cjlin/libsvm/	该软件对 SVM 所涉及的参数调节相对比较少，提供了很多的默认参数，利用这些默认参数可以解决很多问题；并提供了交互检验(Cross Validation)的功能。可解决 C-SVM、ν-SVM、ε-SVR 和 ν-SVR 等问题，包括基于一对一算法的多类模式识别问题

（续）

标题	网址	内容
SVM 分类演示	https://cs.stanford.edu/~karpathy/svmjs/demo/	

本章小结

支持向量机是一种通用的前馈神经网络，可用于解决模式分类与非线性映射问题。根据结构风险最小化准则，支持向量机在使训练样本分类误差极小化的前提下，尽量提高分类器的泛化推广能力。从实施的角度，训练支持向量机的核心思想等价于求解一个线性约束的二次规划问题，从而构造一个最优决策超平面，使得该平面两侧距平面最近的两类样本之间的距离最大化，从而对分类问题提供良好的泛化能力。

对于非线性可分模式的分类问题，支持向量机将输入模式非线性地映射到高维特征空间，在该空间样本模式以较高的概率成为线性可分的。此时，应用支持向量机算法在特征空间建立分类超平面，即可解决非线性可分的模式识别问题。

支持向量机的非线性变换是通过定义适当的内积核函数实现的。常用的核函数有几种：多项式内积核函数、径向基核函数和单隐层感知器核函数。

习　题

9.1　思考（讨论或查资料）如何将支持向量机用于解决 M 个模式分类问题（$M>2$）？

9.2　选择一个具体的模式分类问题，分别采用基于 BP 算法的 3 层感知器、径向基函数以及支持向量机设计分类器，并比较 3 种分类器的分类效果。

9.3　图 9-10 给出了两类数据点在输入平面的分布。所有点的坐标均在 -1 和 +1 之间。支持向量机采用径向基核函数

$$K(\boldsymbol{X},\boldsymbol{C})=\exp(-\|\boldsymbol{X}-\boldsymbol{C}\|^2)$$

试构造最优超平面将该数据集中的两类样本分开。

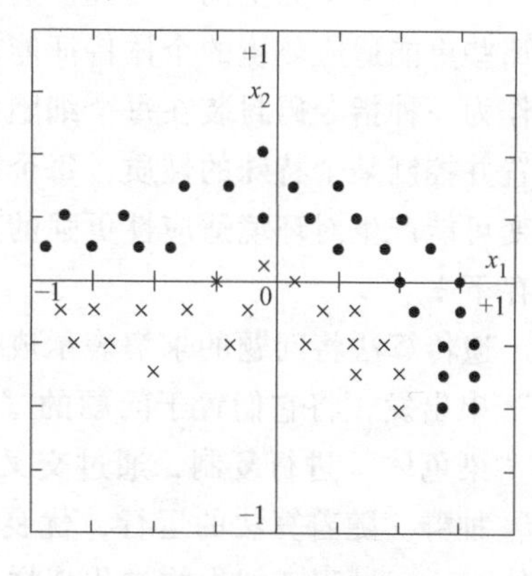

图 9-10　习题 9.3 图

第 10 章　遗传算法与神经网络进化

10.1　遗传算法的原理与特点

遗传算法是一种新发展起来的基于优胜劣汰、自然选择、适者生存和基因遗传思想的优化算法，20 世纪 60 年代产生于美国的密执根大学。John H. Holland 教授于 1975 年出版的《Adaptation in Natual and Artificial Systems》一书通常认为是遗传算法的经典之作，该书给出了遗传算法的基本定理，并给出了大量的数学理论证明。David E. Goldberg 教授 1989 年出版的《Genetic Algorithms》一书通常认为是对遗传算法的方法、理论及应用的全面系统的总结。从 1985 年起，国际上开始举行遗传算法的国际会议，以后则更名为进化计算的国际会议，参加的人数及收录文章的数量、广度和深度逐次扩大。遗传算法已成为人们用来解决高度复杂问题的一个新思路和新方法。目前遗传算法已被广泛应用于许多实际问题，如函数优化、自动控制、图像识别、机器学习、人工神经网络、分子生物学、优化调度等许多领域中的问题。

10.1.1　遗传算法的基本原理

遗传算法的基本原理是基于 Darwin 的进化论和 Mendel 的基因遗传学原理。进化论认为每一物种在不断的发展过程中都是越来越适应环境。物种的每个个体的基本特征被后代所继承，但后代又不完全同于父代，这些新的变化若适应环境，则被保留下来。在某一环境中也是那些更能适应环境的个体特征能被保留下来，这就是适者生存的原理。遗传学说认为遗传是作为一种指令码封装在每个细胞中，并以基因的形式包含在染色体中，每个基因有特殊的位置并控制某个特殊的性质，每个基因产生的个体对环境有一定的适应性，基因杂交和基因突变可能产生对环境适应性更强的后代，通过优胜劣汰的自然选择，适应值高的基因结构就保存下来。

遗传算法将问题的求解表示成“染色体”（用编码表示字符串）。该算法从一群“染色体”串出发，将它们置于问题的“环境”中，根据适者生存的原则，从中选择出适应环境的“染色体”进行复制，通过交叉、变异两种基因操作产生出新一代更适应环境的“染色体”种群。随着算法的运行，优良的品质被逐渐保留并加以组合，从而不断产生出更佳的个体。这一过程就如生物进化那样，好的特征被不断地继承下来，坏的特性被逐渐淘汰。新一代个体中包含着上一代个体的大量信息，新一代的个体不断地在总体特性上胜过旧的一代，从而使整个群体向前进化发展。对于遗传算法，也就是不断接近最优解。

10.1.2　遗传算法的特点

遗传算法将自然生物系统的重要机理运用到人工系统的设计中，与其他寻优算法必然有着本质的不同。常规的寻优方法主要有三种类型：解析法、枚举法和随机法。

解析法寻优是研究得最多的一种，它一般又可分为间接法和直接法。间接法是通过让目标函数的梯度为零，进而求解一组非线性方程来寻求局部极值。直接法是使梯度信息按最陡的方向逐次运动来寻求局部极值，它即为通常所称的爬山法。上述两种方法的主要缺点是：①它们只能寻找局部极值而非全局极值；②它们要求目标函数是连续光滑的，并且需要导数信息。这两个缺点使得解析寻优方法的性能较差。

枚举法可以克服上述解析法的两个缺点，即它可以寻找到全局极值，而且不需要目标函数是连续光滑的。它的最大缺点是计算效率太低，对于一个实际问题，常常由于太大的搜索空间而不可能将所有的情况都搜索到。即使很著名的动态规划方法（它本质上也属于枚举法）也遇到“指数爆炸”的问题，它对于中等规模和适度复杂的问题，也常常无能为力。

鉴于上述两种寻优方法有严重缺陷，随机搜索算法受到人们的青睐。随机搜索通过在搜索空间中随机地漫游并随时记录下所取得的最好结果。出于效率的考虑，搜索到一定程度便终止。然而所得结果一般尚不是最优值。本质上随机搜索仍然是一种枚举法。

遗传算法虽然也用到了随机技术，但它不同于上述的随机搜索。它通过对参数空间编码并用随机选择作为工具来引导搜索过程向着更高效的方向发展。因此，随机搜索并不一定意味着是一种无序的搜索。

总的说来，遗传算法与其他寻优算法相比的主要特点可以归纳为：

1）遗传算法是对参数的编码进行操作，而不是对参数本身。

2）遗传算法是从许多初始点开始并行操作，而不是从一个点开始。因而可以有效地防止搜索过程收敛于局部最优解，而且有较大的可能求得全部最优解。

3）遗传算法通过目标函数来计算适应度，而不需要其他的推导和附属信息，从而对问题的依赖性较小。

4）遗传算法使用概率的转变规则，而不是确定性的规则。

5）遗传算法在解空间内不是盲目地穷举或完全随机测试，而是一种启发式搜索，其搜索效率往往优于其他方法。

6）遗传算法对于待寻优的函数基本无限制，它既不要求函数连续，更不要求可微；既可以是数学解析式所表达的显函数，又可以是映射矩阵甚至是神经网络等隐函数，因而应用范围很广。

7）遗传算法更适合大规模复杂问题的优化。

10.2　遗传算法的基本操作与模式理论

下面通过一个简单的例子，详细描述遗传算法的基本操作过程，然后给出简要的理论分析，从而清晰地展现遗传算法的原理与特点。

10.2.1 遗传算法的基本操作

设需要求解的优化问题为寻找 $f(x)=x^2$ 当自变量 x 在 0~31 之间取整数值时函数的最大值。枚举的方法是将 x 取尽所有可能值，观察是否得到最高的目标函数值。尽管对如此简单的问题该方法是可靠的，但这是一种效率很低的方法。下面我们运用遗传算法来求解这个问题。

遗传算法的第一步是先进行必要的准备工作，包括“染色体”串的编码和初始种群的产生。首先要将 x 编码为有限长度的“染色体”串。编码的方法很多，这里仅举一种简单易行的方法。针对本例中自变量的定义域，可以考虑采用二进制数来对其进行编码，这里恰好可用 5 位数来表示。例如，01010 对应 $x=10$，11111 对应 $x=31$。许多其他的优化方法是从定义域空间的某单个点出发来求解问题，并且根据某些规则，它相当于按照一定的路线，进行点到点的顺序搜索，这对于多峰值问题的求解很容易陷入局部极值。而遗传算法则是从一个种群（由若干个“染色体”串组成，每个串对应一个自变量值）开始，不断地产生和测试新一代的种群。这种方法从一开始便扩大了搜索的范围，因而可期望较快地完成问题的求解。初始种群的生成往往是随机产生的。对于本例，若设种群大小为 4，即含有 4 个个体，则需按位随机生成 4 个 5 位二进制串。例如我们可以通过掷硬币的方法来生成随机的二进制串。若用计算机，可考虑首先产生在 0~1 之间均匀分布的随机数，然后规定产生的随机数在 0~0.5 之间代表 0，0.5~1 之间的随机数代表 1。若用上述方法，随机生成如下 4 个串：01101、11000、01000、10011，这样便完成了遗传算法的准备工作。

下面介绍遗传算法的三个基本操作步骤。

1. 选择

选择（Selection）亦称再生（Reproduction）或复制（Copy），选择过程是个体串按照它们的适应度进行复制。本例中目标函数值即可用作适应度。直观地看，可以将目标函数考虑成为得率、功效等的量度。其值越大，越符合解决问题的需要。按照适应度进行串选择的含义是适应度越大的串，在下一代中将有更多的机会提供一个或多个子孙。这个操作步骤主要是模仿自然选择现象，将达尔文的适者生存理论运用于串的选择。此时，适应度相当于自然界中的一个生物为了生存所具备的各项能力的大小，它决定了该串是被选择还是被淘汰。本例中种群的初始串及对应的适应度见表 10-1。

表 10-1 种群的初始串及对应的适应度

序号	串	x 值	适应度	占整体的百分数/%	期望的选择数	实际得到的选择数
1	01101	13	169	14.4	0.58	1
2	11000	24	576	49.2	1.97	2
3	01000	8	64	5.5	0.22	0
4	10011	19	361	30.9	1.23	1
总计			1170	100.0	4.00	4
平均			293	25.0	1.00	1
最大值			576	49.0	1.97	2

选择操作可以通过随机方法来实现。如用计算机来实现，可考虑首先产生 0~1 之间均匀分布的随机数，若某串的选择概率为 40%，则当产生的随机数在 0~0.4 之间时该串被选择，否则该串被淘汰。

另外一种直观的方法是使用轮盘赌的转盘。群体中的每个串按照其适应度占总体适应度的比例占据盘面上的一块扇区。对应于本例，依照表 10-1 可以绘制出轮盘赌转盘如图 10-1 所示。选择过程即是 4 次旋转这个经划分的轮盘，从而产生 4 个下一代的种群。例如对于本例，串 1 所占轮盘的比例为 14.4%。因此每转动一次轮盘，结果落入串 1 所占区域的概率也就是 0.144。可见对应大的适应度的串在下一代中将有较多的子孙。当一个串被选中时，此串将被完整地选择，然后将选择串添入匹配池。因此旋转 4 次轮盘即产生 4 个串。这 4 个串是上一代种群的复制，有的串可能被复制一次或多次，有的可能被淘汰。本例中，经选择后的新的种群为 01101、11000、11000、10011，这里串 1 被复制了一次，串 2 被复制了两次，串 3 被淘汰了，串 4 也被复制了一次。

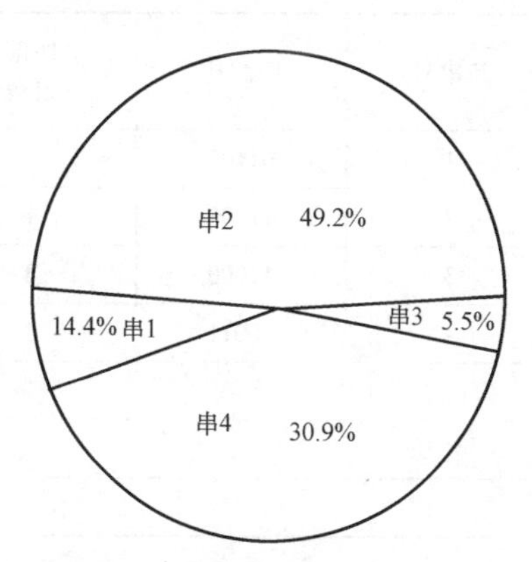

图 10-1 选择操作的轮盘赌转盘

2. 交叉

交叉（Crossover）操作可以分为如下两个步骤：第一步是将新选择产生的匹配池中的成员随机两两匹配；第二步是进行交叉繁殖。具体过程如下。

设串的长度为 l，则串的 l 个数字位之间的空隙标记为 1，2，…，$l-1$。随机地从 $[1, l-1]$ 中选取一整数 k，则将两个父母串中从位置 k 到串末尾的子串互相交换，而形成两个新串。例如本例中初始种群的两个个体

$$A_1 = 0\ 1\ 1\ 0 \vdots 1$$

$$A_2 = 1\ 1\ 0\ 0 \vdots 0$$

假定在 1~4 之间选取随机数，得到 $k=4$，那么经过交叉操作之后将得到如下两个新串

$$A'_1 = 0\ 1\ 1\ 0\ 0$$

$$A'_2 = 1\ 1\ 0\ 0\ 1$$

其中，新串 A'_1 和 A'_2 是由老串 A_1 和 A_2 将第 5 位进行交换得到的结果。

表 10-2 归纳了该例进行交叉操作前后的结果，从表中可以看出交叉操作的具体步骤。首先随机地将匹配池中的个体配对，结果串 1 和串 2 配对，串 3 和串 4 配对。此外，随机选取的交叉点的位置见表 10-2。结果串 1（01101）和串 2（11000）的交叉点为 4，二者只交换最后一位，从而生成两个新串 01100 和 11001。剩下的两个串在位置 2 交叉，结果生成两个新串 11011 和 10000。

3. 变异

变异（Mutation）是以很小的概率随机地改变一个串位的值。如对于二进制串，即将随机选取的串位由 1 变为 0 或由 0 变为 1。变异的概率通常是很小的，一般只有千分之几。这个操作相对于选择和交叉操作而言，是处于相对次要的地位，其目的是为了防止丢失一些有用的遗传因子，特别是当种群中的个体，经遗传运算可能使某些串位的值失去多样性，从而可能失去检验有用遗传因子的机会，变异操作可以起到恢复串位多样性的作用。对于本例，

变异概率设为0.001，则对于种群总共20个串位，期望的变异串位数为20×0.001=0.02(位)，所以本例中无串位值的改变。

表10-2 交叉操作

新串号	匹配池	匹配对象	交叉点	新种群	x值	适应度$f(x)$
1	01101	2	4	01100	12	144
2	11000	1	4	11001	25	625
3	11000	4	2	11011	27	729
4	10011	3	2	10000	16	256
总计						1754
平均						439
最大值						729

从表10-1和表10-2可以看出，在经过一次选择、交叉和变异操作后，最优的和平均的目标函数值均有所提高。种群的平均适应度从293增至439，最大的适应度从575增至729。可见每经过这样的一次遗传算法步骤，问题的解便朝着最优解方向前进了一步。可见，只要这个过程一直进行下去，它将最终走向全局最优解，每一步的操作是非常简单的，而且对问题的依赖性很小。

10.2.2 遗传算法的模式理论

前面通过一个简单的例子说明了按照遗传算法的操作步骤使得待寻优问题的性能朝着不断改进的方向发展，下面将进一步分析遗传算法的工作机理。

在上面的例子中，样本串第1位的"1"使得适应度比较大，对于该例的函数及x的编码方式很容易验证这一点。它说明某些子串模式（Schemata）在遗传算法的运行中起着关键的作用。首位为"1"的子串可以表示成这样的模式：1****，其中*是通配符，它既可代表"1"，也可代表"0"。该模式在遗传算法的一代一代地运行过程中不仅保留了下来，而且数量不断增加。正是这种适应度高的模式不断增加，才使得问题的性能不断改进。

一般地，对于二进制串，在{0，1}字符串中间加入通配符"*"即可生成所有可能模式。因此用{0，1，*}可以构造出任意一种模式。我们称一个模式与一个特定的串相匹配是指：该模式中的1与串中的1相匹配，模式中的0与串中的0相匹配，模式中的*可以匹配串中的0或1。例如，模式00*00匹配两个串：{00100，00000}，模式*11*0匹配四个串：{01100，01110，11100，11110}。可以看出，定义模式的好处是使我们容易描述串的相似性。

对于前面例子中的5位字串，由于模式的每一位可取0、1或*，因此总共有$3^5=243$种模式。对一般的问题，若串的基为k，长度为l，则总共有$(k+1)^l$种模式。可见模式的数量要大于串的数量k^l。一般地，一个串中包含2^l种模式。例如，串11111是2^l个模式的成员，因为它可以与每个串位是1或*的任一模式相匹配。因此，对于大小为n的种群包含有$2^l \sim n\times 2^l$种模式。

为论述方便，首先定义一些名词术语。不失一般性，下面只考虑二进制串。设一个7位

二进制串可以用如下的符号来表示

$$A=a_1a_2a_3a_4a_5a_6a_7$$

这里每个 a_i 代表一个二值特性（也称 a_i 为基因）。我们研究的对象是在时间 t 或第 t 代种群 $A(t)$ 中的个体串 A_j，$j=1$，2，…，n。任一模式 H 是由三字母集合｛0，1，＊｝生成的，其中＊是通配符。模式之间有一些明显差别，例如，模式 011*1** 比模式 *****0* 包含更加确定的相似特性，模式 1****1* 比模式 1*1**** 跨越的长度要长。为此，我们引入两个模式的属性定义：模式次数和定义长度。

一个模式 H 的次数由 $O(H)$ 表示，它等于模式中固定串位的个数。如模式 H=011*1**，其次数为4，记为 $O(H)=4$。

模式 H 的长度定义为模式中第一个确定位置和最后一个确定位置之间的距离，用符号 $\delta(H)$ 表示。例如，模式 H=011*1**，其中第一个确定位置是1，最后一个位置是5，所以 $\delta(H)=5-1=4$。若模式 H= ******0，则 $\delta(H)=0$。

下面分析遗传算法的几个重要操作对模式的影响。

1. 选择对模式的影响

在某一世代 t，种群 $A(t)$ 包含有 m 个特定模式，记为

$$m=m(H,t)$$

在选择过程中，$A(t)$ 中的任何一个串 A_j 以概率 $f_i/\sum f_i$ 被选中进行复制。因此可以期望在选择完成后，在 $t+1$ 世代，特定模式 H 的数量将变为

$$m(H,\ t+1)=m(H,\ t)nf(H)/\sum f_i=m(H,\ t)f(H)/\bar{f}$$

或写成

$$\frac{m(H,t+1)}{m(H,t)}=\frac{f(H)}{\bar{f}} \tag{10-1}$$

式中，$f(H)$ 为在世代 t 时对应于模式 H 的串的平均适应度；$\bar{f}=\sum f_i/n$ 为整个种群的平均适应度。

可见，经过选择操作后，特定模式的数量将按照该模式的平均适应度与整个种群平均适应度的比值成比例地改变。换言之，适应度高于种群平均适应度的模式在下一代中的数量将增加，而低于平均适应度的模式在下一代中的数量将减少。另外，种群 A 的所有模式 H 的处理是并行进行的，即所有模式经选择操作后，均同时按照其平均适应度占总体平均适应度的比例进行增减。所以可以概括地说，选择操作对模式的影响是使得高于平均适应度的模式数量增加，低于平均值的模式数量减少。为了进一步分析高于平均适应度的模式数量增长，设

$$f(H)=(1+c)\bar{f} \quad c>0$$

则上面的方程可改写为如下的差分方程

$$m(H,\ t+1)=m(H,\ t)(1+c)$$

假定 c 为常数，可得

$$m(H,\ t)=m(H,\ 0)(1+c)^t \tag{10-2}$$

可见，高于平均适应度的模式数量将呈指数形式增长。

对选择过程的分析表明，虽然选择过程成功地以并行方式控制着模式数量增减，但由于

选择只是将某些高适应度个体全盘复制，或是丢弃某些低适应度个体，而决不会产生新的模式结构，因而性能的改进是有限的。

2. 交叉对模式的影响

交叉过程是串之间的有组织的且随机的信息交换，它在创建新结构的同时，最低限度地破坏选择过程所选择的高适应度模式。为了观察交叉对模式的影响，下面考察一个 $l=7$ 的串以及此串所包含的两个代表模式。

$$A=0111000$$

$$H_1=*1****0$$

$$H_2=***10**$$

首先回顾一下简单的交叉过程，先随机地选择一个匹配伙伴，再随机选取一个交叉点，然后互换相对应的子串。假定对上面给定的串，随机选取的交叉点为 3，则很容易看出它对两个模式的影响。下面用分隔符“|”标记交叉点。

$$A=011\,|\,1000$$

$$H_1=*1*\,|\,***0$$

$$H_2=***\,|\,10**$$

除非串 A 的匹配伙伴在模式的固定位置与 A 相同（这里忽略这种可能性），否则模式 H_1 将被破坏，因为在位置 2 的“1”和在位置 7 的“0”将被分配至不同的后代个体中（这两个固定位置被代表交叉点的分隔符分在两边）。同样可以明显地看出，模式 H_2 将继续存在，因为位置 4 的“1”和位置 5 的“0”原封不动地进入到下一代的个体。虽然该例中的交叉点是随机选取的，但不难看出模式 H_1 比模式 H_2 更易被破坏。若定量地分析，模式 H_1 的定义长度为 5，如果交叉点始终是随机地从 $l-1=7-1=6$ 个可能的位置选取，那么显然模式 H_1 被破坏的概率为

$$p_d=\delta(H_1)/(l-1)=5/6$$

它存活的概率为

$$p_s=1-p_d=1/6$$

类似地，模式的 H_2 定义长度为 1，它被破坏的概率为 $p_d=1/6$，存活的概率为 $p_s=1-p_d=5/6$。推广到一般情况，可以计算出任何模式的交叉存活概率的下限为

$$p_s\geqslant 1-\frac{\delta(H)}{l-1}$$

其中大于号表示当交叉点落入定义长度内时也存在模式不被破坏的可能性。

在前面的讨论中均假设交叉的概率为 1，一般情况若设交叉的概率为 p_c，则上式变为

$$p_s\geqslant 1-p_c\frac{\delta(H)}{l-1} \tag{10-3}$$

若综合考虑选择和交叉的影响，特定模式在下一代中的数量可用下式来估计

$$m(H,\ t+1)\geqslant m(H,\ t)\frac{f(H)}{\bar{f}}\left[1-p_c\frac{\delta(H)}{l-1}\right] \tag{10-4}$$

可见，对于那些高于平均适应度且具有短的定义长度的模式将更多地出现在下一代中。

3. 变异对模式的影响

变异是对串中的单个位置以概率 p_m 进行随机替换，因而它可能破坏特定的模式。一个

模式 H 要存活意味着它所有的确定位置都存活。因此，由于单个位置的基因值存活的概率为（$1-p_m$），而且由于每个变异的发生是统计独立的，所以一个特定模式仅当它的 $O(H)$ 个确定位置都存活时才存活。从而得到经变异后，特定模式 H 的存活率为

$$(1-p_m)^{O(H)}$$

由于 $p_m \ll 1$，所以上式也可近似表示为

$$(1-p_m)^{O(H)} \approx 1-O(H)p_m \tag{10-5}$$

综合考虑上述选择、交叉及变异操作，可得特定模式 H 的数量改变为

$$m(H, t+1) \geqslant m(H, t)\frac{f(H)}{\bar{f}}\left[1-p_c\frac{\delta(H)}{l-1}\right](1-O(H)p_m) \tag{10-6}$$

模式理论是遗传算法的理论基础，它表明随着遗传算法一代一代地进行，那些适应度高、长度短、阶次低的模式将在后代中呈指数级增长，最终得到的串即为这些模式的组合，因而可期望性能越来越得到改善，并最终趋向全局的最优点。

10.3 遗传算法的实现与改进

10.3.1 编码问题

对于一个实际待优化的问题，首先需要将问题的解表示为适于遗传算法进行操作的二进制字串，即染色体串，一般包括以下几个步骤：

1）根据具体问题确定待寻优的参数。

2）对每一个参数确定它的变化范围，并用一个二进制数来表示。例如，若参数 a 的变化范围为［a_{min}，a_{max}］，用一位二进制数 b 来表示，则二者之间满足

$$a = a_{min} + \frac{b}{2^m-1}(a_{max}-a_{min}) \tag{10-7}$$

这时参数范围的确定应覆盖全部的寻优空间，字长 m 的确定应在满足精度要求的情况下，尽量取小的 m，以尽量减小遗传算法计算的复杂性。

3）将所有表示参数的二进制数串接起来组成一个长的二进制字串。该字串的每一位只有 0 或 1 两种取值。该字串即为遗传算法可以操作的对象。

上面介绍的是二进制编码，为最常用的编码方式。实际上也可根据具体问题特点采用其他编码方式，如浮点编码和混合编码等。

10.3.2 初始种群的产生

产生初始种群的方法通常有两种。一种是用完全随机的方法产生。例如可用掷硬币或用随机数发生器来产生。设要操作的二进制字串总共 p 位，则最多可以有 2^p 种选择，设初始种群取 n 个样本（$n<2^p$）。若用掷硬币的方法可这样进行：连续掷 p 次硬币，若出现正面表示 1，出现背面表示 0，则得到一个 p 位的二进制字串，也即得到一个样本。如此重复 n 次即得到 n 个样本。若用随机数发生器来产生，可在 $0\sim2^p$ 之间随机地产生 n 个整数，则该 n 个整数所对应的二进制表示即为要求的 n 个初始样本。随机产生样本的方法适于对问题的解无任何先验知识的情况。另一种产生初始种群的方法是，对于具有某些先验知识的情况，可

首先将这些先验知识转变为必须满足的一组要求，然后在满足这些要求的解中再随机地选取样本。这样选择初始种群可使遗传算法更快地到达最优。

10.3.3 适应度的设计

遗传算法在进化搜索中基本不利用外部信息，仅以适应度函数（Fitness Function）为依据。利用种群中每个个体的适应度值进行搜索。因此，适应度函数的选择至关重要，直接影响到遗传算法的收敛速度以及能否找到最优解。一般情况下，适应度函数是由目标函数变换而成的。对目标函数值域的某种映射变换称为适应度的尺度变换。几种常见的适应度函数如下：

1）直接以待求解的目标函数作为适应度函数，若目标函数 $f(x)$ 为最大化问题，令适应度函数

$$F(f(x))=f(x) \tag{10-8}$$

若目标函数 $f(x)$ 为最小化问题，令适应度函数

$$F(f(x))=-f(x) \tag{10-9}$$

这种适应度函数简单直观，但存在两个问题：一个是可能不满足常用的轮盘赌选择中概率非负的要求，另一个是某些待求解的函数值分布相差较大，由此得到的平均适应度可能不利于体现种群的平均性能。

2）若目标函数为最小问题，则

$$F(f(x))=\begin{cases} c_{\max}-f(x) & f(x)<c_{\max} \\ 0 & \text{其他} \end{cases} \tag{10-10}$$

式中，$c_{\max}$为 $f(x)$ 的最大估计值。若目标函数为最大问题，则

$$F(f(x))=\begin{cases} f(x)-c_{\min} & f(x)<c_{\min} \\ 0 & \text{其他} \end{cases} \tag{10-11}$$

式中，$c_{\max}$为 $f(x)$ 的最小估计值。这种方法是对第一种方法的改进，称为“界限构造法”，但有时存在界限值预先估计困难或不精确的问题。

3）若目标函数为最小问题，则

$$F(f(x))=\frac{1}{1+c+f(x)} \quad c\geqslant 0,\ c+f(x)\geqslant 0 \tag{10-12}$$

若目标函数为最大问题，则

$$F(f(x))=\frac{1}{1+c-f(x)} \quad c\geqslant 0,\ c-f(x)\geqslant 0 \tag{10-13}$$

这种方法与第二种方法类似，c 为目标函数界限的保守估计值。

计算适应度可以看成是遗传算法与优化问题之间的一个接口。遗传算法评价一个解的好坏，不是取决于它的解的结构，而是取决于相应于该解的适应度。适应度的计算可能很复杂也可能很简单，它完全取决于实际问题本身。对于有些问题，适应度可以通过一个数学解析公式计算出来；而对于另一些问题，可能不存在这样的数学解析式子，它可能要通过一系列基于规则的步骤才能求得，或者在某些情况下是上述两种方法的结合。

10.3.4　遗传算法的操作步骤

利用遗传算法解决一个具体的优化问题，一般分为三个步骤：

（1）准备工作　①确定有效且通用的编码方法，将问题的可能解编码成有限位的字符串；②定义一个适应度函数，用以测量和评价各解的性能；③确定遗传算法所使用的各参数的取值，如种群规模 n、交叉概率 P_c、变异概率 P_m 等。

（2）遗传算法搜索最佳串　①$t=0$，随机产生初始种群 $A(0)$；②计算各串的适应度 F_i，$i=1, 2, \cdots, n$；③根据 F_i 对种群进行选择操作，以概率 P_c 对种群进行交叉操作，以概率 P_m 对种群进行变异操作，经过三种操作产生新的种群；④$t=t+1$，计算各串的适应度 F_i；⑤当连续几代种群的适应度变化小于某个事先设定的值时，认为终止条件满足，若不满足返回③；⑥找出最佳串，结束搜索。

（3）根据最佳串给出实际问题的最优解。图 10-2 给出了标准遗传算法的操作流程图。

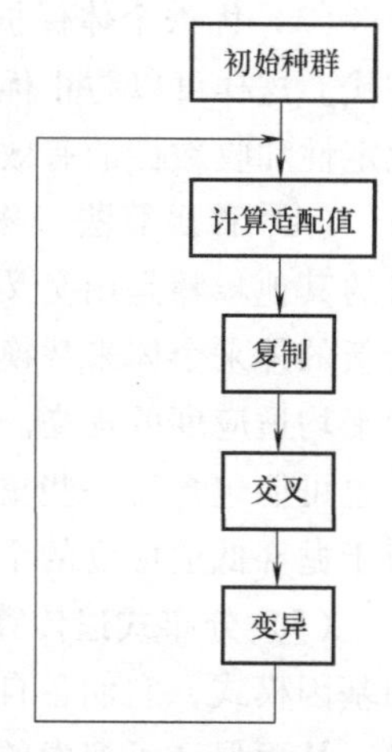

图 10-2　标准遗传算法的操作流程

10.3.5　遗传算法中的参数选择

在具体实现遗传算法的过程中，有一些参数需要事先选择，包括初始种群的大小 n、交叉概率 P_c、变异概率 P_m。这些参数对遗传算法的性能都有很重要的影响。

选择较大数目的初始种群可以同时处理更多的解，因此容易找到全局的最优解，其缺点是增加了每次迭代所需要的时间。

交叉概率的选择决定了交叉操作的频率。频率越高，可以越快地收敛到最有希望的最优解区域；但是太高的频率也可能导致收敛于一个解。

变异概率通常只取较小的数值，一般为 0.001~0.1。若选取高的变异率，一方面可以增加样本模式的多样性，另一方面可能引起不稳定，但是若选取太小的变异概率，则可能难以找到全局的最优解。

自从遗传算法产生以来，研究人员从未停止过对遗传算法进行改进的探索，下面介绍一些典型的改进思路。

10.3.6　遗传算法的改进

（1）自适应变异　如果双亲的基因非常相近，那么所产生的后代相对于双亲也必然比较接近。这样所期待的性能改善也必然较小。这种现象类似于“近亲繁殖”。所以，群体基因模式的单一性不仅减慢了进化历程，而且可能导致进化停止，过早地收敛于局部的极值解。Darrel Wnitly 提出了一种自适应变异的方法如下，在交叉之前，以海明（Hamming）距离测定双亲基因码的差异，根据测定值决定后代的变异概率。若双亲的差异较小，则选取较大的变异概率。通过这种方法，当群体中的个体过于趋于一致时，可以通过变异的增加来提高群体的多样性，也即增加了算法维持全局搜索的能力；反之，当群体已具备较强的多样性时，则减小变异率，从而不破坏优良的个体。

（2）部分替换法　设 P_C 为上一代进化到下一代时被替换的个体的比例，按此比例，部分个体被新的个体所取代，而其余部分的个体则直接进入下一代。P_G 越大，进化得越快，但算法的稳定性和收敛性将受到影响；P_G 越小，算法的稳定性越好，但进化速度将变慢。可见，应该寻求运行速度与稳定性、收敛性之间的协调平衡。

(3) 优秀个体保护法　这种方法是对于每代中一定数量的最优个体，使之直接进入下一代。这样可以防止优秀个体由于选择、交叉或变异中的偶然因素而被破坏。这是增强算法稳定性和收敛性的有效方法。但同时也可能使遗传算法陷入局部的极值范围。

(4) 移民算法　移民算法是为了加速淘汰差的个体以及引入个体多样性而提出的。所需的其他步骤是用交叉产生出的个体替换上一代中适应度低的个体，继而按移民的比例，引入新的外来个体来替换新一代中适应度低的个体。这种方法的主要特点是不断地促进每一代的平均适应度的提高。但由于低适应度的个体很难被保存至下一代，而这些低适应度的个体中也可能包含着一些重要的基因模式块，所以这种方法在引入移民增加个体多样性的同时，由于抛弃低适应度的个体又减少了个体的多样性。所以，这里也需要适当的协调平衡。

(5) 分布式遗传算法　该方法将一个总的群体分成若干子群，各子群将具有略微不同的基因模式，它们各自的遗传过程具有相对的独立性和封闭性，因而进化的方向也略有差异，从而保证了搜索的充分性及收敛结果的全局最优性。另一方面，在各子群之间又以一定的比率定期地进行优良个体的迁移，即每个子群将其中最优的几个个体轮流送到其他子群中，这样做的目的是期望使各子群能共享优良的基因模式以防止某些子群向局部最优方向收敛。分布式遗传算法模拟了生物进化过程中的基因隔离和基因迁移，即各子群之间既有相对的封闭性，又有必要的交流和沟通。研究表明，在总的种群个数相同的情况下，分布式遗传算法可以得到比单一种群遗传算法更好的效果。不难看出，这里的分布式遗传算法与前面的移民算法具有类似的特点。

10.4　遗传算法在神经网络设计中的应用

神经网络在各领域的应用已取得很大的成功和进展，但仍存在一些难以解决的问题。如局部极小问题、结构设计问题、实时性差问题等。将遗传算法与神经网络相结合可以有效地解决上述问题。目前常用的有三种结合方式：

(1) 网络权值的进化　将遗传算法用于神经网络的训练，以优化网络的权值和阈值。在整个进化过程中，神经网络的隐层数、节点数以及节点之间的连接方式等涉及结构的部分均固定不变。因此，遗传算法只被用作训练神经网络的一种学习算法。

(2) 网络结构的进化　将遗传算法用于神经网络的拓扑结构设计，对网络的连接方式进行编码时有两种策略：将网络的所有连接方式都明确地表示出来称为直接编码，只表示连接方式中的一些重要特征称为间接编码。在进化过程中，常需要采用另外的学习算法（如 BP 算法）来训练网络的权值以评估每种网络结构的适应度。这种方法的编码长度较小，但进化过程中的每一代种群的个体都要进行一次完整的网络训练过程，这样势必会大大增加计算开销。在很多情况下，父代网络和子代网络在结构上的差别很小，没有必要一定从头进行训练。因此，一种可选的方法是同时进化网络的结构和连接权系数，进化得到的网络一般具有较多的隐节点。

(3) 学习规则的进化　一般来说，不同的学习算法适用于不同的神经网络，因此网络确定后学习算法也就确定了。但学习算法中尚有一些参数需要优化，而使用者往往没有如何合理设置参数的知识和经验。在这种情况下，可应用遗传算法来进化学习规则中的参数以及神经网络的评价函数。

本节介绍前两种方式。

10.4.1　遗传算法用于神经网络的权值优化

将神经网络中所有神经元的连接权值编码成二进制码串或实数码串表示的个体，随机生成这些码串的初始群体，即可进行常规的遗传算法优化计算。每进行一代计算后，将码串解码为权值构成新的神经网络，通过对所有训练样本进行计算得到神经网络输出的均方误差从而确定每个个体的适应度。经过若干代计算，神经网络将进化到误差全局最小。

具体过程如下：

1）采用某种编码方案对每个权值进行编码，随机产生一组权值编码。

2）计算神经网络的误差函数，确定其适应度的函数值，误差值越大，适配值越小。

3）选择若干适配值大的个体直接遗传给下一代，其余按适配值确定的概率遗传。

4）利用交叉、变异等操作处理当前种群，产生下一代种群。

5）重复2）和3），直到取得满意解。

对权值编码常采用二进制编码和实数编码两种方案。若网络的权值在某一预先确定的范围内变化，则各权值的二进制码串与权值之间有以下对应关系

$$W_t(i,j)=W_{\min}(i,j)+\frac{\text{Binreplace}(t)}{2^t-1}[W_{\max}(i,j)-W_{\min}(i,j)+1] \tag{10-14}$$

式中，Binreplace（t）为有 l 位字符串表示的二进制整数；[$W_{\max}$（i，j），$W_{\min}$（i，j）] 为各权值的取值范围。

二进制编码的优点是简单通用，缺点是不够直观且表示的精度有限。

使用实数编码方案时，网络的权值直接用实数表示，优点是表达直观，不会出现因精度不高而导致训练失败的情况，缺点是不能利用已有的遗传操作算子，需要设计专门的遗传算子。

下面通过两个例子说明如何用遗传算法优化神经网络权值。

例 10-1　优化 XOR 网络的权值。设神经网络采用 BP 算法，神经元的变换函数采用 S 型函数，网络结构如第 3 章的图 3-8 所示，训练样本为（0，0，0），（1，1，0），（0，1，1）和（1，0，1）。

解：（1）编码方法　采用二进制编码方案，网络中共有 6 个权值和 3 个阈值。若所有权值和阈值的取值范围均在-30.0~30.0 之间，则每个权值和阈值可以用一个 8 位二进制串表示。编码时将所有权值和阈值所对应的二进制码串连接以来，形成一个 72 位长的基因链码串，对应于一个神经网络。由于隐节点在神经网络中起特征抽取的作用，同一隐节点所对应的各权值之间存在某种内在联系。因此，将各权值对应的字符串连接在一起时，一种较好的连接次序是将同一隐节点的连接权所对应的字符串连在一起，以减小被交叉操作分开的概率。

（2）适应度函数的确定　为实现误差值越大适配值越小，有 4 种方案可供选择：

$$F=\mathrm{C}-e,\quad F=1/e,\quad f=\mathrm{C}-E,\quad F=1/E$$

式中，C 为常数；$e=\sum_{p}\sum_{k}\left|d_k^p-o_k^p\right|$为误差（$d_k^p$，$o_k^p$ 分别为第 p 个训练样本的第 k 个输出节点的期望输出与实际输出）；E 为网络的误差函数。

（3）遗传算法解决该问题的步骤如下：

1）随机生成初始种群，共有 n 个个体，每个个体由一个 72 位的二值基因链码表示，每个基因链码对应一个神经网络的一组权值和阈值。

2）将种群中的每一个基因链码解码为一组连接权值，计算其神经网络的误差 e 或 E，并根据所选的适应度函数计算适配值 F_i。

3）将适应度最大的个体直接遗传给下一代，其余根据每个个体的适应度计算其选择概率 P_s

$$P_s=\frac{F_i}{\sum_{i=1}^{n}F_i}$$

4）训练中将整个基因链码串分为两部分，前 48 位为权值子串，后 24 位为阈值子串，对两个子串分别进行交叉操作。

5）以变异概率 P_m 随机改变某个位置的值（0 变 1，1 变 0）。

6）从当前父代和子代的所有个体中选择出 n 个适应度高的个体构成下一代种群，开始新一轮迭代。迭代中止的条件是种群的总适应度趋于稳定，或误差 e 小于某一给定值，或达到预定的进化代数。

用遗传法训练该 XOR 网络的参数为：$n=50$，$P_m=0.04$，$P_c=0.04$，$F=1/E$。

例 10-2 倒立摆的遗传神经网络控制。设被控对象为图 10-3 所示的单倒立摆系统，其动力学方程为

$$\frac{\mathrm{d}^2\theta}{\mathrm{d}t^2}=\frac{(M+m)g\sin\theta-\cos\theta\left[u+ml\left(\frac{\mathrm{d}\theta}{\mathrm{d}t}\right)^2\sin\theta\right]}{(4/3)(M+m)l-ml(\cos\theta)^2}$$

$$\frac{\mathrm{d}^2x}{\mathrm{d}t^2}=\frac{u+ml\left[\left(\frac{\mathrm{d}\theta}{\mathrm{d}t}\right)^2\sin\theta-\frac{\mathrm{d}^2\theta}{\mathrm{d}t^2}\cos\theta\right]}{M+m}$$

式中，θ 为摆角；x 为小车偏离中心位置的距离；M 为小车的质量；m 为杆的质量；l 为杆长的一半；g 为重力加速度。

控制系统采用图 10-4 所示的结构，其中 NNC 为神经网络控制器，该控制器的输入为 θ、$\dot{\theta}$、x、$\dot{x}$，输出为控制量 u。控制器采用 3 层前馈神经网络实现，为了避免陷入局部极小，采用遗传算法确定网络的权值。

解：（1）神经网络控制器的结构设计　神经网络输入层有 4 个节点，分别对应于 4 个输入分量 θ、$\dot{\theta}$、x、$\dot{x}$；输出层设 1 个节点，对应于控制量 u；隐层设 10 个节点。神经元转移函数分别为

隐层：

$$f_h(x)=\frac{2}{1+\mathrm{e}^{-x}}-1$$

输出层：

$$f_o(x)=10\left(\frac{2}{1+e^{-x}}-1\right)$$

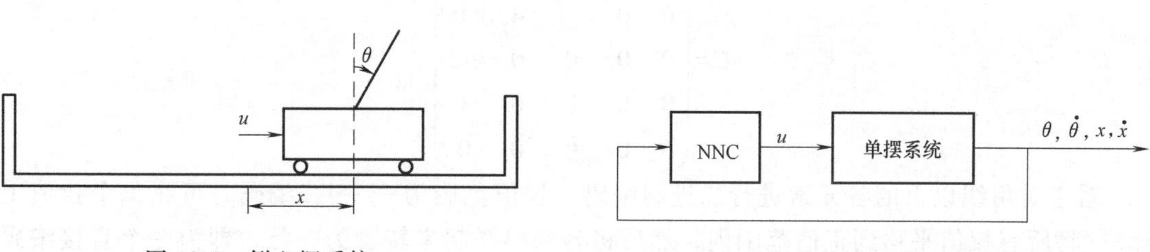

图 10-3　倒立摆系统　　　　图 10-4　倒立摆的神经网络控制

（2）遗传算法训练　对神经网络的所有权值和阈值采用十进制编码，每个参数的变化范围为（−10，10），种群规模为 $n=50$，交叉概率为 $P_c=0.9$，变异概率为 $P_m=0.03$。遗传算法的适配值取倒立摆系统的稳定时间 T（系统稳定指摆角不超过±15°）。

用 MATLAB 语言中的 Simulink 进行仿真训练，在 80s 时间内，倒立摆偏角不超过±4°，小车位置距中心点不超过±0.2m。

10.4.2　遗传算法用于神经网络的结构优化

这类应用是将神经网络的结构模式编码成码串表示的个体，因此遗传算法搜索的空间较小，但对于遗传算法选择的每个个体神经网络，都必须用传统方法进行训练以确定网络的权值。目前也有人将以上两种方法结合起来，用遗传算法同时优化神经网络的权值和结构。

用遗传算法进行神经网络结构优化的步骤如下：

1）随机产生 n 个结构，对每个结构进行编码，每个编码个体表示一个网络结构。

2）用多种不同的初始权值对种群中的结构进行训练。

3）根据训练结果或其他策略确定每个个体的适应度。

4）选择若干适应度高的个体直接进入下一代，其余按适配值确定的概率遗传。

5）对当前种群进行交叉和变异等遗传操作，产生下一代种群。

6）重复 1）~5），直到当前种群中的某个个体对应的网络结构满足要求。

根据编码涉及的结构信息的多少，分为直接编码和间接编码两种方案。

1. 直接编码

将网络结构的每个连接编码成二进制串。方法是首先设置一个网络节点数的上限 N，将网络的结构表示成一个 $N\times N$ 的矩阵 $\boldsymbol{C}=(c_{ij})$，其中 N 为网络的节点数，c_{ij}的值表示网络中节点 i 与节点 j 之间是否有连接，有连接时 c_{ij}的值为连接权值，无连接时 c_{ij}的值为 0。图 10-5 给出了

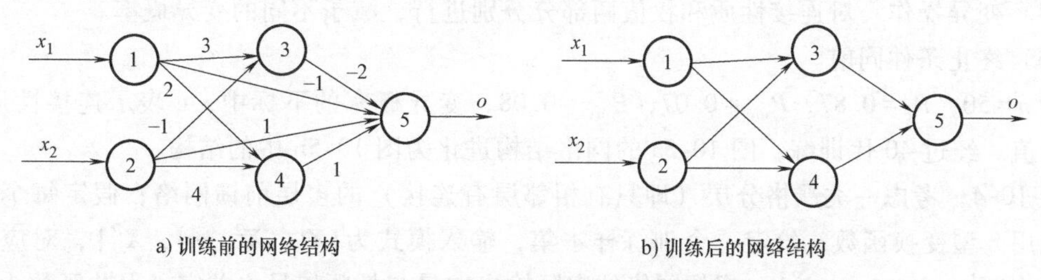

图 10-5　多层前馈网络的一种可能结构

解决 XOR 问题的 BP 网络的一种可能的结构，节点中的数为神经元编号。由于同层的神经元之间不存在连接，对应矩阵中的下三角元素均为 0。

$$
\boldsymbol{C}=\begin{pmatrix} 0 & 0 & 3 & 2 & -1 \\ 0 & 0 & -1 & 4 & 1 \\ 0 & 0 & 0 & 0 & -2 \\ 0 & 0 & 0 & 0 & 1 \\ 0 & 0 & 0 & 0 & 0 \end{pmatrix}
$$

对主对角线以上的各元素进行二进制编码，权值范围为-3~4，编码时可在每个权值上加 3，将所有权值平移到正值范围内，然后将各列串联起来转置为一行，即为一个直接编码的基因串

$$
\begin{matrix} 110 & 010 & 101 & 111 & 010 & 100 & 001 & 100 \\ c_{13} & c_{23} & c_{14} & c_{24} & c_{15} & c_{25} & c_{35} & c_{45} \end{matrix}
$$

可以看出，各元素连接的次序是使同一节点的连接权所对应的字符串连在一起。

2. 间接编码

只编码有关结构的最重要的特性，如隐层数、每层的节点数、层与层之间的连接数等参数，而有关各连接的细节留到进化规则中考虑。这种编码方案可以显著缩短字符串长度，但无疑会导致进化规则的复杂化。

由于 N 是网络节点的上限值，其中很多节点和连接权值是多余的。因此，训练后会有很多的 c_{ij} 为 0，或绝对值很小。在计算网络的误差时，对于绝对值很小的权值可认为连接不存在，当算法收敛后，可通过删除小权值简化网络结构。注意这样得到的结构很可能是多隐层网络。

下面通过两个例子讨论遗传算法在神经网络结构优化中的应用。

例 10-3 问题同例 10-1，应用遗传算法对网络权值和结构共同进化。

解： 采用二进制编码方案，网络如图 10-5 所示，由于结构比较简单，下面只进化网络的连接性质（即两节点之间是否有连接）和权值。

（1）编码方法 对连接性质和权值采用二进制编码，连接性质说明对应的两个节点之间有无连接，权值说明两节点间的联系程度。对于图 10-5 中的网络，一种编码方法如下：

1 110 1 010 1 101 1 111 1 010 1 100 1 001 1 100

其中，每个节点联系的权值用一个 3 位二进制子串表示，每个子串前面用一位 0 或 1 表示该两点间有无连接。

（2）适应度函数 选择 $F=1/E$。

（3）交叉操作 同前。

（4）变异操作 对连接性质和权值两部分分别进行，赋予不同的变异概率。

（5）终止条件同前。

设 $n=50$，$P_c=0.87$，$P_{mc}=0.07$，$P_{mv}=0.08$，变异概率的下标中，c 表示连接性质，v 表示权值。经过 40 代训练，图 10-5a 的网络结构进化为图 10-5b 中的结构。

例 10-4 考虑一类严格分层（即只有相邻层有连接）的多层前馈网络，假定每个神经元均采用 S 型变换函数。给定一个训练样本集，输入模式为$\{\boldsymbol{X}^1, \boldsymbol{X}^2, \cdots, \boldsymbol{X}^P\}$，对应的教师信号为$\{\boldsymbol{d}^1, \boldsymbol{d}^2, \cdots, \boldsymbol{d}^P\}$。根据网络的实际输出向量与教师信号之差定义误差函数为

$$E=\sum_{p=1}^{P}\sum_{k=1}^{l}(d_k^p-o_{ik}^P)^2$$

采用遗传算法设计神经网络及训练权值的过程是使上述误差函数最小化的过程。如果希望在具有同等性能的条件下网络的结构尽可能简单，可以在误差函数的右端加上一个控制项 Cn_{p}，其中 C 为网络负责性系数，n_{p}是网络参数的个数，包括网络的节点数和连接权数。有了控制项，训练后的网络将具有尽量少的节点数和最少的连接。

解：(1) 编码表示　每个神经网络用一个加权图表示，图中的每条边（连接线）上有一个权值，每个节点上有一个阈值。每个权值直接以一个实数表示，从而使编码的总长度远小于二进制编码。为了同时进化网络的拓扑结构与权值，同一种群中的网络具有不同的拓扑结构。

(2) 定义适应度函数　设 $E_{\mathrm{i}}(t)$ 为第 t 代种群的第 i 个个体具有的误差函数的值，则适应度函数可定义为

$$F_i(t)=\frac{1}{1+E_i(t)}$$

每个个体被选择复制到下一代的概率为

$$p_{si}(t)=\frac{F_i(t)}{\sum_{i=1}^{n}F_i(t)}$$

(3) 遗传操作　由于使用了实数编码方案，前述基于二进制编码的操作已不适用，需要重新设计操作算子。

选择操作：根据选择概率 $P_{\mathrm{i}}(t)$ 从种群中选择父体，并将最佳个体直接保留。

交叉操作：由于同一种群中的网络可能不同构，可先在种群中随机选择两个父体，然后分别在两个父体中选择相同数目的连接权，交换相应的权值以生成交叉后的两个后代。其中选择权值的数量也是随机产生的。

变异操作：随机选择一个父体，等概率地进行以下 3 种操作之一：①删除隐层的某些节点和（或）连接以及相应的权值，当删除的只是某些连接时，只需将其对应的连接权置 0；②在隐层插入一些节点和（或）连接并随机生成相应的连接权值；③在父体中随机地选择一个节点或连接，然后将其权值按自适应变异策略进行变异。

运用以上遗传操作进行进化，可得到性能满意的神经网络。

本章小结

遗传算法是一种新发展起来的基于优胜劣汰、自然选择、适者生存和基因遗传思想的优化算法。本章简要介绍了遗传算法的基本原理和框架，举例阐述了该算法的 3 种基本操作。遗传算法的进化过程是通过一代种群向下一代种群的演化完成的。每一代种群由若干个体组成，每个个体被称为一个染色体，每个染色体是一个字符串形式的基因串。每个个体由于其所含基因排列方式的不同而表现出不同的性能。对个体性能的度量采用适应度函数，它体现了个体对环境的适应程度。每一代种群通过选择、交叉和变异操作，形成新一代种群，从而完成一代进化。

遗传算法的理论基础是模式理论，它表明随着遗传算法一代一代地进行，那些适应度高、长度短、阶次低的模式将在后代中呈指数级增长，最终得到的串即为这些模式的组合，因而可期望性能越来越得到改善，并最终趋向全局的最优点。

本章还介绍了遗传算法的实现方法，并在基本遗传算法的基础上，介绍了一些改进的思路。

最后通过一些实例介绍了遗传算法在神经网络优化设计中的应用。

习　题

10.1　遗传算法基本原理是什么?

10.2　遗传算法有哪些基本操作? 如何通过这些操作体现进化论与遗传学说的思想?

10.3　什么是遗传算法的适配值? 对于给定的优化问题，如何确定适配值?

10.4　如何将优化参数编码为二进制字符串? 试举例说明。

10.5　试举例说明如何进行选择操作、交叉操作和变异操作?

10.6　利用遗传算法解决一个具体的优化问题时，需要做哪些准备工作?

10.7　遗传算法与其他搜索算法相比有何优点?

10.8　在简单遗传算法的基础上可以进行哪些改进? 改进后有何优点?

10.9　遗传算法主要应用于哪些领域? 为何能应用于这些领域?

10.10　试用遗传算法设计一个多层感知器，并与 BP 算法进行比较。

第11章 神经网络系统设计与软硬件实现

人工神经网络的发展为探索新型智能计算机开辟了一条崭新的途径，要使神经网络的并行处理能力得以充分发挥，还有赖于其硬件实现。然而，目前各类神经计算机的研究还远未成熟，应用神经网络解决实际问题时主要靠软件进行虚拟实现。因此了解并掌握神经网络软件设计与开发方面的基本知识对于提高应用神经网络解决问题的能力和水平至关重要。本章主要从系统设计和软件开发与运行等几个方面加以阐述。

11.1 神经网络系统总体设计

一个设计良好的神经网络系统能代表问题求解的系统方法。开发神经网络系统的总体设计过程中应考虑这样几个问题：①首先分析哪类问题需要使用神经网络；②神经网络系统的整体处理过程的设计，即系统总图；③系统需求分析；④设计系统的各项性能指标；⑤预处理问题。下面就这几个问题进行讨论。

11.1.1 神经网络的适用范围

神经网络能用来解决多种问题，但并不是擅长解决所有问题。可以把要解决的问题分为四种情况：第一种情况是除了神经网络方法还没有已知的其他解决方法；第二种情况是或许存在别的处理方法，但使用神经网络显然最容易给出最佳的结果；第三种情况是用神经网络与用别的方法性能不相上下，且实现的工作量也相当；第四种情况是显然有比使用神经网络更好的处理方法。为了在不同情况下使用最适合的方法，首先要判断待解决的问题属于以上哪一种情况。这种判断需始终着眼于系统进行，力求最佳的系统整体性能。

一般来说，最适合于使用神经网络分析的问题类应具有如下特征：关于这些问题的知识（数据）具有模糊、残缺、不确定等特点，或者这些问题的数学算法缺少清晰的解析分析。然而最重要的还是要有足够的数据来产生充足的训练和测试模式集，以有效地训练和评价神经网络的工作性能。训练一个网络所需的数据量依赖于网络的结构、训练方法和待解决的问题。例如，对 BP 网来说，对每个输出分类大约需要十几个至几十个输入模式向量；而对自组织网络来说，在选择输出节点数时需要把估计的分类数作为一个因素考虑在内，因此每种可能的分类取十几至几十个模式只是指导性的出发点。设计测试模式集所需要的数据量与用户的需求和特定应用密切相关。因为神经网络的性能必须用足够的检测实例和分布来表示，而用于分析结果的统计方法和特性指标必须有意义和有说服力。对于哪些问题用神经网络解决效果最好，开发者需要逐渐积累经验，总结出自己的原则。

当确定一个问题要用神经网络解决后，接着就要确定用什么样的网络模型和算法。如果有一组确知分类的输入模式数据，就可通过训练 BP 网络开始试探解决问题。若不知道答案（分类）应该是什么，可从某种自组织学习网络结构入手。试验时可尝试使用不同的网络结构和网络参数（如学习率或动量系数等），并对其效果进行比较。

神经网络在应用中常常作为一个子系统在系统中的一个或多个位置出现，系统中的一个或多个神经网络往往起着各种各样的作用，在系统的详细设计过程中要尽可能开放思路，考虑不同的作用与组合。事实上，在许多应用中都使用若干个网络或多次使用网络，还有可能采用子网络构造大结构，甚至不同的网络也可拓扑组合成一个单一的结构。例如，用自组织网络对数据进行预处理，然后用其输出节点作为执行最终分类的反向传播网络的输入节点。又如，神经网络可作为专家系统中的数据预处理子系统，或作为从原始数据中提取参数的特征提取子系统。有时需要将多个网络模型结合使用，其中每个网络均作为综合网中的子网出现。总之神经网络在实际应用中存在许多可能的形式，因此应用神经网络解决问题时要放开思路。

11.1.2 神经网络的设计过程与需求分析

神经网络的设计开发过程可以用图 11-1 所示的系统总图来描述。设计过程要完成的工作任务有三项：首先要做的是系统需求分析，接下来是数据准备，包括训练与测试数据的选择、数据特征化和预处理以及产生模式文件，在此过程中强调要求系统的最终用户参加，目的是保证训练数据和测试结果的有效性；第三个是与计算机有关的任务，包括软件编程与系统调试等内容。

系统需求分析一般应包括以下内容：

(1) 系统需求说明　系统分析是系统开发过程中最重要的工作之一，因为此阶段的错误和疏忽会对项目产生巨大的代价。系统分析阶段的产物是系统详细需求分析文档，以便准确描述系统的行为和评估完成状况。

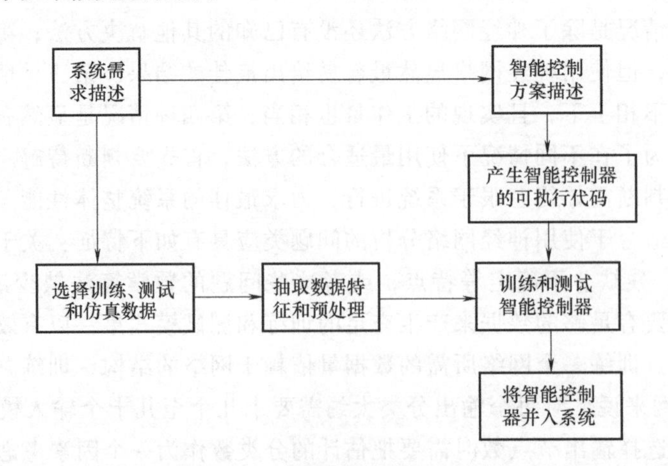

图 11-1　神经网络系统开发总图

(2) 结构化分析　结构化分析使用一套工具来产生结构化需求说明，由数据流图、数据词典和结构化文字几部分组成。数据流显示的是在系统和环境间以及处理过程间的信息和控制信号流，并将需求模型图形化和生动化。使用结构化文字强调的是可读性而不是自动分析的能力，其目的是在某种程度上能与不懂计算机的用户沟通。

（3）层次结构　数据流图是分等级按层次构造的，可用一些相互关联的图表示。如图11-2将整个系统看成单一的处理过程以及系统与环境间的数据流，图11-3将单一过程扩展，揭示了关于系统模型的更详尽的细节，包括一些过程、流和数据存储。图11-3中的每个过程都能够依次扩展成更详细的图表，分解可一直继续至任意的细节水平直至最终使用结构化文字能够充分描述的最低层次。层次结构是系统建模和系统构造的有力工具，它证明了结构化分析是较有效的系统描述技术。

（4）数据词典　数据词典是结构化分析的主要工具，目前普遍被用作一种称为系统百科全书的软件工程数据库，以存储数据元素说明以及系统模型中对象与方法的需求说明。

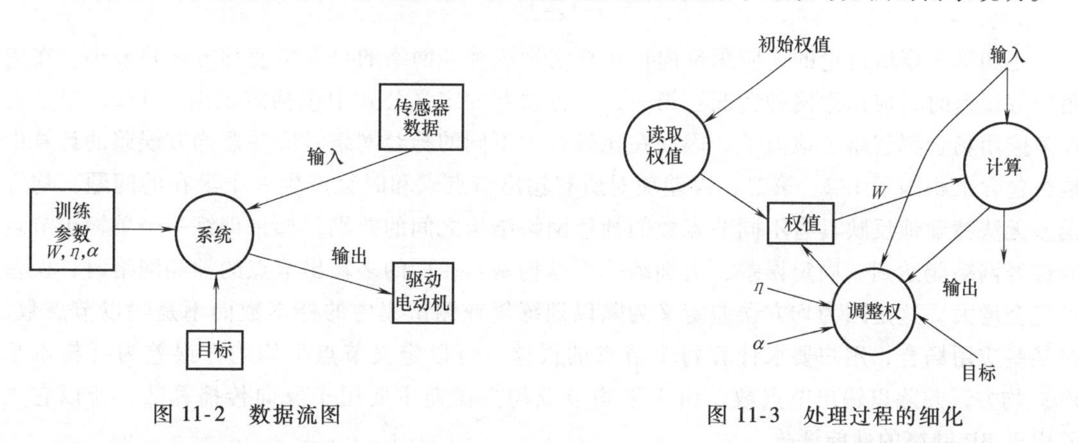

图11-2　数据流图　　　　图11-3　处理过程的细化

11.1.3　神经网络的性能评价

为了评价一个系统的运行质量，需要把对系统进行测试运行时得到的数据和已建立的标准相比较。为了研究有关神经网络的运行质量，必需首先建立一些能反映其质量的性能指标，这些指标应对不同的网络具有通用性和可比性。目前在这方面尚缺乏系统而深入的研究，但仍可借鉴相关领域的运行检测技术。下面简要介绍关于神经网络性能评价的几个常用指标，而应用时选用哪一种指标取决于系统的类型以及使用者的技术水平等因素。

（1）百分比正确率　神经网络运行的百分比正确率就是根据某种分类标准做出正确判断的百分比。神经网络用于模式识别和分类等问题时，常用到该指标。但在某些神经网络应用中，百分比正确率的概念不太适用，应采用其他指标。为了计算正确率应选择合适的分类标准和有代表的训练集和测试集。有两个因素会影响以上选择的合理性：一个是分类标准本身的不确定问题，另一个是样本集的代表性。例如，当神经网络用于对印刷体字母分类时，不存在判断标准的不确定性问题。但是有些分类任务会存在较大的主观因素，例如烤烟烟叶质量定级的分类，随专家的观点不同分类结果会略有差异。在用神经网络检测癫痫棘波时，6位神经科医生中任何2位共同认定的单个棘波的平均一致率仅为60%。因此在分类之前统一观点是十分重要的，这需要系统最终用户的积极参与，才能正确建立统一的分类标准。训练集和测试集样本的代表性是目前神经网络开发工作正在研究的课题之一。训练集和测试集的样本以及由专家认定的代表类必须分布在所有类的范围内，包括那些在判断临界点附近的样本。设计者的人为因素也是非常重要的，应该避免设计者自己闭门造车地进行代表样本的分类确定工作，而要让系统的用户参与这一过程。虽然设计人员能为用户提供系统运行的技术要求等信息，但在样本设计和整个设计过程中都应该让用户尽可能发挥作用。在测试和训练中要使用不同的样本集，当样本数不充足时，可以循环利用已有的样本进行训练和测试。此外，所选的训练集应该使每种样本的分类结果具有相同的数目。即，如果神经网络有三个输出节点，对于每一次分类有一个相应的节点激活，则训练样本集中每种分类结果的样本数目应该定为总样本数目的三分之一。

（2）均方误差　神经网络的均方误差为总误差除以样本总数，而总误差定义为

$$E=\frac{1}{2}\sum_{j=1}^{m}\sum_{p=1}^{P}(d_j^p-o_j^p)^2 \tag{11-1}$$

正如第3章所讨论的，应用反向传播算法训练神经网络的目的是使均方误差最小。在应用均方误差时，应注意两种情况：第一，均方误差的定义公式中包括乘积因子1/2，但是在许多应用场合都省略了该因子，因此在比较各种不同的神经网络时应注意均方误差的计算中是否包含乘积因子1/2。第二，误差项对所有输出节点求和时会产生一个潜在的问题，均方误差无法精确地反映具有不同节点数的神经网络结构之间的差别。如果训练一个单输出节点的神经网络能达到一固定误差，而训练一个结构基本相同的多输出节点的神经网络时，误差可能会增大，这是因为均方误差定义为除以训练集或测试集中的样本数而不是除以节点数。在某些应用场合，用户要求计算每个节点的误差，可以定义节点平均均方误差为（样本平均）均方误差除以输出节点数。由于平均节点均方误差主要用于反向传播算法，所以它主要用于BP网络的性能评价。

（3）归一化误差　Pinda提出了一种与神经网络结构无关，取值为0~1的误差标准Emm。定义为

$$E_{\text{mean}}=\frac{1}{2}\sum_{j=1}^{m}\sum_{p=1}^{P}(d_j^p-\bar{d}_j)^2 \tag{11-2}$$

式中，$\bar{d}_j$为所有样本在第j个输出节点的期望输出值的平均值；d_j^p是第j个输出节点的期望输出值；P为样本总数；m为输出节点数。

则归一化误差E_n定义为式（11-1）的总误差E除以上式的E_{mean}

$$E_n=E/E_{\text{mean}} \tag{11-3}$$

归一化误差对BP神经网络十分有用。当神经网络“猜测”正确的输出值是平均目标值时，出现“最坏的情况”（$E_n=1$）。当样本学习结束后，E_n的值趋向于零，其速度取决于神经网络的结构。归一化误差反映的是基于误差的输出方差的比例，而与神经网络本身的结构（包括初始化的随机权值）无关。因此，在大多数场合，归一化误差标准是BP神经网络中最有价值的误差标准之一。

（4）接收操作特性曲线　评价神经网络系统的另一个途径是接收操作特性（ROC）曲线。ROC曲线用来反映系统某一个输出节点在做出一个判断时的正确性，因此下面的讨论集中于单输出节点网络。若用判断的阳性和阴性表示将某一输入样本判断为某类的肯定与否定，一个给定输出神经元所表示的判断存在四种可能性，见表11-1。

表 11-1 ROC 曲线定义中的可能性

		标准判断	
		阳性	阴性
系统判断	阳性	TP	FP
	阴性	FN	TN

第一种可能性称为真阳性判断（TP），即系统的阳性判断与根据标准得到的阳性判断相一致，比如系统鉴别出神经科医生确认的癫痫棘波；第二种可能性称为假阳性判断（FP），即系统做出阳性判断而标准做出阴性判断，例如系统判断出的癫痫棘波神经科医生认为不对；第三种可能性是假阴性判断（FN），即标准做出阳性判断而系统做出阴性判断，例如神经科医生鉴别出的癫痫棘波系统却未找出；第四种可能性是真阴性判断（TN），即系统和标准都做出阴性判断，如系统和神经科医生都判断不存在癫痫棘波。

利用上述这四种可能性的两种比例可绘出 ROC 曲线。第一种比例是 TP/(TP+FN)，称为真阳性率（在某些应用场合称为灵敏度）。第二种比例是 FP/(FP+TN)，称为假阳性率。ROC 曲线由真阳性率轴和假阳性率轴上的点连接而成。为了画出真阳性率/假阳性率坐标轴中的点，可对输出节点设置不同的判断阈值。对于每个选定的阈值，统计出系统判断结果的真阳性率和假阳性率作为 ROC 曲线上点的坐标值。图 11-4 给出了两种不同结构的神经网络的 ROC 曲线，曲线 NNT2 代表的系统比 NNT1 所代表的系统整体运行性能更好。坐标轴对角线上的虚线表示真/假阳性率相等，即无法判断的情况。

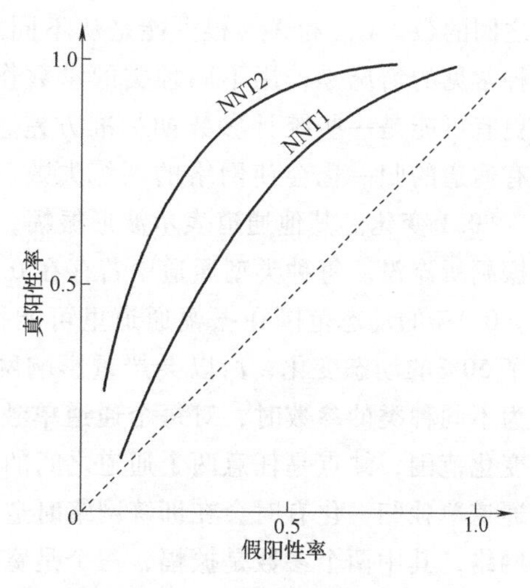

图 11-4 ROC 曲线示例

如果用单一指标来评价系统的运行情况，可以通过计算 ROC 曲线下所包围的面积来决定，这实际上是用 ROC 曲线来评价系统运行性能的主要方法。整图的面积是一个单位方格，ROC 曲线以下的面积是整图的一个部分，曲线以下的面积必定在 0.5~1.0 之间，前者是当系统无法判断时对角线以下部分的面积，后者是当系统判断完全正确时曲线以下的面积。一种简单的计算方法是用直线线段连接相邻的点，并计算梯形折线以下的面积。为得到较光滑的 ROC 曲线，大约需要 9~10 个点。

（5）灵敏度、精度和特异度　灵敏度是指实际存在的事物能被检测到的可能性，也称为召回度，其定义与 ROC 曲线定义中的真阳性率相同。在某些要求防止出现漏检事件的场合，如在预后严重的 AIND 病检测中，该指标变得非常重要。精度是系统所做出的正确的阳性判断数目除以系统做出的所有阳性判断的总数，在表 11-1 中，就是 TP/(TP+FP)，它包含着假阳性判断的强度。特异度是指一件实际不存在的事物被检测为不存在的可能性，定义为 TN/(FP+TN)，或称为真阴性率。可以看出，灵敏度、精度和特异度是表 11-1 中四种数量的另一种表达方式。

11.1.4 输入数据的预处理

在设计神经网络时，预处理是最难处理的问题之一。一方面预处理有许多种类，另一方面预处理有许多种实现方法。大多数神经网络通常需要归一化的输入，即每个输入的值要始终在0和1之间，或者每个输入向量的长度要为常量（如1），前者用于反向传播网络而后者用于自组织网络。虽然对BP网络输入归一化的必要性看法不一，但对多数应用来说归一化是一种好的做法。

数据归一化通常有两种情况：第一种常见的情况是，输入BP网络各个输入节点的原始数据是同源的，常常代表了时间间隔的取样。例如，电压波形以一定的频率采样得到一定数目的采样值成组地输入网络。在这种情况下，归一化必须在所有的通道上统一进行。如果数据分布在最大值（X_{max}）与最小值（X_{min}）之间，则首先把所有的值加上$-X_{min}$，使它们分布于0和（$X_{max}-X_{min}$）之间，然后再用每个值除以$X_{max}-X_{min}$。这样所有的值被归一化成0和1之间的数。X_{max}和X_{min}很可能是从不同的通道上获得的，所以又称为交叉通道归一化。第二种常见的情况是，用不同种类的参数作为输入，如电压、持续时间、波形的尖峰参数等。更有可能是一些统计参数如标准方差、相关系数和K方检验参数等。在这种情况下，跨所有通道的归一化会使网络的训练失败。例如，某些通道表示波形尖锐度，它们只能在$-0.1 \sim +0.1$变化。其他通道表示波形振幅，能在$-50 \sim +50$之间变化，显然归一化后尖锐度将被振幅所淹没。每种类型通道中若存在0.1个单位的偏差，归一化后将变为0.001单位的偏差。0.1%的动态范围在振幅通道里可能很容易接受，然而在波形尖锐度中，0.1的偏差代表了50%的动态变化，所以会严重影响网络训练或测试时对尖锐度参数的分辨能力。当输入为不同种类的参数时，对每个通道单独归一化的优点是每个通道可在0~1区间反映其动态变化范围，缺点是任意两个通道之间的关系偏离了一个偏移量和多重因素的范围，因此每个通道单独归一化有时会在训练网络时造成困难。例如，用从生物电位波形中提取的参数训练网络，其中两个参数是振幅，三个是宽度，三个是尖锐度，另一个参数是斜率。振幅的测量单位是伏特，宽度是秒，而尖锐度是度数。对于宽度参数，把其中两个相加成为过零点间半波的宽度，第三个是半波二阶导数的两点间宽度。在原始数据中，前两个宽度之和总是大于第三个宽度，而其中任意一个又小于第三个宽度。这一类关系以及在两个宽度或3个尖锐度参数之间存在的类似的其他关系，在单独通道的归一化处理中就被遮掩了。

11.2 神经网络的软件实现

神经网络软件要求在硬件平台上实现神经网络。神经网络编程语言既可用高级语言也可用低级语言。C语言是神经网络应用软件的基本编程工具，但其他高级语言也同样适用。汇编语言虽然只在程序代码中占很小一部分，但它是开发人员的另一种基本工具。它常用于提高神经网络已有的功能或解决与硬件相关的难点。

运行神经网络软件时主要涉及以下几个问题：

（1）网络的输入输出　神经网络一般采用文本文件保存输入输出模式对和权值，其优点在于用户能直接阅读和用字处理工具进行编辑，而且能通过磁盘互相传递，通过打印机输出或通过电子邮件进行传递；另一个优点是容易输入数据库并进行分析。文本文件的缺点是占用字节数多，每个数据可能占用多达10个字符，而用浮点二进制数表示仅需4个字节。

（2）数据归一化　输入模式必须先归一化后再输入神经网络，较好的方式是把归一化处理放在预处理阶段进行，而不在神经网络内做归一化，这样不仅能减少神经网络的代码，而且也具有灵活方便、可移植性和通用性强的优点。

（3）连接权　输入网络的连接权和阈值是一组初值。输入循环的形式是：

```
for (i=0; i<=nInputNode; i++)
```

C语言中数组的N个元素按$0\sim N-1$标记，对于各隐层和输出层的每个神经元，上述循环从相应的输入层读取每个连接权和阈值，阈值存储在权向量的第一项或最后一项。开始训练时，权值随机分布在一个很小的范围之内（如±0.3），权初始值文件可以由一个随机数产生器产生。训练结束后，最后得到的权值矩阵写入输出文件。输出文件和输入样本文件相似，通常是文本文件。把权值写入文件有两个原因：第一，训练结束后获得的权值代表了系统学习的结果，设计者可以利用这些权值来测试系统识别和分类新模式的能力。通常，网络对一组训练模式训练一次，然后反复运用训练结果来对新模式进行识别。在识别过程中网络进行的是正向传递运算，对每一个模式仅需迭代运算一次。在训练时，网络必须进行正向和反向运算，反复迭代导致运算量急剧增大，因此可以在大型机上训练大型神经网络，然后把训练得到的权值文件送到PC上运行神经网络。这是一种十分有价值的机器之间传递“学习”的技术，一台机器通过训练所得的结果可以快速传送到另一台机器，在不同的环境下运行神经网络。第二，训练结束后保存下来的权值可以重新输入网络继续训练。在某些情况下需要重新训练权值，对它进行修正以改善神经网络的性能，这时只需将以前保存的权值作为网络的初始权值进行训练。

（4）特性参数　神经网络的特性参数包括网络的拓扑结构、处理单元数、转移函数类型、学习规则、学习率和动量因子等。其中多数特性参数设计是由代码实现的算法，其在运行过程中难以更改。但学习率和动量因子等参数可以在运行过程中进行修改。

（5）运行状况监测　反向传播算法的目的是使方均误差最小，一种较好的观察收敛趋势的方法是用显示出误差相对于迭代次数的曲线。通常用方均误差作为最基本的网络运行监测目标，但有时其他监测指标也十分有价值，例如神经网络的净输入和权值。神经网络的状态可以在运行时连续显示，即在每一次迭代后刷新。由于显示占用了神经网络的处理时间，所以在实用系统中不太理想。另外，如果网络的迭代速度太快时，无法看清屏幕上快速变化的内容。通常，可以设定经过许多次迭代后刷新一次显示状态，或者暂停运行来观察“冻结”的显示状态。另外一种方法就是在神经网络运行结束后非实时地显示。

11.3　神经网络的高级开发环境

许多研究人员在开发自己的神经网络软件时都会碰到这样的问题，花在人工编码和跟踪调试上的巨大工作量大大影响了真正要进行的模型设计工作。神经网络开发环境是设计调试网络模型的非常有用的工具，开发环境能快捷方便地建立一个新的网络模型，通过试验立即获得反馈值，从而可以评价所设计的模型的运行结果，大大缩短开发时间，提高工作效率。

目前神经网络的开发方法有以下3种模式：

(1) 人工编码　神经网络开发的一种常用模式是人工编码，即研究人员针对某个具体问题选择一种算法，然后由人工编制代码在计算机上实现一个神经网络系统。这种开发方式在前面已经介绍过。

(2) 算法库　神经网络开发的第二种模式是使用神经网络算法库。神经网络开发工具中有各种有效的算法可供研究人员选择，同时神经网络的实现是自动形成的。因此，研究人员很容易实现所设计的神经网络。选择算法实际上是从算法库中提取了一个代码的结构，然后填上代码段（Fragment）以规定网络的特性参数。

(3) 生成网络模型　神经网络开发的第三种模式是生成神经网络模型，使得研究人员能建立任何设想的网络而不仅是在库中定义的算法。

11.3.1　神经网络的开发环境及其特征

理想的神经网络开发环境应具有使用简单、功能强大、有效性和可扩展性强等关键特征。因此开发环境应具有描述和运行网络模型的良好用户界面，使研究人员不必掌握操作系统或实现神经网络模型的计算机硬件知识就能进行网络模型的开发。开发环境应允许研究人员选择网络模型及其特性或定义新的网络模型及其特性，应能执行、监视、显示和控制神经网络的运行，并能将网络与其他处理功能连接。有效性是指神经网络开发环境要尽可能有效地使用计算机。可扩展性意味着能定义和建立新网络类型的网络原始结构，由于有时无法预见将来需要何种网络，所以必须提供处理这种不确定性的功能。可扩展性是人工智能语言的关键特征，神经网络中同样需要这一技术。

11.3.2　MATLAB 神经网络工具箱

1. 概述

MATLAB 是 Matrit Laboratory 的简称，是一种以矩阵为基本数据元素，面向科学计算与工程计算的高级语言。MATLAB 集科学计算、自动控制、信号处理、神经网络、图像处理等多种功能于一体，具有极高的编程效率。MATLAB 的系列产品包括 MATLAB 主包和各种工具箱（称为 TOOLBOX），功能丰富的工具箱为不同领域内的研究开发者提供了一条捷径。迄今已有的 30 多个工具箱大致可分为两类：功能型工具箱和领域型工具箱。功能型工具箱主要用来扩充 MATLAB 的符号计算功能、图形建模仿真功能、文字处理功能以及与硬件实时交互功能，可用于多种学科。而领域型工具箱是专业性很强的工具箱，每个工具箱都有一门专业理论作为背景，神经网络工具箱即属于这类工具箱。神经网络工具箱将神经网络理论中所涉及的公式运算和操作，全都编写成了 MATLAB 环境下的子程序。设计者只要根据自己的需要，通过直接调用函数名，输入变量，运行函数，便可立即得到结果，从而大大节省了设计人员的编程和调试时间。由于 MATLAB 神经网络工具箱具有很强的专门知识要求，使用者必须首先掌握神经网络的原理和算法，然后才能够理解工具箱中每个函数的意义以及所要达到的目的和所要解决的问题，从而正确地使用工具箱很好地为自己服务。

神经网络工具箱以人工神经网络理论为基础，使用 MATLAB 语言构造出典型神经网络的激活函数，使设计者对所选定网络输出的计算，变成对激活函数的调用。另外，根据各种典型的学习规则和网络的训练过程，用 MATLAB 编写出各种网络权值训练的子程序。神经网络的设计者可以根据需要调用工具箱中有关神经网络的设计与训练的程序，使自已从烦琐的编程中解脱出来，集中精力去思考问题和解决问题，从而提高效率和解题质量。

目前流行的神经网络工具箱是 Neural Networks Toolbox 4.0.3 版本，它包括了许多现有神经网络的新成果，涉及的网络模型有：

◆感知器模型

◆线性滤波器

◆BP 网络模型

◆控制系统网络模型

◆径向基函数网络

◆自组织网络

◆反馈网络

◆自适应滤波和自适应训练

神经网络工具箱对各种网络模型集成了多种学习算法，为使用者提供了极大的方便。该工具箱丰富的函数使神经网络的初学者可以深刻理解各种算法的内容实质，而其强大的扩充功能更令研究人员工作起来游刃有余。此外，神经网络工具箱中还给出大量示例程序，为使用工具箱提供了生动实用的范例。

2. 神经网络工具箱常用函数

神经网络工具箱的常用函数可按功能分为以下 19 类：

（1）网络设计类

solvelin	线性网络设计
solverb	径向基网络设计
solverbe	精确的径向基网络设计
solvehop	Hopfield 网络设计

（2）变换函数类

hardlim	硬限幅传递函数
hardlims	对称硬限幅传递函数
purelin	线性传递函数
tansig	正切 S 型传递函数
logsig	对数 S 型传递函数
satlin	饱和线性传递函数
satlins	对称饱和线性传递函数
radbas	径向基传递函数
dist	计算向量间的距离
compet	自组织映射传递函数
dpurelin	线性传递函数的导数
dtansig	正切 S 型传递函数的导数
dlogsig	对数 S 型传递函数的导数

（3）学习规则类

learnp　感知层学习规则
learnpn　规范感知层学习规则
learnbp　BP 学习规则
learnbpm　带动量项的 BP 学习规则
learnlm　Levenberg-Marquardt 学习规则
leamwh　Widrow-Hoff 学习规则
learnk　Kohonen 学习规则
learncon　Conscience 阈值学习函数
learnsom　自组织映射权学习函数
learnh　Hebb 学习规则
leamhd　退化的 Hebb 学习规则
learnis　内星学习规则
learnos　外星学习规则

（4）初始化类

initp　感知层初始化
lnitff　前向网络初始化
initlin　线性层初始化
initsm　自组织映射网络的初始化
lmtelm　Elman 递归网络的初始化
lnitlay　层与层之间的网络初始化函数
mltwb　阈值与权值的初始化函数
lmtzero　零树阈值的初始化函数
lnltnw　Nguyen-Widrow 层的初始化函数
lmtcon　Conscience 阈值的初始化函数
nudpoint　中点权值初始化函数
nwlog　对具有对数 S 型函数的节点产生 Nguyen-Widrow 随机数
nwtan　对具有正切 S 型函数的节点产生 Nguyen-Widrow 随机数
randnc　产生归一化列随机数
randnr　产生归一化行随机数
rands　产生对称随机数

（5）δ 函数类

deltalin　对 PURELIN 神经元的 δ 函数
deltatan　对 ANSITG 神经元的 δ 函数
deltalog　对 LOGSIG 神经元的 δ 函数
getdelta　对给定函数的 δ 函数

（6）网络输入函数

netsum　网络输入函数的求和
dnetsum　网络输入求和函数导数

（7）性能分析函数

mae	均值绝对误差性能分析函数
mse	方均差性能分析函数
msereg	方均差 w/reg 性能分析函数
dmse	方均差性能分析函数的导数
msereg	方均差 w/reg 性能分析函数的导数

（8）网络训练类

trainwb	网络权与阈值的训练函数
traingd	梯度下降的 BP 算法训练函数
traingdm	梯度下降 w/动量的 BP 算法训练函数
traingda	梯度下降 w/自适应 1r 的 BP 算法训练函数
taingdx	梯度下降 w/动量和自适应 1r 的 BP 算法训练函数
trainlm	Levenberg-Marguardt 的 BP 算法训练函数
trainwbl	每个训练周期用一个权值向量或偏差向量的训练函数
trainc	训练竞争层
trainfm	训练特性图
trainlvq	训练 LVQ 网络
~nbpx	利用快速反向传播训练网络
trainelm	训练 Elman 递归网络
trainsm	训练自组织映射网络
trainp	利用感知规则训练感知层
trainpn	利用规范感知规则训练感知层
trainbp	用 BP 算法训练前向网络
trainbpx	用快速 BP 算法训练前向网络
trainelm	训练 Elman 递归网络
trainlm	用 Levenberg-Marquardt 算法训练前向网络
trainwh	用 Widrow-Hoff 规则训练线性层

（9）分析类

errsurf	计算误差曲面
maxlinlr	计算 Widrow-Hoff 准则训练线性网络的最大学习率
presflop	计算浮点运算的表达式

（10）邻域函数类

nbdist	使用向量距离的邻域阵
nbpid	使用栅格距离的邻域阵
nbman	使用 Manhattan 距离的邻域阵
neighb1d	一维邻域函数
neighb2d	二维邻域函数

（11）符号变换函数

ind2vec	转换下标成为向量
vec2ind	转换向量成为下标向量

（12）矩阵类

normc	计算归一化列矩阵
normr	计算归一化行矩阵
pnormc	计算伪归一化列矩阵
sumsqr	计算二次方和
quant	离散化成某数值的整数倍
delaysig	从信号矩阵中建立退化的信号矩阵
combvec	创建所有的向量集

（13）绘图类

plotpv	绘制具有I/O目标的输入向量图
plotpc	在已存在的感知器分类图上划上分类线
plotes	绘制误差曲面
plotep	在误差曲面上绘制出权值和阈值的位置
plotsom	绘制自组织映射图
barer	每个输出向量的误差条形图表
hintonw	绘制权值图
hintonwb	绘制权值和偏差图
ploterr	绘出网络误差与时间的关系
plotfa	绘出目标模式及网络函数的逼近
plotlr	绘出网络学习速率与训练次数的关系
plotmap	绘出具有任意邻近函数的特性
plottr	绘出网络误差记录及自适应学习速率
plotv	绘出始于坐标原点的单位模长向量线
plotvec	用不同颜色绘制向量
plotsm	绘制自组织映射图

（14）仿真类

slmuc	竞争层仿真
slmuelm	Elman 递归网络仿真
simuff	前向网络仿真
simuhop	Hopfield 网络仿真
simulin	线性层仿真
slmup	感知层仿真
simurb	径向基网络仿真
slmusm	自组织映射仿真

（15）网络创建函数

newp	创建感知器网络
newlind	设计一个线性层
newlin	创建一个线性层
newff	创建一个前馈 BP 网络
newcf	创建一个多层前馈 BP 网络
newfftd	创建一个前馈输入延迟 BP 网络
newrb	设计一个径向基网络
nwerbe	设计一个严格的径向基网络
newgmn	设计一个广义回归神经网络
newpnn	设计一个概率神经网络
newc	创建一个竞争层
newsom	创建一个自组织特征映射
newhop	创建一个 Hopfield 递归网络
newelm	创建一个 Elman 递归网络

（16）网络应用函数

sim	仿真一个神经网络
init	初始化一个神经网络
adapt	神经网络的自适应化
train	训练一个神经网络

（17）拓扑函数

gridtop	网格层拓扑函数
hextop	六角层拓扑函数
randtop	随机层拓扑函数

（18）自适应函数

adaptwb	网络权与阈值的自适应函数
adaptwh	用 Widrow-Hoff 规则自适应调节线性层的权

（19）权函数

dotprod	权函数的点积
ddotprod	权函数点积的导数
dist	EuclideanI 距离权函数
normprod	规范点积权函数
negdist	Negative 距离权函数
mandist	Manhanttan 距离权函数
linkdist	Link 距离权函数

11.3.3 其他神经网络开发环境简介

下面简要介绍其他已有的神经网络开发环境。

1. Plexi 神经网络开发环境

Plexi 是一个内置 Lisp 机的功能强大的综合系统，不能运行于个人计算机。该系统具有许多有价值的特点，既能支持高级用户试验新模型，又能满足初学者使用已定义的神经网络的要求。它有两个高分辨率的显示器显示图形用户界面，图形网络编辑器能通过单击层图标和通过神经束连接各层来表达结构。网络的作用可通过几个图形工具（如 Hinton 图、图形和点图）来观察。学习规则、转移函数和更新规则等特性可以通过描述获得，但同时也提供默认值。该软件包括一些标准神经网络模型，也可以自行定义神经网络模型。只要会使用 Lisp 语言，就能设计任何神经网络。

2. Neuroshell 神经网络开发环境

Neuroshell 是一个有价值且使用简便的神经网络应用工具，它具有内置反向传播模型的软件包，可以快速开发应用程序，并有详细样例供研究、演示和实验。Neuroshell 具有图形界面，可以对若干天的连续运行数据进行绘图和显示，用以分析趋势和因素之间的关系。

3. Neuralworks Professional Ⅱ神经网络开发环境

Neuralworks Professional Ⅱ是一个昂贵的综合软件包，具有图形用户界面，容易生成新的神经网络或从大量已定义的网络类型中选择所需要的神经网络，可以方便地描述层的数量和节点数量等参数。图形显示界面上能显示网络的每个神经元节点和连接，网络结构也可在图形屏幕上进行编辑。可以用标准二进制码、ASCII 文件或用户自行编写的 C 函数预处理数据训练或测试网络，能用条形图和直方图显示网络运行结果。“探针”功能可用来观察网络内部的连接权、隐含的激励和 Hinton 图等。

4. NETSET Ⅱ 神经网络开发环境

该软件包运行于个人计算机的 Windows 环境下，用屏幕上从左到右排列的、用箭头连接的小图标代表对象。NETSET Ⅱ能良好地表示系统级的数据流程图，可以通过图标建立系统模型，图标有数据库、管道、动态数据交换、数据变换、神经网络和图形显示设备等。对象之间用反映信息流方向的箭头表示，绘制好系统流程图后，必须定义处理细节，如数据文件的输出、数据类型、预定义的格式等。描述一个神经网络对象可以从 19 个已封装的神经网络“实现”中选择。该系统有一个称为“Style”的功能，它可在任何级别由用户自行定义任何对象作为样本，命名并存储后可重复使用。

5. N-NET210 神经网络开发环境

N-NET210 系统只有有指导学习和无指导学习两种固定的特征算法。开发系统为应用、训练和测试网络设定参数，但不支持图形环境。“处理”的概念可简单地表示为几个网络的连接，但目前还不能对处理进行自动连接。在文本窗口编辑神经网络的处理对象时，应输入要读取和写入的文件名。通过 C 语言库函数可以将神经网络功能编入其他应用系统中去。

6. CaseNet 神经网络开发环境

CaseNet 是一种应用于个人计算机的神经网络开发环境，如果神经网络软件能合理地设计并加以优化，大多数类型的问题就能在个人计算机上有效地解决。CaseNet 提供了一个图形界面，设计者可在屏幕上画出网络结构并通过屏幕上的菜单输入网络特性。网络图形、特性及图上的节点构成了神经网络的特征描述，由此可自动生成可执行的编码。CaseNet 的特点是将用户定义的网络特性生成高度优化的机器码，以便最大限度地利用现有个人计算机的功能。

CaseNet 系统由网络定义器、分析器、编码生成器和编译器 4 个主要工具组成。网络定义器是设计网络结构的图形编辑工具，用处理工具将用户设计的网络图形翻译成一种标准表达形式。分析器确认网络的定义并产生代码段。编译器将代码段和通用的网络框架编译成可执行的神经网络。在神经网络生成过程中，以用中间状态文件保存各阶段的结果，以便用户修改和优化网络各阶段的内容。

11.4　神经网络的硬件实现

11.4.1　概述

神经网络的硬件实现是神经网络研究的基本问题之一。从对神经网络进行理论探讨的角度，可以通过计算机仿真途径来模拟实现特定的神经网络模型或算法，但在构造神经网络的实际应用系统时，必然要研究和解决其硬件实现的问题。神经网络专用硬件可提供高速度并具有比通用串、并行机高得多的性能价格比。所以，特定应用下的高性能专用神经网络硬件是神经网络研究的最终目标。

神经网络本质上是并行分布式信息处理系统，其硬件实现极其复杂；神经网络结构上以大量的神经元单元为基础，每个神经元只需对输入信息进行加权求和、阈值运算等简单操作；神经网络运行中将记忆信息分布表示在神经元间的连接权上；在神经网络的连接机制模型中，没有传统计算机中的 CPU、主存之类的概念，而是采用分布式信息存储和处理。

从大脑神经系统的结构组织上来看，所有神经元构成的系统具有串并联结构；从传统的计算机信息处理能力上来看，在智能信息处理（如知识的获取、知识的存储记忆、运用知识解决实际问题等）方面，显得能力相当有限，而这方面正是神经计算机所擅长的。神经网络理论研究为神经计算机的实现提供了体系结构基础；而微电子学、光学技术、生物工程技术、计算机科学技术为其物理实现提供了物质基础和手段。基于神经网络的结构模式和信息处理方法的神经计算机，标志着计算机及信息领域的一次根本意义上的技术革命。

1. 主要研究内容

所谓神经网络的硬件实现，是指神经网络中的每一个神经元及每一连接都有与之相应的物理器件。

首先，神经元的超大规模集成电路（VLSI）实现是基础性内容。由于人工模型神经网络是由大量神经胞体通过特定形式的加权网络连接组成，因此可以认为神经网络由两种基元构成，即收集信号并完成非线性变换的神经胞体和完成各神经胞体间加权互连的突触。研究神经元的 VLSI 实现也就是要研究大量突触、神经胞体的 VLSI 集成以及突触和胞体间数据通信结构的实现。

在此基础上，还要研究神经网络的 VLSI 实现。在单个芯片中集成多个神经胞体和大量的突触单元，并将它们按某种通信结构组成神经网络系统。

基于各种神经网络模型的构造与实现，开展对于大规模多处理机并行的神经计算机体系结构的设计和实现的研究，已成为一个边缘技术领域。除了在现有的常规计算机上进行纯软件模拟，探讨能更好地支持神经网络实现的并行体系结构以外，借助 VLSI 技术制作神经网络协处理机、并行处理机阵列，无疑会大大推动神经网络的发展和应用。

性能评价是神经网络硬件实现的重要研究内容。通过包含可实现模型的个数、物理处理单元的个数、容量和速度等一组指标，来衡量大规模神经网络实现的技术性能。

2. 目前状况

随着现代 VLSI 工艺和技术的发展，目前已可以在单个芯片上集成几百万个门电路，并已制造出单片计算机和单片专用系统，因而 VLSI 集成电路被认为是神经网络硬件实现的一种有效方式，有关学者已在这方面做了大量的工作。具有更高集成度的 VLSI 新工艺正在发展中，利用圆片集成技术或三维 VLSI 集成技术也可以构造更大规模的神经网络系统。若网络规模要求更大时，还可将多个芯片以积木式结构在板极上实现系统。

神经网络的 VLSI 实现方法可大致分为三类，即数字 VLSI 实现、模拟 VLSI 实现以及数模混合 VLSI 实现。

数字 VLSI 实现方法是采用二进制数字电路作为其基本运算模块和存储模块，它的优点：技术成熟，测试方便，有大量的自动设计辅助工具，便于与新工艺接轨；权值存储简单、多样化，且权值学习方便；可以实现任意的精度；对噪声、窜扰、温度效应及电源波动具有较强免疫力；扩展性好，多个芯片易于连接成更大规模的网络。缺点：用于实现突触连接的数字乘法器占芯片面积大、使大规模网络的单片集成很困难；大规模数字电路必须是同步的，而实际的神经网络是异步的；所有数值都要进行量化处理，而实际神经网络的状态和激励信号都是模拟值；速度比模拟 VLSI 电路低；单个信号值要用多个二进位表示，因而信号的通信机制复杂。

模拟 VLSI 实现方法是采用模拟电子电路作为基本运算模块和存储模块，它的优点：自动地具有异步特性和平滑的神经激励；功能模块（如乘法器）占用芯片面积少，因而具有更高的集成度；运算速度快，且模拟信号的传输速度也快；器件的非线性效应便于非线性函数的实现。缺点：工艺复杂，特别是为实现持久性权值存储及权值学习电路，需要更复杂的工艺；精度低，免疫力差；不同芯片中的电路参数差异可能较大，因而其扩展性差；只有有限的设计灵活性。

由于目前已有数模兼容的 VLSI 工艺，可将数字电路和模拟电路集成在同一个芯片中，因此又出现了神经网络的数模混合 VLSI 实现方法，它试图利用数字和模拟电路两者的主要优点，例如权值的存储和调整采用成熟的数字技术，运算单元采用快速模拟电路，有时为了保证与外部数字系统的接口兼容性，芯片的输入、输出采用数字信号，在芯片内再变换为模拟信号进行处理，通过数-模、模-数转换器完成数据形式的转换。各个模块是选用数字电路还是模拟电路，要综合考虑系统的各项性能要求，如速度、精度、集成度、可实现性以及实际应用需要等。

无论是采用哪一种 VLSI 实现方法，都要遇到信号的运算、存储和传输这三个主要问题。神经网络中的基本运算主要有以下几种：①突触加权乘法；②神经元输入激励信号的累加；②阈值处理；④非线性函数运算；⑥权值学习和调整（其中既有较简单的 Hebb 学习规则、感知器学习规则，也有较复杂的“胜者取全”学习规则、模拟退火等）。信号存储主要是突触权值的存储，信号传输主要是神经元状态信号及误差信号的传输。

在数字 VLSI 实现方法中，乘法和累加运算可分别由数字乘法器（或标量积数字电路）和数字加法器（或数字计数器）来完成，有时为简化硬件，将信号值通过随机脉冲产生器变换成随机脉冲序列，这时乘法和累加运算分别由与门和或门实现。阈值处理可用数字比较器实现。较复杂的非线性函数运算一般是采用查寻表的方法实现；非线性函数还可用分段线性函数来近似，从而可用简单的标量积数字电路来实现。权值的存储可采用DRAM、SRAM、EPROM、ROM。信号的传输可采用与数字计算机中相同的技术，如总线结构，并行、流水结构等。

在模拟VLSI实现方法中，固定权值可用简单的电阻网络来实现；可调权值是用面结型或MOS型场效应晶体管、CMOS开关、开关电容电路、开关电阻器、跨导放大器等来实现；权值除用阻性电路实现外，一般还要用容性电路来存储，如MOS电路负载上的单电容、双电容（动态差值存储）等。乘法运算可用吉尔伯特（Gilbert）乘法器（包括各种改进型）、跨导放大器、基于高增益运放的乘法电路、开关电容电路、乘法D-A转换器等实现。加法运算一般是利用电流的汇集或电荷的累积来实现。阈值处理可用基于运放的模拟比较器实现。S型非线性函数可用级联反相器、差分电压放大器、跨导放大器、开关电容等电路来实现。权值调整一般是通过改变场效应晶体管的导通电阻、模拟放大器电路的增益、电容中的电荷量；权值学习电路与学习规则有关，即按照相应的学习规则具体设计特定的模拟电路，得出与权值调整量对应的电压或电流值，作为调整权值的控制量。模拟VLSI实现方法中的信号传输很直接，相应的模拟值将以电压、电流的形式在电路网络中流动。

日本、美国等已用现有成熟的VLSI工艺技术生产出电子神经元器件，以及专用的具有一定功能的电子神经计算机。但是，随着神经网络规模的增大，神经元之间的高密度连接造成VLSI布线工艺上的困难和障碍。因此，所实现的网络规模受到很大局限。

3. 发展前景

光子学的崛起是20世纪后期高科技领域的重大事件。近十年来光子技术以它优异的技术特色和强大的生命力，已在光通信、光存储、光集成、光互连、光计算、光信息处理和光神经网络等重要领域得到了广泛的应用并已获得令人瞩目的进展。

光学技术是实现神经网络及神经计算机的一个比较理想的选择。因为光学技术具有非常可贵的固有特性，主要体现在：高度连接性，其光线扇入扇出系数大；有较高的通信带宽；以光速并行传递信息；光信号间无干涉性。虽然光学神经计算机实现技术目前还不是很成熟，其商品化大规模实现还有待时日，但一些光学神经元器件、光电神经计算机研究已有了较为迅速的进展，表现出广阔的发展和应用潜力，并引起相应领域的充分关注。

11.4.2　神经元器件

神经元器件是构造神经网络硬件系统的基础，它包括突触电路、胞体电路以及实现某些学习规则的电路。VLSI技术的迅速发展为神经网络的硬件实现提供了条件。神经网络的VLSI实现主要包括模拟实现、数字实现、模数混合实现及光电技术实现等几种形式。

1. 模拟式神经元器件

神经网络实现的基本单元是神经元器件，它由细胞体、树突、轴突和突触电路四大部分组成。作为神经元器件，必须具有如下功能特征：

1）是一个多输入单输出的处理单元。

2）具有加权求和能力。

3）具有阈值处理或非线性函数处理能力。

4）突触权值是可调节的。

用模拟电子技术实现的神经元器件，称为模拟神经元器件。通常，用模拟运算放大器代表细胞体，导线代表树突和轴突，电阻器代表突触连接，其阻值即为连接权值。典型的 Hopfield 网络的模拟神经元就是这样实现的。图 11-5a 为一个模拟神经元的结构，图 11-5b 为多个模拟神经元互连组成的神经网络硬件结构，它是一个全互连联想记忆模型的实现。图中，水平线为输入，垂直线为输出。每个神经元器件的输出通过一个电阻器与其他神经元器件输出相连。

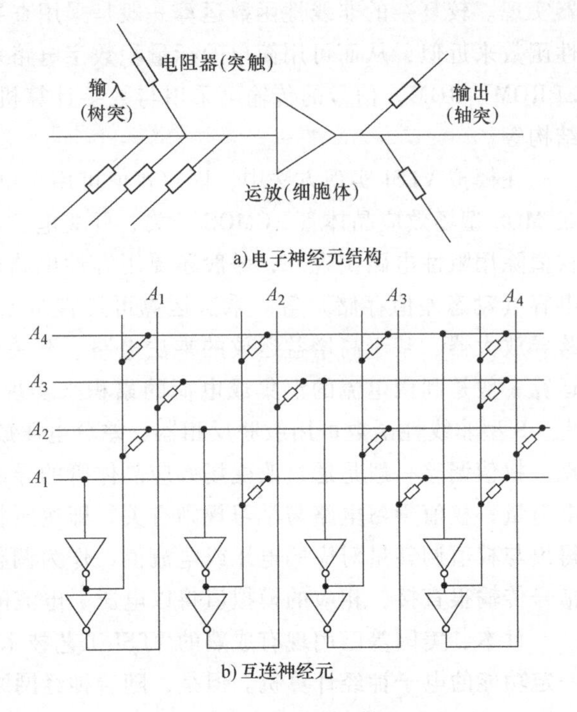

图 11-5 神经网络硬件结构

神经网络的学习功能是通过改变突触电路的权值来实现的。如何实现突触权值的变化是设计和实现电子神经元器件的关键。在模拟电路的实现技术中，主要是通过控制 MOS 晶体管的导通电阻，控制导通晶体管的数目，采用 RAM 电路以及采用高集成度的薄膜技术（包括非晶半导体技术、金属氮氧化物半导体 MNOS 技术）来改变权值。

神经网络的实际应用依赖于神经元器件的集成化实现，即将大量神经元集成在单一 VLSI 芯片上。现有的电压模式 VLSI 技术，难以获得精确、稳定的集成电阻，且占有很大的芯片面积，使大量神经元集成化遇到巨大的限制。研究表明，神经网络结构特性表明，突触连接具有跨导特性。因此，应用基于电流模式 VLSI 技术的跨导放大器，为神经元器件的集成化实现开辟了一条新的途径，跨导放大器有望成为模拟 VLSI 实现的神经元器件。电流模式 VLSI 技术的发展打破了电压模式一统天下的局面，形成新的技术应用格局。

2. 数字式神经元器件

由数字逻辑电路实现的神经元器件，称为数字神经元器件。图 11-6 所示为数字神经元原理图，它由突触电路、树突电路和细胞体电路三部分组成，神经元轴突的功能是用来输出信号，可简单地采用输出导线实现。突触电路通过调节输入脉冲密度，实现权值变化；树突电路由简单的逻辑“或”门构成，对来自各突触电路的脉冲进行空间求和。

无论是兴奋脉冲还是抑制脉冲都具有相同的极性，因此，每个神经元采用两个树突电路，以示区别。兴奋性树突电路与抑制性树突电路分别与细胞体电路的上/下计数器的输入端相连，由细胞体电路产生输出。这时认为神经元的输入和突触权值都为二进制数字信号，神经元将完成下面的功能：

$$y = F(\sum w_i x_i)$$

对应的神经元电路原理图如图 11-7 所示。图中，数字乘法器完成 $X_i = w_i x_i$ 运算，加法器完成 $X = \sum x_i$ 运算，非线性函数变换模块完成 $y = F(X)$ 运算。

这种形式的神经元电路实现相对容易，数字乘法器和数字加法器的实现电路已有很多

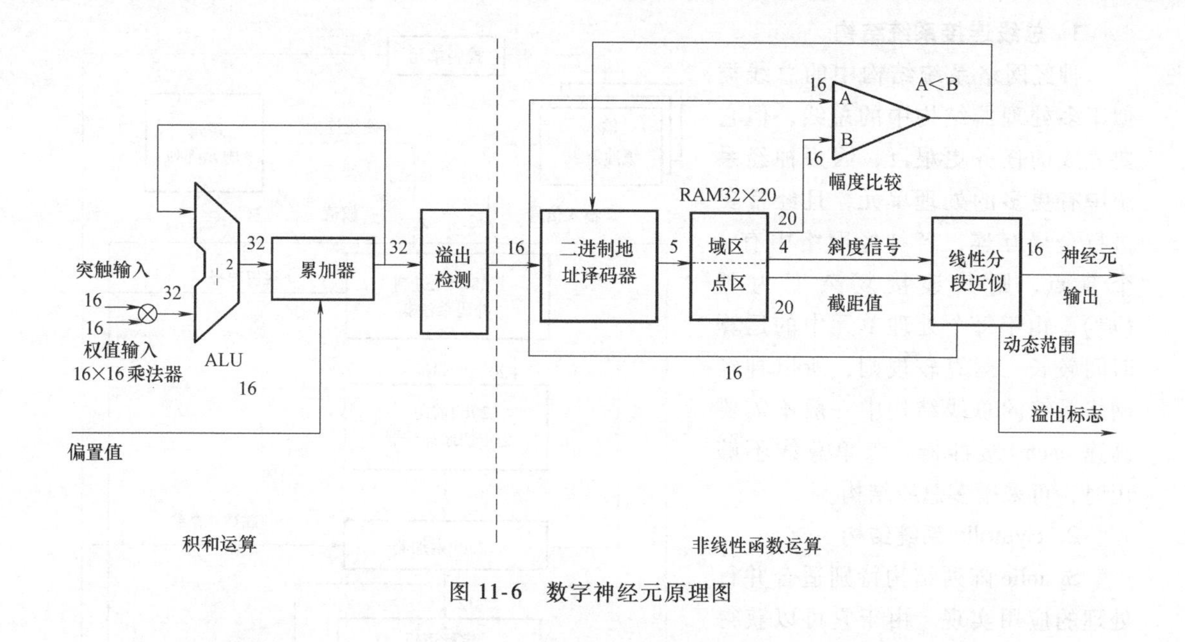

图 11-6　数字神经元原理图

突触输入

数字乘法器

数字加法器

非线性函数变换器

神经元输出

权值输入

图 11-7　神经元电路原理图

种，这里不做详细介绍。应该指出的是：神经网络的运算对精度要求不高，一般认为 16 位的定点运算已足够，所以数字乘法器和加法器的实现电路应力求简单。简单的阈值处理可用数字比较器实现，较复杂些的函数大多以查寻表的方式实现。作为数字信号处理模块的神经元电路也可以将学习电路结合到一起，但电路结构将更为复杂。

3. FPGA 神经元结构

FPGA 是现场可编程门阵列的简称，它的制造工艺与一般的 VLSI CMOS 门阵列一样，不同的是它具有用户可编程性。它主要由两部分组成，一个是基本胞元阵列，担负各种逻辑运算和信息存储功能；另一个是开关阵列，完成基本胞元间的互连结构。市场上已有多种系列的 FPGA 芯片产品。

FPGA 芯片的特点是：电路简单，占据芯片面积小；运算速度快，造价低；易于用户编程设定基本胞元功能和开关阵列的结构，灵活性大；设计周期短，对设计改进方便；可靠性好，保密性强。这些特点决定了用 FPGA 构造数字神经网络的前途更广阔。一种用 FPGA 实现的神经元结构如图 11-8 所示。随着 FPGA 芯片集成度的发展，应用 FPGA 芯片和技术实现神经元结构具有非常良好的前景。

11.4.3　神经网络系统结构

神经网络是由大量神经元组成的网络，为在单个 VLSI 芯片中实现神经网络系统，就不仅要集成大量的神经元器件，还要完成这些神经元器件之间的互连。依连接方式不同，形成了各种系统结构形式。

1. **总线连接系统结构**

神经网络系统结构中的总线类似于多处理器结构中的总线，但它要完成的任务更艰巨，因为神经系统中有更多的处理单元，且经常要进行全局互连，若神经网络中有 n 个节点，则其连接复杂度为 $O(n^2)$。由于每个处理单元中的运算时间较长，运算较规则，所以神经网络系统的总线结构中一般不需要高速 cache 缓冲器。当单总线不够用时，可采用多总线结构。

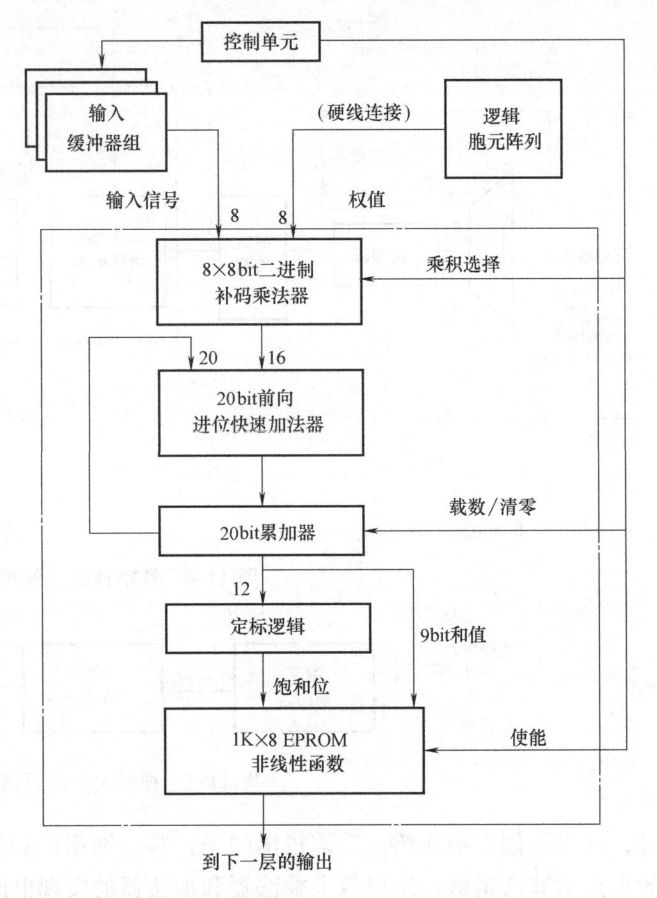

图 11-8　一种用 FPGA 实现的神经元结构

2. **Systolic 系统结构**

Systolic 阵列结构特别适合并行处理的应用实现。由于它可以获得线性加速比，并具有规则化、模块化等优点，因此在神经网络的系统结构设计中也占有一席之地。目前已设计出可实现多种神经网络结构并具有学习能力的通用 Systolic 神经芯片。图 11-9 是一种二维 Systolic 神经芯片结构。这种系统结构中，基本处理单元是突触结构，而不是神经元结构，即处理单元阵列主要用于积和运算（或学习阶段的矩阵类运算），非线性运算在单个的阈值处理模块中进行，收敛判决模块完成误差计算和收敛性判断。

随着 VLSI 工艺的进步或对突触结构进行简化，Systo1ic 阵列结构在神经系统实现中大有前途。

3. **树流水式系统结构**

数字 VLSI 的集成度预计到 20 世纪末最多只能再提高 100 倍左右，即在单个芯片上最多只能集成约 5000 个乘法处理单元。由于这种物理限制，神经网络到数字 VLSI 芯片中的集成就存在两种趋势，一种是将上述的处理单元看作是一个神经元，以使得能在单片上集成数千个神经元，但存在多突触神经元速度低，通信控制复杂等问题；另一种趋势是将处理单元看作是一个突触结构，即用多个处理单元实现一个神经元，这时当神

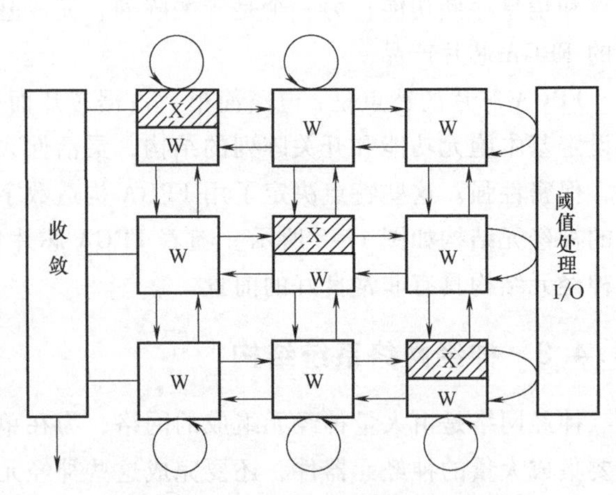

图 11-9　二维 Systolic 神经芯片结构

经网络规模增大（即神经元增多，相应于每个神经元的突触也增多）时，集成的系统速度不会降低，且实现结构与神经网络模型更接近，但它所能实现的神经元个数少，且需要有高带宽的互连结构。

树流水式神经网络系统结构的基本出发点还是神经突触到处理单元的映射，但这种结构可以很方便地缩减，以使实现的神经元数增多，系统所需的通信带宽减少。

最基本的树流水式神经网络系统结构如图 11-10 所示，每个神经元都用一个内乘、加单元组成的树流水结构来实现。显然，所需的处理单元数是 $O(n^2)$ 量级（假定神经元数为 n），且处理单元间的直接互连将需要非常高的通信带宽。但并行处理中的多任务流水技术可以灵活地运用到这一系统结构的简化中，即让图 11-10 中的一个树流水结构完成多个神经元的运算。

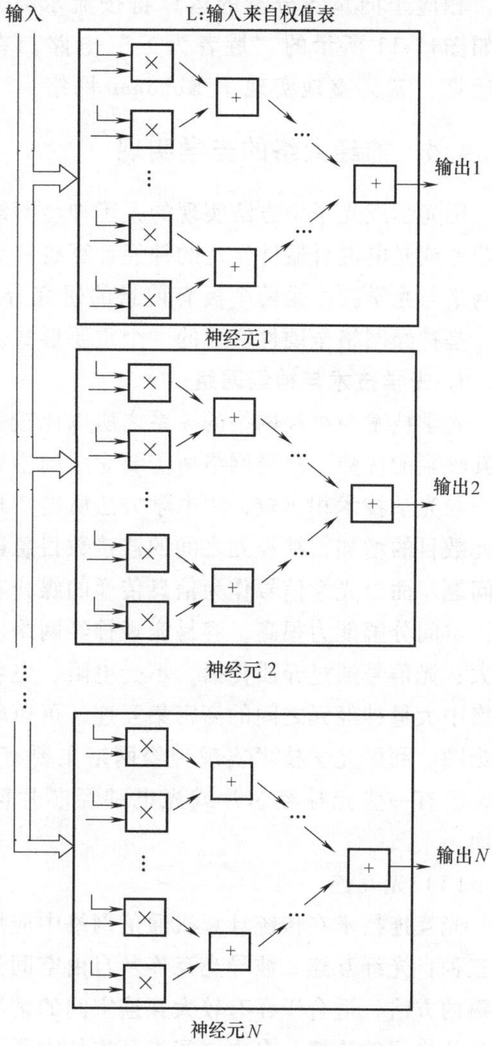

图 11-10　树流水式神经网络系统结构

4. 自组织类系统结构

采用竞争学习规则的自组织神经网络是一类重要的神经网络，其中包括 Kohonen 网络、Grossberg 网络（ART）、Fukushima 网络（neocognitron）等。这类神经网络所涉及的一些运算往往与其他的一般神经网络不同，因此它的系统结构实现也有其独特性。

以 Kohonen 的 LVQ 算法为例。该算法中的“胜者取全”部分运算可简单地表述为

$$\min\{\,||X_1-X||,||X_2-X||,\cdots,||X_k-X||\,\}$$

式中，$X_1 \sim X_K$ 为 k 个参考向量，X 是输入向量，$||X_i-X||$ 表示向量 X_i 和 X 的差向量的范数。

可用图 11-11 所示的结构来实现。图 11-11 中，相应于 k 个参考向量的范数计算用 k 个范数处理器来完成（图中假定 $k=64$），最小值的检测是用一个二叉树搜索结构来实现，它需要（$2k-1$）个 min 处理单元。

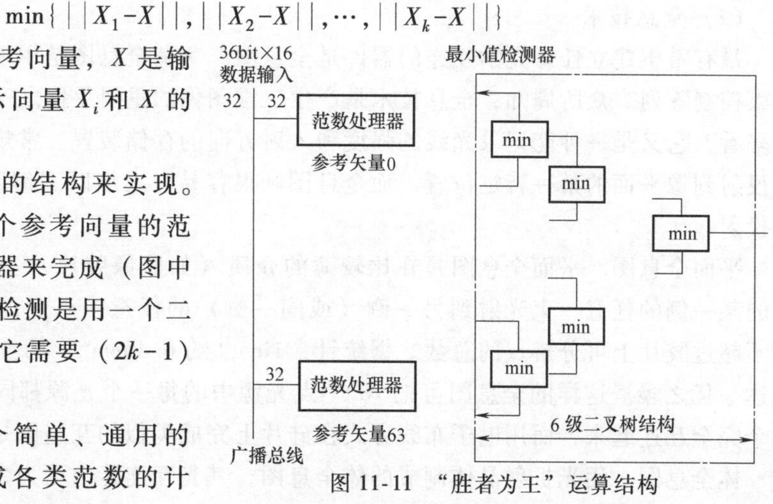

图 11-11　“胜者为王”运算结构

范数处理器是一个简单、通用的算术运算结构，可完成各类范数的计

算，相应于向量各分量的运算将按流水方式顺序进行。已有实际的芯片单片集成了 64 个如图11-11 所示的“胜者为王”电路。在片外再加上一个处理器完成 LVQ 算法的其他运算，就完整地实现了 Kohonen 网络。

11.4.4 神经网络的光学实现

用光学或光子学方法实现的人工神经网络称为光学神经网络，相应地利用光学技术、光学器件或光电混合器件实现的神经计算机称为光神经计算机。从计算机发展的角度来看，神经网络与光学技术是两个极有前景的研究分支。基于二者技术相结合所产生的光神经计算机，是神经网络全硬件实现的一个重要形式。

1. 光学技术与神经网络

光学技术与神经网络的关系之所以比较密切，是因为这门技术在神经网络全硬件实现上有其独到的优势。神经网络所需要完成的主要运算，用光学器件很容易实现。

与光学技术相比较，用电学方法所能实现的神经元芯片在规模上是相当有限的。随着神经元数目的增加，神经元之间的连接数目急剧上升，从而引起无法解决的高密集度的电子布线问题。而以光学信号作为信息传递的媒介有如下优点：信号之间无干涉性，抗干扰能力很强；空间分解能力很高，容易实现神经网络所需要的多扇出连接；高带宽传输特性，传播容量大；光信号通过介质传播，不受电阻、电容、电感的限制。因此，光学技术能够实现神经网络中大量神经元之间的高密集互连，可以较好地解决神经芯片集成化实现中遇到的电子布线难题。利用光学技术实现神经网络主要有两种形式；纯光学的、光学与电学混合的。目前，已有一些光神经芯片或光电神经芯片问世，并成功地应用于模式识别、联想记忆等方面。

(1) 光互连

光互连技术在传统计算机通信网络中应用多年，发展相当迅速。目前实用的光耦合形式有三种：光纤互连、波导光互连及自由空间光互连。光纤互连技术是一种可靠的且工艺较为成熟的方法，适合于在有较大互连空间的情况下使用；波导光互连技术可用来实现芯片内部或晶片之间的连接；自由空间光互连技术最为实用，它使光源发出的光束通过聚焦光学元件（如光学透镜阵列、全息元件等）成像或聚束后，集中照射到光检测装置上。

(2) 全息技术

最有希望建立任意光学互连的器件是全息图。所谓全息图是用于建立任意光互连的一个光束控制阵列。众所周知，全息技术是产生三维图像的重要手段之一。然而，从更一般的角度来看，它又是一种能记录光线的强度和入射方向的存储装置。常规光学透镜只是把入射光线投射到像平面的某一特定位置，而全息图则很容易对之加以“编程”，产生许许多多类似的投射。

平面全息图。平面全息图是在比较薄的介质（如照像胶片）上制作的，它能够使位于它的某一例的任意一束光射到另一侧（或同一侧）的任意一点上，只要点与光束的互连总数不超过胶片上可分辨点的总数。据统计，$1\mathrm{in}^2$（约 $6.45\mathrm{cm}^2$）的全息图上可分辨点的数目可达一亿之多。这样的全息图可把 10^4 个点光源中的每一个光源都同上万个光检测器中的每一个完全互连起来，而用电子布线方式在硅片上完成类似的互连则是极其困难的。

体全息图。用光折射晶体制成的体全息图，其光互连能力更为令人吃惊。当光折射晶体受光照射时，晶体内就产生了按发光强度而分布的电荷。电子光折射晶体中的局部电荷密度决定了局部折射率（某物质的折射率是光在该物质中行进速度的度量），所以，投射到晶体上的全息图像就以空间变化的折射率的形式记录下来。以后，只要用光束照射该晶体，就能从全息图中获取记录的图像信息。体全息图将互连信息存储在三维空间中的能力，为光神经计算机提供了一种潜在的巨容量存储器。从分辨率来讲，体积为 $1cm^3$ 的全息图能够实现的连接数多于 1 万亿个。

2. 光学逻辑器件

一种光学材料，如果其透射或反射特性（不透明度、透射率、反射率等）随投射到其表面的入射光的亮度的变化而呈非线性变化，则称之为非线性的。砷化镓、硫化锌、硒化锌等均为非线性光学半导体材料。同硅材料相比，这种光学材料的主要特点是：响应速度快，高辐射阻抗，工作温度范围宽，适用于苛刻环境。

（1）光学逻辑门

光学逻辑门是由非线性半导体材料制成的。当用一束或多束聚焦的单色光照射半导体材料时，入射光发光强度与透射光发光强度的关系曲线如图 11-12 所示。由此可见，光学逻辑器件具有双稳态特性。逻辑“0”相应于 $I_1 \sim I_3$ 段的入射光发光强度，逻辑“1”相应于 $I_4 \sim I_2$ 段的入射光发光强度。

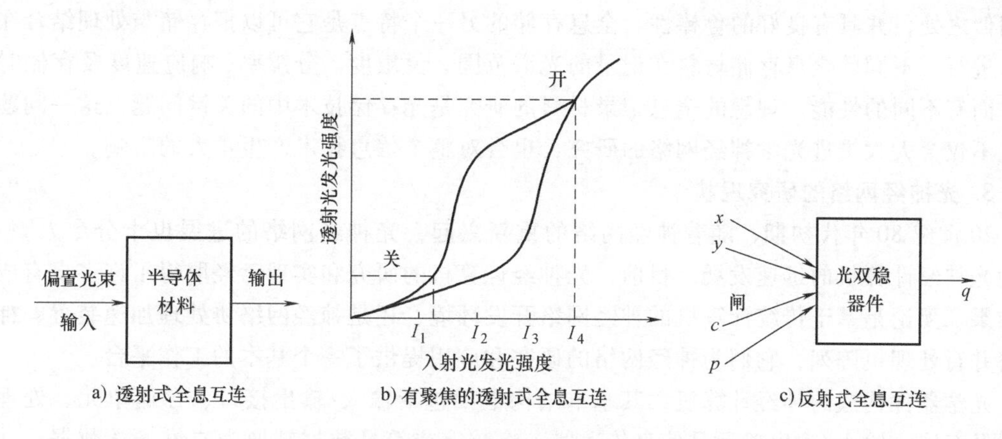

图 11-12　光学逻辑门双稳态特性

光双稳逻辑门能够实现二值逻辑效应，如完成逻辑“与”“或非”运算、存储功能等。对于一个 2 输入的光双稳逻辑器件，假设输入记为 x 和 y，控制信号 c 决定器件功能，权输入 p 建立入射光发光强度基值，那么相应的输出 q 的逻辑方程表达为

$$q=\bar{c}q+c(x+y)$$

$$\bar{q}=\bar{c}\bar{q}+c\overline{(x+y)}$$

这说明该器件可用作逻辑“或”门或逻辑“或非”门（当控制信号 c 为 1 时）或者作为纯粹的存储器件（当 c 为 0 时）。如果用两束输入光，一个作偏置输入，另一个作控制用，那么与输出光束一起便可构成光晶体管。

（2）光计算和光存储

光在传递信息的同时，也可以对信息进行加工处理，这就是光学信息处理或光计算。对于人工神经网络的光学实现来说，光计算所固有的特性是非常重要的，它不但具有完成线性变换（如傅里叶变换、二维卷积和相关、矩阵相乘等）和非线性变换（如双稳态、逻辑运算等）的能力，并且具有在信息处理过程中难得的高度并行性和高速性特点。很多光计算和光学信息处理系统，实际上都可看作是一种特殊的光学神经网络。特别是近年来在光计算和光学信息处理中，有一种引入非线性和反馈迭代过程的趋势，这和光学神经网络研究几乎是殊途同归。因此，可以肯定地说，光学信息处理和光计算的已有进展都将或多或少地在神经网络的光学实现方法研究中得到应用和发展。

光存储是指用光学手段实现信息存储的技术。光存储的主要优点是信息存取（或写读）的并行性和巨大的存储容量，这正是神经网络的硬件实现所要求的特性。常见的光存储器有：

1）感光片。其二维信息存储能力达到 10^6 bits/mm^2，但是存储时间受化学处理过程（显影、定影）的限制，不能实时，也不能擦除。

2）光盘。近年来已经商品化的光学存储器。并已成功地用于音乐、图像的存储和计算机外设存储器。并行存取的可擦除光盘是光学神经网络的首选存储技术之一。

全息存储是光存储技术中最具特色的。全息存储的信息容量比感光照相要高得多。一般全息片的信息存储密度可高达 10^9bits/mm^3。全息存储器在很多方面与神经网络的联想记忆有相似之处，并具有良好的鲁棒性。全息存储的另一个特点是它可以把存储与处理结合在一起来进行。不同的全息存储材料在记录的光谱范围、灵敏度、分辨率、响应速度及存储时间等方面有不同的性能。理想的全息记录材料的研究是光存储技术中的关键问题，这一问题的解决不仅会大大推进光学神经网络的研究，也会对整个信息技术产生重大的影响。

3. 光神经网络的研究现状

20 世纪 80 年代初期，随着神经网络的重新兴起，光神经网络的进展也十分令人瞩目，带动光神经计算机的迅速发展。目前，光神经计算机的研究和实现已经取得了许多卓有成效的结果。无论是基于传统计算机的神经网络开发环境，还是神经网络协处理加速装置、神经网络并行处理机阵列，它们为神经网络的研究和应用提供了一个基本的工作平台。

光学器件构成的神经计算机，其基本结构框架包括输入/输出接口、存储单元、处理机阵列及互连。输入/输出单元是信息传送器，将数字或符号数据转换为二维光学数据，并显示处理结果数据。典型的器件如空间光调制器。存储单元是信息储存的中心，一般包括两部分：主存和数据库。主存由体全息图及空间光滤波器组成，数据库使用光盘实现。处理器阵列是一个并行逻辑门阵列，由光电器件或空间光调制器实现，组成一个处理环。互连是光神经计算机的优势所在，互连器件可以是体全息图、光纤、透镜等。

光神经计算机自然地分为两类：模拟式和数字式，这与传统电子计算机是类似的。模拟光神经计算机通常用来完成突触权矩阵与输入向量的乘积，其核心部分是模拟光处理器。数字光神经计算机是由光学双稳器件来实现的。在美国、日本、西欧等国，越来越多的光神经计算机或光电神经计算机装置相继问世。标志着人们已经向真正的光神经计算机迈进了重要的第一步。对于神经计算机这一新兴的计算机学科分支，仍然有许多难题需要探索。在理论研究方面，最重要的是神经网络学习、自组织动力学的研究，进一步探索复杂神经网络的非线性动力学及其功能。从已有的神经网络模型和应用来看，人们对神经网络动力学系统还缺乏全面的深入的研究；神经计算机的理论体系有待完善和发展。在技术研究方面，为了使神经计算机实用化，必须研究具有高性能的神经芯片。高度集成化和高速化是神经芯片性能的重要指标，以此推动光神经芯片和光神经计算机研究的进展。

扩 展 资 料

标题	网址	内容
神经网络软件汇总	http://www.neural-forecasting.com/overview.htm	PORTAL ON FORECASTING WITH ARTIFICIAL NEURAL NETWORKS Overview Commercial　Public Domain　Freeware
神经网络硬件	http://eyeriss.mit.edu/tutorial.html	MIT,NVIDIA 合作的深度网络硬件计划

本 章 小 结

本章结合神经网络计算机的特点和要求，简要地说明了光学和光子学技术在神经网络硬件实现这一战略目标中的优势，以及光学神经网络研究的进展。可以看出，正如人工神经网络的研究是一个多学科交叉领域一样，神经网络的硬件实现也需要多学科的交叉与合作才能完成。另外，神经计算机与传统的冯·诺依曼计算机协同发展，这是智能计算机发展的必然。今后研究的一个重要课题是如何加强跨学科的合作，充分发挥计算机技术优势，推动新一代光神经网络计算机的诞生。

习　　题

11.1　神经网络的使用范围是什么？它适合解决哪些问题？

11.2　衡量神经网络性能的指标有哪些？各自有什么特点？

11.3　输入数据为什么要进行预处理？有哪些方法？

11.4　神经网络软件实现的主要流程和步骤是什么？

11.5　神经计算机的实现方式有哪些？

第12章　人工神经系统

生物控制论和神经生理学、形态学的研究结果表明：人体及其他高等动物的生物神经系统是由相应的神经网络组成的，而神经网络是由许多神经细胞相互连接构成的。生物的自然神经具有“神经系统-神经网络-神经细胞”多层次的结构。因此，关于人工神经（Artificial Nerve，AN）的研究可分为3个层次：

1）人工神经细胞（Artificial Neural Cell，ANC）

2）人工神经网络（Artificial Neural Network，ANN）

3）人工神经系统（Artificial Neural System，ANS）

前面已论述了人工神经细胞（神经元）与人工神经网络，本章进一步研究人工神经系统。

12.1　人工神经系统的基本概念

12.1.1　生物神经系统

生物神经系统包括人体神经系统及其他生物的神经系统。其中，人体神经系统是现在所知的最高级、最重要的生物神经系统，因而也是人工神经系统要研究和模拟的主要对象。生物控制论（Bio-Cybernetics）研究结果表明：人体神经系统是人体的主要控制和信息系统，其体系结构的简化模型如图12-1所示。

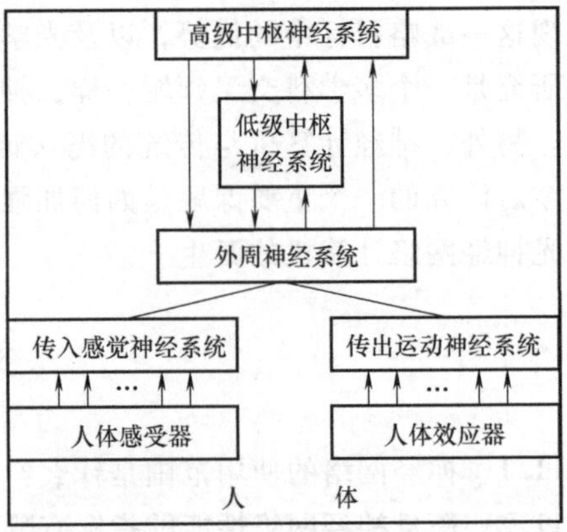

图12-1　人体神经系统简化模型

图12-1中人体神经系统及其子系统功能和相互关系如下：

（1）人体神经系统　包括中枢神经系统和外周神经系统，是由各种神经网络组成的复杂大系统。

（2）中枢神经系统　包括高级中枢神经系统（脑）和低级中枢神经系统（脊髓）。

（3）外周神经系统　包括传入感受神经系统和传出运动神经系统。

(4) 传入感觉神经系统　人体具有各种感受器，感受器[⊖]接收来自人体外部和内部的各种信息。例如视觉感受器（眼）、听觉感受器（耳）、嗅觉感受器（鼻）、味觉感受器（舌）、触觉感受器（皮肤）以及痛觉、温觉、压觉等体内神经末梢感觉器。传入感觉神经系统接收来自人体各种感受器的信息，传入中枢神经系统进行信息处理。

(5) 传出运动神经系统　接收中枢神经系统发出的关于人体生理状态调节与运动姿态控制的指令信息，传出至人体的各种效应器[⊖]（如手、脚、躯体、内脏的各种肌肉、分泌腺等），产生相应的生理状态调节与运动姿态控制效应，以保持人体的正常生理状态，进行各种有意识的生命活动，实现各种有目的的动作行为。

12.1.2　人工神经系统

通俗地讲，人工神经系统就是人造的神经系统。

人工神经系统利用系统科学和信息科学的方法以及计算机、自动化、通信网络、微电子和精密机械等工程技术，对生物神经系统特别是人体神经系统进行功能模拟和结构模拟，在神经生理学和形态学关于生物神经系统的生物原型研究的基础上，研究开发生物神经系统的技术模型及工程应用系统。因此可以认为，人工神经系统是对生物神经系统的模拟、延伸与扩展。人工神经系统以人体神经系统为主要模拟对象，在人工神经细胞、人工神经网络现有研究成果的基础上，从系统科学的观点研究人工神经系统的体系结构、功能特性、信息模式、控制原理、技术模型及应用系统。

人体神经系统是人体生命活动的控制中心和信息中心。因此，人工神经系统的研究和开发将为进一步研究人工生命系统提供基础和条件。人工神经系统作为人工生命系统的控制中心和信息中心，是人工生命的重要组成部分。

12.2　人工神经系统的体系结构

由于长期的生物进化、自然选择和优胜劣汰的结果，在地球上已知的生物群体中，“人为万物之灵”。从控制系统与信息系统的观点看来，人体神经系统是各种生物神经系统中智能水平最高、系统功能最全、体系结构最复杂的生物控制与信息大系统。因此，可以应用“大系统控制论”的结构分析方法对人体神经系统进行体系结构分析，建立人体神经系统的结构模型，以此作为人工神经系统的模拟对象和生物原型。

人体神经系统的体系结构如图 12-2 所示。由图 12-2 可知，人体神经系统是由高级中枢神经系统、低级中枢神经系统和外周神经系统组成的多级生物控制与信息处理系统。

12.2.1　高级中枢神经系统

人体的高级中枢神经系统（High-level Central Neural System，HCNS）是指人体的脑神经系统，即人脑。人脑包括：大脑、丘脑、脑干、小脑、下丘脑-脑垂体等组成部分，每部分都有相应的分工，分别对应于意志中枢、感觉中枢、生命中枢、运动中枢和激素中枢，人脑体系结构如图 12-3 所示。

⊖ 感受器　接收外界环境变化刺激的感觉器官，从接收外界刺激的意义上将之称为感受器。

⊖ 效应器　对外界变化做出相应反应的器官，从表现出反应效果的意义上将之称为效应器。

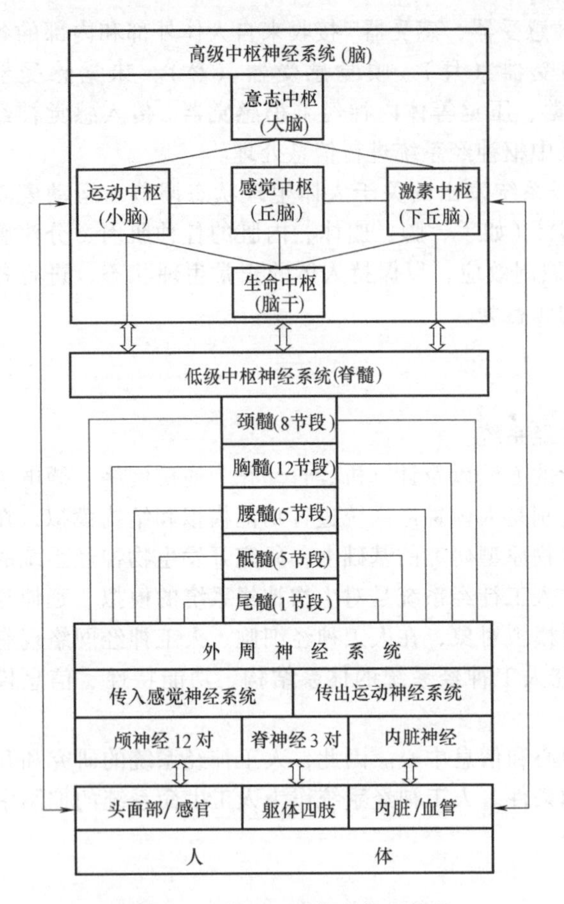

图 12-2　人体神经系统的体系结构

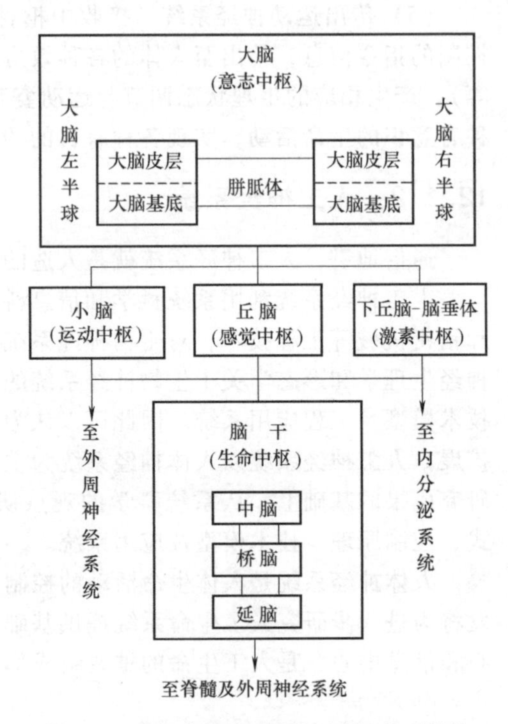

图 12-3　高级中枢神经系统（脑）体系结构

（1）大脑　大脑包括大脑皮层和大脑基底，分为左、右两半球，即“左脑”和“右脑”。左、右脑由“胼胝体”相互连接，构成“意志中枢”，是最高级的中枢神经系统。该系统的主要功能是进行思维、产生意志、控制行为以及协调人体的生命活动。其中，左脑主管逻辑思维，右脑主管形象思维，左脑和右脑协同工作，并联运行。

（2）丘脑　丘脑称为“感觉中枢”，是视觉、听觉、触觉、嗅觉、味觉等各种感觉信号的信息处理中心。对外周神经系统传入的各种多媒体、多模式的感觉信号进行时空整合与信息融合。

（3）脑干　脑干包括中脑、桥脑和延脑，又称为“脑干网状结构”。其主要功能是调节和控制心率、脉搏、呼吸、血压、体温等重要生理参数，保持人体内环境的稳定和正常生理状态，控制人体的正常生命活动。因此将脑干称为生命中枢。

（4）小脑　小脑称为“运动中枢”，其主要功能是协调人体的运动和行为，控制人体的动作和姿态，保持运动的稳定和平衡。通过低级中枢神经系统及外围神经系统，对人体全身的运动和姿态进行协调控制。

（5）下丘脑-脑垂体　下丘脑-脑垂体组成“激素中枢”，释放激素，控制内分泌系统，调节各种内分泌激素的分泌水平。如甲状腺素、肾上腺素、胰岛素、前列腺素、性激素等。通过血液、淋巴液等体液循环作用于相应的激素受体，如靶细胞、靶器官，对人体生理机制的状态进行分工式调节和控制。

因此，高级中枢神经系统是具有多个信息处理中心和机能分工的多中心、分工式的多智体[1]分布式生物智能控制与信息处理系统。

12.2.2 低级中枢神经系统

人体的低级中枢神经系统（Lowlevel Central Neural System，LCNS）指脊髓神经系统，如图 12-4 所示。

脊髓共分为 31 个节段：

（1）颈髓　颈髓为第 1~8 节段，通过外周神经（8 对脊神经）控制人体的颈部和上肢。

（2）脑髓　脑髓为第 9~20 节段，通过外周神经（12 对脊神经）控制人体的胸部和上肢。

（3）腰髓　腰髓为第 21~25 节段，通过外周神经（5 对脊神经）控制人体的腰部和下肢。

（4）骶髓　骶髓为第 26~30 节段，通过外周神经（5 对脊神经）控制人体的臀部和下肢。

（5）尾髓　尾髓为第 31 节段，通过外周神经（1 对脊神经）控制人体的臀部。

因此，低级中枢神经系统（脊髓）是多节段、分区式的多智体、分布式生物智能控制与信息处理系统。

12.2.3 外周神经系统

人体的外周神经系统（Peripheral Neural System，PNS）包括 31 对脊神经、12 对颅神经及内脏神经等。按功能可分为传入感觉神经系统和传出运动神经系统，其体系结构如图 12-5 所示。

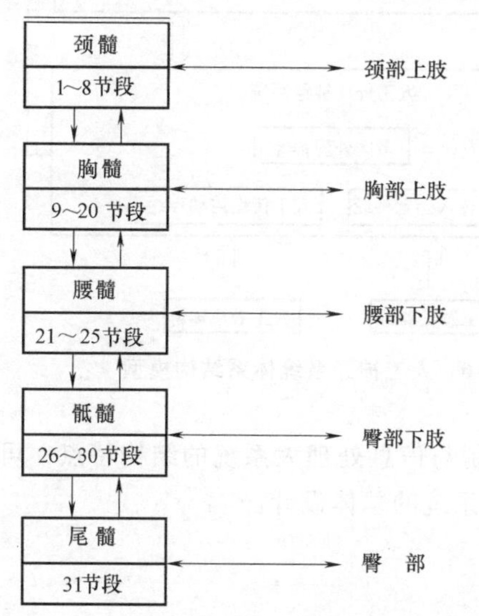

图 12-4 低级中枢神经系统（脊髓）体系结构

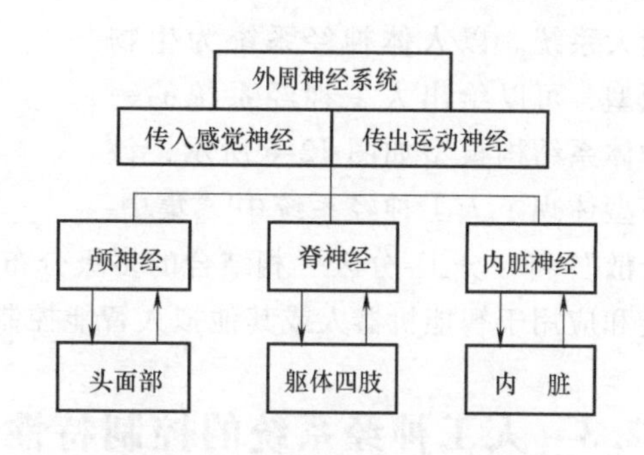

图 12-5 外周神经系统体系结构

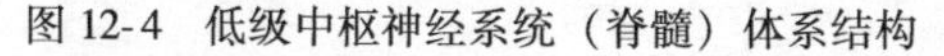

[1] 多智体　智体（Agent）又称为智能体或自主体，是一种具有自主性、主动性的智能化“对象”。多智体系统（Multi-Agent System）是由多个智体相互通信组成的系统，是多个智体分工合作、共享资源的“智体团队”（Agent Group）。

外周神经系统按其在人体各部位的分区定位和空间分布的关系，分别由传入感觉神经感知和采集人体相应部位的机能状态信息，传入中枢神经系统 HCNS 或 LCNS 进行信息处理。而传出运动神经接收和控制高级或低级中枢神经系统 HCNS 或 LCNS 的指令系统，对人体相应部位的机能状态进行控制和调节。外周神经与人体分区的对应关系如下：

（1）颅神经对应头面部　颅神经感知和采集头面部的机能状态信息，传入高级中枢神经系统进行信息处理；并接收和执行高级中枢神经系统下达的指令信息，对头面部的运动姿态、动作表情、生理机能和行为方式等进行控制和调节。例如三叉神经系统对眼、上颚和下颚的控制和调节。

（2）脊神经对应躯体四肢　脊神经感知和采集躯体四肢的机能状态信息，传入低级中枢神经系统脊髓的相应节段进行信息处理；并接收高级和低级中枢神经系统下达的指令信息，对躯体四肢的运动姿态、生理机能和行为动作等进行控制和调节。例如坐骨神经系统对臀部和下肢的控制和调节。

（3）内脏神经对应内脏器官　内脏神经感知和采集人体内脏器官的功能状态信息，传入高级和低级中枢神经系统进行信息处理；接收中枢神经系统下达的指令信息，对内脏器官的生理机能状态进行调节和控制。例如交感神经和副交感神经对心脏血管系统的调节和控制。

因此，外周神经系统是分区定位和空间分布式生物信息感知、采集和控制、调节系统。

综上所述，人体神经系统是集中与分散相结合、分工与分区相结合的多级、多中枢、多节段和多分区的分布式生物智能控制与信息处理大系统。以人体神经系统为生物原型，可以给出人工神经系统的一种体系结构模型如图 12-6 所示，该模型体现了人工神经系统中“集中-分散”和“分工-分区”相结合的多级分布式智能控制与信息处理大系统的结构特点，可借鉴和应用于智能机器人或其他拟人智能控制与信息大系统的总体设计。

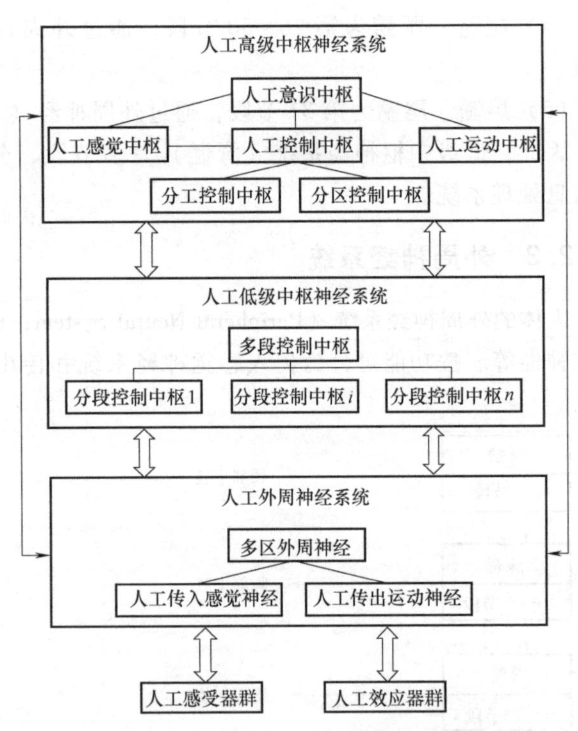

图 12-6　人工神经系统体系结构模型

12.3　人工神经系统的控制特性

人体控制系统是智能水平最高的生物控制系统，具有“神经-体液”相结合的双重控制体制，如图 12-7 所示。

下面进一步讨论图中各子系统的控制特性。

12.3.1　神经快速、分区控制系统

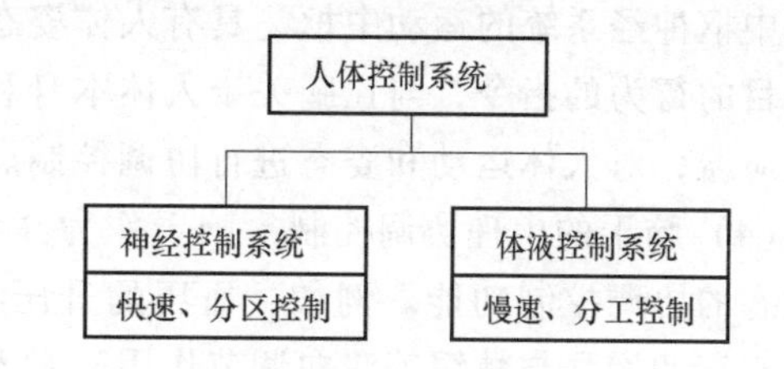

图 12-7　人体控制系统“神经-体液”双重体制

神经控制系统用神经电脉冲作为信息载体，以毫秒级速度沿神经纤维快速传递，因而具有快速控制特性。

神经系统在人体全身具有“分区投射、机能定位”特性。如大脑皮层与人体全身的分区投射关系，脊髓的节段分布与人体躯体四肢的支配关系，外周神经在人体各部位的分区定位分布等。因此，神经控制具有分区控制特性。

12.3.2　体液慢速、分工控制系统

体液系统以内分泌激素作为信息载体，通过体液循环进行传递，速度为秒级，如人体血液循环一周约需 20s。由于激素必须积累到阈值浓度才能作用于受体产生控制效应，而积累过程需要一定时间才能完成，因此体液控制的持续效应较长，具有慢速控制特性。

体液系统中不同的内分泌腺体分泌的激素功能不同，携带的特定密码信息也不同。只有相应的受体才能进行解码。例如，胰岛素控制血糖水平，肾上腺素控制血压高低，而甲状腺素控制新陈代谢机能等。因此，体液控制具有分工控制特性。

12.3.3　人体神经控制系统

在人体控制系统中，神经系统具有主导地位。例如，内分泌系统的激素控制中心为下丘脑-脑垂体，也是高级神经系统的组成部分之一。

人体控制系统是多级协调控制系统，其显著特征是协调控制的双向调节作用。人体神经控制系统具有多层次、多方式的多级协调控制特性，图 12-8 给出了人工神经控制系统结构，其中各部分协调控制功能如下：

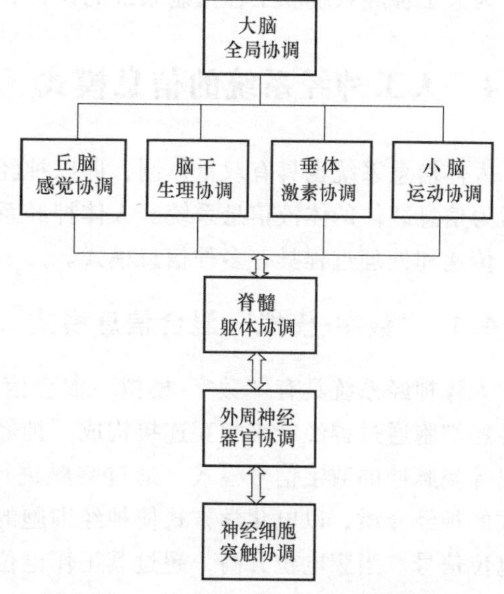

图 12-8　人体神经系统的多级协调控制

（1）大脑的全局协调控制　大脑作为高级中枢神经系统的意志中枢，具有全局协调控制功能。例如，大脑皮层的全身定位反射协调，左脑和右脑的交叉并行协调控制，神经-体液双重体制协调控制，人体随意动作与目的行为的协调控制等。

（2）丘脑的感觉协调控制　丘脑作为高级中枢神经系统的感觉中枢，具有感觉信息融合协调控制功能。例如，视觉、听觉、触觉、嗅觉、味觉、痛觉、温觉等感觉信息可能同时并行传入中枢神经系统，需要由感觉中枢进行多媒体、多模式感觉信息融合与协调控制。

（3）小脑的运动协调控制　小脑作为

高级中枢神经系统的运动中枢，具有人体姿态运动协调控制功能。小脑根据大脑关于随意运动或目的行为的指令，与丘脑关于人体本身和外界环境的感知信息，通过脊髓或颅神经及肌肉效应器，对人体运动和姿态进行协调控制。

(4) 脑干的生理协调控制　脑干作为高级中枢神经系统的生命中枢，具有人体生理机能状态的协调控制功能。例如，血压的升压与降压，体温的产热与散热，呼吸的吸气与呼气，心率的增强与减缓等双向调节作用，对人体的血压、体温、呼吸和心率等生理参数和机能状态进行协调控制。

(5) 垂体的激素协调控制　由下丘脑-脑垂体组成的激素中枢也称为“体液中枢”，具有对体液循环系统中的各种内分泌激素的动态平衡进行协调和双向控制调节。下丘脑分泌释放素与抑制素，二者作用相反，控制脑垂体分泌各种促激素，进而调节相应的内分泌腺体的分泌水平。

(6) 脊髓的躯体协调控制　脊髓作为低级中枢神经系统，分为颈髓、胸髓、腰髓、骶髓和尾髓等 31 个神经节段，分别对人体的头颈部、上肢部、腰部、臀部和下肢进行多节段的躯体协调控制，以保持人体的正常姿态、体形、动作和行为。

(7) 外周神经的器官协调控制　外周神经包括颅神经、脊神经和内脏神经等，具有对人体的各部位及内脏器官进行协调与控制的功能。例如，交感神经与副交感神经的控制作用相反，交感神经兴奋使心脏搏动加强，血管收缩，血压升高；而副交感神经兴奋使心脏搏动减弱，血管舒张，血压下降，具有双向调节的协调控制作用。

(8) 神经细胞的突触协调控制　神经细胞通过突触相互连接，也具有协调控制作用。当神经电脉冲沿兴奋性突触传入时，膜电位升高，使神经细胞兴奋；当神经电脉冲沿抑制性突触传入时，膜电位下降，使神经细胞抑制。两种突触作用相反，具有协调、控制功能。神经细胞的兴奋或抑制状态取决于各种兴奋性和抑制性突触传入神经电脉冲的时空整合的协调控制结果。

人体神经系统多层次、多模式的多级协调控制性能和人体控制系统的神经-体液双重体制，为人工神经系统和工程控制系统的设计和实现，提供了生物原型和创新思路。

12.4　人工神经系统的信息模式

人体信息系统也具有双重体制，即以神经电脉冲为信息载体的神经信息系统和以内分泌激素为信息载体的体液信息系统。人体神经系统在人体信息系统中具有主导地位，其信息获取、传递和处理过程具有多种信息模式。

12.4.1　“数字-模拟”混合信息模式

人体神经系统具有“数字-模拟”混合信息模式。神经系统由神经网络组成，神经网络由神经细胞通过神经纤维相互连接构成。神经纤维中的信息传递以神经电脉冲为载体，具有编码等幅脉冲的数字信号模式。通过突触进行数字模拟 转换，由神经电脉冲促使发放量子形式的神经介质，以电化学方式使神经细胞的膜电位产生相应的变化，从而转换为模拟形式的电位信号。当膜电位升高，超过其工作电位阈值时，神经细胞兴奋，产生相应的神经电脉冲，由细胞的轴突神经纤维传出，如图 12-9 所示。

12.4.2 “串行-并行”兼容信息模式

人体神经系统的信息获取、传递、处理过程具有“串行-并行”兼容信息模式，如图12-10所示。

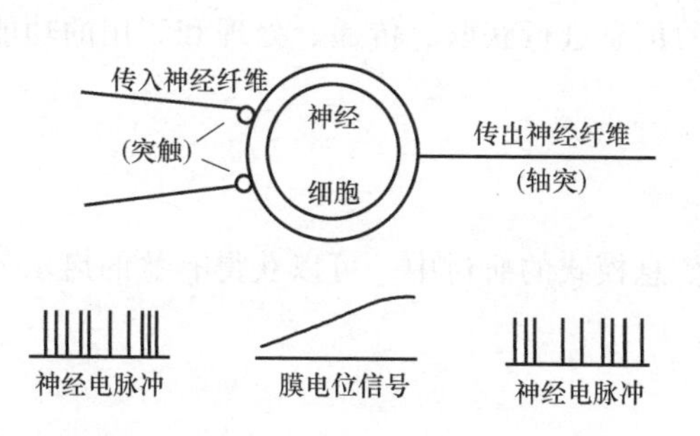

图12-9　神经系统的数字-模拟信号与转换

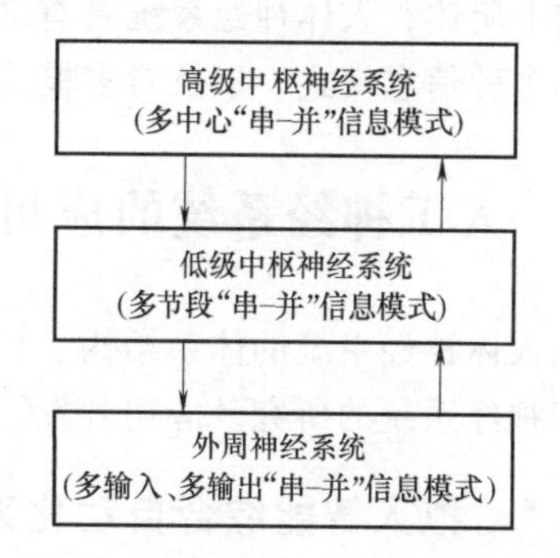

图12-10　神经系统的串行-并行兼容信息模式

高级中枢神经系统的各个信息处理中心——意志中枢、感觉中枢、运动中枢、生命中枢和激素中枢，其信息处理过程具有分工并行处理的相对独立性。但同时又在意志中枢的全局协调控制作用下相互协同工作，具有时序先后的串行处理关系。因此，人脑具有多中心“串行-并行”兼容的信息模式。

低级中枢神经系统脊髓的各个神经节段在信息处理过程也具有“串行-并行”兼容的信息模式。一方面，各个神经节段的信息处理相对独立，可并行进行处理（如躯体可以同时手舞足蹈）；另一方面，为了使躯体协调，姿态平衡，也需要按时空关系串行处理，以使人体动作协调，表情自然，姿态优美。

外周神经系统的传入感觉神经与传出运动神经的信息输入与信息输出可以是并行的，也可以是串行的。例如，视觉、听觉、触觉等信息可以并行输入或串行输入，表情、说话、动作等输出信息也可以并行或串行。因此，外周神经系统具有多输入、多输出的“串行-并行”兼容信息模式。

12.4.3 “集中-分散”结合信息模式

由于人体神经系统具有“集中-分散”相结合的体系结构，其信息获取、传递和处理过程也应具有“集中-分散”相结合的信息模式。图12-11给出了这种模式的示意图。

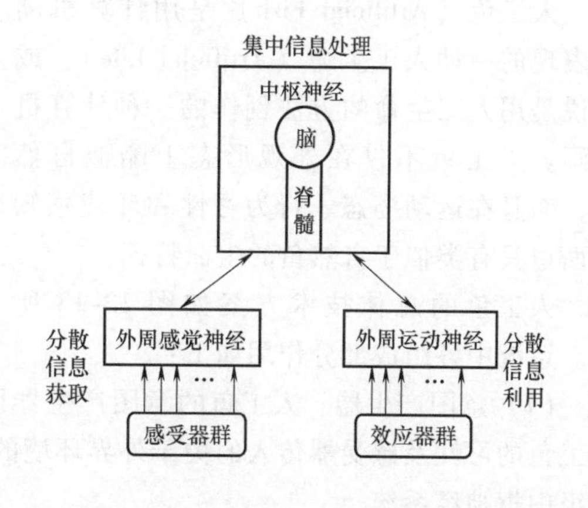

图12-11　神经系统的“集中-分散”信息模式

中枢神经系统是神经系统的信息处理中心。由外周感觉神经传入的各种分散的感觉信息，都集中到高级或低级神经中枢进行集中信息处理；而由外周运动神经传出的各种分散的指令信息，都来自高级或低级神经中枢的集中信息处理结果。

外周感觉神经通过分布在人体各部位的

感受器群，分别获得相应的人体内部各种生理机能状态和外部各种环境条件的信息，进行多媒体信息的采集、变换和分布式预处理。具有分散的信息获取模式。

外周运动神经利用人体各部位分布的效应器群，分别对人体的生理机制状态、运动状态、动作行为等进行分布式调节和控制，具有分散的信息利用模式。

综上所述，人体神经系统具有“数字-模拟”混合、“串行-并行”兼容、“集中-分散”结合的多种信息模式，以及对多模式、多媒体的信息进行获取、传递、处理和利用的功能。

12.5 人工神经系统的应用示例

从人体神经系统的体系结构、控制特性和信息模式的研讨中，可以获得有益的启示，进行人工神经系统的研究及应用开发。

12.5.1 拟人智能综合自动化系统

图 12-12 给出拟人智能综合自动化系统的一种总体设计方案。对比图 12-12 与图 12-6 可以看出，拟人智能综合自动化系统的总体方案类似于人工神经系统体系结构模型。其对应关系为：

◆高层决策系统——高级中枢神经系统；

◆基层管理系统——低级中枢神经系统；

◆信息获取、调度与控制系统——外周神经系统。

因此，拟人智能综合自动化系统的工程设计和技术实现可以应用人工神经系统，模拟人体神经系统。即采用多中心、多节段、多区域的体系结构，多层次、多方式的多级协调控制方法，以及多媒体、多模式的信息获取、传递、处理和利用模式。

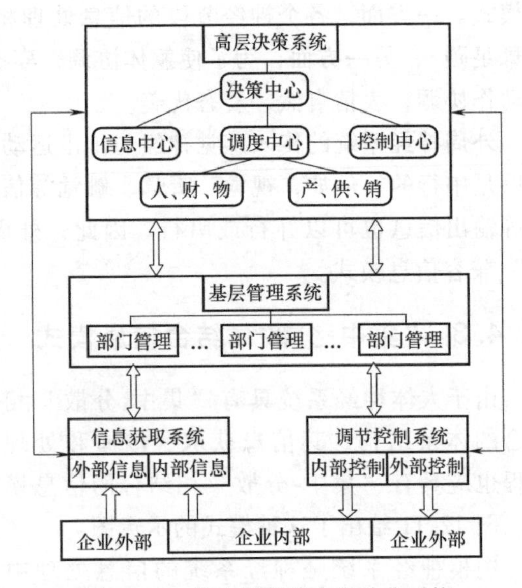

图 12-12 拟人智能综合自动化系统

12.5.2 人工鱼的总体技术方案

人工鱼（Artificial Fish）是用计算机动画表现的一种人工生命（Artificial Life），或者说是用人工生命的方法创作的一种计算机动画。人工鱼不仅在外观形态上酷似自然鱼，而且在运动姿态、行为习性和环境感知方面也具有类似于自然鱼的生命特征。

人工鱼的总体技术方案如图 12-13 所示。系统中各组成部分作用如下：

（1）意图产生器　人工鱼的意图产生器即鱼脑的意识中枢。根据人工鱼的创作者赋予人工鱼的习性及感受器传入的关于外界环境的信息，产生人工鱼的行为意图和愿望。相应于高级中枢神经系统。

（2）行为系统　人工鱼的行为系统由各种行为程序组成，接收意图产生器下达的行为

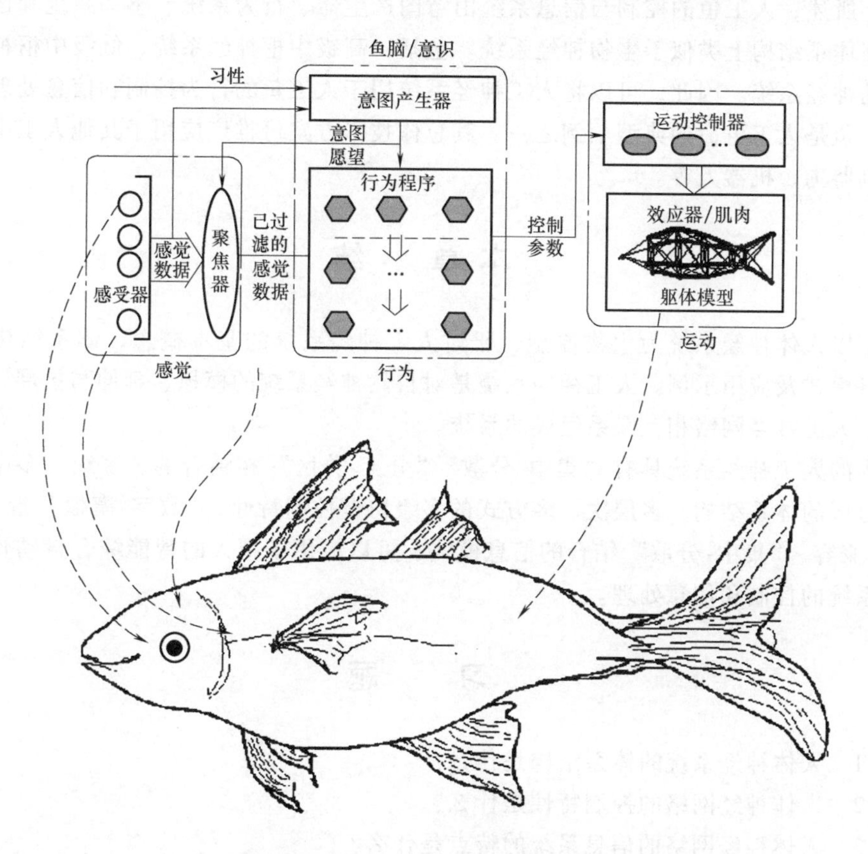

图 12-13 人工鱼的总体技术方案

意图指令，及聚焦器过滤后的感觉信息，给出行为控制参数。相应于低级中枢神经系统与运动中枢。

(3) 感知系统 人工鱼的感知系统由感受器群与聚焦器组成，用于获取外部环境的信息，并通过聚焦器进行预处理和信息融合，向意图产生器和行为系统提供所需的感觉信息。相应于外周感觉神经系统及中枢神经系统的感觉中心。

(4) 运动系统 人工鱼的运动系统由运动控制器和肌肉效应器组成，接收来自行为系统的控制参数指令，运动控制器对相应的肌肉效应器进行控制，产生人工鱼的姿态变化和运动。相应于外周运动神经系统及效应器群。

人工鱼在意图产生器、行为系统、感知系统和运动系统的协同作用下，具有类似于自然鱼的生命特征和行为性能。例如：

人工鱼有食欲和饥饿感，当看到食物或鱼饵时，会进行捕食或吞食。

人工鱼有恐惧感，当发现凶恶鲨鱼来犯时，会迅速散开，东奔西逃。

人工鱼有性欲，当雄鱼与雌鱼相遇时，会产生求爱动作和求偶行为。

人工鱼有学习能力，当看到误吞鱼饵的同伴在鱼钩上挣扎时，会逃离现场，不再吞食鱼饵。

人工鱼有避碰能力和集群能力，当行进的鱼群遇到障碍物时，会分开绕过障碍前进，之后再重新集群。

综上所述，人工鱼的控制与信息系统由意图产生器、行为系统、感知系统和运动感知器组成，在体系结构上类似于生物神经系统。包括：高级中枢神经系统、低级中枢神经系统和外周运动神经系统。因此，可以将人工神经系统用于人工鱼的行为控制和信息处理。

人工鱼是人工生命的典型示例之一。其总体技术方案可推广应用于其他人工生命。如人工鸟、机器狗、机器人等。

本章小结

本章以人体神经系统为生物原型，研讨人工神经系统的基本概念、体系结构、控制特性、信息模式及应用示例。人工神经系统是对自然神经系统的模拟、延伸与扩展，是人工神经细胞、人工神经网络相互联系组成的系统。

拟人的人工神经系统具有“集中-分散”“分工-分区”相结合的，多级、多中枢、多节段、多分区的体系结构；多层次、多方式的多级协调控制特性；“数字-模拟”混合、“串行-并行”兼容、“集中-分散”结合的信息模式；可以应用于拟人的智能综合自动化系统和人工生命系统的控制和信息处理。

习　　题

12.1　人体神经系统的体系结构是什么?

12.2　人体神经网络的控制特性是什么?

12.3　人体神经网络的信息系统的特点是什么?

参考文献

[1] J L McClelland, D E Rumelhart. Explorations in Parallel Distributed Processing, A Handbook of Models, Programs and Exercises [M]. London: MIT Press, 1986.

[2] T Kohonen. Self-Organization and Associative Memory [M]. New York: Springer-Verlag, 1989.

[3] S Ahmad, G Tesauro. Scaling and Generalization in Neural Networks [J]. Neural Networks, 1988, 1 (1): 3.

[4] Robert Hecht-Nielsen. Neurocomputing [M]. New Jersey: Addison-Wesley Publishing Company, 1990.

[5] Marilyn McCord Nelson, W T Illingworth. A Practical Guide to Neural Nets [M]. New Jersey: Addison-Wesley Publishing Company, 1991.

[6] 钟义信. 信息科学方法与神经网络研究 [J]. 自然杂志, 1991 (6): 435-439.

[7] Jacek M Zurada. Introduction to Artificial Neural Syetems [M]. St. Paul: West Publishing Company, 1992.

[8] 涂序彦. 大系统控制论 [M]. 北京: 国防工业出版社, 1994.

[9] Tuxuyan. Information Structure and Pattern of Neural Systems. Invited Speech of International Processing, Beijing: 1995.

[10] 焦李成. 神经网络计算 [M]. 西安: 西安电子科技大学出版社, 1995.

[11] 胡铁松. 水库群优化调度的人工神经网络方法研究 [J]. 水利学进展, 1995, 6 (1).

[12] 徐庐生. 微机神经网络 [M]. 北京: 中国医药科技出版社, 1996.

[13] 黄德双. 神经网络模式识别系统理论 [M]. 北京: 电子工业出版社, 1996.

[14] Olshausen B A. Emergence of simple-cell receptive field properties by learning a sparse code for natural images [J]. Nature, 1996, 381 (6583): 607-609.

[15] 何振亚. 神经智能——认知科学中若干重大问题的研究 [M]. 长沙: 湖南科学技术出版社, 1997.

[16] 孙增圻. 智能控制理论与技术 [M]. 北京: 清华大学出版社, 南宁: 广西科学技术出版社, 1997.

[17] Liqun Han. Initial Weight Selection Methods for Self-Organizing Training [J]. Proc. of the IEEE CIPS' 97, 北京: 万国出版社, 1997: 406.

[18] Cai Min, Liqun Han. Neural Network Based Computer Leather Matching System [J]. Proc. of the IEEE CIPS' 97, 北京: 万国出版社, 1997: 377.

[19] 韩力群. 基于自组织神经网络的皮革纹理分类 [J]. 中国皮革, 1997, 26 (6): 11.

[20] 徐章英, 顾力兵. 智力工程概论 [M]. 北京: 人民教育出版社, 1997.

[21] 王文成. 神经网络及其在汽车工程中的应用 [M]. 北京: 北京理工大学出版社, 1998.

[22] 杨雄里. 脑科学的现代进展 [M]. 上海: 上海科技教育出版社, 1998.

[23] 丛爽. 面向 MATLAB 工具箱的神经网络理论与应用 [M]. 合肥: 中国科学技术大学出版社, 1998.

[24] Liqun Han. Two Neural Network Based Methods for Leather Pattern Recognition [J]. Proc. of CAIE'98, 武汉: 华中理工大学出版社, 1998: 355.

[25] 韩力群, 等. 测量仪表特性线性化的神经网络方法 [J]. 北京轻工业学院学报, 1998, 16 (3): 38.

[26] 李士勇. 模糊控制·神经控制和智能控制 [M]. 哈尔滨: 哈尔滨工业大学出版社, 1998.

[27] 戴葵. 神经网络实现技术 [M]. 长沙: 国防科技大学出版社, 1998.

[28] 袁曾任. 人工神经元网络及其应用 [M]. 北京: 清华大学出版社, 1999.

[29] 韩力群. 催化剂配方的神经网络建模与遗传算法优化 [J]. 化工学报, 1999, 50 (4): 500-503.

[30] 韩力群, 等. 一种远程水污染神经网络监测系统 [J]. 北京轻工业学院学报, 1999, 17 (3): 7.

[31] 赵林明，等．多层前向人工神经网络［M］．郑州：黄河水利出版社，1999.
[32] Simon Haykin. A Comprehensive Foundation［M］. 2th ed. New Jersey：Prentice-Hall，Inc.，1999.
[33] 阎平凡，张长水．人工神经网络与模拟进化计算［M］．北京：清华大学出版社，2000.
[34] 靳蕃．神经计算智能基础．原理·方法［M］．成都：西南交通大学出版社，2000.
[35] Vladimir N Vapnik．统计学习理论的本质［M］．张学工，译．北京：清华大学出版社，2000.
[36] 韩力群．教学质量评价体系的神经网络模型［J］．北京轻工业学院学报，2000，18（2）：34.
[37] 涂晓媛．人工鱼——计算机动画的人工生命方法［M］．北京：清华大学出版社，2001.
[38] 何为，韩力群．基于神经元网络模型的稳压变压器优化设计［J］．变压器，2001，38（9）：24-25.
[39] Fredric M Han，Ivica Kostanic. Principles of Neurocomputing for Science & Engineering［M］. New York：McGraw-Hill Companies，Inc.，2001.
[40] 韩力群．人工神经网络理论、设计及应用［M］．北京：化学工业出版社，2002.
[41] 李继硕．神经科学基础［M］．北京：高等教育出版社，2002.
[42] 王小平，曹立明．遗传算法—理论、应用与软件实现［M］．西安：西安交通大学出版社，2002.
[43] J G Nicholls，A Pobert Martin，等．神经生物学——从神经元到脑［M］．杨雄里，等译．北京：科学出版社，2003.
[44] 徐宗本，等．计算智能中的仿生学：理论与算法［M］．北京：科学出版社，2003.
[45] 古荻隆嗣．人工神经网络与模糊信号处理［M］．马炫，译．北京：科学出版社，2003.
[46] 王耀南．智能信息处理技术［M］．北京：高等教育出版社，2003.
[47] Fredric M Han. Principles of Neurocomputing for Science & Engineering［M］. New York：McGraw-Hill Companies，Inc.，2003.
[48] 罗定贵，等．地表水质评价的径向基神经网络模型设计［J］．地理与地理信息科学，2003，19（6）：77-81.
[49] 华琇，陈继红．基于 RBF 神经网络的销售预测模型的研究与应用［J］．南通工学院学报：自然科学版，2004，3（4）：84-86.
[50] 丁永生．计算智能——理论技术与应用［M］．北京：科学出版社，2004：152-154.
[51] Simon Haykin．神经网络原理［M］．叶世伟，史忠植，译．北京：机械工业出版社，2004.
[52] 周志华，曹存根．神经网络及其应用［M］．北京：清华大学出版社，2004.
[53] Anthony N Michel，Derong Liu. Qualitative Analysis and Synthesis of Recurrent Neural NetWorks［M］. New York：Marcel Dekker，Inc.，2002.
[54] 许新征，等．2005 年中国模糊逻辑与计算智能联合学术会议论文集［C］．北京：中国科技大学出版社，2005：229-233.
[55] 魏海坤．神经网络结构设计的理论与方法［M］．北京：国防工业出版社，2005.
[56] 飞思科科技产品研发中心．神经网络理论与 MATLAB7 实现［M］．北京：电子工业出版社，2005.
[57] 高隽．人工神经网络原理及仿真实例［M］．北京：机械工业出版社，2005.
[58] 张鸽，陈书开．基于 SVM 的手写体阿拉伯数字识别［J］．军民两用技术与产品，2005，9：41-43.
[59] 阎平凡，张长水．人工神经网络与模拟进化计算［M］．2 版．北京：清华大学出版社，2005.
[60] 韩力群，毕思文，宋世欣．青藏高原热红外遥感与地表层温度相关性研究［J］．中国科学 E 辑 2006，36（增刊）：109-115.
[61] 韩力群，毕思文，宋世欣．地表层温度的级联递推模型［J］．中国科学 E 辑 2006，36（增刊）：29-37.
[62] Martin T Hagan，Howard B Demuth，Mark H Beale．神经网络设计［M］．戴葵，等译．北京：机械工业出版社，2006.
[63] Satish Kumar. Neural Networks［M］. New York：McGraw-Hill Companies，Inc.，2006.

[64] Hinton, G E, Osindero, S, Teh Y. A fast learning algorithm for deep belief nets [J]. Neural Computation, 2006, 18 (7): 1527-1554.

[65] Bengio, P Lamblin, D Popovici, H Larochelle. Greedy Layer-Wise Training of Deep Networks [J]. Advances in Neural Information Processing Systems, 2007, 19: 153-160.

[66] Simon Haykin. Neural Networks and Learning Machines [M]. 3th ed. New York: Pearson Education, Inc., 2009.

[67] 史忠植. 神经网络 [M]. 北京：高等教育出版社，2009.

[68] 施彦，韩力群，廉小亲. 神经网络设计方法与实例分析 [M]. 北京：北京邮电大学出版社，2009.

[69] Salakhutdinov R, Hinton G E. Deep boltzmann machines [C]. International Conference on Artificial Intelligence and Statistics, 2009: 448-455.

[70] Bengio. Learning deep architectures for AI [J]. Foundations and Trends in Machine Learning, 2009, 2 (1): 1-127.

[71] Yann LeCun, Koray Kavukvuoglu, Clément Farabet. Convolutional Networks and Applications in Vision [J]. Proc. International Symposium on Circuits and Systems (ISCAS'10), IEEE, 2010: 253-256.

[72] Masci J, Meier U, Cireşan D, et al. Stacked convolutional auto-encoders for hierarchical feature extraction [M]. Artificial Neural Networks and Machine Learning-ICANN 2011. Springer Berlin Heidelberg, 2011: 52-59.

[73] 孙志军，薛磊，许阳明，王正. 深度学习研究综述 [J]. 计算机应用研究，2012，8：2806-2810.

[74] 余凯，贾磊，陈雨强，徐伟. 深度学习的昨天、今天和明天 [J]. 计算机研究与发展，2013，09：1799-1804.

[75] Asja Fischer, Christian Igel. Training Restricted Boltzmann Machines: An Introduction [J]. Pattern Recognition. 2014 (47): 25-39.

[76] Deng L, Yu D. Deep Learning: Methods and Applications [M]. Foundations and Trends in Signal Processing, 2014 (7): 3-4.

[77] 刘建伟，刘媛，罗雄麟. 玻尔兹曼机研究进展 [J]. 计算机研究与发展，2014，51 (1)：1-16.

[78] Bengio, Yoshua, LeCun Yann, Hinton, Geoffrey. Deep Learning [J]. Nature, 2015 (521): 436-444.

[79] Schmidhuber J. Deep Learning in Neural Networks: An Overview [J]. Neural Networks, 2015 (61): 85-117.

[80] Andrew Ng, Jiquan Ngiam, Chuan Yu Foo, et al. Stanford Deep Learning tutorial. http://ufldl.stanford.edu/wiki/index.php/UFLDL_Tutorial.

[81] "Convolutional Neural Networks (LeNet)-DeepLearning 0.1 documentation". DeepLearning 0.1. LISA Lab. http://deeplearning.net/tutorial/lenet.html.

[82] LeCun Yann. LeNet-5, convolutional neural networks. http://yann.lecun.com/exdb/lenet.